国家出版基金项目
NATIONAL PUBLICATION FOUNDATION

材料延寿与可持续发展

工程结构
损伤和耐久性
——原理、评估和应用技术

《材料延寿与可持续发展》丛书总编委会　组织编写
胡少伟　孙红尧　李森林　等编著

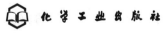

化学工业出版社

· 北 京 ·

本书是《材料延寿与可持续发展》丛书分册之一,专门讨论工程结构损伤与耐久性——原理、评估和应用技术。本书共分 7 章:绪言,工程混凝土开裂与损伤,混凝土材料老化与结构病害,工程结构检测、监测与安全评估,混凝土工程结构修复和加固,提高工程寿命的新材料和新技术以及工程案例分析。

本书可供工程建设领域的设计、施工、维护维修和管理工程师参考,可供公务员决策参考,也可供工科学校本科生、研究生、博士生学习参考。

图书在版编目(CIP)数据

工程结构损伤和耐久性——原理、评估和应用技术/胡少伟,孙红尧,李森林等编著. —北京:化学工业出版社,2014.9
(材料延寿与可持续发展)
ISBN 978-7-122-21540-6

Ⅰ.①工… Ⅱ.①胡… ②孙… ③李… Ⅲ.①工程结构-损伤(力学)-研究②工程结构-耐久性-研究
Ⅳ.①TU3

中国版本图书馆 CIP 数据核字(2014)第 176590 号

责任编辑:王清颢 段志兵   文字编辑:闫 敏
责任校对:王素芹   装帧设计:王晓宇

出版发行:化学工业出版社(北京市东城区青年湖南街 13 号 邮政编码 100011)
印   刷:北京永鑫印刷有限责任公司
装   订:三河市宇新装订厂
710mm×1000mm 1/16 印张 20¼ 字数 377 千字 2015 年 2 月北京第 1 版第 1 次印刷

购书咨询:010-64518888(传真:010-64519686)
售后服务:010-64518899
网   址:http://www.cip.com.cn
凡购买本书,如有缺损质量问题,本社销售中心负责调换。

定   价:59.00 元

《材料延寿与可持续发展》 丛书指导单位

中国工程院
中国科学技术协会

《材料延寿与可持续发展》 丛书合作单位

中国腐蚀与防护学会
中国钢研科技集团有限公司
中航工业北京航空材料研究院
化学工业出版社

《工程结构损伤和耐久性——原理、评估和应用技术》
编委会

主　　任：胡少伟
委　　员：胡少伟　孙红尧　李森林　陆　俊

▌总序言 ▌

在远古人类处于采猎时代，依赖自然，听天由命；公元前一万年开始，人类经历了漫长的石器时代，五千多年前进入青铜器时代，三千多年前进入铁器时代，出现了农业文明，他们砍伐森林、种植稻麦、驯养猪狗，改造自然，进入农牧经济时代。18 世纪，发明蒸汽机车、轮船、汽车、飞机，先进的人类追求奢侈的生活、贪婪地挖掘地球、疯狂地掠夺资源、严重地污染环境，美其名曰人类征服自然，而实际是破坏自然，从地区性的伤害发展到全球性的灾难，人类发现在无休止、不理智、不文明地追求享受的同时在给自己挖掘坟墓。

人类终于惊醒了，1987 年世界环境及发展委员会发表的《布特兰报告书》确定人类应该保护环境、善待自然，提出了"可持续发展战略"，表达了人类应该清醒地、理智地、文明地处理好人与自然关系的大问题，指出"既满足当代人的需求，又不对后代人满足其需求的能力构成危害的发展"，称之为可持续发展。其核心思想是"人类应协调人口、资源、环境与发展之间的相互关系，在不损害他人和后代利益的前提下追求发展"。

这实际上是涉及到我们人类所赖以生存的地球如何既满足人类不断发展的需求，又不被破坏、不被毁灭这样的大问题；涉及到人口的不断增长、生活水平的不断提高、资源的不断消耗、环境的不断恶化；涉及矿产资源的不断耗竭、不可再生能源资源的不断耗费、水力资源的污染、土地资源的破坏、空气质量的不断恶化等重大问题。

在"可持续发展"战略中，材料是关键，材料是人类赖以生存和发展的物质基础，是人类社会进步的标志和里程碑，是社会不断进步的先导、是可持续发展的支柱。如果不断发现新矿藏，不断研究出新材料，不断延长材料的使用寿命，不断实施材料的再制造、再循环、再利用，那么这根支柱是牢靠的、坚强的，是能够维护人类可持续发展的！

在我国，已经积累了许许多多预防和控制材料提前失效（其因素主要是腐蚀、摩擦磨损磨蚀、疲劳与腐蚀疲劳）的理论、原则、技术和措施，需要汇总和提供应用，《材料延寿与可持续发展》丛书以多个专题力求解决这一课题项目。有一部分专题阐述了材料失效原理和过程，另一部分涉及工程领域，结合我国已积累的材料失效的案例和经验，更深入系统地阐述预防和控制材料提前失效的理论、原则、技术和措施。丛书总编辑委员会前后花费五年的时间，将分散在全国各个研究院所、工厂、院校的研究成果经过精心分析研究、汇聚成一套系列丛书，这是一项研究成果、是一套高级科普丛书、是一套继续教育实用教材。希望对我国各个工业部门的设计、制造、使用、维护、维修和管理人员会有所启示、有所参考、有所贡献；希望对提高全民素质有所裨益、对国家各级公务员有所参考。

我国正处于高速发展阶段，制造业由大变强，材料的合理选择和使用，以达到装备的高精度、长寿命、低成本的目的，这一趋势应该受到广泛的关注。

中国科学院院士
中国工程院院士 师昌绪

▋ 总前言 ▋

材料是人类赖以生存和发展的物质基础，是人类社会进步的标志和里程碑，是社会不断进步的先导，是国家实现可持续发展的支柱。然而，地球上的矿藏是有限的，而且需要投入大量的能源，进行复杂的提炼、处理，产生大量污染，才能生产成为人类有用的材料，所以，材料是宝贵的，需要科学利用和认真保护。

半个多世纪特别是改革开放三十多年来，我国材料的研究、开发、应用有了快速的发展，水泥、钢铁、有色金属、稀土材料、织物等许多材料的产量多年居世界第一。我国已经成为世界上材料的生产、销售和消费大国。"中国材料"伴随着"中国制造"的产品，遍布全球；伴随着"中国建造"的工程项目，遍布全国乃至世界上很多国家。材料支撑我国国民经济连续 30 多年 GDP 年均 10％左右的高速发展，使我国成为全球第二大经济体。但是，我国还不是材料强国，还存在诸多问题需要改进。例如，在制造环境、运行环境和自然环境的作用下，出现过早腐蚀、老化、磨损、断裂（疲劳），材料及其制品在使用可靠性、安全性、经济性和耐久性（简称"四性"）方面都还有大量的工作要做。

"材料延寿"是指对材料及其制品在服役环境作用下出现腐蚀、老化、磨损和断裂而导致的过早失效进行预防与控制，以尽可能地提高其"四性"，也就是提高水平，提高质量，延长寿命。目标是节约资源、能源，减少对环境的污染，支持国家可持续发展。

材料及制品的"四性"实质上是材料及制品水平高低和质量好坏的最终表征和判断标准。追求"四性"，就是追求全寿命周期使用的高水平、高质量，追求"质量第一"，追求"质量立国"，追求"材料强国"、"制造强国"、"民富、国强、美丽国家"。

我国在"材料延寿与可持续发展"方面，做过大量的研究，取得了显著的成绩，积累了丰富的实践经验，凝练出了一系列在材料全寿命周期中提高"四性"的重要理论、原则、技术和措施，可以总结，服务于社会。

"材料延寿与可持续发展"丛书的目的就在于：总结过去，总结已有的系统控制材料提前损伤、破坏和失效的因素，即腐蚀、老化、磨损和断裂（主要是疲劳与腐蚀疲劳）的理论、原则、技术和措施，使各行业产品设计师，制造、使用和管理工程师有所启示、有所参考、有所作为、有所贡献，以尽可能地提高产品的"四性"，延长使用寿命。丛书的目的还在于：面对未来、研究未来，推进材料的优质化、高性能化、高强化、长寿命化，多品质、多规格化、标准化，传统材料的综合优化，材料的不断创新，并为国家长远发展，提出成套成熟可靠的理论、原则、政策和建议，推进国家"节约资源、节能减排"、"可持续发展"和"保卫地球、科学、和谐"发展战略的实施，加速创建我国"材料强国"、"制造强国"。

在中国科协和中国工程院的领导与支持下，一批材料科学工作者不懈努力，不断地编写和出版系列图书。衷心希望通过我们的努力，既能对设计师，制造、使用和管理工程师"材料延寿与可持续发展"的创新有所帮助，又能为国家成功实施"可持续发展"、"材料强国"、"制造强国"的发展战略有所贡献。

中国工程院院士
中国工程院副院长

前言

2011年年初开始，笔者作为工作组专家，参与了中国工程院"材料延寿与可持续发展战略研究"重大咨询项目（编号2011-ZD-20），负责港工结构的材料延寿及其可持续发展战略报告的撰写工作。《材料延寿与可持续发展》丛书是上述重大咨询项目的重要基础支撑，2011年年底，受丛书总主编李金桂研究员的邀请，笔者又参加了这套著作的编写工作。我们南京水利科学研究院材料结构研究所相关专家学者，借鉴国内外在工程损伤与耐久性方面的研究成果，结合我们自己完成的科研成果，编著成《工程结构损伤和耐久性——原理、评估和应用技术》分册，作为丛书之一出版。

本书共分7章，包括：绪言（第1章），工程混凝土开裂与损伤（第2章），混凝土材料老化与结构病害（第3章），工程结构检测、监测与安全评估（第4章），混凝土工程结构修复和加固（第5章），提高工程寿命的新材料和新技术以及工程案例分析（第6章、第7章）。全书由笔者统筹编写工作并完成编写大纲，其中笔者编写了第1章，笔者与陆俊博士共同编写了第2~4章并参编了第5章、第7章，李森林高工编写了第5章并参编了第4章、第7章，孙红尧教授编写了第6章，全书最后再由笔者完成定稿。本书中给出了我国工程建设中损伤断裂、材料失效的案例和修复经验，希望对我国工程设计、使用、维护维修和管理人员会有所启示、有所参考、有所帮助。

本书在确定编写方案与章节大纲时，得到了李金桂研究员与化学工业出版社责任编辑的悉心指导与诸多帮助。经过多次讨论，他们给出了本书编写的具体建议与详尽的书面指导意见，在此代表本书编委会表示衷心感谢。

另外，本书中的研究成果分别得到了水利公益性行业科研专项"混凝土坝裂缝性态诊断与危害性评定关键技术"（201201038）、国家自然科学基金项目"基于FEMOL水工混凝土损伤断裂动态全过程分析与试验研究"（51279111）、西部交通项目"桥梁结构表面防护耐久性材料的研究"（200631822302-02）、国家自然科学基金项目"混凝土表面保护用有机硅渗透剂的结合效率和耐久性能的研究"（51279110）、国家杰出青年基金"水工混凝土结构工程"（51325904）等科研项目资助，也在此一并致谢。

我们历时一年多，数易其稿，完成本书。限于编著者水平，不当之处在所难免，敬请读者不吝赐教。

胡少伟

于南京虎踞关

目录

第 4 章　工程结构检测、监测与安全评估

索引

第1章
绪言

1.1 工程结构的意义

一个成功的工程（设计）必然是以选择一个经济合理的结构方案为基础，就是要选择一个切实可行的结构形式和结构体系；同时在各种可行的结构形式与新结构体系的比较中，又要能在特定的物质与技术条件下，具有尽可能好的结构性能、经济效果和建造速度。对于建筑物来说，一般都是针对某一具体建筑相对地突出某一方面或两方面来判别其合理性，例如特别重要的建筑物，结构性能的安全可靠是十分重要和突出的；而对于大量性的居住建筑，则要求具有尽可能好的经济效果和建造速度，当然其它方面也是需要认真对待的。结构方案的选择还必须有可靠的施工方法来保证，如果没有一个适宜的施工方法加以保证，结构方案的合理性和经济性均无从谈起，方案本身也难以成立。工程的建造者（设计者）如对结构知识有较深刻的了解，对于工程的成功建造至关重要[1]。

在房屋、桥梁、铁路、公路、水工、港口等工程的建筑物、构筑物和设施中，以建筑材料制成的各种承重构件相互连接成一定形式的组合体的总称即为工程结构。其中房屋工程的结构一般称为建筑结构，其它工程的结构常指实体的承重骨架，是在一定力系作用下维持平衡的一个部分或几个部分的合成体，如桥梁结构、路基结构、贮仓结构、贮液池结构等。

构筑物又称结构物，是为某种工程目的而建造的、一般不直接在其内部进行生产和生活活动的某项工程实体和附属建筑设施。前者如纪念性结构物、道路、桥梁、堤坝、隧道、上下水道、矿井等，后者如烟囱、水塔、贮液池、储气罐、贮仓等。构筑物除满足使用功能和物质技术条件外，还必须注意建筑形象，以与周围环境相协调。

一个较复杂的土建工程，往往需要各专业工种互相配合完成。选择一个合理的结构形式，就意味着经济可行。工程结构即工程实体的承重骨架，是工程实体赖以存在的物质基础，它的选择、设计和施工质量的好坏，对于工程的可靠性和寿命具有决定性作用，对于生产和使用影响重大。结构耐久性是指在使用过程中，抵抗其自身和环境的长期破坏作用，保持其原有性能而不破坏、不变质和大气稳定性的能力[2]。

以混凝土为主制作的结构，是素混凝土结构、钢筋混凝土结构及预应力混凝土结构的总称，在工程结构中是最主要的结构形式。混凝土结构具有许多优点[3~6]，除通常意义外，混凝土的耐久性还包括抗渗，抗冻、抗侵蚀、碳化、碱骨料（即碱集料）反应及混凝土中的钢筋锈蚀等。密实的、保护层厚度适当的混凝土，耐久性良好。若处于侵蚀性的环境时，只要选用适宜的水泥品种及外加剂，增大保护层厚度，也能满足工程耐久性的要求。因此，混凝土结构的维修较少，不像钢结构和木结构那样需要经常保养。

比起容易燃烧的木结构和导热快且抗高温性能较差的钢结构来讲，混凝土结构的耐火性相当高。因为混凝土是不良热导体，遭受火灾时，混凝土起隔热作用，使钢筋不致达到或不致很快达到降低其强度的温度。经验表明，虽然经受了较长时间的燃烧，混凝土常常只损伤表面。对承受高温作用的结构，还可应用耐热混凝土。在混凝土结构的组成材料中，用量最多的石子和砂等原料可以就地取材，有条件的地方还可以将工业废料制成人工骨料应用，这对材料的供应、运输和工程结构的造价都提供了有利的条件。钢筋混凝土结构合理地发挥了钢筋和混凝土两种材料的性能特长，在一般情况下可以代替钢结构，从而能节约钢材、降低造价。与砌体结构和木结构相比，性价比也较高。

可模性是指混凝土凝结硬化前可以浇筑成各种形状和尺寸的构件或结构物。因为新拌和未凝固的混凝土具有良好的塑性，可以按模板浇筑成建筑师所设计的各种形状和尺寸的构件，如曲线型的梁和拱、空间薄壳等形状复杂的结构[7]。

整体浇筑或装配整体式的钢筋混凝土结构刚度较大，抗变形能力强，且整体性好，对抵抗地震、风载和爆炸冲击作用有良好性能。混凝土结构还可以用于防辐射的工作环境，如用于建造原子反应堆安全壳、防原子武器的工事等。

当然，混凝土结构同样也存在以下缺点：普通钢筋混凝土结构自重大；素混凝土和钢筋混凝土不利于建造大跨结构、高层建筑，而且构件运输和吊装也比较困难等。由于混凝土材料的抗拉强度较低，其抗裂性差，受拉和受弯构件在正常使用阶段往往带裂缝工作。过早开裂虽不影响承载力，但对要求防渗漏的结构，如容器、管道等，使用受到一定限制；现场浇筑的混凝土结构施工工序多，现场湿作业多，需要模板，费工费料，养护期长、工期长，并受施工环境和气候条件限制等；混凝土结构补强修复较困难，在一定条件下限制了混凝土结构的应用范围。不过随着人们对于混凝土结构这门学科研究认识的不断提高，近年来，上述一些缺点随着技术方面的革新以及材料、工艺和施工方面的改进，已经得到克服或改善[8]。

混凝土结构的应用范围非常广泛，几乎任何工程都可用到。除了一般工业与民用建筑构件广泛采用钢筋混凝土结构外，其它如特种结构的高烟囱、贮液池、水塔、贮仓、桥梁、道路路面等，公共建筑的高层楼房、大跨度会堂、剧院、展览馆等，也都可用钢筋混凝土结构建造。

同一截面或各杆件由两种或两种以上材料制作、依靠交互作用或材料协同工作的结构，因为参与组合的材料能充分发挥各自的优势并互相弥补对方的不足，能在结构性态、材料消耗、施工工艺或使用效果等方面显示出较好的技术经济效益[9]。用不同种类混凝土叠合而成的组合梁及组合板（又称叠合梁及叠合板）、钢-混凝土组合梁、钢-木组合梁、钢-混凝土组合柱、钢管混凝土柱、砖砌体-混凝土组合柱、钢-混凝土组合桁架及钢木桁架以及组合的空间结构等都是组合结构。钢筋混凝土结构长期以来已形成一个独立的结构体系，不包括在组合结构中，近年来，组合结构应用越来越多[10~12]。

1.2 工程结构耐久性面临的问题与挑战

就目前而言，混凝土结构在整个工程结构中占了60％以上。世界上各个国家的建设过程类似，大多都经历了三个阶段：第一阶段为大规模的兴建阶段，一般是在1950~1960年；第二阶段主要是大规模新建与大规模维修加固并重，是在1960~1990年；第三个阶段主要是对已有建筑物进行维修加固，是在20世纪90年代以后。许多混凝土结构由于自然或人为的因素，导致出现老化现象，严重影响了混凝土结构的正常使用。国内外大量资料表明，世界上很多建筑结构的失效都是由于混凝土老化病害问题引起，由混凝土结构的老化病害带来的问题给世界经济带来的损失也是巨大的，并且随着时间的推移，这个问题只会越来越严重。调查结果表明：美国在1975年由于混凝土腐蚀引起的损失高达700亿美元；到了1998年，美国土木工程学会的一份资料估计，美国需要1300亿美元来处理本国基础设施当中存在的老化问题，仅仅处理和更换混凝土桥面板一项就需要超过80亿美元。

我国幅员辽阔，气候南北差异较大，所以混凝土老化问题在我国呈现多样化的趋势。我国的港口存在着严重的"盐害"，尤其是钢筋混凝土的锈蚀问题是一个非常严重的问题，影响了各大港口的正常使用。20世纪60年代针对华东、华南地区的27座港口的混凝土结构进行的调查结果显示，混凝土因钢筋锈蚀引起的结构破坏占到了74％。1980年对华南的18座码头调查显示，80％以上码头在使用不到20年就出现了大面积的混凝土剥落或者顺筋破坏。有的使用不到10年就出现了严重的钢筋锈蚀。另外盐碱地在我国分布面积较大。盐碱地将带来混凝土结构的腐蚀问题，尤其对那些带有地下室或者地下基础的部分影响更大。这些都会严重影响建筑的使用寿命，所以盐碱带来的耐久性问题还很严重。我国气候各异，这对我国的桥梁、路面的耐久性会造成很大的影响，随着世界气候的恶化，各种极端天气的出现，已经为结构耐久性埋下了隐患。随着全球环境的恶化，各种灾害气候多发，酸雨等一系列对混凝土破坏较为严重的气候影响，对我国特别是珠三角和长三角地区破坏较为严重。而我国对混凝土耐久性的重视是相对滞后的。

材料及制品的寿命或使用年限是指在自然环境、使用环境以及材料内部因素的作用下，在正常使用和正常维护条件下，无须采取修补措施继续保持其预定功能的时间。对工程材料及制品而言是指某种技术指标进入不合格状态的期限，如安全性指标、使用性指标或耐久性指标等。通常情况，港口码头工程材料及制品的使用寿命是指耐久性使用年限。

美国 AASHTO 规范从 1991 年起规定了公路桥梁的设计寿命为 75 年；欧洲规范对设计寿命的要求比较明确，对多数桥梁结构的要求为 50 年，重要桥梁等为 100 年。上述这些规定通常是根据结构功能陈旧的估计时间得到的，其实是代表了业主和使用者的愿望（或预期），对于这些取值的科学推理过程尚未见报道；也很难说是否能够反映寿命周期内费用或收益最优的基本目标。

英国建筑物耐久性标准中按照工程参与各方的不同，提出了使用寿命的不同分类及概念要点。需要特别注意的是，英国建筑物耐久性标准中的要求使用寿命和设计使用寿命是两个不同的概念，前者是业主或使用者对桥梁使用寿命的实际要求和最低要求，后者是设计者为了达到业主要求，在进行桥梁耐久性设计时采用的具有一定保证率的目标值，它大于要求使用寿命，但小于预期使用寿命。欧洲国家的很多技术文献都采用这一界定。

国际标准化组织把通常意义上的耐久性目标具体为建筑或建筑构件寿命要求，要求在设计阶段就予以确定。建筑物或建筑构件的功能要求和可接受水平可作为设计任务书的一部分由业主确定，也可根据当地建筑规范或规章的规定由设计者确定。依据表 1.1 确定建筑构件或组件的最小设计寿命。如某些构件或组件的失效后果十分严重，应考虑延长构件的使用寿命或加强检查和维护措施，以减少建筑物设计寿命期限内发生失效的风险。

表 1.1　国际标准化组织建议的构件设计寿命最小值

单位：年

建筑物的 设计寿命	不易接近或 结构性构件寿命	更换代价高或 难于更换构件寿命	主要的可更换 构件寿命	建筑设备寿命
无限	无限	100	40	25
150	150	100	40	25
100	100	100	40	25
60	60	60	40	25
25	25	25	25	25

续表

建筑物的设计寿命	不易接近或结构性构件寿命	更换代价高或难于更换构件寿命	主要的可更换构件寿命	建筑设备寿命
15	15	15	15	15
10	10	10	10	10

中国土木工程学会标准《混凝土结构耐久性设计与施工指南》将工作寿命定义为"设计人用以向业主或用户说明，并据以进行设计的结构预定使用寿命。在结构设计工作寿命的整个期限内，结构应自始至终具有设计所需的安全性和适用性，因此设计工作寿命必须具有相应的保证率或安全度"，并建议设计工作寿命按表 1.2 选取。

表 1.2　《混凝土结构耐久性设计与施工指南》建议的结构的设计工作寿命

类别	设计工作寿命	名称	举例
J1	100 年	重要建筑物	标志性、纪念性建筑物，大型公共建筑物如大型的博物馆、会议大厦和文体卫生建筑，政府的重要办公楼，大型电视塔等
		重要土木基础设施工程	大型桥梁或高等级公路上的桥梁、隧道、城市地铁轻轨系统、城市大型立交桥等
J2	50 年	一般建筑物和构筑物	一般民用建筑如公寓、住宅以及中小型商业和文体卫生建筑，大型工业建筑
		次要的土木设施工程	低等级公路上的桥梁
J3	30 年	不需较长寿命的结构物，可替换的易损性构件	某些工业厂房
J4	1～5 年	临时性结构	

随着我国改革开放以来国民经济的快速发展和基础设施建设的大规模展开，混凝土耐久性的重要性已深入人心，耐久性研究已经成为我国当今土木工程界的一个热点。20 世纪 90 年代以来，国内的专家学者充分认识到混凝土结构耐久性问题会带来巨大的经济损失。建设部在"七五"和"八五"期间都专门设立课题研究混凝土的耐久性问题。"七五"攻关课题为"大气条件下钢筋混凝土结构耐久性及其使用年限"，包括结构耐久性的调查、钢筋锈蚀、混凝土碳化、温湿度对碳化的影响；"八五"攻关课题为"预应力混凝土结构及混凝土耐久性技术"，研究内容有已建混凝土结构耐久性设计方法、混凝土结构的耐久性检测和评估方法等。其它材料耐久性问题，诸如碱骨料反应、碳化以及钢筋锈蚀问题在水泥混凝土路面出现的范围和程度远不及其它结构物。而水泥混凝土路面接缝的破坏较为常见，接缝损坏是指接缝附近混凝土的剥落和破裂及传荷能力下降，并直接诱

发错台等病害，而接缝耐久性问题并未引起足够的重视。

钢筋的混凝土保护层是混凝土对钢筋形成握裹，保证受力传递和对钢筋形成保护，防止钢筋锈蚀，保证结构耐久性的关键所在。氯盐引起的锈蚀破坏是目前我国港口工程基础设施最主要破坏原因。我国由南到北，气候环境差异明显，但影响我国海港工程混凝土结构耐久性最主要的问题是氯离子渗入混凝土中引发钢筋腐蚀破坏。从对我国的港口工程实施的调查情况可以看出，无论南北方，港口工程因氯盐引起的腐蚀破坏情况是非常严重和相当普遍的。20 世纪 80 年代，天津港湾工程研究所等单位曾对我国北方地区港口码头进行过两次系统的调查，结果表明，虽然北方地区受冻融破坏是一个较严重的问题（主要是 20 世纪 70 年代前修建的码头），但锈蚀破坏普遍存在。20 世纪 70 年代以后，由于北方地区普遍采用了掺引气剂的抗冻措施，相对来说，冻融破坏已不是非常突出。就破坏形式而言主要有钢筋锈蚀、裂缝、混凝土剥落等。

水工混凝土建筑物直接暴露在大气中，服役运行环境比较严酷。在国内，水工和港工部门较早地在设计规范中列出了混凝土的耐久性指标，如抗渗、抗冻。但这仅是一个指标，与混凝土安全使用寿命并无直接相关。有关耐久性的其它指标，如冲磨破坏、碳化、钢筋锈蚀、水质侵蚀等，一直尚未建立。对全国已建的 32 座大坝和 40 余座水闸进行的调查，我国水工混凝土建筑物耐久性的总体状态欠佳，大部分大坝或水闸，运行 20～30 年，甚至更短的时间，就出现了明显的耐久性不良、材质劣化现象，如裂缝、渗漏、冻融、冲磨空蚀、水质侵蚀、钢筋锈蚀等（见表 1.3），甚至影响到工程安全运行，而不得不耗费大量资金进行大修。

表 1.3 混凝土工程老化病害种类统计

老化病害种类	裂缝	渗漏	冻融	冲磨空蚀	碳化钢锈	侵蚀	其它
占大型工程的百分率/%	100	100	19	69	40	31	5
占水闸等工程的百分率/%	64	28	26	24	48	3	3

我国水利工程基础设施普遍存在的老化病害，归纳起来主要有裂缝、碳化、冻融冻胀、渗漏和溶蚀、冲磨和空蚀、水质侵蚀六大类。每个工程由于自身因素和工作条件的差异，遭受这几类病害的危害程度有所不同，各病害对不同工程危害性也不一样。

裂缝是水工混凝土建筑物最常见的病害之一，列各类病害之首。混凝土裂缝是材料的不连续现象，属物理性病害。危害性体现在：对结构强度和稳定的危害、对建筑物使用功能的危害、对结构整体性的危害。碳化是水工混凝土一个普遍耐久性现象。在近十几年内 34 座水电站混凝土建筑物碳化速度的检测结果中，有 11 个工程低于 1mm/a，4 个工程约为 1mm/a，19 个工程大于 1mm/a，其中碳化速度大于 1.5mm/a 的工程有 13 个。大量试验和统计资料表明，正确制备的混凝土，碳化速度低于 1mm/a。实测结果反映出，我国水电站混凝土建筑物的抗碳化能力显著偏低。混凝土的碳化属化学性病害。碳化不仅引起钢筋锈蚀而造成局部损坏，还有可能危及到轻型坝的稳定安全。

我国东北、西北和华北地区的一些水电站混凝土建筑物，受冻融冻胀破坏的现象比较普遍，其中丰满、云峰、桓仁、盐锅峡、珠窝、下苇甸等工程的破坏比较严重。混凝土冻融冻胀是一种物理性破坏。一般认为，在温度正负交替过程中，混凝土微孔中的水成为结冰的水和过冷的水，水结冰过程体积的膨胀产生冻胀压力，过冷的水迁移产生渗透压力，两者形成的疲劳应力超过混凝土的抗拉强度时，混凝土即遭受破坏。水利工程中冻融冻胀会造成表面混凝土层状剥落，影响溢流面过流能力，影响大坝整体性能。混凝土建筑物渗漏可能引起内部扬压力升高，加速受力钢筋的锈蚀，还将引起混凝土钙质的溶蚀析出，会增大坝体扬压力、加速轻型坝受力钢筋的锈蚀、产生溶蚀危害。高速含沙水流对建筑物的冲磨和空蚀破坏，常常是交替而又相互促进的。环境水质对水电站混凝土建筑物的危害，虽不如上述五类病害那样普遍，但有的工程危害程度却很严重。水电站坝址区地下水硫酸盐化学侵蚀是一个突出的问题。我国对大坝混凝土的碱活性骨料反应问题重视较早，对每个大坝工程，从地质勘探、料场选择时就要求进行骨料碱活性检验，尽量避免采用碱活性骨料。为此，从 20 世纪 50 年代开始，在大坝混凝土工程中就采取了掺活性掺和料，如粉煤灰等技术措施。粉煤灰在大坝混凝土中的广泛使用，也对我国大坝混凝土预防碱骨料反应破坏起到了良好作用。

综上所述，水电站混凝土建筑物的耐久性，直接关系到工程的使用寿命、加固费用、效益发挥和运行安全，越来越为人们所重视。国外有些国家的混凝土建筑物由于病害严重，耐久性差，不断发生工程事故，导致修复、加固费用迅速增长，因而明确提出，混凝土建筑物在满足设计要求下安全运行不大修的使用年限，大型工程应在 100 年左右，中、小型工程也应在 50 年左右。我国大、中型水电站混凝土建筑物的病害状况也不容乐观，有的已相当严重，必须投入巨额资金进行修复或加固。

为确保混凝土建筑物的长期安全运行并取得较大的经济效益和社会效益，水利水电部门从 20 世纪 50 年代开始就注意了混凝土建筑物的耐久性，从设计规范到施工规范及试验规程中，均列出了混凝土耐久性的相关要求（如抗冻、抗渗等）。几十年来，为维护水工混凝土建筑物的安全运行，也进行了许多修补材料、修补工艺的研究及应用。在水工混凝土建筑物老化病害的处理技术上取得了很多成果，但也存在着"年年补、年年坏"的现象。因此，有针对性地编制工程结构物调查、评估方法和修补、改造工程的设计、施工规程，用法定制度对建筑物运行维护方面的管理行为予以规范，实施经常性的钢筋腐蚀状态监测，组织工程耐久性的机理和新技术、新材料、新工艺的研究，以便能正确分析结构物破坏的原因，提出正确的修补设计，有针对性地采用材料、工艺和技术进行有效地修补和加固。这对于及时维护、保证工程安全是至关重要的。

我国正处于经济快速发展和大规模基础设施建设的历史时期，目前，进行混凝土结构安全与使用寿命的设计和评估维修加固已成为当前研究中的热点，引起了人们广泛的关注[13~16]，其研究必将对我国基本设施的安全运行具有重大社会经济意义、可持续发展战略意义和政治意义，这正是编写本书的目的所在。

参 考 文 献

[1] GB 50068—2001 建筑结构可靠度设计统一标准 [S]. 北京：中国建筑工业出版社，2001.

[2] GB 50010—2010 混凝土结构设计规范 [S]. 北京：中国建筑工业出版社，2010.

[3] 东南大学，同济大学，天津大学合编. 混凝土结构：上、下册 [M]. 北京：中国建筑工业出版社，2002.

[4] 李汝庚. 张季超. 混凝土结构设计 [M]. 北京：中国环境科学出版社，2003.

[5] 吴培明. 混凝土结构：上册 [M]. 第 2 版. 武汉：武汉理工大学出版社，2003.

[6] 彭少民. 混凝土结构：下册 [M]. 第 2 版. 武汉：武汉理工大学出版社，2002.

[7] 张誉. 混凝土结构设计原理 [M]. 北京：中国环境科学出版社，2002.

[8] 李国平. 预应力混凝土结构设计原理 [M]. 北京：人民交通出版社，2000.

[9] 青岛理工大学土木工程学院编. 土木工程科学技术研究与工程应用 [M]. 北京：中国建材工业出版社，2004.

[10] Hu Shaowei. Structural Integrity Assessment and Large Deformation Analysis Theory [M]. Yellow River Conservancy Press，2006.

[11] 胡少伟. 组合桥梁抗扭分析与设计 [M]. 北京：人民交通出版社，2005.

[12] 胡少伟. 钢-混凝土组合结构 [M]. 郑州：黄河水利出版社，2005.

[13] 刘立新. 砌体结构 [M]. 武汉：武汉理工大学出版社，2002.

[14] 叶见曙. 结构设计原理 [M]. 第 2 版. 北京：人民交通出版社，2009.

[15] 袁锦根. 工程结构 [M]. 第 2 版. 上海：同济大学出版社，2011.

[16] GB 50017—2003 钢结构设计规范 [S]. 北京：中国建筑工业出版社，2003.

第2章
工程混凝土开裂与损伤

2.1 混凝土结构开裂

混凝土材料是当前工程结构中应用最广泛的材料，工程结构断裂问题的焦点自然集中在混凝土结构的断裂问题上。对混凝土结构的安全分析大多采用弹性或弹塑性理论以及混凝土的准静态力学性能分析[1]。混凝土结构不仅承受正常设计荷载，可能还要承受地震等强动荷载，必须考虑到其在动态荷载作用下的动力学效应。与研究混凝土结构在静态荷载下的力学响应不同，动态荷载下结构响应分析中包含两种最基本的动力学效应：惯性效应和材料应变率效应。研究混凝土动态力学特性时不能忽视应力波传播效应，而混凝土结构中的应力波传播特性实际上又依赖于混凝土材料的本构关系[2]。

混凝土从浇筑、成型到承载，直至破坏的全过程，都可用损伤的概念来描述。任何一个混凝土结构，从承载前到承载后直至破坏，是一个演变的动态损伤场，结构的变形、位移、开裂、破坏等现象都是这个损伤场中的力学行为[3,4]。虽然宏观裂缝是否扩展或失稳，应该用断裂力学理论和方法进行分析，还不能用损伤力学来判断，而损伤的发展也不适宜用断裂力学理论进行分析，但是由于混凝土结构中的损伤行为和断裂行为的交织性，所以应进行损伤力学和断裂力学的耦合分析，才能有符合实际情况的最佳效果。像在混凝土坝这种大体积混凝土结构中这种交织性体现得尤为明显：坝体在各种荷载组合下，总是从坝体混凝土的损伤开始，进而发生坝体混凝土开裂、裂缝扩展，最终导致坝体结构断裂失稳。长期以来，结构设计人员和科研人员一直在探索混凝土结构裂缝生成和扩展的成因，同时也在积极进行混凝土结构中裂缝萌生、扩展以至断裂的全过程分析研究，以期对其开裂机理、裂缝扩展趋势，以及混凝土结构在有损伤（有裂缝）情况下的工作性态进行正确的评价，并找出针对性的对策。

2.1.1 裂缝基本类型

由于作用力的不同，裂缝可以分为三种基本类型。

（1）张开型裂缝（Ⅰ型）

如图 2.1（a）所示，正应力 σ 和裂缝面垂直，在 σ 作用下裂缝尖端张开，且扩展方向和 σ 垂直，这种裂缝称为张开型裂缝，也称Ⅰ型裂缝。

如混凝土受弯梁构件，当受拉区存在一个与拉应力相垂直的竖向裂缝时，裂缝张开，沿竖向扩展，故此裂缝为张开型裂缝。

（2）滑开型裂缝（Ⅱ型）

如图 2.1（b）所示，在平行裂缝面的剪应力作用下，裂缝滑开扩展，称为滑开型裂缝。例如，两块厚板用大螺栓连接，当板受拉力 P 时，在接触面上作用一对剪力 τ，螺栓内部某截面上产生裂缝，这种裂缝属于Ⅱ型裂缝。

（3）撕开型裂缝（Ⅲ型）

如图 2.1（c）所示，在剪应力作用下裂缝上下错开，裂缝沿原来的方向向前扩展。例如，人们在撕布时，先用剪刀开口，然后撕开，形成的裂缝就是一个Ⅲ型裂缝。又例如，当一根传动轴工作时受扭转力矩作用，即存在一对剪力，当轴上有环向裂缝时，该裂缝就属于Ⅲ型裂缝。

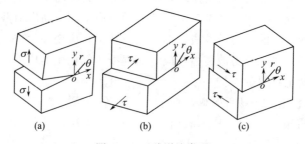

图 2.1　三种裂缝类型

如果构件内裂缝同时受到正应力和剪应力的作用，如竖向力作用下水平悬臂梁端部的竖向裂缝以及裂缝面和正应力成一角度时，这时就同时存在Ⅰ型裂缝和Ⅱ型裂缝，称为复合型裂缝。

在工程构件内部，张开型裂缝（Ⅰ型）是最危险的，最容易引起低应力脆断。因此，以往人们处理实际裂缝时，即使是个复合型裂缝，也把它作为Ⅰ型裂缝来处理。然而，对于分析复合型裂缝尖端附近的应力场来说，这样处理就会与实际情形差别较大。所以，对于复合型裂缝也应给予必要的关注。

2.1.2　混凝土断裂破坏的基本现象

为了研究实际的混凝土断裂破坏机理，必须认识清楚与裂缝扩展有关的物理过程。这要求在两个不同层次上了解材料特性：微观上，穿过水化水泥浆生成裂缝的机理；宏观上，某一系统内产生的裂缝，在水化水泥浆连续基体中的哪些骨料颗粒上扩散，也可能在哪些纤维上扩散。

(1) 硬化水泥浆中的裂缝

在硬化水泥浆养护早期，也许是几个星期内，裂缝似乎穿过高孔隙 C-S-H（硅酸钙水化物）首先扩展。因为在水化早期，未水化的水泥颗粒和氢氧化钙（早期反应产物之一），两者相当于低孔隙区，其作用与坚硬的包体一样。未水化的水泥颗粒和 $Ca(OH)_2$ 晶体的作用常常甚至像阻裂物一样。然而在成熟浆体中，这点就辨别不出来，因为机体的孔隙较少、较均匀，且断裂的路径变得较直。也有资料表明，甚至在硬化的水泥浆体中，断裂首先沿 $Ca(OH)_2$ 的弱粘结面出现。这一点，也许是由于 $Ca(OH)_2$ 的抗拉强度仅为 1MPa，远小于普通水泥浆的抗拉强度所致。

当裂缝趋于相当直时，实际上它们可以看作是一串连接着的短线段，这些线段围绕扩展方向一前一后成锯齿形。这些裂缝的边近似平行，但不完全平行。在可以看到的表面上，这些裂缝有时也是不连续的。特别是靠近表面裂缝的尖端，还可以看到一些裂缝分叉。进一步加载时，在裂缝分叉出现的地方，只有一个分叉保持"活动"。

在受压时，观察到很多相同的特征，裂缝的走向往往大体上与加载轴平行，而且有一定数量的裂缝分叉出现。裂缝一般沿未水化的水泥颗粒周围出现。不过，偶然也有裂缝穿过这些颗粒。

(2) 砂浆和混凝土中的裂缝

由于有骨料颗粒存在，在砂浆和混凝土中的开裂过程比在硬化水泥浆中更复杂。对于普通骨料和硬化水泥浆，σ-ε 曲线几乎在破坏点以前都呈线性，而混凝土的 σ-ε 曲线却完全是非线性。这种非线性主要是由于水泥和骨料之间的粘结强度较低，还由于荷载增大时，原来在水泥-骨料界面上发生的微开裂逐渐发展。此外已经证明在较软的水泥浆基体中，有硬骨料颗粒存在将改变局部应变与应力分布，导致裂缝扩展以致破坏。

通常认为水泥-骨料界面是混凝土的最薄弱区，甚至在加载以前，由于泌水、水化时体积变化和干缩，在水泥-骨料界面上就已经观察到裂缝。大约在极限应力（σ_{ult}）的 30% 以下，对于正常加载速率，这些裂缝很少扩大，而且 σ-ε 曲线基本是线性的。在 $0.3\sigma_{ult}$ 以上，荷载增大，裂缝开始增长。σ-ε 曲线变为非线性，这是由于骨料和水化水泥浆的弹性模量有差别，还由于水泥-骨料界面上的应力高度集中，所以使 σ-ε 曲线的非线性越来越大。在约 $0.6\sigma_{ult}$ 以上，界面裂缝也开始扩大，穿过整个硬化水泥浆基体，在粗大的骨料颗粒之间跨接，但仍然是稳定的形式。最后，在约 $0.75\sigma_{ult}$ 以上，基体的裂缝开始形成更广泛的网格，但是系统内仍然有足够的超静定力使网格在短期加载下保持适当的稳定。甚至在极限应力 σ_{ult} 下，裂缝形式仍然允许结构保持少许承载能力，但上述裂缝网格还是出现了破坏。如果试验机有足够的刚度，则受拉和受压两种 σ-ε 曲线都呈现相当明显的下降段。对于约 $0.75\sigma_{ult}$ 以下的持续应力，受压时不发生延迟破坏，这可能是因为不论任何裂缝缓慢出现时，都由于荷载压实的加强作用而得到补偿。

(3) 加载速率效应

硬化水泥浆和混凝土的 σ-ε 特性和强度对加载速率是敏感的。当加载速率增加时，σ-ε 曲线的线性提高，而且 ε 值增大。当应变速率增加 6 个数量级时，混凝土的抗压强度大约将增加 1 倍，而砂浆的抗弯强度可能增加 30%。然而在该弯曲试验中，材料直至破坏，总应变基本不变。其原因可能是由于较低的加载速率允许产生较多的亚临界裂缝，从而形成较大的缺陷，因此断裂荷载较小。所以，这些现象可以用断裂力学的概念来解释。另一方面，也许是较慢的加载速率允许产生较多的徐变。在给定荷载下，它使总应变增大。上述现象可以用引起破坏的极限应变值来解释，这需要应用混凝土的最大应变破坏判据，以及断裂力学判据。

(4) 缺口敏感性

如果缺口改变了材料的净截面强度 σ_{net}（按剩余的截面积计算，但是缺口的应力集中效应忽略不计），则可以认为该材料是缺口敏感的。对金属来说，在高延展性材料上加缺口，由于塑性限制作用提高，可能使缺口强化；或者由于缺口的应力集中效应，对变形能力有限的材料来说，可能导致缺口弱化。然而，对胶凝材料来说，没有发现过缺口强化效应。

(5) 混凝土应用断裂力学的历史

Griffith 提出的断裂能量平衡概念，应用于水泥和混凝土的过程几乎经历了 60 多年。Neville 在 1959 年提出，混凝土试件大小对强度的影响也许能与 Griffith 缺陷的随机分布联系起来。Kaplan 在 1961 年进行了试验研究，他的结论是："临界应变能释放率的 Griffith 概念是裂缝迅速扩展以致必然破坏的一个条件，可应用于混凝土。"自 Kaplan 的首创工作以来，在这个领域内进行了大量研究。把 Griffith 原理应用于混凝土，曾经由 Glucklich 进行了详细的阐述，并证明临界应变能释放率（G_C）比混凝土表面能的 2 倍还大。因为混凝土的断裂不只是单个裂缝的生长，而是靠近表观裂缝尖端产生的微开裂区，由此生成的断裂表面比根据试件截面尺寸简单计算出来的断裂表面要大得多。试验还证明，混凝土内的高强度区，例如骨料颗粒，其作用可能增加能量的需要量，因为要想使裂缝穿过比较坚固的区域，这需要较多的能量；另外围绕该区域形成裂缝，这增加了裂缝路径长度，也需要较多的能量。

随后的工作集中在各种混凝土参数对断裂韧度 K_{IC} 或断裂能 G_f 的影响。人们发现，K_{IC} 随骨料体积、骨料粒径和骨料粗糙度的增大而增加，随水灰比和空气含量增大而减小，随龄期增加而增加，大约在 1 个月内达到最大值，并已经证明，K_{IC} 随加载速率增大而稍微增加。此外，对水泥、混凝土和纤维增强混凝土内亚临界裂缝的生长进行了大量研究，以测定开裂速度与 K_{IC} 之间的关系。然而，关于分析这些数据的最佳方法还没有取得一致。

另外一系列试验试图确定试件大小和几何条件对断裂参数的影响。这些试验的结果有很大矛盾。许多研究发表的 K_{IC} 测定值，其可变性已经引起很多研究者对线弹性断裂力学能不能应用于胶凝材料提出了怀疑。然而，大多数研究者仍然相信线弹性断裂力学能够应用于上述材料。

为了克服将线弹性断裂力学应用于混凝土材料所遇到的困难，也提出过很多非线性断裂判据，如 J 积分、R 曲线分析和临界裂缝张开位移（$CMOD$）的概念。此外，还提出过"模糊"裂缝模型，假定其中的裂缝前沿包含微裂缝扩散区，它的大小与最大骨料大小有关。还有"虚"裂缝模型，它是一种裂缝连接的模型，只要裂缝张开很窄，就可以假定在模型内应力的作用跨过裂缝。

(6) 断裂韧度参数和测试方法

多年来，已经使用许多不同方法来测定胶凝材料的断裂性质。但水泥和混凝土的测试方法至今还没有标准化。因此，很难比较不同研究者所取得的试验结果。因为这些结果是在不同形式和不同大小的试件上，并在不同类型的试验机上使用一般方法得到的，养护条件也没有标准化，所以试验数值离散性很大。

目前测试断裂韧度 K_{IC} 和断裂能 G_f 的方法主要有：单边缺口梁 3 点或 4 点弯曲、紧凑拉伸、楔入劈拉、双悬臂架、双扭曲、有中心缝的径向压缩、有中心缝的受拉伸板、有棱柱的斜缝受压等。

(7) 正确的试件尺寸

上述断裂参数在试验中有很大的可变性（甚至不一致）。然而，比上述问题更为基本的一个问题是规定足够大的试件尺寸，以供正确试验。就是说，选定的试件尺寸，与裂缝尖端前面的微开裂区比较起来，必须很大。该裂缝尖端前面微开裂区尺寸可能很宽，估计范围为 $30\sim500\mathrm{mm}$。此外，各种试验已经证明，只有在裂缝从 $75\mathrm{mm}$ 扩大到 $1000\mathrm{mm}$ 的范围以后，才能测出正确的断裂参数，该裂缝范围取决于研究情况。混凝土梁试件的最小高度应为 $230\mathrm{mm}$。

2.1.3 混凝土断裂模型

(1) 虚拟裂缝模型

虚拟裂缝模型是由 Hillerborg 提出，认为裂缝的发展是从前端形成的微裂区开始，将微裂区视为一条虚拟裂缝，随着外荷载的增加，此区域内材料的刚度降低，使裂缝前端传递应力的能力降低，但由于骨料和基体的桥联作用，在虚拟裂缝面上作用着能使裂缝有闭合趋势的黏聚力，使裂缝前仍有传递应力的能力。它的特点是：

① 该模型能较好地反映混凝土裂缝端部微裂区的应力和变形特点；

② 它不能求出裂缝扩展的亚临界扩展长度的解析解，需要与有限元联合才能求出；

③ 它在数值方法上相当于分离裂缝模型，裂缝扩展由网格分离来实现；

④ 它不能考虑开裂截面上材料各点的随机断裂特性，以及徐变断裂问题。

(2) 钝裂缝带模型

Bazant 的钝裂缝带模型将裂缝的断裂过程看作一组密集平行的微裂缝带[5]，这些裂缝带具有一定的宽度。对混凝土材料，裂缝带的宽度取为最大骨料粒径的 3 倍。由于裂缝带有一定的宽度，因此缝端也有一定的宽度，即缝端并非尖状的而是钝状的。它的特点是：

① 该模型将裂缝带看作是正交各向异性介质，可以很方便地确定裂缝带及结构的应力和变形；

② 它能自动形成新的裂缝，而不必改变网格图，还能表示任何方向的裂缝，在使用方面比虚拟裂缝模型要方便。

(3) 双参数断裂模型

Jenq 和 Shah 的双参数断裂模型是修正的线弹性断裂模型[6]，以线弹性断裂力学为基础，并引入一些符合混凝土非线性特性的假设。Jenq 和 Shah 提出了两个断裂控制参数即临界失稳韧度和临界裂缝张口位移，并使用它们建立了断裂准则。它的特点是：

① 该模型采用 $0.95F_{max}$ 处的卸载韧度计算临界等效裂缝长度 a_c，因而弥补了不可恢复变形对计算裂缝长度 a_c 的影响；

② 在该断裂参数的测试方法上，该模型需要复杂的加卸载过程，并需要统计回归，且其经验公式在应用上多受限制；

③ 该模型闭合力的大小与应变软化曲线无关，不能探讨应变软化曲线与材料性能的影响关系；

④ 它以线弹性断裂力学中应力强度因子的解析表达为目的，没有考虑分布在断裂过程区内的黏聚力作用。

(4) 等效裂缝模型

Karilialoo 和 Nalllathambi 的等效裂缝模型的研究对象是三点弯曲梁，使用的是荷载-加载点位移并采用在最大荷载时对应的割线韧度，这就意味着等效裂缝模型考虑了塑性变形对临界等效裂缝长度的贡献，所得到的临界等效裂缝长度大于双参数模型中弹性等效的临界等效裂缝长度。使用由此确定的临界弹性等效裂缝长度，得到了模型中提出的等效断裂失稳韧度。

(5) 尺寸效应模型

Bazant 根据弹性等效方法提出了尺寸效应模型[7]。该模型通过测试一系列几何形状相似但尺寸不同的混凝土切口试件的最大荷载 F_{max}，由线性回归计算平均断裂能 G_f。它的特点是：

① 此方法所测得的断裂能 G_f 与一般试验方法测得的断裂能不同，它不随试

件的尺寸变化；

② 测试断裂参数需要复杂的试验设备和技术，并需要统计回归，且其经验公式在应用上多受限。

(6) K_R 阻力曲线模型

在双 K 断裂模型的基础之上，Xu 和 Reinhardt 以应力强度因子为工具提出了基于黏聚力的新 K_R 阻力曲线来描述裂缝扩展全过程。K_R 阻力曲线模型认为在裂缝扩展过程中，裂缝扩展阻力是表示材料本身对外界荷载的抵抗力，这部分抵抗力很大程度上是由黏聚力产生的。裂缝扩展阻力由两部分组成：一是材料本身抵抗开裂的韧度，即起裂韧度；另一部分就是在主裂缝扩展过程中，分布在断裂过程区上的黏聚力所产生的扩展阻力。它的特点是：

① 该方法有较完备的理论基础，其包括的断裂参数可以应用简单的断裂实验加以确定，与其它阻力曲线相比更具有实用性；

② 不仅考虑了外荷载影响，而且还充分考虑到分布在断裂过程区上黏聚力的影响，新 K_R 阻力曲线体现了混凝土材料的软化特性，而且能较好地反映混凝土结构裂缝起裂、稳定扩展和失稳断裂的全过程。

(7) 混凝土双 K 断裂模型

双 K 断裂模型从本质上说也是以线弹性断裂力学为基础，并结合虚拟裂缝模型提出的。这从其引进的线性渐进叠加[8]的两个基本假定可以看出：

① $F\text{-}V$ 曲线的非线性特征是由自由裂缝面前端的虚拟裂缝扩展造成的；

② 有效裂缝包括等效的弹性无应力传递裂缝和等效弹性虚拟裂缝两部分。

根据线性渐进叠加假定，一个完整的考虑非线性特征的断裂过程可以采用线弹性断裂方法加以描述。因为在非线性的 $F\text{-}V$ 曲线上可以看作是一系列线弹性点的组合。

双 K 断裂模型是以线弹性断裂力学为基础，并考虑作用在断裂过程区上黏聚力的影响而建立的混凝土非线性断裂模型。在双 K 断裂模型中，引入了两个基本的断裂参数描述混凝土断裂破坏的全过程。其中，对应于初始起裂状态的断裂韧度称为起裂韧度，对应于失稳状态的断裂韧度称为失稳断裂韧度。根据这两个参数可以判定裂缝的发展状态：

$$\begin{cases} K_I < K_{IC}^Q, & \text{为裂缝稳定} \\ K_I = K_{IC}^Q, & \text{为裂缝起裂} \\ K_{IC}^Q < K_I < K_{IC}^S, & \text{为裂缝稳定扩展} \\ K_I = K_{IC}^S, & \text{为裂缝处于临界状态} \\ K_I > K_{IC}^S, & \text{为裂缝处于失稳扩展阶段} \end{cases} \tag{2.1}$$

在实际应用中，$K_I \leqslant K_{IC}^Q$，可作为裂缝扩展稳定性的判断准则；对于重要结

构应采用 $K_{IC}^Q < K_I < K_{IC}^S$ 作为裂缝扩展稳定性的判断准则。

2.1.4 应力强度因子和断裂韧度

在传统构件设计中，首先要对构件进行应力分析，求出构件中的最大应力和位移，然后根据所选材料的强度进行强度设计和变形验算。但当构件已经带有裂缝或在使用过程中构件出现裂缝时，则还要进行断裂力学分析，求出裂缝尖端附近的应力、位移场以及应力场强度因子，再根据材料的断裂韧度进行构件的寿命估计或确定构件允许出现的裂缝长度。

在二维平面问题中，裂缝尖端应力场的普遍表达式为 $\sigma_{ij} = \dfrac{K}{\sqrt{2\pi r}} f_{ij}(\theta)$ $\left(\left\{ \begin{matrix} i \\ j \end{matrix} \right\} = x, y \right)$，当裂缝尖端 $r \to 0$，应力状态有奇异性，在 $r \to 0$ 处应力 σ_{ij} 以某种方式趋向无限。因此，用裂缝尖端处应力值 $(\sigma_{ij})_{r \to 0}$ 无法建立材料的断裂判据。$f_{ij}(\theta)$ 是与 θ 有关的方向参数，$f_{ij}(\theta) \leqslant 1$；而参数 K 在某种程度上能够反映裂缝尖端附近局部区域弹性应力场的强弱情况。对于裂缝尖端一点 D，其坐标 r 是确定的，故该点的内应力场 σ_{ij} 的大小就完全由 K 来决定。K 大，裂缝前端的应力场的强度就大。K 控制了裂缝尖端附近的应力场，它是决定应力场强度的主要因素，故 K 称为应力场强度因子。研究表明，K 和裂缝大小、形状以及应力大小有关。

当裂缝形状、大小一定时，K 随着应力的增大而增大，当增大到某一临界值，即 $K = K_C$ 就能使裂缝前端某一区域的内应力 σ_{ij} 大到足以使材料分离，从而导致裂缝失稳扩展，构件断裂。裂缝失稳扩展的临界状态所对应的应力场强度因子 K_C 成为临界应力场强度因子，它就是材料的断裂韧度。

因为断裂韧度 K_C 是应力场强度因子 K 的临界值，故两者有密切的联系，但其物理意义却完全不同：K 是裂缝前端内应力场的度量，和裂缝大小、形状以及应力大小有关；而断裂韧度 K_C 却是材料阻止宏观裂缝失稳扩展能力的度量，和裂缝本身的大小、形状以及应力大小无关，它是反映材料特性的一个物理量。

2.2 工程结构损伤

2.2.1 损伤力学的概况

材料内部存在的分布缺陷，如错位、夹杂、微裂纹和微孔洞等统称为损伤。损伤力学是研究含损伤材料的力学性质及其在一定的荷载与环境条件下损伤演化发展，最终导致破坏的力学过程。损伤力学可以分为连续损伤力学与细观损伤力学，两者互相联系、互相补充。细观损伤力学根据材料细观成分的单独的力学行为，如基体、夹杂、微裂纹、微孔洞和剪切带等，采用某种均匀化方法，将非均质的细观组织性能转化为材料的宏观性能，建立分析计算理论。连续损伤力学将具有离散结构的损伤材料模拟为连续介质模型，引入损伤变量（场变量），描述从材料内部损伤到出现宏观裂纹的过程，导出材料的损伤本构方程，形成损伤力学的初、边值问题，然后采用连续介质力学的方法求解。

应当指出，目前损伤力学尚未形成成熟的和公认的理论体系，它仍处在初级的研究阶段。工程结构损伤问题的焦点也集中在混凝土结构的损伤问题之上。

2.2.2　损伤变量

在连续损伤力学中，结构材料的损伤性态是遵循连续介质力学的概念，通过对"代表性体积单元"的分析确定。设想将受损物体剖开，从中取出一个材料单元，它比工程构件的尺寸小得多，但又不是微结构，而是包含足够多的微结构，使得可以在这个单元内研究非均匀连续的物理量，如质量、应力、应变、温度、损伤等量的平均行为和响应。代表体元的大小与材料微结构尺寸相关。Lemaitre 建议某些典型材料代表体元的尺寸为：

① 金属材料 $0.1\mathrm{mm}\times0.1\mathrm{mm}\times0.1\mathrm{mm}$；

② 高分子及复合材料 $1\mathrm{mm}\times1\mathrm{mm}\times1\mathrm{mm}$；

③ 木材 $10\mathrm{mm}\times10\mathrm{mm}\times10\mathrm{mm}$；

④ 混凝土材料 $100\mathrm{mm}\times100\mathrm{mm}\times100\mathrm{mm}$。

Kachanov 认为材料劣化的主要机制是由于缺陷导致有效承载面积的减少，提出用连续度来描述材料的损伤。对于一维拉伸直杆，设无损状态的横截面积为 A，损伤后有效承载面积减少到 $\widetilde{A}$，则连续度可以由一个标量 φ 定义，$\varphi=\dfrac{\widetilde{A}}{A}$。Rabotnov 引入一个相补参量——损伤度 $D=1-\varphi$。

D 也是一个标量。在无损状态下，$D=0$（$\widetilde{A}=A$），而 $D=1$（$\widetilde{A}=0$）为理论上的极限损伤状态（完全损伤）。实际材料在损伤度达到 1 之前就已经破坏。以 D_c 表示材料的实际临界损伤极限，实验表明，对金属而言，D_c 在 $0.2\sim0.8$ 之间。

2.2.3　损伤测量

Lemaitre 对损伤测量作了较全面的介绍，并且给出了测量实例。损伤测量分为直接法与间接法两类。直接法用于测量由细观几何定义的损伤变量，从材料断面的显微图像直接观察代表单元的损伤失效面积。直接法直观，物理意义明确。但是它是破坏性试验，试验工作繁重。直接法适用于微孔洞型损伤。根据缺陷尺寸的大小，Lemaitre 建议，对于金属可以在 1000 倍的显微镜下观测，对于混凝土可以放大 $1\sim10$ 倍观测。对于微裂纹损伤，断面上可能只有微裂纹与断面相交的开裂线，有效承载面积的计算遇到困难。Lemaitre 建议将裂纹假设为方形片状，以开裂线长度的平方作为损伤失效面积，是一种权宜的解决办法。同时，直接法也难于直接量度各向异性损伤的二阶损伤张量。

间接法有许多种，用于测量各种唯象定义的损伤变量。间接法包括弹性模量下降法、密度改变测量法、超声波法、循环塑性响应法、第三阶段蠕变响应法、微观硬度法、电位法等。这些方法利用已经成熟的现代测量技术，一般可获得较为精确的测量结果。

2.2.4 混凝土损伤

1989 年 Mazars[9] 首先通过组合线弹性损伤力学和线弹性断裂力学，模拟了含缺口试件的损伤到破坏过程。1995 年，他和 Pijaudier-Cabot 开展了混凝土三点弯曲梁的拉伸模拟研究，用标量损伤模型得到和试验较为一致的荷载-位移曲线。同年 Ghrib 和 Tinawi[10] 基于损伤力学理论，利用能量等效概念建立损伤模型研究含缺口的 Koyna 大坝在不同超高水位下坝体损伤并导致的裂缝进一步扩展情况，研究表明网格依赖性对分析结果有较大影响。1998 年 Cevera、Oliver 和 Faria[11] 利用损伤力学建立了各向同性损伤模型，通过对 Koyna 重力坝和拱坝在地震作用下的损伤破坏情况的研究，得出大坝的非线性性状可通过各向同性损伤模型描述。Al-Gadhib 和 Asadur Rahman[12] 等对圆柱劈裂试验做了损伤数值分析，得到圆柱劈裂破坏的损伤和应力响应。当年的学者 Lee 和 Fenves[13] 基于断裂能的损伤和连续损伤力学的刚度降低的塑性损伤模型描述混凝土受到循环加载下的性能，建立了弹塑性和损伤过程解耦的本构模型，并模拟了混凝土试件的单调和循环受力情况。此后，Lee 和 Fenves[14] 继续在此方面进行研究，采用了可考虑循环加载的塑性损伤模型，提供了破坏面演化规律及与损伤等非线性的耦合，并分析了 Koyna 大坝在水平和竖向地震作用下的损伤破坏模式。1999 年 Meschke 等[15] 利用各向异性弹塑性损伤模型研究了含缺口的三点弯曲混凝土梁的损伤破坏情况以及进行了圆柱劈裂的数值试验。Fichant 等[16] 对混凝土试件的拉伸、压缩和剪切用各向同性损伤和各向异性损伤模型做了比较分析，研究发现在单轴拉伸时构件的破坏可用各向同性损伤模型较为准确地模拟。Valliappan 等[17] 利用弹脆性损伤模型对拱坝进行地震作用下的非线性动力分析，研究了大坝损伤发展和结构逐步破坏现象。Yazdchi、Khalili 和 Valliappan[18] 利用连续损伤力学并采用边界元方法，分析了 Koyna 混凝土重力坝的动力损伤响应，考虑了坝基动力相互作用。Faria、Oliver 和 Cevera[19] 考虑混凝土的拉压损伤并考虑循环荷载下的刚度恢复，建立了相应的损伤模型，应用于拱坝结构，得到地震作用下拱坝的损伤响应。

我国在李灏[20]、吴鸿遥[21]、楼志文[23]、余天庆和钱济成[22] 以及周维垣等学者将损伤力学引入力学学科以来，研究越来越受到重视，并取得了可喜的研究成果。在 20 世纪 90 年代以后，国内学者在大坝方面也开展了混凝土结构损伤分析。李兆霞[24]进行了混凝土大坝的损伤分析；刘华等[25]建立了损伤理论和破坏准则相结合的本构模型，并对拱坝拱冠梁做了分析；杜成斌等[26]对 Koyna 坝进行了损伤力学分析；张我华等[27,28]通过建立岩石和混凝土的弹脆性损伤模型，从连续损伤力学的观点研究了岩体结构在动力作用下的脆性损伤分析，并研究了不同岩基对重力坝体内损伤分布的影响。陈健云等[29]使用李庆斌等建立的动力损伤演化方程，改进并用于混凝土重力坝的地震响应分析；王向东等[30]利用解耦方法分析了施工期和蓄水期拱坝的静力损伤响应；周维垣等利用超 7 倍的水荷载，得到二滩拱坝的损伤分布和破坏模式。陈健云等[29,33]利用应变率相关的混凝土弹塑性损伤模型对含横缝的混凝土拱坝的非线性地震响应做了分析，结果表明应变率分布对高拱坝的动力响应影响不容忽略。

除混凝土宏观损伤研究之外，还有不少针对微、细观力学混凝土损伤的研究工作，如 Bazant[35]建立的微平面理论，Nobile[36]利用自洽方法研究了微观方面混凝土的损伤模型，所建立的公式仅适用于拟静态增加荷载；唐春安等[37]从事的是从细观方面研究混凝土和岩石等的损伤和破坏。Dragon 和 Halm 等[38]尝试在细观的多裂缝层次上描述各向异性降低，体积膨胀、非对称的强度影响；Wong Teng-fong 等从微观方面并考虑 Weibull 分布研究了脆性材料的压缩损伤破坏等。

2.3　混凝土开裂损伤过程试验

2.3.1　混凝土三点弯曲梁断裂试验与理论研究[39]

2.3.1.1　试验概况
（1）试件设计

为了探讨不同变化参数作用下标准混凝土三点弯曲梁试件的断裂特性，试验共设计了 13 组 52 根标准混凝土三点弯曲梁试件，主要变化参数包括强度等级（25MPa、35MPa、60MPa），试件宽度（80mm、120mm、160mm），初始缝高比（0.2、0.3、0.4、0.5），系统探讨不同变量对标准混凝土三点弯曲梁试件断裂参数的影响规律，具体设计情况如表 2.1 所示。

（2）试验材料

25 MPa 和 35 MPa 两种强度等级混凝土，其主要组成材料包括生活饮用水，P·O42.5 级水泥，细度模数为 2.6 的天然河砂，粒径大小从 5mm 到 20mm 连续颗粒级配的碎石，UC-Ⅱ型外加剂，拌制混凝土和砂浆用Ⅰ级粉煤灰，S95 高炉矿渣粉。采用统计评定方法测得 C25 混凝土 28 天检验均值为 29.7MPa；标准差为 2.56 MPa；标准值保证率 P（$f_{cu,I} \geqslant f_{cu,k}$）大于 95%。同样采用统计评定方法测得 C35 混凝土 28 天检验均值为 41.5MPa；标准差为 3.33 MPa；标准值

保证率 P ($f_{cu,I} \geq f_{cu,k}$) 大于 95%。

强度等级为 60MPa 的混凝土主要组成材料包括生活饮用水，P·Ⅱ52.5 级水泥，细度模数为 2.5 的中砂，粒径大小从 5mm 到 20mm 连续颗粒级配的碎石，JM-8 型外加剂，拌制混凝土和砂浆用的 Ⅰ 级粉煤灰，S95 高炉矿渣粉。采用非统计评定方法测得 28 天检验均值为 69.2 MPa；标准差为 0.68 MPa；标准值保证率 P ($f_{cu,I} \geq f_{cu,k}$) 大于 99.87%。

按照上述组成材料，C25、C35、C60 三种强度等级混凝土试件具体配合比如表 2.2 所示。

表 2.1 标准三点弯曲梁试件设计参数值

试件编号	强度等级/MPa	长/mm	宽/mm	高/mm	支座间跨度/mm	预制缝长/mm	缝高比	试件数
C25-02	25	1000	120	200	800	40	0.2	4
C25-03	25	1000	120	200	800	60	0.3	4
C25-04	25	1000	120	200	800	80	0.4	4
C25-05	25	1000	120	200	800	100	0.5	4
C35-02	35	1000	120	200	800	40	0.2	4
C35-03	35	1000	120	200	800	60	0.3	4
C35-04	35	1000	120	200	800	80	0.4	4
C35-05	35	1000	120	200	800	100	0.5	4
C35-80	35	1000	80	200	800	80	0.4	4
C35-120	35	1000	120	200	800	80	0.4	4
C35-160	35	1000	160	200	800	80	0.4	4
C60-03	60	1000	120	200	800	60	0.3	4
C60-04	60	1000	120	200	800	80	0.4	4

注：字母 C 表示混凝土，字母 C 后数字表示混凝土设计强度等级，横线后数字表示该组试件的变量。如：C25-02 表示缝高比为 0.2，设计强度等级为 25MPa 的标准混凝土三点弯曲梁试件；C35-80 表示试件宽度为 80mm，设计强度等级为 35MPa 的标准混凝土三点弯曲梁试件。

表 2.2 配合比

强度等级/MPa	水泥/10^2kg	粉煤灰/10^2kg	矿渣粉/10^2kg	外加剂/10^2kg	水胶比/%	砂/10^2kg	石/10^2kg	砂率/%
25	0.72	0.13	0.15	0.01	0.54	2.42	3.21	43
35	0.72	0.12	0.16	0.01	0.47	2.04	2.81	42
60	0.84	0.08	0.08	0.018	0.31	1.03	1.94	35

(3) 试件成型与养护

在标准混凝土三点弯曲梁试件浇筑过程中，除测试弹性模量和抗压强度的试件采用钢模板外，所有标准三点弯曲梁试件均采用满足刚度要求的木模板。初始预制裂缝采用厚度为 3mm，且带有 30°尖角的钢板预埋生成。试件浇筑完成后，根据强度等级、试件尺寸大小、初始预制裂缝长度等实际情况，对混凝土硬化情况进行实时观察，5～8h 内取出预埋钢板，形成中部带预制裂缝的标准三点弯曲梁试件，并于浇筑完成 24h 后拆除模板，所有试件按照表 2.1 设计情况进行编号，并摆放整齐，盖上麻袋，定期洒水，保证其湿度，进行室外养护 60 天。试件成型情况如图 2.2 所示。

(a) 浇筑模板　　　　　　　　(b) 浇筑过程

图 2.2　试件成型示意图

(4) 混凝土断裂测试系统

该系统包括由压力试验机、压力传感器和夹式引伸计组成的测量系统，由动态应变采集仪和计算机组成的数据采集处理系统，在压力试验机的平台上设有支撑混凝土试件的两支座和对称位于混凝土试件周侧的偶数根垫柱，垫柱上套装有伸出其顶端并高于压力传感器的弹簧。该方法是使顶板与平台相对移动时，顶板先接触弹簧后再接触压力传感器。当顶板接触到压力传感器时，控制加载到混凝土试件上的荷载以最低 1N/s 的加载速率持续加载直至混凝土试件开裂、失稳，直到破坏；同时采集荷载信号、应变信号并传送给计算机。采用该系统和方法可以获得精细的荷载-位移曲线，从而计算出精确的混凝土双 K 断裂参数。

① 试验机。本次开展的三点弯曲梁断裂试验均在南京水利科学研究院材料结构研究所结构大厅 5000kN 压力试验机上进行。试验机由加载架、承载下平台、移动支座组成。试验机与试件接触的两个支座点与加载点采用直径 30mm 的半圆钢作支点，并保证加载点及一个支座能滚动。试验装置见图 2.3。

② 动态应变测试系统。荷载及各测点的应变采用 DH-3817 型动态应变测试系统采集。该系统由数据采集箱、微型计算机及支持软件组成，可自动、准确、可靠、快速测量大型结构、模型及材料应力试验中多点的动静态应力应变值，最高动态采集频率为 200Hz。本次试验采用两台八通道动态应变测试系统串联，如图 2.4 所示，能够并行同步采集应变、荷载和张口位移值，能准确获取最大荷载值和裂缝最大张口位移值，并同时生成各采集值与时间的实时曲线。

(a) 传力装置图

(b) 拉压式传感器　　(c) 千分表

图 2.3　试验装置图

图 2.4　动态应变测试系统

③ 夹式引伸计。裂缝张开口位移由夹式引伸计测量，其标距为 12mm，变形测量范围为 $+4\sim-1.0$mm，阻值为 350Ω，并且采用全桥应变仪设计，适合 50Hz 以上的高频试验，允许引伸计输出连接到数据采集板、图表记录仪或其它设备上，与试验中的动态采集仪相匹配。同时它最高精度可达 0.0002mm，较之文献中规定"位移的量测分辨率不低于 0.0005mm"具有更高的精度。夹持测量仪可以直接用在试样上，稳定性也很高。

图 2.5　夹式引伸计位置图

通常夹式引伸计为倒置安装在切口处，此时就要计算刀口薄钢板的厚度。在本次试验中，刀口反置紧贴于试件表面，然后将夹式引伸计嵌入刀口内，这样就不用计算刀口厚度，直接测得实际的裂缝张口位移，省去一个参数。试验对比证明该方法测得的同一个试件的弹性阶段张口位移曲线几乎无差别。如图 2.5 所示。

2.3.1.2　断裂过程区能量耗散值

1976 年 Hillerborg 通过直接拉伸试验解释了混凝土软化本构关系，并将断裂能定义为软化曲线与横坐标所包围的面积[34]，用数学表达式可表示为：

$$G_{\mathrm{f}}(x) = \int_0^{\omega_0} \sigma(\omega) \mathrm{d}\omega \tag{2.2}$$

根据 Hillerborg 的断裂能定义，现定义在任意的位置 x 处，裂缝从零扩展到 ω_x 的过程中克服骨料黏聚力的约束而需要消耗的能量为局部断裂能，并记为 $g_{\mathrm{f}}(x)$，则其表达式为：

$$g_{\mathrm{f}}(x) = \int_0^{\omega_x} \sigma(\omega) \mathrm{d}\omega \tag{2.3}$$

根据式（2.3）求得断裂过程区内任意位置的局部断裂能后，在 a_0 到 a 上积分，可以求得裂缝从 a_0 扩张到 a 的过程中克服黏聚力所消耗的能量，即：

$$T = \int_{a_0}^a g_{\mathrm{f}}(x) \mathrm{d}x = \int_{a_0}^a \int_0^{\omega_x} \sigma(\omega) \mathrm{d}\omega \mathrm{d}x \tag{2.4}$$

假设沿着试件厚度方向裂缝的扩展长度一致，且材料特性相同，则断裂过程区的断裂能为：

$$G_{\mathrm{f}} = \frac{1}{a - a_0} \int_{a_0}^a \int_0^{\omega_x} \sigma(\omega) \mathrm{d}\omega \mathrm{d}x \tag{2.5}$$

则混凝土断裂能的计算便转化为上述定积分的求解。

（1）当 $a_0 \leqslant a \leqslant a_{\mathrm{s}}$ 时

若裂缝落在该区间，黏聚力分布如图 2.6 所示，则裂缝从 a_0 扩展到 a 所消耗的能量为：

$$T = f_t \int_{a_0}^a \omega_x \mathrm{d}x - \frac{f_t - \sigma_{\mathrm{s}}}{2\omega_{\mathrm{s}}} \int_{a_0}^a \omega_x^2 \mathrm{d}x \tag{2.6}$$

令 $\beta_0 = \dfrac{a_0}{a}$，$A = \dfrac{1.149a}{h} - 0.081$，$T_1 = f_t \displaystyle\int_{a_0}^a \omega_x \mathrm{d}x$，$T_2 = \dfrac{f_t - \sigma_{\mathrm{s}}}{2\omega_{\mathrm{s}}} \displaystyle\int_{a_0}^a \omega_x^2 \mathrm{d}x$，并将式（2.6）代入后进行高斯积分，则：

$$T_1 = \frac{1}{4} a (1 - \beta_0)^{1.5} \times CMOD \times f_t \times \left[f\left(\frac{\sqrt{3}}{3}\right) + f\left(\frac{-\sqrt{3}}{3}\right) \right] \tag{2.7}$$

式中，$f(t) = \sqrt{(1-t) \left[2 - A (1 + t + \beta_0 - \beta_0 t) \right]}$。

$$T_2 = \frac{f_t - \sigma_{\mathrm{s}}}{2\omega_{\mathrm{s}}} \times CMOD^2 \times a (1 - \beta_0) \left[1 - \frac{1+A}{2} (1 + \beta_0) + \frac{A}{3} (1 + \beta_0 + \beta_0^2) \right] \tag{2.8}$$

则断裂能的表达式为：

$$G_{\mathrm{f}} = \frac{T_1 + T_2}{a - a_0} = \frac{1}{a - a_0} \left\{ \frac{1}{4} a (1 - \beta_0)^{1.5} \times CMOD \times f_t \times \left[f\left(\frac{\sqrt{3}}{3}\right) + \right. \right.$$
$$\left. f\left(\frac{-\sqrt{3}}{3}\right) \right] + \frac{f_t - \sigma_{\mathrm{s}}}{2\omega_{\mathrm{s}}} \times CMOD^2 \times a (1 - \beta_0) \left[1 - \frac{1+A}{2} (1 + \beta_0) + \right.$$
$$\left. \left. \frac{A}{3} (1 + \beta_0 + \beta_0^2) \right] \right\} \tag{2.9}$$

式中，$\beta_0 = \dfrac{a_0}{a}$，$A = \dfrac{1.149a}{h} - 0.081$，

$$f(t) = \sqrt{(1-t)\left[2 - A(1+t+\beta_0 - \beta_0 t)\right]}.$$

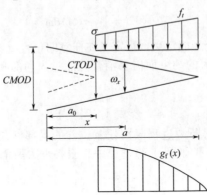

图 2.6　当 $CTOD \leqslant \omega_s$ 时黏聚力分布图

(2) 当 $a_0 \leqslant a_s \leqslant a \leqslant a_{\omega_0}$ 时

如果裂缝长度落在该区间，则 $\omega_s \leqslant CTOD \leqslant \omega_0$，黏聚力被分成两部分，如图 2.7 所示，在区段 $[a_0, a_s]$ 与 $[a_s, a]$ 内的表达式也不一样。当裂缝上下表面的张开位移在 $[0, \omega_s]$ 区段内时，局部断裂能为：

$$g_{f_1}(x) = f_t \omega_x - \frac{\omega_x^2}{2\omega_s}(f_t - \sigma_s) \tag{2.10}$$

当裂缝上下表面的张开位移在 $[\omega_s, CTOD]$ 区段内时，局部断裂能为：

$$g_{f_2}(x) = \frac{\omega_s}{2}(f_t + \sigma_s) + \left(\frac{\sigma_s}{\omega_0 - \sigma_s}\omega_0 \omega_x - \frac{1}{2}\omega_x^2 - \omega_0 \omega_s + \frac{1}{2}\omega_s^2\right) \tag{2.11}$$

则裂缝从 a_0 扩展到 a 所消耗的能量为：

$$T = \int_{a_0}^{a_s} \frac{\sigma_s}{\omega_0 - \omega_s}\left(\omega_0 \omega_x - \frac{1}{2}\omega_x^2 - \omega_0 \omega_s + \frac{1}{2}\omega_s^2\right)\mathrm{d}x +$$

$$\int_{a_0}^{a_s} \frac{f_t + \sigma_s}{2}\omega_s \mathrm{d}x + \int_{a_s}^{a}\left[f_t \omega_x - \frac{\omega_x^2}{2\omega_s}(f_t - \sigma_s)\right]\mathrm{d}x \tag{2.12}$$

令 $\beta_0 = \dfrac{a_0}{a}$，$\beta_s = \dfrac{a_s}{a}$，$B = \beta_s - \beta_0$，$C = \dfrac{\beta_s + \beta_0}{\beta_s - \beta_0}$，$A = \dfrac{1.149a}{h} - 0.081$，$T_1$

$= \displaystyle\int_{a_0}^{a_s} \frac{f_t + \sigma_s}{2}\omega_s \mathrm{d}x$，$T_2 = \dfrac{\sigma_s}{\omega_0 - \omega_s}\displaystyle\int_{a_0}^{a_s}\left(\omega_0 \omega_x - \frac{1}{2}\omega_x^2 - \omega_0 \omega_s + \frac{1}{2}\omega_s^2\right)\mathrm{d}x$，$T_3$

$= \displaystyle\int_{a_s}^{a}\left[f_t \omega_x - \frac{\omega_x^2}{2\omega_s}(f_t - \sigma_s)\right]\mathrm{d}x$，并将式 (2.10)、式 (2.11) 与式 (2.12) 代入后进行高斯积分，则：

$$T_1 = \frac{\omega_s}{2}(f_t + \sigma_s)(a_s - a_0) \tag{2.13}$$

$$T_2 = \frac{\sigma_s a B}{\omega_0 - \omega_s} \{ \frac{\omega_0 CMOD}{4} [f_1(\frac{\sqrt{3}}{3}) + f_1(\frac{-\sqrt{3}}{3})] -$$

$$\frac{CMOD^2}{2} g_1(\beta) - \omega_0 \omega_s + \frac{\omega_s^2}{2} \} \qquad (2.14)$$

式中，$f_1(t) = \sqrt{4 - 2B(1+A)(t+C) + AB^2(t+C)^2}$，$g_1(\beta) = 1 - \frac{1+A}{2}$
$(\beta_s + \beta_0) + \frac{A}{3}(\beta_s^2 + \beta_s\beta_0 + \beta_0^2)$。

$$T_3 = \frac{a \times f_t \times CMOD}{4} (1-\beta_s)^{1.5} [f_2(\frac{\sqrt{3}}{3}) + f_2(\frac{-\sqrt{3}}{3})] -$$

$$\frac{a \times CMOD^2}{2\omega_s} (f_t - \sigma_s) g_2(\beta_s) \qquad (2.15)$$

式中，$f_2(t) = \sqrt{(1-t)[2-A(1+t+\beta_s-\beta_s t)]}$，$g_2(\beta_s) = (1-\beta_s)$
$[1 - \frac{1+A}{2}(1+\beta_s) + \frac{A}{3}(1+\beta_s+\beta_s^2)]$。

则断裂能的表达式为：

$$G_f = \frac{T_1 + T_2 + T_3}{a - a_0} = \frac{1}{a - a_0} \{ \frac{\omega_s(f_t + \sigma_s)(a_s - a_0)}{2} - \frac{CMOD^2 g_1(\beta)}{2} +$$

$$\frac{\sigma_s a B}{\omega_0 - \omega_s} \{ \frac{\omega_0 CMOD}{4} [f_1(\frac{\sqrt{3}}{3}) + f_1(\frac{-\sqrt{3}}{3})] - \omega_0 \omega_s + \frac{\omega_s^2}{2} \} +$$

$$\frac{a \times f_t \times CMOD}{4} (1-\beta_s)^{1.5} [f_2(\frac{\sqrt{3}}{3}) + f_2(\frac{-\sqrt{3}}{3})] -$$

$$\frac{a \times CMOD^2}{2\omega_s} (f_t - \sigma_s) g_2(\beta_s) \} \qquad (2.16)$$

式中，$\beta_0 = \frac{a_0}{a}$，$\beta_s = \frac{a_s}{a}$，$A = \frac{1.149a}{h} - 0.081$，$B = \beta_s - \beta_0$，$C = \frac{\beta_s + \beta_0}{\beta_s - \beta_0}$，

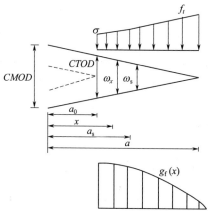

图 2.7　当 $\omega_s \leqslant CTOD \leqslant \omega_0$ 时黏聚力分布图

$$f_1(t) = \sqrt{4 - 2B(1+A)(t+C) + AB^2(t+C)^2},$$

$$g_1(\beta) = 1 - \frac{1+A}{2}(\beta_s + \beta_0) + \frac{A}{3}(\beta_s^2 + \beta_s\beta_0 + \beta_0^2),$$

$$f_2(t) = \sqrt{(1-t)[2 - A(1+t+\beta_s - \beta_s t)]},$$

$$g_2(\beta_s) = (1-\beta_s)[1 - \frac{1+A}{2}(1+\beta_s) + \frac{A}{3}(1+\beta_s+\beta_s^2)].$$

(3) 当 $a_{\omega_0} \leqslant a$ 时

如果裂缝落在该区间内，则 $\omega_0 \leqslant CTOD$，出现无黏聚应力的裂缝，此时认为宏观裂缝开始向前扩展，黏聚力的分布被分成三个区段 $[a_0, a_{\omega_0}]$、$[a_{\omega_0}, a_s]$ 与 $[a_s, a]$，如图 2.8 所示。当裂缝上下表面的张开位移在 $[0, \omega_s]$ 与 $[\omega_s, \omega_0]$ 区段内时，同理可求得各区段内的局部断裂能分别为：

$$g_{f_1}(x) = f_t\omega_x - \frac{\omega_x^2}{2\omega_s}(f_t - \sigma_s) \tag{2.17}$$

$$g_{f_2}(x) = \frac{\omega_s}{2}(f_t + \sigma_s) + \frac{\sigma_s}{\omega_0 - \omega_s}(\omega_0\omega_x - \frac{1}{2}\omega_x^2 - \omega_0\omega_s + \frac{1}{2}\omega_s^2) \tag{2.18}$$

当裂缝上下表面的张开位移在 $[\omega_0, CTOD]$ 区段内时，局部断裂能为：

$$g_{f_3}(x) = \frac{1}{2}[\omega_s(f_t + \sigma_s) + \sigma_s(\omega_0 - \omega_s)] \tag{2.19}$$

则裂缝从 a_0 扩展到 a 所消耗的能量为：

$$T = \frac{1}{2}\int_{a_0}^{a_{\omega_0}}[\omega_s(f_t + \sigma_s) + \sigma_s(\omega_0 - \omega_s)]dx + \int_{a_s}^{a}[f_t\omega_x - \frac{\omega_x^2}{2\omega_s}(f_t - \sigma_s)]dx +$$

$$\int_{a_{\omega_0}}^{a_s}[\frac{\omega_s}{2}(f_t + \sigma_s) + \frac{\sigma_s}{\omega_0 - \omega_s}(\omega_0\omega_x - \frac{1}{2}\omega_x^2 - \omega_0\omega_s + \frac{1}{2}\omega_s^2)]dx \tag{2.20}$$

令 $\beta_0 = \frac{a_0}{a}$，$\beta_s = \frac{a_s}{a}$，$\beta_{\omega_0} = \frac{a_{\omega_0}}{a}$，$A = \frac{1.149a}{h} - 0.081$，$B = \beta_s - \beta_0$，$C = \frac{\beta_s + \beta_0}{\beta_s - \beta_0}$，$T_1 = \int_{a_s}^{a} g_{f_1}(x)dx$，$T_2 = \int_{a_{\omega_0}}^{a_s} g_{f_2}(x)dx$，$T_3 = \int_{a_0}^{a_{\omega_0}} g_{f_3}(x)dx$，并将式 (2.17)、式 (2.18) 与式 (2.19) 代入后进行高斯积分，则：

$$T_1 = \frac{a \times f_t \times CMOD}{4}(1-\beta_s)^{1.5}[f_1(\frac{\sqrt{3}}{3}) + f_1(\frac{-\sqrt{3}}{3})] -$$

$$\frac{a \times CMOD^2}{2\omega_s}(f_t - \sigma_s)g_1(\beta_s) \tag{2.21}$$

式中，$f_1(t) = \sqrt{(1-t)[2 - A(1+t+\beta_s - \beta_s t)]}$，

$g_1(\beta_s) = (1-\beta_s)[1 - \frac{1+A}{2}(1+\beta_s) + \frac{A}{3}(1+\beta_s+\beta_s^2)]$。

$$T_2 = \frac{aB\omega_s}{2}(f_t + \sigma_s) + \frac{\sigma_s aB}{\omega_0 - \omega_s}\{\frac{\omega_0 \times CMOD}{4}[f_2(\frac{\sqrt{3}}{3}) + f_2(\frac{-\sqrt{3}}{3})] -$$

$$\frac{CMOD^2}{2}g_2(\beta) - (\omega_0\omega_s - \frac{\omega_s^2}{2})\} \qquad (2.22)$$

式中，$f_2(t) = \sqrt{4 - 2B(1+A)(t+C) + AB^2(t+C)^2}$，

$g_2(\beta) = 1 - \frac{1+A}{2}(\beta_s + \beta_{\omega_0}) + \frac{A}{3}(\beta_s^2 + \beta_s\beta_{\omega_0} + \beta_{\omega_0}^2)$。

$$T_3 = \frac{1}{2}(a_{\omega_0} - a_0)(\omega_s f_t + \omega_0 \sigma_s) \qquad (2.23)$$

则断裂能表达式为：

$$G_f = \frac{T_1 + T_2 + T_3}{a - a_0} = \frac{1}{a - a_0}\{\frac{(a_{\omega_0} - a_0)(\omega_s f_t + \omega_0 \sigma_s)}{2} + \frac{CMOD^2}{2}$$

$$\{\frac{af_t(1-\beta_s)^{1.5}}{2CMOD}[f_1(\frac{\sqrt{3}}{3}) + f_1(\frac{-\sqrt{3}}{3})] - \frac{a \times g_1(\beta_s)(f_t - \sigma_s)}{\omega_s}\} +$$

$$\frac{aB\omega_s}{2}(f_t + \sigma_s) + \frac{\sigma_s aB}{\omega_0 - \omega_s}\{\frac{\omega_0 \times CMOD}{4}[f_2(\frac{\sqrt{3}}{3}) + f_2(\frac{-\sqrt{3}}{3})] -$$

$$\frac{CMOD^2}{2}g_2(\beta) - \omega_0\omega_s + \frac{\omega_s^2}{2}\}\} \qquad (2.24)$$

式中，$\beta_0 = \frac{a_0}{a}$，$\beta_s = \frac{a_s}{a}$，$\beta_{\omega_0} = \frac{a_{\omega_0}}{a}$，$A = \frac{1.149a}{h} - 0.081$，$B = \beta_s - \beta_0$，$C = \frac{\beta_s + \beta_0}{\beta_s - \beta_0}$，$f_1(t) = \sqrt{(1-t)[2 - A(1 + t + \beta_s - \beta_s t)]}$，

$g_1(\beta_s) = (1 - \beta_s)[1 - \frac{1+A}{2}(1 + \beta_s) + \frac{A}{3}(1 + \beta_s + \beta_s^2)]$，

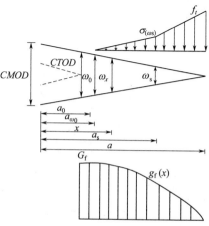

图 2.8　当 $\omega_0 \leqslant CTOD$ 时黏聚力分布图

$$f_2(t) = \sqrt{4 - 2B(1+A)(t+C) + AB^2(t+C)^2},$$

$$g_2(\beta) = 1 - \frac{1+A}{2}(\beta_s + \beta_{\omega_0}) + \frac{A}{3}(\beta_s^2 + \beta_s \beta_{\omega_0} + \beta_{\omega_0}^2).$$

2.3.1.3 试验计算结果与影响参数分析

(1) 强度等级对标准混凝土三点弯曲梁断裂特性的影响

基于线性渐近叠加的假设，用试验测得的临界裂缝张开位移 $CMOD_C$ 和最大荷载 F_{max}，按照式（2.5）计算出临界有效裂缝长度 a_c，采用裂缝尖端两侧粘贴的应变片，根据起裂荷载的确定方法求得每个试件的起裂荷载 F_{ini}，将 F_{ini}、a_0 以及 F_{max}、a_c 分别代入式（2.1）和式（2.3）计算出标准混凝土三点弯曲梁试件双 K 断裂参数 K_{IC}^{ini} 和 K_{IC}^{un}。

当混凝土材料应力场强度因子增大到某一临界值时，裂纹便失稳扩展而导致材料断裂，这个临界或失稳扩展的应力场强度因子即为断裂韧度。断裂韧度反映了混凝土材料抵抗裂纹开裂或失稳扩展的能力，是材料的力学性能指标。在讨论不同变量对混凝土结构失稳破坏影响的同时，还探讨了不同变量对混凝土结构裂缝起裂的影响，即起裂断裂韧度和失稳断裂韧度。由图 2.9 设计强度等级对标准混凝土三点弯曲梁试件起裂断裂韧度和失稳断裂韧度的影响关系可知，不管是起裂断裂韧度，还是失稳断裂韧度，在缝高比相同的三组试件中，均不随设计强度

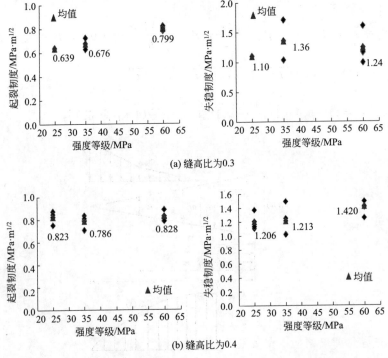

(a) 缝高比为0.3

(b) 缝高比为0.4

图 2.9 不同强度等级标准混凝土三点弯曲梁试件对断裂韧度的影响

等级的变化而变化，即相同缝高比的标准混凝土三点弯曲梁试件，其双 K 断裂韧度不随设计强度等级的变化而变化，可以认为是一个常数。

（2）缝高比对标准混凝土三点弯曲梁断裂特性的影响

根据不同缝高比标准混凝土三点弯曲梁试件荷载应变 F-ε 曲线、荷载裂缝张口位移 F-CMOD 曲线，分别求出不同初始缝高比下标准混凝土三点弯曲梁各试件的起裂荷载值、最大荷载值以及最大荷载值对应的裂缝张开口位移值；将起裂荷载值和最大荷载值代入标准混凝土三点弯曲梁断裂参数的计算公式中，分别求出不同初始缝高比各试件的起裂断裂韧度值和失稳断裂韧度值。

由于在试件浇筑、拔出钢板生成预制裂缝、搬运、加载等试验过程中不可避免地会出现一些失误，造成部分试件损坏或者测量数据偏差过大，故在试验结果中将其剔除。

图 2.10（a）、（b）分别为 C25 与 C35 两种设计强度等级下，相同尺寸标准混凝土三点弯曲梁试件起裂断裂韧度与失稳断裂韧度随初始设计缝高比的变化图。由图可知，C25 和 C35 的起裂断裂韧度值均在 $0.3775 \sim 0.6460$ MPa·m$^{1/2}$ 之间，失稳断裂韧度值均在 $0.6265 \sim 1.0672$ MPa·m$^{1/2}$ 之间；当标准混凝土三点弯曲梁试件初始设计缝高比由 0.2 变化到 0.5 时，C25 对应的失稳断裂韧度值分别为：0.8688 MPa·m$^{1/2}$、0.7749 MPa·m$^{1/2}$、0.7718 MPa·m$^{1/2}$、1.0672 MPa·m$^{1/2}$；C35 对应的失稳断裂韧度值分别为：0.7589 MPa·m$^{1/2}$、0.9298 MPa·m$^{1/2}$、0.7554 MPa·m$^{1/2}$、0.9425 MPa·m$^{1/2}$。尽管两个强度等级下起裂断裂韧度与失稳断裂韧度随初始设计缝高比的变化表现出微弱的增加趋势，但是由于试验过程中存在不可避免的误差，致使部分数据与实际值存在一定差别，除 C25-03 起裂断裂韧度值偏小外，相同强度等级的标准混凝土三点弯曲梁试件，缝高比从 0.2 变化到 0.5 时，其起裂断裂韧度值和失稳断裂韧度值差别很小，可以认为是一个常数。

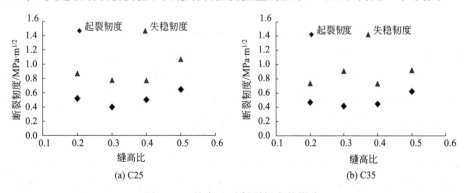

图 2.10　缝高比对断裂韧度的影响

（3）试件宽度对标准混凝土三点弯曲梁断裂特性的影响

《水工混凝土断裂试验规程》（DL/T 5332—2005）中不仅给出了标准混凝土

三点弯曲梁试件断裂韧度的试验过程和计算方法，同时还在说明条文中给出了非标准混凝土试件与标准试件断裂韧度之间的换算公式。由式（2.25）可知，混凝土三点弯曲梁试件的断裂韧度不仅与非标准试件的高度 h 有关，同时还与三点弯曲梁试件的体积 V 有关。然而，当试件设计跨度值一定时，三点弯曲梁试件体积除了与试件高度 h 有关外，还与试件的宽度 t 有关，因此，除了研究非标准试件高度对混凝土三点弯曲梁试件断裂韧度的影响外[40,41]，开展试件宽度对混凝土断裂韧度的影响的研究也是非常有必要的[42]。

$$K_{IC}^{标准} = \left(\frac{V_{非标准}}{V_{标准}}\right)^{1/a} \left(\frac{h_{标准}}{h_{非标准}}\right)^{1/2} K_{IC}^{非标准} \qquad (2.25)$$

根据不同试件宽度的标准混凝土三点弯曲梁试件荷载应变关系曲线（F-ε 曲线）和荷载裂缝张口位移曲线（F-$CMOD$ 曲线），分别求出每个三点弯曲梁试件的起裂荷载值 F_{ini}、最大荷载值 F_{max} 以及最大荷载值对应的裂缝张口位移值 $CMOD_c$，求出各试件的临界有效裂缝长度 a_c、起裂断裂韧度值 K_{IC}^{ini} 和失稳断裂韧度值 K_{IC}^{un}。

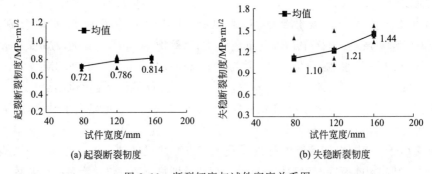

(a) 起裂断裂韧度　　　　　　　　(b) 失稳断裂韧度

图 2.11　断裂韧度与试件宽度关系图

作为裂缝缝端材料真实性能并反映材料抵抗裂缝扩展能力的断裂韧度值，在进行混凝土断裂研究时是一个必不可少的考虑因素。因此，图 2.11 给出了不同试件宽度情况下标准混凝土三点弯曲梁试件起裂断裂韧度和失稳断裂韧度的变化情况，并给出了三种试件宽度分别对应的起裂韧度与失稳韧度的平均值。徐世烺教授在进行不同变量对混凝土断裂韧度影响的研究时提出，试件高度大于 200mm 时，混凝土双 K 断裂参数值是稳定的断裂参数[43]。然而，由图 2.11 可知，不同于试件高度，试件宽度对双 K 断裂韧度具有一定的影响，主要表现为：在试件高度相同条件下，试件设计宽度值越大，所对应的起裂断裂韧度和失稳断裂韧度均越大，即三点弯曲梁作用下混凝土试件的双 K 断裂韧度值随试件宽度值的增加而增大。对应试件宽度值为 80mm、120mm、160mm，相应的三点弯曲梁试件起裂断裂韧度值分别为 0.7214MPa·m$^{1/2}$、0.7857MPa·m$^{1/2}$、

$0.8140\mathrm{MPa \cdot m^{1/2}}$，失稳断裂韧度值分别为 $1.1093\mathrm{MPa \cdot m^{1/2}}$、$1.2161\mathrm{MPa \cdot m^{1/2}}$、$1.4477\mathrm{MPa \cdot m^{1/2}}$。相对于宽度为 80mm 的三点弯曲梁试件，当试件宽度增加到 120mm 时，起裂断裂韧度和失稳断裂韧度分别提高了 8.9% 和 9.6%；当试件宽度增加到 160mm 时，起裂断裂韧度和失稳断裂韧度分别提高了 12.8% 和 30.5%。

2.3.2　标准钢筋混凝土弯曲梁断裂特性试验与理论研究

2.3.2.1　钢筋混凝土断裂参数计算模型

(1) 荷载产生的应力强度因子

由于假定钢筋与混凝土之间粘结牢固，不考虑钢筋与混凝土之间的黏结滑移对断裂韧度的影响，故标准钢筋混凝土三点弯曲梁起裂以及失稳破坏时，由荷载作用产生的应力强度因子均可通过《水工混凝土断裂试验规程》（DL/T 5332—2005）进行计算。

$$K_{\mathrm{IF}}^{\mathrm{ini}} = \frac{1.5(F^{\mathrm{ini}} + \dfrac{mg}{2} \times 10^{-2}) \times 10^{-3} S a_0^{1/2}}{t h^2} f(\alpha) \qquad (2.26)$$

式中，$f(\alpha) = \dfrac{1.99 - \alpha (1-\alpha)(2.15 - 3.93\alpha + 2.7\alpha^2)}{(1+2\alpha)(1-\alpha)^{3/2}}$，$\alpha = \dfrac{a_0}{h}$。

$$K_{\mathrm{IF}}^{\mathrm{un}} = \frac{1.5(F^{\mathrm{un}} + \dfrac{mg}{2} \times 10^{-2}) \times 10^{-3} S a_c^{1/2}}{t h^2} f(\alpha) \qquad (2.27)$$

式中，$f(\alpha) = \dfrac{1.99 - \alpha (1-\alpha)(2.15 - 3.93\alpha + 2.7\alpha^2)}{(1+2\alpha)(1-\alpha)^{3/2}}$，$\alpha = \dfrac{a_c}{h}$。

F^{ini} 为标准钢筋混凝土三点弯曲梁起裂荷载；m 为试件支座间的质量（用试件总质量按 S/L 比折算）；g 为重力加速度；S 为试件两支座间的跨度；a_0 为初始预制裂缝长度；t 为试件厚度；h 为试件高度；F^{un} 为标准钢筋混凝土三点弯曲梁失稳荷载；a_c 为标准钢筋混凝土三点弯曲梁失稳时刻所对应的有效裂缝长度值。

(2) 钢筋产生的应力强度因子

标准钢筋混凝土三点弯曲梁试件起裂时钢筋产生的应力强度因子为：

$$K_{\mathrm{IS}}^{\mathrm{ini}} = \frac{2F_s^{\mathrm{ini}}/b}{\sqrt{\pi a_0}} F(\frac{c}{a_0}, \frac{a_0}{h}) \qquad (2.28)$$

$$F(\eta, \zeta) = \frac{3.52(1-\eta)}{(1-\zeta)^{3/2}} - \frac{4.35 - 5.28\eta}{(1-\zeta)^{1/2}} +$$

$$\left[\frac{1.30 - 0.30\eta^{3/2}}{(1-\eta^2)^{1/2}} + 0.83 - 1.76\eta\right] \times \left[1 - (1-\eta)\zeta\right] \qquad (2.29)$$

式中，$\eta=\dfrac{c}{a_0}$，$\zeta=\dfrac{a_0}{h}$，F_s^{ini} 是标准钢筋混凝土三点弯曲梁试件开始起裂时所对应的钢筋作用力；c 是钢筋中心距试件底边的距离。

由于钢筋的作用力对裂缝起闭合作用，因此 $K_{\text{IS}}^{\text{ini}}$ 为负值。

在钢筋混凝土试件预制裂缝刚开始起裂时，钢筋仍处于弹性变形范围内，此时钢筋的作用力 F_s^{ini} 可以由钢筋的应变 $\varepsilon_s^{\text{ini}}$ 以及相应的钢筋应力 σ_s^{ini} 代入胡克定律求得，即：

$$\sigma_s^{\text{ini}}=E_s\varepsilon_s^{\text{ini}} \tag{2.30}$$

$$F_s^{\text{ini}}=\sigma_s^{\text{ini}}A_0 \tag{2.31}$$

式中，E_s 为钢筋混凝土基体结构弹性模量；A_0 为钢筋的截面面积。

对应钢筋混凝土三点弯曲梁试件预制裂缝起裂时钢筋产生的应力强度因子 $K_{\text{IS}}^{\text{ini}}$，$K_{\text{IS}}^{\text{un}}$ 是钢筋混凝土三点弯曲梁试件失稳破坏时裂缝尖端由钢筋作用产生的应力强度因子，相应的计算公式如下：

$$K_{\text{IS}}^{\text{un}}=-\frac{2F_s^{\text{un}}/b}{\sqrt{\pi a_c}}F_2\left(\frac{c}{a_c},\ \frac{a_c}{h}\right) \tag{2.32}$$

$$F_2\left(\frac{c}{a_c},\ \frac{a_c}{h}\right)=\frac{3.52(1-c/a_c)}{(1-a_c/h)^{3/2}}-\frac{4.35-5.28c/a_c}{(1-a_c/h)^{1/2}}+$$

$$\left\{\frac{1.30-0.30(c/a_c)^{3/2}}{[1-(c/a_c)^2]^{1/2}}+0.83-1.76c/a_c\right\}\times[1-(1-c/a_c)a_c/h]$$

$$\tag{2.33}$$

式中，F_s^{un} 为标准钢筋混凝土三点弯曲梁试件裂缝开始失稳扩展时所对应的钢筋作用力。

此时，如果钢筋屈服，钢筋的应力 σ_s^{un} 为钢筋的屈服强度 f_y［见式（2.34）］；如果钢筋没有屈服，则钢筋的作用力 F_s^{un} 采用式（2.35）按照失稳扩展时相应的钢筋应变 $\varepsilon_s^{\text{un}}$ 计算求得，即

钢筋屈服时：

$$F_s^{\text{un}}=\sigma_s^{\text{un}}A_0=f_yA_0 \tag{2.34}$$

钢筋尚未屈服时：

$$F_s^{\text{un}}=\sigma_s^{\text{un}}A_0=E_s\varepsilon_s^{\text{un}}A_0 \tag{2.35}$$

(3) 有效裂缝长度的确定

当标准钢筋混凝土三点弯曲梁试件失稳扩展时，计算荷载产生的应力强度因子 $K_{\text{IF}}^{\text{un}}$ 和钢筋作用产生的应力强度因子 $K_{\text{IS}}^{\text{un}}$ 均要用到临界有效裂缝长度值 a_c，因此，准确地确定临界有效裂缝长度 a_c 的值，对求得标准钢筋混凝土三点弯曲梁试件的试验结果非常重要。

由于裂缝口张开位移（CMOD）的测定相对简便，因此，可以通过

$tE\dfrac{CMOD}{F}$ 与 $\dfrac{a_{c}}{h}$ 之间存在如下的函数关系,确定临界有效裂缝长度值 a_{c}:

$$tE\frac{CMOD}{F}=\alpha+\beta\tan^{2}\left(\frac{\pi}{2}\times\frac{a_{c}}{h}\right) \tag{2.36}$$

由式(2.36)可知,只要确定了系数 α 和 β 的值,便可以通过对 $tE\dfrac{CMOD}{F}$ 的测定,由式(2.37)求得任意时刻的临界有效裂缝长度 a_{c}。

$$a_{c}=\frac{2}{\pi}h\arctan\sqrt{\frac{tE}{\beta F}CMOD-\frac{\alpha}{\beta}} \tag{2.37}$$

式中,E 为钢筋混凝土三点弯曲梁的弹性模量,与标准混凝土三点弯曲梁计算所得的弹性模量相一致。

2.3.2.2 试验与结果分析

采用粘贴应变片的方法求得每个标准钢筋混凝土三点弯曲梁试件的起裂荷载值 F^{ini},将求得的起裂荷载 F^{ini} 代入式(2.26)计算出荷载值所产生的起裂断裂韧度值 K_{IF}^{ini},并根据荷载裂缝张口位移曲线 $F\text{-}CMOD$ 读取每个试件的最大荷载 F^{un} 以及最大荷载所对应的裂缝口张开位移,代入式(2.27)计算出荷载值所产生的失稳断裂韧度值 K_{IF}^{un}。

根据 F^{ini}、F^{un} 对应的钢筋应变,判断钢筋是否屈服。若钢筋屈服或者未屈服,则将钢筋应变以及相应的荷载值分别代入式(2.34)或者式(2.35),分别计算出试件起裂时刻钢筋的荷载值 F_{s}^{ini} 和试件失稳时刻钢筋的荷载值 F_{s}^{un},并将 F_{s}^{ini}、F_{s}^{un} 分别代入式(2.28)和式(2.32)求出试件起裂、失稳时刻钢筋产生的断裂韧度值 K_{IS}^{ini}、K_{IS}^{un}。

将计算结果分别作为标准钢筋混凝土三点弯曲梁试件起裂断裂韧度 K_{I}^{ini} 与失稳断裂韧度 K_{I}^{un},由于试验过程中不可避免地会出现一些误差,剔除偏离均值较大的试验数据。

对比标准钢筋混凝土三点弯曲梁试件初始设计缝高比对荷载值的影响分析图,为了进一步考虑初始缝高比对标准钢筋混凝土三点弯曲梁试件起裂断裂韧度与失稳断裂韧度的影响,图 2.12(a)和(b)分别给出了标准钢筋混凝土三点弯曲梁试件起裂断裂韧度和失稳断裂韧度随初始设计缝高比的变化趋势图。

由图可知,当缝高比从 0.2 变化到 0.5 时,标准钢筋混凝土三点弯曲梁试件的起裂断裂韧度值分别为 0.5888MPa·m$^{1/2}$、0.5949MPa·m$^{1/2}$、0.6696MPa·m$^{1/2}$、0.6630MPa·m$^{1/2}$,失稳断裂韧度值分别为 1.0951 MPa·m$^{1/2}$、1.1278 MPa·m$^{1/2}$、1.1732 MPa·m$^{1/2}$、1.1053 MPa·m$^{1/2}$。即标准钢筋混凝土三点弯曲梁试件起裂断裂韧度值处于 0.6 MPa·m$^{1/2}$ 左右,失稳断裂韧度值处于 1.1MPa·m$^{1/2}$ 左右,且标准钢筋混凝土三点弯曲梁试件起裂断裂韧度和失稳断裂韧度均不随缝高比的变化而变化，均可认为是一个常数。对比标准混凝土三点弯曲梁试件断裂韧度与初始缝高比无关的结论[44]，标准钢筋混凝土三点弯曲梁试件表现出与标准混凝土三点弯曲梁试件一致的结论[45~51]。

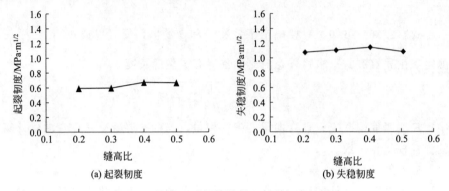

图 2.12　缝高比对钢筋混凝土断裂韧度的影响

经过对标准钢筋混凝土三点弯曲梁试件起裂荷载、最大荷载、起裂荷载与最大荷载的比值、起裂断裂韧度、失稳断裂韧度的分析发现，随着缝高比的变化，标准钢筋混凝土三点弯曲梁断裂试验结果与标准混凝土三点弯曲梁断裂试验总体变化趋势一致。

2.3.3　非标准弯曲梁断裂特性试验与理论研究

2.3.3.1　非标准混凝土三点弯曲梁

(1) 非标准混凝土三点弯曲梁断裂参数计算模型

对于带预制裂缝的三点弯曲梁试件，当跨高比为 4 时，《水工混凝土断裂试验规程》（DL/T 5332—2005）给出了双 K 断裂韧度计算过程；若跨高比不为 4 时，目前还没有统一的计算公式。为此，参考文献[52,53]中关于断裂韧度计算公式推导过程，基于《水工混凝土断裂试验规程》（DL/T 5332—2005）中关于标准混凝土三点弯曲梁试件双 K 断裂韧度计算方法，考虑试件自重对断裂韧度的影响，给出了非标准混凝土三点弯曲梁试件断裂韧度的计算公式，如式（2.38）所示。

$$K = \frac{3(F + \frac{1}{2}mg \times 10^{-3})S \times 10^{-3}}{2th^2}\sqrt{h}\,k_\beta(\alpha) \tag{2.38}$$

式中，F 为跨中集中荷载，kN；m 为试件支座间的质量，kg，用试件总质量按 S/L 比折算；g 为重力加速度，N/kg；S 为两支座间的跨度，m；t 为试件厚度，m；h 为试件高度，m；α 为缝高比，$\alpha = \dfrac{a}{h}$（a 为试件跨中裂缝长度）；β 为跨高比，$\beta = \dfrac{S}{h}$，且当 $\beta \geqslant 2.5$ 时，与缝高比 α 和跨高比 β 有关的函数关系式 $k_\beta(\alpha)$ 计算方法如式（2.39）所示。

$$k_\beta(\alpha) = \frac{\alpha^{1/2}}{(1-\alpha)^{3/2}(1+3\alpha)}\left\{p_\infty(\alpha) + \frac{4}{\beta}\left[p_4(\alpha) - p_\infty(\alpha)\right]\right\} \qquad (2.39)$$

式中，$p_4(\alpha)$ 和 $p_\infty(\alpha)$ 均为三次多项式，具体表达式分别如式（2.40）、式（2.41）所示。

$$p_4(\alpha) = 1.9 + 0.41\alpha + 0.51\alpha^2 - 0.17\alpha^3 \qquad (2.40)$$

$$p_\infty(\alpha) = 1.99 + 0.83\alpha - 0.31\alpha^2 + 0.14\alpha^3 \qquad (2.41)$$

试件开裂之前，混凝土仍然处于线弹性阶段，按照线弹性断裂模型，起裂断裂韧度 K_{IC}^{ini} 可以根据起裂荷载 F_{ini} 以及初始预制裂缝长度 a_0 代入公式（2.38）进行计算，即：

$$K_{IC}^{ini} = \frac{3(F_{ini} + \frac{1}{2}mg \times 10^{-3})S \times 10^{-3}}{2th^2}\sqrt{h}\,k_\beta(\alpha_0) \qquad (2.42)$$

式中，$\alpha_0 = \dfrac{a_0}{h}$。

试件失稳破坏时，非标准混凝土三点弯曲梁失稳断裂韧度 K_{IC}^{un} 可根据试验所得最大荷载 F_{max}，以及相应的裂缝长度 a_c（临界有效裂缝长度），并代入式（2.38）求得，即：

$$K_{IC}^{un} = \frac{3(F_{max} + \frac{1}{2}mg \times 10^{-3})S \times 10^{-3}}{2th^2}\sqrt{h}\,k_\beta(\alpha_1) \qquad (2.43)$$

式中，$\alpha_1 = \dfrac{a_c}{h}$，$a_c = a_0 + \Delta a_c$。

裂缝亚临界扩展量 Δa_c 可以根据式（2.44）进行计算[54]：

$$\Delta a_c = \frac{\left[\gamma^{3/2} + m_1(\beta)\gamma\right]h}{\left[\gamma^2 + m_2(\beta)\gamma^{3/2} + m_3(\beta)\gamma + m_4(\beta)\right]^{3/4}} \qquad (2.44)$$

式中，γ、$m_1(\beta)$、$m_2(\beta)$、$m_3(\beta)$、$m_4(\beta)$ 计算式分别为：

$$\gamma = \frac{CMOD_c tE}{6F_{un}} \qquad (2.45)$$

$$m_1(\beta) = \beta(0.25 - 0.0505\beta^{1/2} + 0.0033\beta) \qquad (2.46)$$

$$m_2(\beta) = \beta^{1/2}(1.155 + 0.215\beta^{1/2} - 0.0278\beta) \qquad (2.47)$$

$$m_3(\beta) = -1.38 + 1.75\beta \qquad (2.48)$$

$$m_4(\beta) = 0.506 - 1.057\beta + 0.888\beta^2 \qquad (2.49)$$

$CMOD_c$ 临界有效裂缝张开口位移，可以根据试验测得的荷载裂缝张口位移曲线（*F-CMOD*）中最大荷载 F_{max} 所对应的裂缝张口位移求得；E 为混凝土弹性模量。

对于跨高比为 4 的标准混凝土三点弯曲梁试件，混凝土弹性模量 E 可根据式（2.50）求得：

$$E = \frac{1}{tc_i}[3.70 + 32.60\tan^2(\frac{\pi}{2}\alpha_0)] \qquad (2.50)$$

式中，c_i 为 *F-CMOD* 曲线中直线段任一点的斜率。

(2) 非标准混凝土三点弯曲梁断裂特性

结合荷载裂缝张口位移曲线读取每个非标准混凝土三点弯曲梁试件的起裂荷载 F_{ini}，由式（2.42）求得每个试件的起裂断裂韧度 K_{IC}^{ini}；按式（2.50）求得标准混凝土试件 C35-200 的弹性模量 E，代入式（2.44）计算裂缝亚临界扩展量 Δa_c，并通过 $a_c = a_0 + \Delta a_c$ 得到混凝土失稳时刻每个试件的有效裂缝长度 a_c 和 $\alpha_1 = \frac{a_c}{h}$，将求得的 α_1 代入式（2.43）计算出每个试件的失稳断裂韧度 K_{IC}^{un}。

图 2.13 给出了非标准混凝土三点弯曲梁试件起裂断裂韧度 K_{IC}^{ini}、失稳断裂韧度 K_{IC}^{un} 随试件设计高度的变化曲线。由图 2.13 可知，试件高度为 100mm、150mm、200mm、250mm 时，混凝土三点弯曲梁所对应起裂断裂韧度的均值分别为 0.2347MPa·m$^{1/2}$、0.2482MPa·m$^{1/2}$、0.2382MPa·m$^{1/2}$、0.2480MPa·m$^{1/2}$，相应的失稳断裂韧度均值分别为 0.4647MPa·m$^{1/2}$、0.4653MPa·m$^{1/2}$、0.4157MPa·m$^{1/2}$、0.4731MPa·m$^{1/2}$。由此可知，标准混凝土三点弯曲梁试件双 K 断裂参数，当高度小于 200mm 时，断裂韧度随试件高度的增加而逐渐增大；当高度大于 200mm 时，断裂韧度为常数。然而，采用本节所给出的非标准混凝土三点弯曲梁双 K 断裂韧度计算方法可知，当试件宽度、跨度、初始缝高比相同，而试件高度不同，即跨高比不同时，非标准混凝土三点弯曲梁试件的起裂断裂韧度和失稳断裂韧度均不随试件高度的变化而变化，为一个常数。

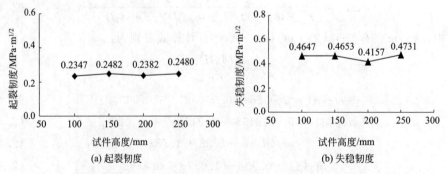

图 2.13　断裂韧度随试件高度的变化曲线

2.3.3.2　非标准钢筋混凝土三点弯曲梁

(1) 非标准钢筋混凝土三点弯曲梁断裂参数计算模型

同标准钢筋混凝土三点弯曲梁试件断裂参数计算模型，在进行非标准钢筋混凝土三点弯曲梁断裂参数的整个计算过程中，假定混凝土与钢筋之间黏结牢固，且钢筋的应力-应变关系采用理想的弹塑性模型，即钢筋一旦进入塑性，其应变不断增加，应力保持不变。因此，非标准钢筋混凝土三点弯曲梁裂缝开始扩展和失稳破坏时裂缝尖端的净应力强度因子可以按照标准钢筋混凝土三点弯曲梁计算模型进行计算，如式 (2.51) 和式 (2.52) 进行计算：

$$K_{RC}^{ini} = K_{RF}^{ini} - K_{RS}^{ini} \tag{2.51}$$

$$K_{RC}^{un} = K_{RF}^{un} - K_{RS}^{un} \tag{2.52}$$

式中，K_{RC}^{ini} 和 K_{RC}^{un} 分别为非标准钢筋混凝土三点弯曲梁的起裂断裂韧度和失稳断裂韧度 (MPa·m$^{1/2}$)；K_{RF}^{ini} 和 K_{RS}^{ini} 分别为非标准钢筋混凝土三点弯曲梁起裂时刻荷载与钢筋在裂缝尖端产生的断裂韧度 (MPa·m$^{1/2}$)；K_{RF}^{un} 和 K_{RS}^{un} 分别为非标准钢筋混凝土三点弯曲梁失稳时刻荷载与钢筋在裂缝尖端产生的断裂韧度 (MPa·m$^{1/2}$)。

由于假定混凝土与钢筋之间黏结牢固，且不考虑钢筋与混凝土之间的黏结滑移作用力对钢筋混凝土三点弯曲梁试件断裂韧度值的影响，故非标准钢筋混凝土三点弯曲梁试件起裂和失稳破坏时，由荷载作用产生的应力强度因子均可通过非标准混凝土三点弯曲梁试件起裂断裂韧度和失稳断裂韧度计算得出，如式 (2.53)、式 (2.54) 所示。

$$K_{RF}^{ini} = \frac{3(F_{RC}^{ini} + \frac{1}{2}mg \times 10^{-3})S \times 10^{-3}}{2th^2} \sqrt{h} \, k_\beta(\alpha_1) \tag{2.53}$$

$$K_{RF}^{un} = \frac{3(F_{RC}^{un} + \frac{1}{2}mg \times 10^{-3})S \times 10^{-3}}{2th^2} \sqrt{h} \, k_\beta(\alpha_2) \tag{2.54}$$

$$\alpha_1 = \frac{a_0}{h} \tag{2.55}$$

$$\alpha_2 = \frac{a_c}{h} \tag{2.56}$$

$$a_c = a_0 + \Delta a_c \tag{2.57}$$

式中，F_{RC}^{ini} 为非标准钢筋混凝土三点弯曲梁起裂荷载，kN；F_{RC}^{un} 为非标准钢筋混凝土三点弯曲梁失稳荷载，kN；a_0 为初始预制裂缝长度值，m；a_c 是失稳时刻对应的裂缝长度，即临界有效裂缝长度，mm；m 为两支座间试件质量，kg；g 为重力加速度，m/s^2；S 为试件的跨度，m；t 为试件的厚度，m；h 为试件的高度，m；β 为跨高比，即 $\beta = \dfrac{S}{h}$，且当 $\beta \geqslant 2.5$ 时，$k_\beta(\alpha)$ 的计算公式如式 (2.58) 所示：

$$k_\beta(\alpha) = \frac{\alpha^{1/2}}{(1-\alpha)^{3/2}(1+3\alpha)}\left\{p_\infty(\alpha) + \frac{4}{\beta}\left[p_4(\alpha) - p_\infty(\alpha)\right]\right\} \qquad (2.58)$$

式中，$p_4(\alpha)$ 和 $p_\infty(\alpha)$ 均为三次多项式，具体表达式分别如式 (2.59) 与式 (2.60) 所示：

$$p_4(\alpha) = 1.9 + 0.41\alpha + 0.51\alpha^2 - 0.17\alpha^3 \qquad (2.59)$$

$$p_\infty(\alpha) = 1.99 + 0.83\alpha - 0.31\alpha^2 + 0.14\alpha^3 \qquad (2.60)$$

对应标准钢筋混凝土三点弯曲梁试件起裂和失稳时刻钢筋产生的应力强度因子，非标准钢筋混凝土三点弯曲梁试件起裂和失稳时刻钢筋产生的断裂韧度分别按式 (2.61)、式 (2.62) 进行计算：

$$K_{RS}^{ini} = \frac{2F_{RS}^{ini}/t}{\sqrt{\pi a_0}}F\left(\frac{c}{a_0}, \frac{a_0}{h}\right) \qquad (2.61)$$

$$K_{RS}^{un} = -\frac{2F_{RS}^{un}/t}{\sqrt{\pi a_c}}F\left(\frac{c}{a_c}, \frac{a_c}{h}\right) \qquad (2.62)$$

$$F(\eta, \zeta) = \frac{3.52(1-\eta)}{(1-\zeta)^{3/2}} - \frac{4.35 - 5.28\eta}{(1-\zeta)^{1/2}} +$$

$$\left[\frac{1.30 - 0.30\eta^{3/2}}{(1-\eta^2)^{1/2}} + 0.83 - 1.76\eta\right] \times \left[1 - (1-\eta)\zeta\right] \qquad (2.63)$$

式中，F_{RS}^{ini} 为非标准钢筋混凝土三点弯曲梁起裂时刻所对应的钢筋应力，kN；F_{RS}^{un} 为非标准钢筋混凝土三点弯曲梁失稳时刻所对应的钢筋应力，kN；c 为钢筋中心距试件底边的距离，mm。

由于钢筋的作用力对裂缝起闭合作用，因此 K_{RS}^{ini}、K_{RS}^{un} 均为负值。

在混凝土刚开始起裂时，钢筋仍处于弹性变形范围内，此时钢筋的作用力 F_{RS}^{ini} 可以根据钢筋的应变 ε_s^{ini} 以及相应的钢筋应力 σ_s^{ini} 代入胡克定律求得，即：

$$\sigma_s^{ini} = E_s\varepsilon_s^{ini} \qquad (2.64)$$

$$F_{RS}^{ini} = \sigma_s^{ini}A_0 \qquad (2.65)$$

式中，E_s 为钢筋的弹性模量；A_0 为钢筋的截面面积。

失稳时刻，如果钢筋屈服，钢筋的应力 σ_s^{un} 为钢筋的屈服强度 f_y；如果钢筋没有屈服，则钢筋的作用力 F_{RS}^{un} 采用式 (2.64)、式 (2.65) 按照失稳扩展时相应的钢筋应变 ε_s^{un} 计算求得，即

钢筋屈服时：

$$F_{RS}^{un} = \sigma_s^{un}A_0 = f_yA_0 \qquad (2.66)$$

钢筋尚未屈服时：

$$F_{RS}^{un} = \sigma_s^{un} A_0 = E_s \varepsilon_s^{un} A_0 \tag{2.67}$$

式中，f_y 为钢筋屈服强度；σ_s^{un} 和 ε_s^{un} 分别为钢筋刚屈服时对应的应力和应变值。

由于 $a_c = a_0 + \Delta a_c$，因此只要求得 Δa_c，即可得到临界有效裂缝长度 a_c，裂缝亚临界扩展量 Δa_c 可以根据式（2.68）进行计算[55]：

$$\Delta a_c = \frac{[\gamma^{3/2} + m_1(\beta)\gamma]h}{[\gamma^2 + m_2(\beta)\gamma^{3/2} + m_3(\beta)\gamma + m_4(\beta)]^{3/4}} \tag{2.68}$$

式中，γ、$m_1(\beta)$、$m_2(\beta)$、$m_3(\beta)$、$m_4(\beta)$ 分别按下式进行计算：

$$\gamma = \frac{CMOD_c tE}{6F_{un}} \tag{2.69}$$

$$m_1(\beta) = \beta(0.25 - 0.0505\beta^{1/2} + 0.0033\beta) \tag{2.70}$$

$$m_2(\beta) = \beta^{1/2}(1.155 + 0.215\beta^{1/2} - 0.0278\beta) \tag{2.71}$$

$$m_3(\beta) = -1.38 + 1.75\beta \tag{2.72}$$

$$m_4(\beta) = 0.506 - 1.057\beta + 0.888\beta^2 \tag{2.73}$$

$CMOD_c$ 为临界有效裂缝张开口位移，即非标准钢筋混凝土三点弯曲梁失稳荷载对应的裂缝张开口位移；E 为基体混凝土弹性模量，可通过标准混凝土三点弯曲梁进行计算。

(2) 非标准钢筋混凝土三点弯曲梁断裂特性

根据非标准钢筋混凝土三点弯曲梁试件裂缝尖端应变片的荷载-应变关系曲线，结合荷载裂缝张口位移曲线（$F\text{-}CMOD$）读取非标准钢筋混凝土三点弯曲梁试件的起裂荷载 F_{RC}^{ini}，由式（2.53）求得每个试件中荷载产生的起裂断裂韧度 K_{RF}^{ini}；试件弹性模量 E 按照标准混凝土三点弯曲梁试件的断裂韧度进行计算，根据试验设计的跨高比 β，分别代入式（2.58）～式（2.60），将计算结果代入式（2.68）计算出裂缝亚临界扩展量 Δa_c，并通过 $a_c = a_0 + \Delta a_c$ 得到钢筋混凝土失稳时刻每个试件的有效裂缝长度 a_c 和 $\alpha_1 = \dfrac{a_c}{h}$，将 α_1 和由曲线 $F\text{-}CMOD$ 中读取每个试件的最大荷载 F_{RC}^{un} 代入式（2.54）求得每个试件中荷载产生的失稳断裂韧度 K_{RF}^{un}。

根据试验测得的钢筋应力-应变关系曲线，判断非标准钢筋混凝土三点弯曲梁试件起裂时刻和失稳时刻所对应的钢筋是否屈服。若钢筋未屈服，将此时的钢筋应变、钢筋截面面积 A_0 和钢筋弹性模量 E_s 分别代入式（2.64）、式（2.65）以及式（2.67），依次计算出非标准钢筋混凝土三点弯曲梁试件起裂和失稳时刻钢筋的荷载值 F_{RS}^{ini} 和 F_{RS}^{un}，并将 F_{RS}^{ini}、F_{RS}^{un} 分别带入式（2.61）和式（2.62），求出非标准钢筋混凝土三点弯曲梁试件起裂、失稳时刻所对应钢筋产生的起裂断裂韧度 K_{RS}^{ini} 和失稳断裂韧度 K_{RS}^{un}。若非标准钢筋混凝土三点弯曲梁试件起裂时刻和失稳时刻所对应的钢筋达到了屈服，则钢筋的应力为钢筋的屈服强度 f_y，将钢筋的屈服强度 f_y 和钢筋截面面积 A_0 代入式（2.65）、式（2.66）求得钢筋混凝土试件起裂和失稳时刻钢筋对应的起裂荷载 F_{RS}^{ini} 和失稳荷载 F_{RS}^{un}，并将其分别带入式（2.61）和式（2.62）求出试件起裂、失稳时刻对应钢筋产生的起裂断裂韧度 K_{RS}^{ini} 和失稳断裂韧度 K_{RS}^{un}。

根据非标准钢筋混凝土三点弯曲梁试件起裂和失稳时刻对应的断裂韧度 K_{RF}^{ini}、K_{RF}^{un}、K_{RS}^{ini}、K_{RS}^{un}，并将其代入式（2.51）和式（2.52），分别计算出非标准钢筋混凝土三点弯曲梁试件起裂断裂韧度 K_{RC}^{ini} 与失稳断裂韧度 K_{RC}^{un}，由于试验过程不可避免地会出现一些误差，剔除偏离均值较大的试验数据。

断裂韧度作为裂缝起裂或失稳扩展时的临界应力场强度因子，其主要反映了材料抵抗裂纹起裂和失稳扩展即抵抗脆断的能力。在对标准混凝土三点弯曲梁试件的研究中，起裂断裂韧度和失稳断裂韧度基本为一常数；对于非标准的钢筋混凝土三点弯曲梁试件，起裂断裂韧度和失稳断裂韧度依然是我们研究的重点。为此，图 2.14（a）、（b）分别给出了钢筋混凝土三点弯曲梁试件起裂断裂参数和失稳断裂参数随试件高度的变化曲线。由图可知，当试件高度分别为 150mm、200mm、250mm 时，钢筋混凝土三点弯曲梁试件的起裂断裂韧度分别为 $0.3197\text{MPa}\cdot\text{m}^{1/2}$、$0.3624\text{MPa}\cdot\text{m}^{1/2}$、$0.3611\text{MPa}\cdot\text{m}^{1/2}$，失稳断裂韧度分别为 $1.0227\text{MPa}\cdot\text{m}^{1/2}$、$0.9378\text{MPa}\cdot\text{m}^{1/2}$、$0.8951\text{MPa}\cdot\text{m}^{1/2}$，即随着试件高度的变化，起裂断裂韧度和失稳断裂韧度的相对偏差均小于 10%，考虑试验的误差，非标准钢筋混凝土三点弯曲梁试件起裂断裂韧度和失稳断裂韧度随试件高度的变化可以忽略不计，因此，我们可以认为，试验设计 3 组非标准钢筋混凝土三点弯曲梁试件的起裂断裂韧度和失稳断裂韧度均为一个常数。

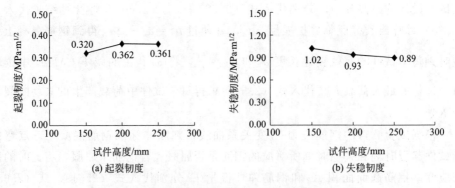

图 2.14 断裂韧度随钢筋混凝土试件高度的变化曲线

2.4 混凝土开裂损伤理论的工程应用

本节中根据建立的断裂判据，在细观力学假定基础上研究了动态因子系数的取值范围，基于能量法确定地震振型应力强度因子，并由此得到了最大地震应力强度因子，利用动态断裂参数分析了大坝裂缝的状态及发展趋势，并对武都重力坝进行有限元模拟分析，为揭示地震作用下坝体结构的开裂破坏机理提供了技术基础。

2.4.1　坝体混凝土开裂判据

(1) 动态 J_k 积分的定义

设一有裂纹的线弹性体，其裂纹扩展的速度和方向如无突然改变，即裂纹或多或少具有自相似性，则与路径无关的动态 $\bar{J}_k$ 积分[56]为：

$$\bar{J}_k\int_{\Gamma+S_{cr}}(WN_k-t_{i,k})\mathrm{d}s+\lim_{\varepsilon\to0}\int_{V_\Gamma-V_\varepsilon}(-f_i+\rho S\bar{U}_i)_{i,k}\mathrm{d}v \quad (2.74)$$

式中，W 为应变能密度；$t_{i,k}$ 为积分回路 Γ 上的面力；f_i 为体力密度；N_k 为回路外法线方向余弦；ρ 为质量密度；$\bar{U}_i$ 为加速度分量；$k=1,2$。

$\bar{J}_k$ 是整体坐标系 X_k 中计算的，在局部坐标 x_k 中

$$\bar{J}_k^0=\alpha_{kl}\bar{J}_l \quad (2.75)$$

式中，a_{kl} 为坐标转换系数，$a_{11}=\cos\theta_0$，$\alpha_{12}=\sin\theta_0$，$\alpha_{21}=\sin\theta_0$，$\alpha_{22}=\cos\theta_0$，θ_0 为新旧坐标之间的夹角。

当只考虑动态裂纹的起裂，而不考虑裂纹的扩展时，则可以令裂纹扩展速度趋于零后得

$$\bar{J}_1^0=(K_I^2+K_{II}^2)/E_d,\quad \bar{J}_2^0=-2K_IK_{II}/E_d \quad (2.76)$$

式中，E_d 为动力弹性模量。

(2) 振型积分确定动态应力强度因子

线弹性动力有限元平衡方程为

$$[M]\{\ddot{u}\}+[C]\{\dot{u}\}+[K]\{u\}=\{F\} \quad (2.77)$$

式中，$[M]$、$[K]$ 和 $[C]$ 分别为质量矩阵、刚度矩阵和阻尼矩阵；$\{F\}$ 为荷载列阵。

令 $[\Phi]$ 为振型矩阵，$\{q(t)\}$ 为广义坐标向量，则有

$$\{u\}=[\Phi]\{q(t)\} \quad (2.78)$$

利用线弹性材料的本构关系可得到

$$\{\sigma\}=[\sigma^*]\{q(t)\} \quad (2.79)$$

式中，$\{\sigma\}$ 为应力向量；$[\sigma^*]$ 为振型应力矩阵。

对于 I 型裂纹，裂纹延长线上垂直于裂纹面的应力 σ_y 为

$$\sigma_y=\sum_{j=1}^s\sigma_{yj}^*q_j(t) \quad (2.80)$$

由线弹性断裂力学

$$K_{\mathrm{I}}(t) = \lim_{r \to 0} \sqrt{2\pi r} \sigma_y(r, \theta, t) \mid_{\theta=0} \qquad (2.81)$$

令

$$K_{\mathrm{I}j}(t) = \lim_{r \to 0} \sqrt{2\pi r} \sigma_{yj}^*(r, \theta, t) \qquad (2.82)$$

由式 (2.81) 到式 (2.82) 可得

$$K_{\mathrm{I}}(t) = \sum_{j=1}^{s} K_{\mathrm{I}j} q_j(t) \qquad (2.83)$$

式中，$K_{\mathrm{I}j}$ 为 I 型裂纹第 j 阶振型的应力强度因子。

振型是在结构不受外力作用的自由振动情况下求出的，而第 j 阶振型所对应的结构上任一点位移向量 $u_i(j)$ 可通过第 j 阶振型插值得到，此点相应的加速度为 $-\omega^2 u_i(j)$。

利用式 (2.74) 可得到在整体坐标系 X_k 下第 j 阶振型的 $\bar{J}_{kj}$ 积分

$$\bar{J}_{kj} = \int_{S+S_{\mathrm{cr}}} \left(WN_k - t_i \frac{\partial u_i(j)}{\partial X_k} \right) \mathrm{d}s - \omega_j^2 \lim_{r \to 0} \int_{V-V_\varepsilon} \rho u_i(j) \frac{\partial u_i(j)}{\partial X_k} \mathrm{d}v \quad (2.84)$$

式中，ω_j 为第 j 阶振型的角频率。

对于局部坐标系 x_k

$$\begin{cases} \bar{J}_{kj}^0 = \alpha_{kl} \bar{J}_{lj} \\ \bar{J}_{1j}^0 = (K_{\mathrm{I}j}^2 + K_{\mathrm{II}}^2 j)/E_\mathrm{d}, \ \bar{J}_{2j}^0 = -2K_{\mathrm{I}j} K_{\mathrm{II}j}/E_\mathrm{d} \end{cases} \qquad (2.85)$$

至此可得到动态应力强度因子 K_{I}。对于平面应变问题，只要在计算时将 E_d 换成 $E_\mathrm{d}/(1-\upsilon)$（$\upsilon$ 为泊松比）、υ 换成 $\upsilon/(1-\upsilon)$ 即可。

因为振型 $\bar{J}_{kj}$ 积分是通过动态 $\bar{J}_k$ 积分推导得来的，而动态 $\bar{J}_k$ 积分与路径无关，故 $\bar{J}_{kj}$ 和式 $\bar{J}_k^0$ 也与积分路径无关[57,58]。

由于计算 $\bar{J}_{kj}$ 积分和振型应力强度因子时不涉及外力和重力，这样就可以用统一的方法来计算复杂受载情况下裂纹体的动态应力强度因子，而外力和重力的作用由广义坐标 $\{q(t)\}$ 体现。振型 $\bar{J}_{kj}$ 积分法不必计算每一时段的 J 积分，只需求出少数前几阶振型的 $\bar{J}_{kj}$ 积分值，可以减少计算工作量。

2.4.2 改进后的扩展有限元法

Bellyschko 等提出的最初的扩展有限元法中，在不连续区域内进行位移重新构造时，应用单位分解的思想对被裂纹贯穿的单元节点应用广义的 Heaviside 函数 $H(x)$ 进行加强，以反映界面的不连续性，对含有裂纹尖端的单元节点应用裂纹尖端渐近位移场函数 $\Phi_l(x)$ 进行加强，以反映裂纹尖端附近应力与位移的高度奇异性。

但是，Bellyschko 等构造位移模式时，裂纹尖端单元节点加强函数只选取了裂纹尖端渐近位移场函数的主要项，而且假定裂纹尖端周围被加强节点的附加系数是相互独立的，这样加强的位移场并不是真实的裂纹尖端渐近位移场，因此局部位移场的模拟仍然达不到比较满意的计算精度，应力强度因子也只能通过后处理计算得到[59]。为了改善计算精度，Xiao 等[60]对最初的扩展有限元法进行了改进，不仅提高了裂纹尖端附近局部位移场的计算精度，而且不需要后处理就可以直接求出应力强度因子。

(1) 改进后的位移模式

对于图 2.15 所示的含有一任意裂纹的平面断裂问题，改进后的扩展有限元离散位移表达式为：

$$\begin{Bmatrix} u(x) \\ v(x) \end{Bmatrix} = \sum_{i \in I} N_i(x) \begin{Bmatrix} u_{0i} \\ v_{0i} \end{Bmatrix} + \sum_{j \in J} N_j(x) H(x) \begin{Bmatrix} a_{1j} \\ a_{2j} \end{Bmatrix} + \sum_{m \in M} N_m(x) [L] \begin{Bmatrix} u_m^{tip} \\ v_m^{tip} \end{Bmatrix}$$

$$(2.86)$$

式中，I 为区域内所有离散节点集合，(u_{0i}, v_{0i}) 为连续部分节点位移，$N_i(x)$ 为常规的有限元形函数；J 为被裂纹贯穿、但不包含裂纹尖端的单元节点集合，$H(x)$ 为 Heaviside 函数 [取值规则见式（2.86）]，(a_{1j}, a_{2j}) 为与 $H(x)$ 相关的节点改进自由度；M 为裂纹尖端单元节点集合，$(u_m^{tip}, v_m^{tip})^T$ 为裂纹尖端改进节点 m 的渐近位移场，$[L]$ 为坐标转换矩阵。

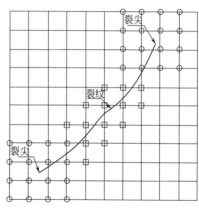

图 2.15　含任意裂纹单元节点加强示意图

裂纹尖端渐近位移场函数的一般表达式为：

$$\begin{Bmatrix} u^{tip} \\ v^{tip} \end{Bmatrix} = \sum_{n=1}^{N} \begin{bmatrix} f_{11n} & f_{12n} \\ f_{21n} & f_{22n} \end{bmatrix} \begin{Bmatrix} b_{In} \\ b_{IIn} \end{Bmatrix} \qquad (2.87)$$

式中，N 为裂纹展开式的最大项数；b_{In}、b_{IIn} 为相应的系数。对于各向同性材料，$[f_{11n} \quad f_{12n} \quad f_{21n} \quad f_{22n}]^T$ 的表达式如式（2.88）所示。

$$\begin{Bmatrix} f_{11n} \\ f_{12n} \\ f_{21n} \\ f_{22n} \end{Bmatrix} = \frac{r^{\frac{n}{2}}}{2\mu n \sqrt{2\pi}} \begin{bmatrix} [\kappa + \frac{n}{2} + (-1)^n]\cos\frac{n}{2}\theta - \frac{n}{2}\cos(\frac{n}{2}-2)\theta \\ [\kappa + \frac{n}{2} + (-1)^n]\sin\frac{n}{2}\theta - \frac{n}{2}\sin(\frac{n}{2}-2)\theta \\ [\kappa - \frac{n}{2} + (-1)^n]\sin\frac{n}{2}\theta - \frac{n}{2}\sin(\frac{n}{2}-2)\theta \\ -[\kappa - \frac{n}{2} + (-1)^n]\cos\frac{n}{2}\theta - \frac{n}{2}\cos(\frac{n}{2}-2)\theta \end{bmatrix} \quad (2.88)$$

式中，r 和 θ 为裂纹尖端局部坐标系下极坐标；μ 为剪切模量；对于平面应变问题 $\kappa=3-4\upsilon$，对于平面应力问题 $\kappa=\dfrac{3-\upsilon}{1+\upsilon}$，$\upsilon$ 为泊松比。

将式（2.88）代入式（2.87），再代入式（2.86），可得：

$$\begin{Bmatrix} u(x) \\ v(x) \end{Bmatrix} = \sum_{i\in I} N_i(x)\begin{Bmatrix} u_{0i} \\ v_{0i} \end{Bmatrix} + \sum_{j\in J} N_j(x)H(x)\begin{Bmatrix} a_{1j} \\ a_{2j} \end{Bmatrix} +$$

$$\sum_{m\in M_k} N_m(x)[L]\sum_{n=1}^{N}\begin{bmatrix} f_{11n} & f_{12n} \\ f_{21n} & f_{22n} \end{bmatrix}\begin{Bmatrix} b_{\text{I}mn} \\ b_{\text{II}mn} \end{Bmatrix} \tag{2.89}$$

为了提高裂纹尖端附近的数值模拟精度，使裂纹尖端改进函数尽可能地逼近真实解，不仅加强含裂纹尖端单元的节点（第一层需要改进的单元），而且加强裂纹尖端单元周围的外层单元（分别为第二层、第三层等需要改进的单元）。令 M_{k1} 为第一层需要改进的单元、M_{k2} 为第二层需要改进的单元，则裂纹尖端改进单元 $M_k=M_{k1}\bigcup M_{k2}$。

（2）支配方程的建立

将改进后的扩展有限元位移表达式（2.89）代入不连续边值问题的虚功方程，便可以得到改进扩展有限元的支配方程为：

$$\boldsymbol{K}\times d=\boldsymbol{R} \tag{2.90}$$

式中，d 为节点未知自由度向量，对于加强节点不仅包含常规自由度 u，还包含了附加自由度 a 与 b；$\boldsymbol{K}$ 为整体刚度矩阵，由单元刚度矩阵组装得到，其表达式为：

$$k_{ij}^e=\begin{bmatrix} k_{ij}^{uu} & k_{ij}^{ua} & k_{ij}^{ub} \\ k_{ij}^{au} & k_{ij}^{aa} & k_{ij}^{ab} \\ k_{ij}^{bu} & k_{ij}^{ba} & k_{ij}^{bb} \end{bmatrix} \tag{2.91}$$

$$k_{ij}^{rs}=\int_{\Omega^e}(B_i^r)^{\text{T}}DB_j^s\,\mathrm{d}\Omega \quad (r,\ s=u,\ a,\ b) \tag{2.92}$$

单元刚度矩阵中各参数的物理意义和表达式与 Bellyschko 等的扩展有限元法中的基本相同，此处不再赘述。但由于裂缝尖端改进位移场不再是裂纹尖端函数，因此裂缝尖端应变转换矩阵 B_i^b 的表达式更为复杂。

$$B_i^b=[B_i^{b1}\quad B_i^{b2}\quad B_i^{b3}\quad \cdots\quad B_i^{bn}\cdots\quad B_i^{bN}] \tag{2.93}$$

$$B_i^{bn}=\begin{bmatrix} \dfrac{\partial}{\partial x}\left(N_i(x)\begin{bmatrix} f_{11n} & f_{12n} \\ f_{21n} & f_{22n} \end{bmatrix}\right) & 0 \\ 0 & \dfrac{\partial}{\partial y}\left(N_i(x)\begin{bmatrix} f_{11n} & f_{12n} \\ f_{21n} & f_{22n} \end{bmatrix}\right) \\ \dfrac{\partial}{\partial y}\left(N_i(x)\begin{bmatrix} f_{11n} & f_{12n} \\ f_{21n} & f_{22n} \end{bmatrix}\right) & \dfrac{\partial}{\partial x}\left(N_i(x)\begin{bmatrix} f_{11n} & f_{12n} \\ f_{21n} & f_{22n} \end{bmatrix}\right) \end{bmatrix} \tag{2.94}$$

$$\begin{cases} \dfrac{\partial}{\partial x}\left(N_i \begin{bmatrix} f_{11n} & f_{12n} \\ f_{21n} & f_{22n} \end{bmatrix}\right) = \begin{bmatrix} f_{11n} & f_{12n} \\ f_{21n} & f_{22n} \end{bmatrix}\dfrac{\partial N_i}{\partial x} + N_i\dfrac{\partial}{\partial x}\begin{bmatrix} f_{11n} & f_{12n} \\ f_{21n} & f_{22n} \end{bmatrix} \\ \dfrac{\partial}{\partial y}\left(N_i \begin{bmatrix} f_{11n} & f_{12n} \\ f_{21n} & f_{22n} \end{bmatrix}\right) = \begin{bmatrix} f_{11n} & f_{12n} \\ f_{21n} & f_{22n} \end{bmatrix}\dfrac{\partial N_i}{\partial y} + N_i\dfrac{\partial}{\partial y}\begin{bmatrix} f_{11n} & f_{12n} \\ f_{21n} & f_{22n} \end{bmatrix} \end{cases} \tag{2.95}$$

$$\begin{cases} \dfrac{\partial f_{rsn}}{\partial x} = \dfrac{\partial f_{rsn}}{\partial r}\dfrac{\partial r}{\partial x} + \dfrac{\partial f_{rsn}}{\partial \theta}\dfrac{\partial \theta}{\partial x} \\ \dfrac{\partial f_{rsn}}{\partial y} = \dfrac{\partial f_{rsn}}{\partial r}\dfrac{\partial r}{\partial y} + \dfrac{\partial f_{rsn}}{\partial \theta}\dfrac{\partial \theta}{\partial y} \end{cases} \quad (r,\ s=1,\ 2) \tag{2.96}$$

$\boldsymbol{R}$ 为整体荷载列阵，由单元荷载列阵组装得到，其表达式：

$$r_i^e = [r_i^u \quad r_i^a \quad r_i^{b1} \quad r_i^{b2} \quad r_i^{b3} \quad \cdots \quad r_i^{bN}]^{\mathrm{T}} \tag{2.97}$$

$$r_i^u = \int_\Gamma N_i \bar{t}\,\mathrm{d}\Gamma + \int_{\Omega^e} N_i f\mathrm{d}\Omega + N_i F \tag{2.98}$$

$$r_i^a = \int_\Gamma N_i H\bar{t}\,\mathrm{d}\Gamma + \int_{\Omega^e} N_i H f\mathrm{d}\Omega + N_i HF \tag{2.99}$$

$$r_i^{bn} = \int_\Gamma N_i \begin{bmatrix} f_{11n} & f_{12n} \\ f_{21n} & f_{22n} \end{bmatrix}\bar{t}\,\mathrm{d}\Gamma + \int_{\Omega^e} N_i \begin{bmatrix} f_{11n} & f_{12n} \\ f_{21n} & f_{22n} \end{bmatrix}f\mathrm{d}\Omega + N_i \begin{bmatrix} f_{11n} & f_{12n} \\ f_{21n} & f_{22n} \end{bmatrix}F \tag{2.100}$$

式中，r_i^u 为常规单元荷载列阵，r_i^a 为被裂纹贯穿单元荷载附加列阵，$[r_i^{b1}\ r_i^{b2}\ \cdots\ r_i^{bN}]^{\mathrm{T}}$ 为裂尖单元荷载附加列阵；$\bar{t}$ 为面力，f 为体力，F 为集中力。

(3) 直接法计算应力强度因子

单元刚度矩阵 k_{ij}^e 与单元荷载列阵 r_i^e 的表达式、各参数的物理意义、求解过程在上文中已做了详细讨论，在此不再赘述。得到单元刚度矩阵 k_{ij}^e 与单元荷载列阵 r_i^e 后，通过组装便可得到整体刚度矩阵 $\boldsymbol{K}$ 与整体荷载列阵 $\boldsymbol{R}$，然后代入式 (2.100)，通过解线性代数方程组便可得到各个节点的节点位移。对一般的节点可解得常规 $[u_{0i}\ \ v_{0i}]^{\mathrm{T}}$，被裂纹贯穿的单元节点（在图中用方框所表示的节点）可解得常规自由度 $[u_{0i}\ \ v_{0i}]^{\mathrm{T}}$ 和附加自由度 $[a_{1i}\ \ a_{2i}]^{\mathrm{T}}$，含有裂纹尖端的单元节点（在图中用圆圈所表示的节点）可解得常规自由度 $[u_{0i}\ \ v_{0i}]^{\mathrm{T}}$ 与附加自由度 $[b_{\mathrm{I}1}\ \ b_{\mathrm{II}1}\ \ b_{\mathrm{I}2}\ \ b_{\mathrm{II}2}\ \ \cdots\ \ b_{\mathrm{I}N}\ \ b_{\mathrm{II}N}]^{\mathrm{T}}$，则含有裂纹尖端的单元节点附加自由度的第一项就是 Ⅰ 型与 Ⅱ 型断裂的应力强度因子 K_{I} 与 K_{II}，即 $b_{\mathrm{I}1}=K_{\mathrm{I}}$、$b_{\mathrm{II}1}=K_{\mathrm{II}}$，而无须再通过后处理法计算应力强度因子。

2.4.3　裂缝模拟计算实例

前面详细介绍了扩展有限元法的基本概念、位移模式的构造、支配方程的建立、裂缝位置的追踪、特殊单元的数值积分以及应力强度因子的求解等知识。下面将利用扩展有限元法分别模拟混凝土试件与钢筋混凝土试件的裂缝扩展过程，探讨初始缝高比、试件高度与试件厚度、表面裂缝深厚比、配筋率以及钢筋位置等因素对混凝土起裂断裂韧度、失稳断裂韧度以及有效裂缝长度等断裂参数的影响。

2.4.3.1 混凝土三点弯曲梁数值模拟

(1) 不同初始缝高比

图 2.16 是强度等级为 C35 的混凝土三点弯曲梁扩展有限元法数值模拟模型图，试件的尺寸为 $1000mm \times 200mm \times 120mm$，跨度为 $800mm$，梁的网格密度为 $50 \times 10 \times 6$；梁跨中位置设置一预制裂缝，初始裂缝长度 a_0 分别为 $40mm$、$60mm$、$80mm$、$100mm$、$120mm$、$140mm$，即初始缝高比 α_0（$\alpha_0 = a_0/h$）分别为 0.2、0.3、0.4、0.5、0.6、0.7；左端采用铰支座，右端采用滑动支座，跨中位置施加一竖向位移荷载。材料物理参数为：弹性模量 $E = 31.5GPa$，泊松比 $\upsilon = 0.167$，质量密度 $\rho = 2400kg/m^3$，极限抗拉强度 $f_t = 1.65MPa$，混凝土断裂能 $G_f = 102.8N/m$。计算采用最大主拉应力牵引损伤开裂准则。此外，为了防止加载点处由于应力集中而发生局部损坏，在加载点和支座处各增加一刚性垫块，垫块与混凝土梁之间采用绑接约束。

图 2.16 三点弯曲梁 XFEM 模拟模型

图 2.17 为不同初始裂缝长度下的 σ_x 应力云图。从图可以看出，应力明显呈对称分布，加载点处存在显著的压应力区，拉应力最大值发生在裂纹尖端位置，并且在裂纹尖端附近应力集中现象非常明显，很好地模拟了裂纹尖端应力场的奇异性。在传统有限元法中，模拟裂纹扩展时，这种应力集中区域必须布置非常密集的网格，而本模型中在裂纹尖端并不需要加密网格就可以得到理想的计算结果，这是扩展有限元法所具有的优点。

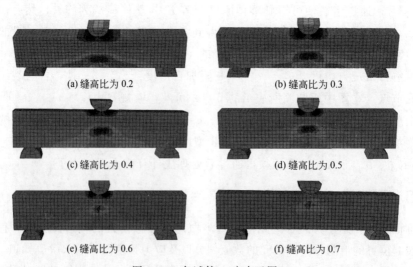

(a) 缝高比为 0.2　　　　　　(b) 缝高比为 0.3

(c) 缝高比为 0.4　　　　　　(d) 缝高比为 0.5

(e) 缝高比为 0.6　　　　　　(f) 缝高比为 0.7

图 2.17 各试件 σ_x 应力云图

　　图 2.18 与图 2.19 分别为 y 向位移云图与裂纹扩展过程图，从图中可以看出，位移和变形明显呈对称分布，挠度最大值出现在跨中位置，裂纹沿原裂纹扩展方向竖直向上延伸，与典型的 I 型裂纹扩展相吻合。此外，裂纹的扩展过程不依赖于网格边界，裂纹在单元内部扩展，在模拟裂纹扩展过程时并不需要重新划分网格，而且对于不同的初始裂纹长度，扩展有限元法可以采用相同的网格模型进行模拟计算，进一步说明了扩展有限元法的优点。

图 2.18　y 向位移云图　　　　　　图 2.19　裂纹扩展过程图

　　图 2.20 为不同初始缝高比下各试件的荷载-裂缝口张开位移（F-$CMOD$）曲线模拟值，由图可知，在加载的初始阶段荷载 F 与裂缝口张开位移 $CMOD$ 之间呈线性关系，当加载至某一步使混凝土开裂后荷载与裂缝口张开位移之间呈现出非线性关系；荷载增大到峰值荷载后开始卸载，但是卸载过程比较缓慢，并不像试验值那样承载力迅速降低为零，主要是因为一般试验室试验机的刚度达不到，在加载过程中试验机自身发生变形，储存了很大的弹性应变能，当试件承载力突然下降时，试验机因受力减小而恢复变形，即刻释放能量，将试件急速压坏，而在扩展有限元模拟过程中并不存在该问题，因而曲线下降段相对平缓。从试验曲线还可知，试件的起裂荷载与失稳荷载均随初始缝高比的增大而逐渐减小。

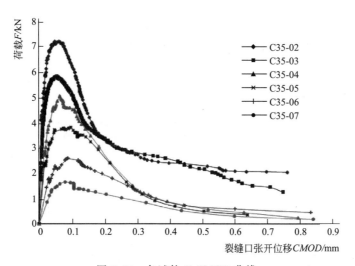

图 2.20　各试件 F-$CMOD$ 曲线

表 2.3 中给出了不同初始缝高比的各试件的计算弹性模量 E、起裂荷载 F_{ini}、起裂断裂韧度 K_{IC}^{ini}、起裂断裂韧度误差 Δ_K^{ini}、临界有效裂缝长度 a_c、最大荷载 F_{max}、失稳断裂韧度 K_{IC}^{un} 以及失稳断裂韧度误差 Δ_K^{un}，其中断裂韧度误差计算式为：

$$\Delta_K = \frac{|K_{ICE} - K_{ICM}|}{K_{ICE}} \times 100\% \tag{2.101}$$

式中，K_{ICE} 为断裂韧度试验值；K_{ICM} 为断裂韧度模拟值。

由表 2.3 可知，起裂断裂韧度与失稳断裂韧度均随初始缝高比的增大而逐渐增大。起裂断裂韧度误差 Δ_K^{ini} 最大值为 6.23%，失稳断裂韧度误差 Δ_K^{un} 最大值为 7.88%，两者均小于 8%，说明扩展有限元模拟值与试验值吻合良好。临界有效裂缝长度 a_c 随初始缝高比 α_0 的增大而逐渐增大，但是增大的幅度逐渐减小；裂缝的亚临界扩展量 Δa_c（$\Delta a_c = a_c - a_0$）随初始缝高比的增大而逐渐减小，这是因为初始缝高比 α_0 越大，裂缝尖端离上边界越近，裂缝扩展受边界限制越强，因此裂缝的亚临界扩展量 Δa_c 随 α_0 的增大而逐渐减小。

随着初始缝高比 α_0 的增大，起裂断裂韧度 K_{IC}^{ini} 与失稳断裂韧度 K_{IC}^{un} 的值先逐渐增大至某一最大值，而后开始逐渐减小，主要是因为随着初始缝高比 α_0 的增大，裂缝尖端或断裂过程区离试件的下边界越远，边界对 K_{IC}^{ini} 与 K_{IC}^{un} 的影响越小，因而 K_{IC}^{ini} 与 K_{IC}^{un} 的值不断增加。当 α_0 增大到一定程度后，随着 α_0 的增加，裂缝尖端或断裂过程区逐渐接近梁的上边界，边界的影响作用逐渐增强，裂缝扩展所受限制也越来越强，表现为 K_{IC}^{ini} 与 K_{IC}^{un} 的值增加到最大值后开始逐渐减小。为了使读者更为直观地了解断裂韧度与有效裂缝扩展长度随初始缝高比的变化趋势，将表 2.3 中的结果绘于图 2.21、图 2.22 中。

表 2.3 各试件断裂参数模拟结果

编号	a_0 /mm	E /GPa	F_{ini} /kN	K_{IC}^{ini} /MPa·m$^{1/2}$	Δ_K^{ini} /%	a_c /mm	F_{max} /kN	K_{IC}^{un} /MPa·m$^{1/2}$	Δ_K^{un} /%
C35-02	40	25.2	5.159	0.6538	2.63	78.2	7.159	1.3636	7.88
C35-03	60	27.8	3.719	0.6833	1.08	92.4	5.786	1.4290	4.46
C35-04	80	23.2	3.266	0.8233	6.23	99.9	4.991	1.4451	4.27
C35-05	100	24.0	2.082	0.8711	4.95	114.0	3.751	1.5217	7.32
C35-06	120	22.7	1.035	0.8677	—	126.0	2.406	1.4934	
C35-07	140	19.1	0.538	0.8532		144.8	1.599	1.4731	

注：试件编号 C35-02 中，C35 表示混凝土强度等级为 C35，02 表示试件初始缝高比为 0.2，其它试件依此类推。

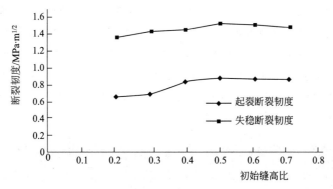

图 2.21　断裂韧度与初始缝高比关系曲线

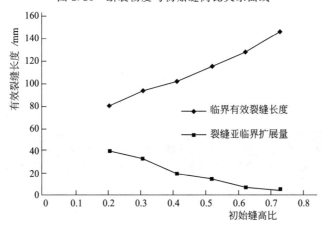

图 2.22　有效裂缝长度与初始缝高比关系曲线

(2) 不同初始缝厚比

在探讨裂缝贯穿程度对混凝土断裂参数的影响之前，首先定义一个参数——缝厚比 β_0，记初始预制裂缝沿梁深方向的厚度为 d_0、梁的厚度为 b，则初始缝厚比 $\beta_0 = d_0/b$。

数值计算模型还是使用上一实例中的网格模型，混凝土强度等级为 C35，弹性模量 $E = 31.5\text{GPa}$，泊松比 $\upsilon = 0.167$，质量密度 $\rho = 2400\text{kg/m}^3$，极限抗拉强度 $f_t = 1.65\text{MPa}$，断裂能 $G_f = 102.8\text{N/m}$。试件跨中位置设置一预制的表面裂缝，初始裂缝长度 a_0 为 80mm，裂缝厚度 d_0 分别为 12mm、24mm、48mm、72mm、96mm、120mm，即初始缝厚比 β_0 分别为 0.1、0.2、0.4、0.6、0.8、1.0；左端为铰支座，右端为滑动支座；采用位移加载方式，即在试件跨中位置施加一竖向位移荷载。

现以初始缝厚比 β_0 为 0.1 的试件为例，说明加载过程中应力分布与裂缝扩展规律，其它试件分布规律相似。当加载至 27 步时，不含有预制裂缝一侧的混凝土开始起裂，并且裂缝开始向前扩展，但是另一侧面的预制裂缝并不向前扩展。

图 2.23 为加载至 27 步的 σ_x 应力云图，由图可知，两侧拉应力 σ_x 最大值均出现在裂缝尖端处，但不含预制缝一侧的最大拉应力明显大于含有预制缝一侧的最大拉应力。此外，沿 x 方向拉应力对称分布，分布形式与 I 型断裂相吻合，但是沿 z 方向应力明显呈不对称分布，这主要是因为受力结构在 z 方向并不对称，即沿 z 方向预制裂缝并未贯穿的原因；但是受压区的应力沿 x 方向与 z 方向均呈对称分布，并且压应力最大值出现在加载点处。

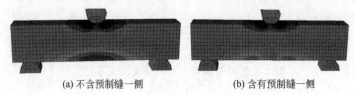

(a) 不含预制缝一侧　　　　　　　(b) 含有预制缝一侧

图 2.23　加载至 27 步时应力云图

当加载至 55 步时（见图 2.24），不含有预制缝一侧的新生裂缝扩展长度达到预制缝长度，在此过程中预制裂缝向前扩展速度非常缓慢。拉应力 σ_x 最大值仍旧出现在新生裂缝尖端处，沿 x 方向呈对称分布，沿 z 方向仍然呈不对称分布。

(a) 不含预制缝一侧　　　　　　　(b) 含有预制缝一侧

图 2.24　加载至 55 步时应力云图

图 2.25 与图 2.26 分别为加载至 64 步与 166 步（此时结构发生失稳破坏）时的应力云图，由图可知，当新生裂缝扩展长度达到预制缝长度后，两侧裂缝以相同的速率向前扩展，直至整个结构发生失稳破坏。而且在此过程中拉应力沿 z 方向的分布规律相同，但是不含预制缝一侧的拉应力值大于另一侧。

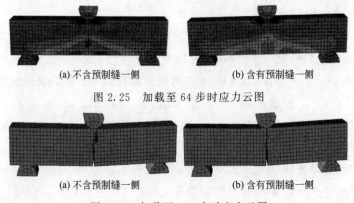

(a) 不含预制缝一侧　　　　　　　(b) 含有预制缝一侧

图 2.25　加载至 64 步时应力云图

(a) 不含预制缝一侧　　　　　　　(b) 含有预制缝一侧

图 2.26　加载至 166 步时应力云图

　　图 2.27 为不同初始缝厚比的各试件荷载-裂缝口张开位移（F-CMOD）曲线，由曲线可知，在加载的初始阶段，随着荷载 F 的增大，裂缝口张开位移 CMOD 也逐渐增大，并且初始缝厚比越大，在相同的荷载增量下裂缝口张开位移的增量也越大，即初始缝厚比越大，F-CMOD 曲线线性段斜率越小，试件的刚度越小。当荷载增大至某一值使混凝土开裂后，荷载与裂缝口张开位移之间呈现出非线性关系，荷载增大到峰值荷载后开始卸载，但初始缝厚比越大，卸载过程越缓。从荷载-裂缝口张开位移曲线可知，随着初始缝厚比的增大，试件的起裂荷载与失稳荷载均逐渐减小。

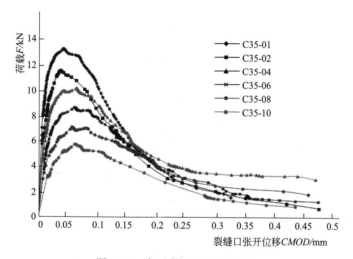

图 2.27　各试件 F-CMOD 曲线

（3）不同裂缝角度

　　本例探讨不同的初始裂缝倾斜角度对混凝土断裂参数的影响。混凝土强度等级为 C35，弹性模量 $E＝31.5$GPa，泊松比 $\upsilon＝0.167$，质量密度 $\rho＝2400$kg/m^3，极限抗拉强度 $f_t＝1.65$MPa，断裂能 $G_f＝102.8$N/m。试件尺寸为 1000mm×200mm×120mm，跨度 $S＝800$mm。试件跨中位置设置一预制裂缝，其长度 $a_0＝40$mm，预制缝与 x 轴之间的夹角 θ 分别为 45°、60°、70°、80°；采用最大主拉应力牵引损伤准则。左端为铰支座，右端为滑动支座；试件跨中位置施加一竖向位移荷载，为防止加载点处由于应力集中而发生局部破坏，在加载点和支座处各加一刚性垫块，垫块与混凝土梁之间采用绑接约束。

　　图 2.28 为不同夹角的各试件 σ_x 应力云图，由图可知，拉应力最大值发生在裂纹尖端位置，裂纹尖端应力集中现象非常明显，可以很好地模拟裂纹尖端应力奇异性；但是拉应力沿 x 方向不再呈对称分布，并且夹角 θ 越小，这种不对称性越明显。加载点处存在压应力区，并且压应力沿 x 方向呈对称分布。

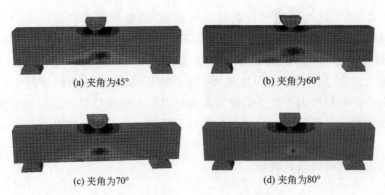

(a) 夹角为45°　　　　　　　　　　　　(b) 夹角为60°

(c) 夹角为70°　　　　　　　　　　　　(d) 夹角为80°

图 2.28　各组试件 σ_x 应力云图

　　图 2.29 为各试件荷载-裂缝口张开位移曲线。由图可知,在混凝土开裂之前,荷载与裂缝口张开位移之间呈线性关系,并且开裂之前荷载-裂缝口张开位移曲线基本与夹角 θ 无关,即荷载-裂缝口张开位移曲线的线性段接近重合。开裂后混凝土表现出黏弹性特性,荷载与裂缝口张开位移之间也不再呈线性关系。随着夹角 θ 的减小,各试件的起裂荷载与失稳荷载均逐渐增大,但增大的幅度并不显著。

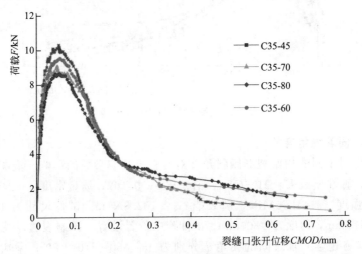

图 2.29　各试件 F-CMOD 曲线

表 2.4　各试件断裂参数

编号	$\theta/(°)$	E /GPa	F_{ini} /kN	K_{IC}^{ini} /MPa·m$^{1/2}$	F_{max} /kN	$CMOD_c$ /μm	a_c /mm	K_{IC}^{un} /MPa·m$^{1/2}$	$\dfrac{F_{ini}}{F_{max}}$
C35-45	45	24.6	6.564	0.6542	10.011	57.4	72.2	1.6381	0.656
C35-60	60	26.9	5.733	0.6535	9.274	56.0	77.5	1.6535	0.618
C35-70	70	29.1	5.381	0.6514	8.811	52.8	80.1	1.6446	0.611

续表

编号	θ/ (°)	E /GPa	F_{ini} /kN	$K_{\text{IC}}^{\text{ini}}$ /MPa·m$^{1/2}$	F_{max} /kN	$CMOD_c$ /μm	a_c /mm	$K_{\text{IC}}^{\text{un}}$ /MPa·m$^{1/2}$	$\dfrac{F_{\text{ini}}}{F_{\text{max}}}$
C35-80	80	32.9	5.133	0.6532	8.422	47.8	82.6	1.6428	0.609

注：试件编号 C35-45 中，C35 表示混凝土强度等级为 C35，45 表示裂缝与 x 轴夹角为 45°，其它试件依此类推。

表 2.4 中给出不同夹角的各试件的计算弹性模量 E、起裂荷载 F_{ini}、起裂断裂韧度 $K_{\text{IC}}^{\text{ini}}$、最大荷载 F_{max}、临界裂缝口张开位移 $CMOD_c$、临界有效裂缝长度 a_c、失稳断裂韧度 $K_{\text{IC}}^{\text{un}}$ 以及起裂荷载 F_{ini} 与最大荷载 F_{max} 的比值 $F_{\text{ini}}/F_{\text{max}}$。由表可知，夹角 θ 越大，计算弹性模量 E 越大，临界裂缝口张开位移 $CMOD_c$ 越小，变形量越小，说明结构的刚度越大。起裂荷载 F_{ini} 与失稳荷载 F_{max} 均随夹角的增大而逐渐减小，起裂荷载与失稳荷载的比值 $F_{\text{ini}}/F_{\text{max}}$ 随着夹角 θ 的增大而逐渐减小，说明夹角 θ 越大，试件的延性越差。

起裂断裂韧度 $K_{\text{IC}}^{\text{ini}}$ 的最大值与最小值分别为 0.6542MPa·m$^{1/2}$ 与 0.6514MPa·m$^{1/2}$，失稳断裂韧度 $K_{\text{IC}}^{\text{un}}$ 的最大值与最小值分别为 1.6535MPa·m$^{1/2}$ 与 1.6381MPa·m$^{1/2}$，在夹角 θ 从 45° 变化到 80° 的过程中起裂断裂韧度 $K_{\text{IC}}^{\text{ini}}$ 与失稳断裂韧度 $K_{\text{IC}}^{\text{un}}$ 变化都很小，可以认为是一个常数，说明起裂断裂韧度 $K_{\text{IC}}^{\text{ini}}$ 和失稳断裂韧度 $K_{\text{IC}}^{\text{un}}$ 均与夹角无关。

（4）不同试件高度

尺寸效应一直是断裂力学研究的重点与热点，本例中我们通过扩展有限元法探讨试件高度对混凝土断裂参数的影响。混凝土材料物理参数为：弹性模量 $E = 31.5$GPa，泊松比 $\upsilon = 0.167$，质量密度 $\rho = 2400$kg/m^3，极限抗拉强度 $f_t = 1.65$MPa，断裂能 $G_f = 102.8$N/m。试件长度 $L = 1000$mm，跨度 $S = 800$mm，厚度 $b = 120$mm。共设置六组试件高度 h，分别为 100mm、150mm、200mm、250mm、300mm、350mm，在试件跨中位置设置一预制裂缝，初始缝高比为 0.4，则各高度对应的初始裂缝长度 a_0 分别为 40mm、60mm、80mm、100mm、120mm、140mm。左端为铰支座，右端为滑动支座，跨中施加一竖向位移荷载。单元类型为八节点等参单元。

图 2.30 为不同高度的试件 σ_x 应力云图，由图可知，在不同试件高度下各试件的应力均呈对称分布，拉应力最大出现在裂纹尖端附近，且裂尖位置应力集中现象非常明显，能够很好地模拟裂纹尖端应力场的奇异性，压应力最大值出现在加载点位置，且压应力也呈对称分布，应力分布与I型裂纹应力场分布规律相吻合。

图 2.31 为不同梁高的各试件荷载-裂缝口张开位移（F-$CMOD$）曲线，由图可知，试件高度越大，F-$CMOD$ 曲线越陡，上升段斜率越大，卸载速率也越快，在相同的荷载增量下裂缝口张开位移增量越小，也就是发生单位位移所需要的能

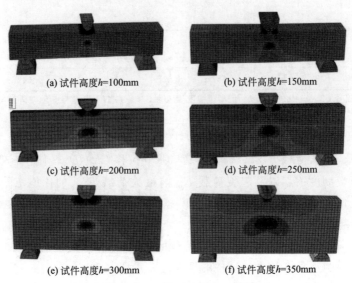

(a) 试件高度*h*=100mm   (b) 试件高度*h*=150mm

(c) 试件高度*h*=200mm   (d) 试件高度*h*=250mm

(e) 试件高度*h*=300mm   (f) 试件高度*h*=350mm

图 2.30　各试件应力云图

量越大。而且，随着试件高度的增加，F-CMOD 曲线的失稳点逐渐后移，即临界裂缝口张开位移逐渐增大。混凝土开裂荷载与失稳荷载也均随着试件高度的增大而逐渐增大。

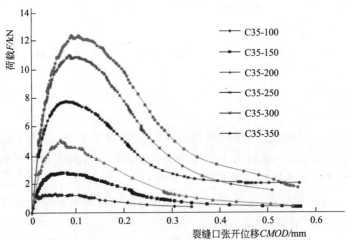

图 2.31　各试件 F-CMOD 曲线

表 2.5　断裂参数计算结果

编号	E /GPa	F_{ini} /kN	K_{IC}^{ini} /MPa·m$^{1/2}$	F_{max} /kN	$CMOD_c$ /μm	Δa_c /mm	K_{IC}^{un} /MPa·m$^{1/2}$	Δ_K^{ini} /%	Δ_K^{un} /%	$\dfrac{K_{IC}^{ini}}{K_{IC}^{un}}$
C35-100	13.4	0.767	0.8025	1.252	31.3	11.7	1.4275	4.08	6.14	0.562
C35-150	17.9	1.821	0.8077	2.707	50.4	17.6	1.4337	2.11	6.2	0.563

续表

编号	E /GPa	F_{ini} /kN	$K_{\text{IC}}^{\text{ini}}$ /MPa·m$^{1/2}$	F_{max} /kN	$CMOD_{\text{c}}$ /μm	Δa_{c} /mm	$K_{\text{IC}}^{\text{un}}$ /MPa·m$^{1/2}$	Δ_K^{ini} /%	Δ_K^{un} /%	$\dfrac{K_{\text{IC}}^{\text{ini}}}{K_{\text{IC}}^{\text{un}}}$
C35-200	23.2	3.266	0.8233	4.991	64.7	19.9	1.4451	6.23	4.27	0.569
C35-250	30.8	4.927	0.8256	7.711	70.8	22	1.4486	7.96	5.75	0.57
C35-300	35.1	6.789	0.8242	10.956	83.1	23.1	1.4496	—	—	0.569
C35-350	36.7	8.878	0.8241	12.27	107	28.5	1.4431	—	—	0.571

注：试件编号 C35-100 中，C35 表示混凝土强度等级为 C35，100 表示试件高度 $h=100\text{mm}$，其它试件依此类推。

表 2.5 中给出了各试件的计算弹性模量 E、起裂荷载 F_{ini}、起裂断裂韧度 $K_{\text{IC}}^{\text{ini}}$、起裂断裂韧度误差 Δ_K^{ini}、最大荷载 F_{max}、临界裂缝口张开位移 $CMOD_{\text{c}}$、裂缝的亚临界扩展量 Δa_{c}（$\Delta a_{\text{c}}=a_{\text{c}}-a_0$）、失稳断裂韧度 $K_{\text{IC}}^{\text{un}}$、失稳断裂韧度误差 Δ_K^{un}，以及起裂断裂韧度 $K_{\text{IC}}^{\text{ini}}$ 与失稳断裂韧度 $K_{\text{IC}}^{\text{un}}$ 的比值 $K_{\text{IC}}^{\text{ini}}/K_{\text{IC}}^{\text{un}}$，其中断裂韧度误差计算式见式 (2.101)。由表可知，起裂荷载 F_{ini} 与失稳荷载 F_{max} 均随试件高度 h 的增大而逐渐增大，说明 h 越大，结构的承载能力越高。在相同的初始缝高比 α_0 下，高度 h 越大，裂缝尖端或断裂过程区离试件上边界越远，边界对断裂过程区的限制作用越弱，裂缝扩展越充分，表现为试件高度 h 越大，裂缝的亚临界扩展量 Δa_{c}（$\Delta a_{\text{c}}=a_{\text{c}}-a_0$）越大，但当 Δa_{c} 增大到某一最大值后趋于一常数，不再随 h 的变化而变化。

起裂断裂韧度误差 Δ_K^{ini} 最大值为 7.96%，失稳断裂韧度误差 Δ_K^{un} 最大值为 6.2%，均小于8%，说明扩展有限元模拟值与试验实测值吻合良好。起裂断裂韧度 $K_{\text{IC}}^{\text{ini}}$ 在 0.8025～0.8256MPa·m$^{1/2}$ 之间，失稳断裂韧度 $K_{\text{IC}}^{\text{un}}$ 在 1.4275～1.4496MPa·m$^{1/2}$ 之间，并且 $K_{\text{IC}}^{\text{ini}}$ 与 $K_{\text{IC}}^{\text{un}}$ 均随试件高度的增大先逐渐增大，当增大到某一最大值后不再随 h 的增大而增大。这是因为当梁高 h 较小时，裂缝尖端或断裂过程区离试件边界较近，边界对断裂过程区的约束作用较强，裂缝扩展不充分，表现为断裂韧度 $K_{\text{IC}}^{\text{ini}}$ 与 $K_{\text{IC}}^{\text{un}}$ 均较小，随着梁高 h 增大，裂缝尖端离试件上边界越来越远，边界对断裂过程区的约束作用越来越弱，裂缝的扩展变得越来越充分，试件的断裂韧度 $K_{\text{IC}}^{\text{ini}}$ 与 $K_{\text{IC}}^{\text{un}}$ 均也越来越大，但是当梁高 h 增大到某一值后，断裂过程区不再受试件上边界的约束作用，表现为断裂韧度 $K_{\text{IC}}^{\text{ini}}$ 与 $K_{\text{IC}}^{\text{un}}$ 均不再随梁高 h 的增大而增大。起裂断裂韧度与失稳断裂韧度的比值 $K_{\text{IC}}^{\text{ini}}/K_{\text{IC}}^{\text{un}}$ 很稳定，最大值与最小值分别为 0.571、0.562，说明 $K_{\text{IC}}^{\text{ini}}/K_{\text{IC}}^{\text{un}}$ 的值与梁高 h 无关。

(5) 不同试件厚度

前文研究了试件高度对混凝土断裂参数的影响，接下来探讨试件厚度对混凝土断裂参数的影响。采用 C35 混凝土，其物理参数为：弹性模量 $E=31.5\text{GPa}$，泊松比 $\upsilon=0.167$，质量密度 $\rho=2400\text{kg/m}^3$，极限抗拉强度 $f_t=1.65\text{MPa}$，断裂能 $G_f=102.8\text{N/m}$，试件长度 $L=1000\text{mm}$，跨度 $S=800\text{mm}$，高度 $h=200\text{mm}$。

共设置五组试件厚度，分别为 80mm、120mm、160mm、200mm、240mm，试件跨中位置设置一长度为 80mm 的贯穿裂缝。采用位移荷载方式。单元类型为八节点等参单元。

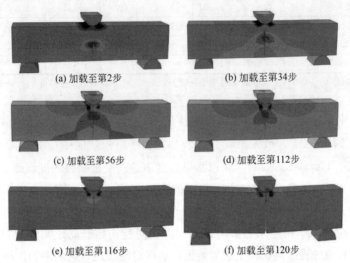

(a) 加载至第2步　　　　　　　(b) 加载至第34步

(c) 加载至第56步　　　　　　　(d) 加载至第112步

(e) 加载至第116步　　　　　　　(f) 加载至第120步

图 2.32　裂缝扩展过程图（变形放大 10 倍）

图 2.32 为裂缝扩展过程图，由图可知，在整个加载过程中应力始终呈对称分布，拉应力最大值出现在裂尖位置，且存在应力集中，很好地模拟了裂尖应力奇异性；加载点附近明显存在压应力，裂缝竖直向上扩展，破坏形式符合 Ⅰ 型断裂。随着裂缝的扩展，中性轴逐渐上移，受拉区也随之上移，受拉区逐渐减小，出现宏观裂缝的部分渐渐退出工作，直至整个结构发生失稳破坏。

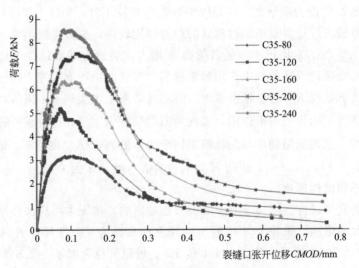

图 2.33　荷载-裂缝口张开位移（F-$CMOD$）曲线

荷载-裂缝口张开位移（F-$CMOD$）曲线如图 2.33 所示，由图可知，在加载的初始阶段，荷载与裂缝口张开位移之间呈线性关系，且试件厚度越大，线性段斜率越大。混凝土开裂后，荷载增加缓慢，裂缝口张开位移迅速增大，荷载与裂缝口张开位移之间也不再呈线性关系。厚度越大，F-$CMOD$ 曲线越陡，卸载速度越快，结构的延性越差。结构的承载能力与试件厚度有关，且试件厚度越大，结构的承载能力越高。

表 2.6　各试件断裂参数计算结果

编号	E /GPa	F_{ini} /kN	K_{IC}^{ini} /MPa·m$^{1/2}$	Δ_K^{ini} /%	F_{max} /kN	a_c /mm	K_{IC}^{un} /MPa·m$^{1/2}$	Δ_K^{un} /%	$\dfrac{F_{ini}}{F_{max}}$	$\dfrac{K_{IC}^{ini}}{K_{IC}^{un}}$
C35-80	18.6	2.077	0.801	8.98	3.038	104.2	1.458	5.52	0.684	0.549
C35-120	23.2	3.266	0.823	6.22	4.991	100.0	1.445	4.27	0.654	0.569
C35-160	22.4	4.234	0.811	5.32	6.105	104.3	1.464	0.63	0.694	0.553
C35-200	18.2	5.215	0.803	—	7.141	106.9	1.466	—	0.731	0.548
C35-240	19.8	6.211	0.801	—	8.285	108.0	1.459	—	0.749	0.548

注：试件编号 C35-80 中，C35 表示混凝土强度等级为 C35，80 表示试件厚度 $b=80\text{mm}$，其它试件依此类推。

不同厚度的试件的断裂参数计算结果列于表 2.6 中，其中断裂韧度误差计算式见式（2.101）。由表中数据可以看出，临界有效裂缝长度 a_c 的值在 $100\sim 108\text{mm}$ 之间，变化幅度很小，可以认为 a_c 的值与试件的厚度 b 无关，这是因为虽然试件的厚度在不断增大，但试件高度 h 与初始裂缝长度 a_0 并未变化，裂缝尖端或断裂过程区到试件上下边界的距离为常数，上下边界对断裂过程区的约束作用也不再变化，因此临界有效裂缝长度 a_c 与试件的厚度无关。起裂荷载 F_{ini} 与失稳荷载 F_{max} 均随试件厚度 b 的增大而逐渐增大，起裂荷载 F_{ini} 与失稳荷载 F_{max} 的比值 F_{ini}/F_{max} 也随厚度 b 的增大而增大，说明 b 越大，混凝土开裂后能够继续承担的相对荷载越小，结构的延性越差。

混凝土的起裂断裂韧度误差 Δ_K^{ini} 与失稳断裂韧度误差 Δ_K^{un} 分别在 $5.32\%\sim 8.98\%$ 与 $0.63\%\sim 5.52\%$ 之间，虽然断裂韧度扩展有限元模拟值与试验实测值之间存在一定误差，但误差范围满足工程要求。起裂断裂韧度 K_{IC}^{ini} 的最小值与最大值分别为 $0.801\text{MPa·m}^{1/2}$ 与 $0.823\text{MPa·m}^{1/2}$，失稳断裂韧度 K_{IC}^{un} 的最小值与最大值分别为 $1.445\text{MPa·m}^{1/2}$ 与 $1.466\text{MPa·m}^{1/2}$，当试件厚度 b 逐渐增大时，起裂断裂韧度 K_{IC}^{ini} 与失稳断裂韧度 K_{IC}^{un} 有一定变化，但变化幅度很小，与混凝土其它力学特性的离散性基本一致，说明混凝土的起裂断裂韧度 K_{IC}^{ini} 和失稳断裂韧度 K_{IC}^{un} 与试件的厚度无关。起裂断裂韧度与失稳断裂韧度的比值 K_{IC}^{ini}/K_{IC}^{un} 很稳定，介于 $0.548\sim 0.569$ 之间，可以认为 K_{IC}^{ini}/K_{IC}^{un} 的值与试件厚度 b 无关。

　　为了使读者较为直观地了解起裂断裂韧度与失稳断裂韧度随试件厚度变化的趋势，将表 2.6 的结果绘于图 2.34 中。

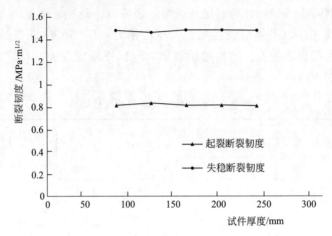

图 2.34　断裂韧度与试件厚度关系曲线

2.4.3.2　钢筋混凝土三点弯曲梁数值模拟

(1) 配筋率对断裂参数的影响

　　图 2.35 是强度等级为 C60 的钢筋混凝土三点弯曲梁扩展有限元法数值模拟模型图，试件的长、高、宽分别为 1000mm、200mm、120mm，试件跨度为 800mm，初始裂缝长度 a_0 为 80mm，初始缝高比为 0.4。每个试件在混凝土受拉区配置两根光圆热轧钢筋 HPB235，钢筋直径分别为 3mm、4mm、5mm、6mm、8mm、10mm，即混凝土受拉区配筋率 ρ_s（$\rho_s = A_s/bh$）分别为 0.59%、1.05%、1.63%、2.38%、4.21%、6.54%，钢筋保护层厚度为 25mm。混凝土梁采用八节点实体单元（C3D8R），网格密度为 50×13×6；钢筋采用桁架单元（T3D2），网格密度为 100×2。左端采用铰支座，右端采用滑动支座，采用位移加载方式，最大主拉应力牵引损伤开裂准则。通过定义"Embedded Region"这一相互作用关系，将钢筋嵌入混凝土中来实现钢筋与混凝土的协同工作，不考虑钢筋与混凝土之间的滑移。为了防止加载点处由于应力集中而发生局部损坏，在加载点和支座处各加一刚性垫块，垫块与混凝土梁之间采用绑接约束，并通过设置垫块的弹性模量将其变形控制在很小范围内。

　　各材料的物理参数分别为：混凝土的弹性模量 $E = 36\mathrm{GPa}$，泊松比 $\upsilon = 0.167$，质量密度 $\rho = 2400\mathrm{kg/m^3}$，混凝土极限抗拉强度 $f_t = 2.20\mathrm{MPa}$，混凝土断裂能 $G_f = 147\mathrm{N/m}$；钢筋的弹性模量 $E_s = 2.06 \times 10^5 \mathrm{MPa}$，泊松比 $\upsilon = 0.3$，质量密度 $\rho = 7800\mathrm{kg/m^3}$，钢筋的屈服强度 $f_y = 235\mathrm{MPa}$。

　　图 2.36、图 2.37 和图 2.38 分别为 σ_x 应力云图、y 方向位移云图与裂纹扩展路径图。从图可以看出，钢筋混凝土试件的应力与位移分布规律与混凝土试件

图 2.35　钢筋混凝土 XFEM 模拟模型图

大致相似。应力与位移均呈对称分布，加载点处存在显著的压应力区，混凝土拉应力最大值发生在裂纹尖端位置，并且在裂纹尖端附近应力集中现象非常明显，能够较好地模拟裂纹尖端应力场的奇异性。挠度最大值出现在跨中位置，裂纹沿原裂纹扩展方向竖直向上延伸，与典型的Ⅰ型裂纹扩展相吻合，并且裂纹的扩展过程不依赖于网格边界，裂纹在单元内部扩展，在模拟裂纹扩展过程时并不需要重新划分网格。

图 2.36　混凝土 σ_x 应力云图

图 2.37　y 方向位移云图

图 2.38　裂纹扩展路径图

图 2.39 为不同配筋率试件的荷载-裂缝口张开位移（F-CMOD）曲线图。由图可知，在加载的初始阶段荷载 F 与裂缝口张开位移 CMOD 之间呈线性关系，当加载至某一步使混凝土开裂后，F 与 CMOD 之间不再呈线性关系，混凝土表现出黏弹性特性；随着加载步骤的继续，荷载逐渐增大到峰值荷载，之后便开始卸载，但是卸载过程非常缓慢，并不像混凝土试件那样承载力快速下降，主要是因为加载过程进行到后期，混凝土逐渐退出工作，由钢筋单独承受外荷载，并且当荷载下降到一定值后，钢筋混凝土试件的 F-CMOD 曲线表现出与钢筋的荷载-

应变（F-ε）曲线相似的特性。

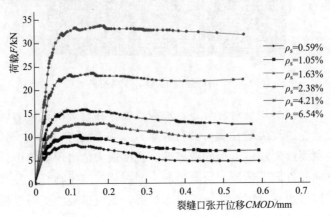

图 2.39 不同配筋率试件的 F-$CMOD$ 曲线

配筋率 ρ_s 越大，F-$CMOD$ 曲线越陡，上升段斜率越大，在相同的荷载增量下裂缝口张开位移增量越小，也就是发生单位位移所需要的能量越大，试件的刚度越大，结构的延性越差。随着配筋率 ρ_s 的增加，F-$CMOD$ 曲线的临界点逐渐后移，临界裂缝口张开位移 $CMOD_c$ 逐渐增大。钢筋混凝土试件的起裂荷载 F_P^{ini} 与失稳荷载 F_P^{un} 亦随 ρ_s 的增大而逐渐增大。

表 2.7 中给出了不同配筋率的各试件起裂时刻的外荷载 F_P^{ini}、钢筋约束力 F_S^{ini}、荷载起裂断裂韧度 K_{IP}^{ini}、钢筋起裂断裂韧度 K_{IS}^{ini}、起裂断裂韧度 K_{IC}^{ini}、临界有效裂缝长度 a_c 以及失稳时刻的外荷载 F_P^{un}、钢筋约束力 F_S^{un}、荷载失稳断裂韧度 K_{IP}^{un}、钢筋失稳断裂韧度 K_{IS}^{un}、失稳断裂韧度 K_{IC}^{un}。

由表可知，起裂时刻的外荷载 F_P^{ini} 和钢筋约束力 F_S^{ini} 与失稳时刻的外荷载 F_P^{un} 和钢筋约束力 F_S^{un} 均随配筋率 ρ_s 的增大而逐渐增大，并且随着配筋率 ρ_s 的增大，外荷载与钢筋约束力的增大幅度也逐渐增大。这是因为配筋率 ρ_s 越大，钢筋的承载能力越高，结构起裂时刻与失稳时刻对应的荷载也就越大。

起裂断裂韧度 K_{IC}^{ini} 随配筋率 ρ_s 的增大而逐渐减小，但变化幅度逐渐变小，当配筋率 ρ_s 增大到一定值后起裂断裂韧度 K_{IC}^{ini} 不再随配筋率 ρ_s 变化，说明对于超筋结构，配筋率 ρ_s 不影响混凝土的起裂断裂韧度 K_{IC}^{ini}。

表 2.7 不同配筋率试件的断裂参数

编号	F_P^{ini} /kN	F_S^{ini} /kN	K_{IP}^{ini} /MPa·m$^{1/2}$	K_{IS}^{ini} /MPa·m$^{1/2}$	K_{IC}^{ini} /MPa·m$^{1/2}$	F_P^{un} /kN	F_S^{un} /kN	a_c /mm	K_{IP}^{un} /MPa·m$^{1/2}$	K_{IS}^{un} /MPa·m$^{1/2}$	K_{IC}^{un} /MPa·m$^{1/2}$
CR60-3	5.298	2.539	1.1234	0.2428	0.8806	7.863	3.314	115.2	2.6141	0.5532	2.0610

续表

编号	F_P^{ini} /kN	F_S^{ini} /kN	K_{IP}^{ini} /MPa· $m^{1/2}$	K_{IS}^{ini} /MPa· $m^{1/2}$	K_{IC}^{ini} /MPa· $m^{1/2}$	F_P^{un} /kN	F_S^{un} /kN	a_c /mm	K_{IP}^{un} /MPa· $m^{1/2}$	K_{IS}^{un} /MPa· $m^{1/2}$	K_{IC}^{un} /MPa· $m^{1/2}$
CR60-4	6.346	4.309	1.2782	0.4121	0.8662	9.809	5.899	113.0	2.9890	0.9406	2.0485
CR60-5	7.652	6.481	1.4712	0.6198	0.8514	12.25	9.165	109.9	3.4050	1.3781	2.0268
CR60-6	9.102	8.847	1.6853	0.8460	0.8393	15.17	13.39	104.8	3.7478	1.8329	1.9149
CR60-8	12.39	14.06	2.1704	1.3442	0.8263	22.68	23.74	95.3	4.6113	2.7797	1.8316
CR60-10	15.69	19.14	2.6582	1.8299	0.8283	32.14	36.89	85.5	5.5387	3.7655	1.7732

注：编号 CR60-3 中，CR60 表示强度等级为 C60 的钢筋混凝土试件，3 表示钢筋直径为 3mm，其它试件依此类推。

临界有效裂缝长度 a_c 随配筋率 ρ_s 的增大而逐渐减小，并且减小幅度逐渐增大。说明配筋率 ρ_s 越大，钢筋对混凝土的约束作用越强，裂缝的扩展越不充分，结构的延性越差，并且当配筋率 ρ_s 增大到一定值后结构将由延性破坏转变为脆性破坏。

荷载失稳断裂韧度 K_{IP}^{un} 与钢筋失稳断裂韧度 K_{IS}^{un} 随配筋率 ρ_s 的增大亦逐渐增大，因为配筋率 ρ_s 越大，失稳荷载 F_P^{un} 与 F_S^{un} 越大，K_{IP}^{un} 与 K_{IS}^{un} 亦越大。但失稳断裂韧度 K_{IC}^{un} 随配筋率 ρ_s 的增大亦逐渐减小，并且减小幅度逐渐增大。主要有两个原因。首先，配筋率 ρ_s 越大，钢筋越粗，钢筋与混凝土之间的相对接触面积越小，钢筋与混凝土之间的黏聚力也越小，混凝土退出工作的时刻越早，钢筋混凝土结构的受力特性越接近于钢筋的受力特性，钢筋性能发挥越充分，钢筋约束力引起的失稳断裂韧度 K_{IS}^{un} 越大，整个结构的失稳断裂韧度 K_{IC}^{un} 也就越小。其次，配筋率 ρ_s 的增大，使得钢筋对混凝土的约束作用增强，裂缝的扩展也越不充分，导致结构的失稳断裂韧度 K_{IC}^{un} 越小。

为了使读者更为直观地了解钢筋混凝土试件的起裂断裂韧度 K_{IC}^{ini}、失稳断裂韧度 K_{IC}^{un} 以及临界有效裂缝长度 a_c 随配筋率 ρ_s 变化的趋势，将表 2.7 的结果绘于图 2.40～图 2.42 中，并利用最小二乘法原理拟合得到 K_{IC}^{ini}、K_{IC}^{un} 以及 a_c 与 ρ_s 之间的关系式，分别如式（2.102）～式（2.104）所示。

$$K_{IC}^{ini} = -0.1574\rho_s^3 + 0.3847\rho_s^2 - 0.3023\rho_s + 0.9033 \quad (2.102)$$

式中，回归系数 $R^2 = 0.9998$，K_{IC}^{ini} 为起裂断裂韧度，ρ_s 为配筋率。

$$K_{IC}^{un} = 0.5454\rho_s^3 - 0.492\rho_s^2 - 0.3715\rho_s + 2.1061 \quad (2.103)$$

式中，回归系数 $R^2 = 0.9752$，K_{IC}^{un} 为失稳断裂韧度，ρ_s 为配筋率。

$$a_c = -35474\rho_s + 117.77 \quad (2.104)$$

式中，回归系数 $R^2 = 0.9948$，a_c 为临界有效裂缝长度，ρ_s 为配筋率。

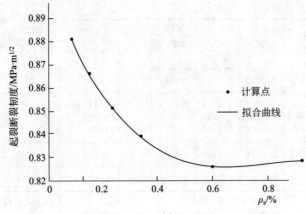

图 2.40　起裂断裂韧度 K_{IC}^{ini} 与配筋率 ρ_s 关系曲线

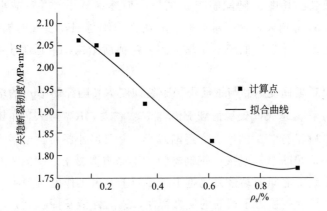

图 2.41　失稳断裂韧度 K_{IC}^{un} 与配筋率 ρ_s 关系曲线

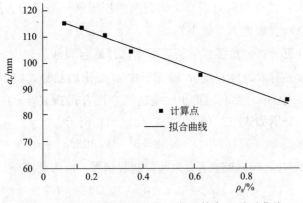

图 2.42　临界有效裂缝长度 a_c 与配筋率 ρ_s 关系曲线

(2) 钢筋位置对断裂参数的影响

探讨钢筋位置对混凝土断裂韧度、有效裂缝长度等断裂参数的影响，钢筋与初始裂缝之间有三种位置关系，即初始裂缝尖端未达到钢筋、初始裂缝尖端刚好在钢筋位置、初始裂缝尖端超过钢筋，钢筋到试件底部的距离 c 分别为 45mm、50mm、55mm、60mm、65mm、70mm，初始裂缝长度 a_0 为 60mm，试件长、高、宽分别为 1000mm、200mm、120mm，试件跨度为 800mm。每个试件在混凝土受拉区配置两根光圆热轧钢筋 HPB235，钢筋直径为 8mm。混凝土梁采用八节点实体单元（C3D8R），网格密度为 $50 \times 13 \times 6$；钢筋采用桁架单元（T3D2），网格密度为 100×2。左端采用铰支座，右端采用滑动支座，采用位移加载方式，最大主拉应力牵引损伤开裂准则。通过定义"Embedded Region"这一相互作用关系，将钢筋嵌入混凝土中来实现钢筋与混凝土的协同工作，不考虑钢筋与混凝土之间的滑移。为了防止加载点处由于应力集中而发生局部损坏，在加载点和支座处各加一刚性垫块，垫块与混凝土梁之间采用绑接约束，并通过设置垫块弹性模量将其变形控制在很小范围内。

各材料的物理参数分别为：混凝土的弹性模量 $E = 36\text{GPa}$，泊松比 $\upsilon = 0.167$，质量密度 $\rho = 2400\text{kg/m}^3$，混凝土极限抗拉强度 $f_t = 2.20\text{MPa}$，混凝土断裂能 $G_f = 147\text{N/m}$；钢筋的弹性模量 $E_s = 2.06 \times 10^5\text{MPa}$，泊松比 $\upsilon = 0.3$，质量密度 $\rho = 7800\text{kg/m}^3$，钢筋的屈服强度 $f_y = 235\text{MPa}$。

现以钢筋到混凝土底部的距离为 70mm 的试件为例，说明加载过程中钢筋混凝土试件的应力分布与裂缝扩展规律。图 2.43 为其加载至不同步时的应力云图，其它试件分布规律相似。

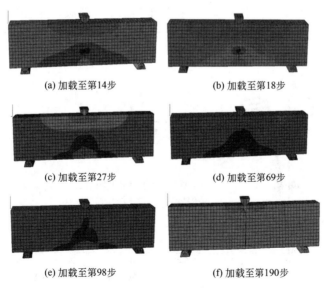

(a) 加载至第14步　　　　　　　(b) 加载至第18步

(c) 加载至第27步　　　　　　　(d) 加载至第69步

(e) 加载至第98步　　　　　　　(f) 加载至第190步

图 2.43　试件应力云图（$c = 70\text{mm}$）

由图可知，在整个加载过程中应力基本呈对称分布，加载点附近存在压应力区，预制缝两侧的混凝土可以继续承受荷载，并且应力分布呈拱形。拉应力最大值出现在裂缝尖端位置，并且应力集中现象比较明显，能够很好地模拟裂缝尖端的应力奇异性。裂缝沿预制裂缝竖直向上扩展，破坏形式符合 Ⅰ 型断裂。当加载至第 14 步时，裂缝尖端位置的混凝土由于应力集中而开裂，并且裂缝开始向前扩展，随着裂缝的扩展，中性轴逐渐上移，受拉应力区逐渐增大，受压应力区逐渐减小，当加载至第 69 步时，受压应力区已消失，这种受力特性持续到第 98 步，之后又出现受压应力区，直至整个结构发生失稳破坏（第 190 步）。

图 2.44 中给出了不同钢筋位置各试件的荷载-裂缝口张开位移（F-CMOD）曲线。由图可知，无论钢筋布置在什么位置，钢筋混凝土试件的 F-CMOD 曲线均有以下特征：第一，在加载初始阶段，随着 CMOD 的增大，荷载几乎呈线性增加，且荷载的增加速度明显大于 CMOD 的增加速度。第二，当裂缝尖端处的混凝土由于应力集中而开裂后，混凝土开始进入虚拟裂缝扩展阶段，F-CMOD 曲线出现拐点，之后混凝土表现出黏弹性特性，F 与 CMOD 间也不再呈线性关系。随着 CMOD 的继续增大，荷载达到第一个峰值点，随后荷载开始减小，结构出现软化现象。第三，随着 CMOD 的进一步增大，由钢筋承担的作用力不断增大，钢筋对裂缝的约束作用也开始逐渐增强。第四，当混凝土开始失稳扩展时，F-CMOD 曲线再一次出现拐点，此后随着 CMOD 的增加，荷载也逐渐增大至第二个峰值点，此后便开始卸载，裂缝开始失稳扩展。第五，钢筋混凝土试件的卸载过程非常缓慢，并不像混凝土试件那样承载力快速下降，主要是因为加载过程进行到后期，混凝土逐渐退出工作，由钢筋单独承受外荷载，并且当荷载下降到一定值后，钢筋混凝土试件的 F-CMOD 曲线表现出与钢筋的荷载-应变（F-ε）曲线相似的特性。

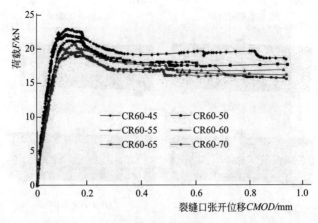

图 2.44　不同钢筋位置试件的 F-CMOD 曲线

开裂之前，钢筋混凝土试件的 F-CMOD 曲线基本与钢筋位置无关，即 F-

$CMOD$ 曲线的线性段接近重合，并且各试件的卸载段基本平行，说明钢筋位置对结构的刚度没有影响。起裂荷载与失稳荷载随着钢筋距试件底部的距离的增大而逐渐减小，但减小程度不明显，说明钢筋位置对混凝土试件的起裂荷载与失稳荷载有一定影响，但影响不大。

表 2.8 中给出了不同钢筋位置的各试件起裂时刻的荷载 F_P^{ini}、钢筋约束力 F_S^{ini}、荷载起裂断裂韧度 K_{IP}^{ini}、钢筋约束力起裂断裂韧度 K_{IS}^{ini}、起裂断裂韧度 K_{IC}^{ini}、临界有效裂缝长度 a_c 以及失稳时刻的外荷载 F_P^{un}、荷载失稳断裂韧度 K_{IP}^{un}、钢筋约束力失稳断裂韧度 K_{IS}^{un}、失稳断裂韧度 K_{IC}^{un}。

表 2.8　不同钢筋位置试件的断裂参数

编号	F_P^{ini} /kN	F_S^{ini} /kN	K_{IP}^{ini} /MPa· m$^{1/2}$	K_{IS}^{ini} /MPa· m$^{1/2}$	K_{IC}^{ini} /MPa· m$^{1/2}$	F_P^{un} /kN	a_c /mm	K_{IP}^{un} /MPa· m$^{1/2}$	K_{IS}^{un} /MPa· m$^{1/2}$	K_{IC}^{un} /MPa· m$^{1/2}$
CR60-45	7.238	4.016	1.0823	0.3282	0.7541	22.591	81.7	3.7655	2.0609	1.7056
CR60-50	6.981	3.679	1.0532	0.3246	0.7285	21.666	84.1	3.7486	2.0499	1.6987
CR60-55	6.735	4.104	1.0253	0.4493	0.5760	20.488	88.0	3.7625	2.0706	1.6919
CR60-60	6.201	1.810	0.9647	0.3977	0.5670	20.953	84.0	3.6436	1.9677	1.6669
CR60-65	6.378	3.551	0.9848	0.3270	0.6578	19.171	91.8	3.7590	2.0378	1.7212
CR60-70	5.909	2.955	0.9316	0.1688	0.7628	19.258	90.7	3.6911	1.9896	1.7015

注：编号 CR60-45 中，CR60 表示强度等级为 C60 的钢筋混凝土试件，45 表示钢筋距试件底部的距离为 45mm，其它试件依此类推。

由表 2.8 可知，起裂荷载 F_P^{ini} 随钢筋到试件底部距离的增大而逐渐减小，这是因为钢筋到试件底部的距离越大，钢筋约束力的力臂越小，结构所能承受的荷载也越小；当钢筋刚好在裂缝尖端时，起裂荷载 F_P^{ini} 达到最小值，之后起裂荷载 F_P^{ini} 随钢筋到试件底部距离的增大先逐渐增大，当增大到一定值后开始随钢筋到试件底部距离的增大而逐渐减小。失稳荷载 F_P^{un} 亦具有与起裂荷载相似的规律。

由于钢筋距试件底部越远，钢筋对裂缝的约束作用越弱，断裂过程区在荷载作用下的扩展越充分，结构的延性越好，临界有效裂缝长度 a_c 就越大；但是随着钢筋距试件底部距离的增大，其越来越接近试件上边界，断裂过程区受上边界的约束作用越来越强，裂缝扩展也就越不充分，因而临界有效裂缝长度 a_c 增大到一定值后反而开始减小，表中数据也证明了这一点。当钢筋刚好在初始裂缝尖端时，裂缝尖端的钢筋阻止了裂缝尖端继续扩展，断裂过程区的发展也受到抑制，表现为临界有效裂缝长度 a_c 明显减小。

随着钢筋到试件底部距离的增大，钢筋混凝土试件的起裂断裂韧度 K_{IC}^{ini} 先逐渐减小，减小到一定值后开始增大，当钢筋刚好在初始裂缝尖端位置时 K_{IC}^{ini} 达到最小值 $0.5670\mathrm{MPa}\cdot\mathrm{m}^{1/2}$，并且钢筋未贯穿裂缝时的起裂断裂韧度 K_{IC}^{ini} 大于钢筋贯穿裂缝时的起裂断裂韧度 K_{IC}^{ini}，说明在实际工程中对含有宏观裂缝的结构进行锚杆加固时应将锚杆置于裂缝前端。

钢筋到试件底部距离为 45mm、50mm、55mm 时的失稳断裂韧度 K_{IC}^{un} 分别为 1.7056MPa·m$^{1/2}$、1.6987MPa·m$^{1/2}$、1.6919MPa·m$^{1/2}$，可见钢筋贯穿裂缝时失稳断裂韧度 K_{IC}^{un} 与钢筋到试件底部的距离无关。钢筋刚好在初始裂缝尖端时失稳断裂韧度 K_{IC}^{un} 为 1.6669MPa·m$^{1/2}$，此时失稳断裂韧度 K_{IC}^{un} 达到最小值，主要是因为裂缝尖端的钢筋抑制了断裂过程区的发展，使得裂缝扩展不充分。钢筋距试件底部距离为 65mm、70mm 时的失稳断裂韧度 K_{IC}^{un} 分别为 1.7212MPa·m$^{1/2}$、1.7015MPa·m$^{1/2}$，可见钢筋未贯穿裂缝时失稳断裂韧度 K_{IC}^{un} 随试件到底部距离的增大而减小，是因为钢筋到试件底部距离越大，受上边界的影响越强，断裂过程区发展越不充分，导致失稳断裂韧度 K_{IC}^{un} 越小。同时，还可以发现，钢筋贯穿裂缝时的 K_{IC}^{un} 小于钢筋未贯穿裂缝时的 K_{IC}^{un}，而且钢筋处于临界位置时的 K_{IC}^{un} 最小，再一次说明在实际工程中对含有宏观裂缝的结构进行锚杆加固时应将锚杆置于裂缝前端。

2.4.4 工程应用实例

2.4.4.1 在水电工程重力坝评估中应用

某水库库区为中山地貌单元，属峡谷型水库，水库正常蓄水位高程 658m，回水长度 37km，总库容 5.72 亿立方米。主要水工建筑物为碾压混凝土重力坝，重力坝主体为 C15 及 C10 碾压混凝土，且碾压混凝土重力坝的泄水孔等孔洞较多，主要有 3 个泄水底孔、2 个泄水表孔，以及沿坝高布置的三层廊道系统。

该碾压混凝土重力坝为 I 级建筑物。重力坝轴线，即勘探线，呈折线状，分为三段。河床段长 313.6m，与河流向近正交，左右岸两段均折向下游。按地形变化情况、混凝土入仓能力及坝段功能特点，将坝分为 21 个坝段，从左向右依次编号。坝段长度多数为 35m，溢流段和电站进水口坝段有 18m、15m 和 21m 三种长度。

混凝土重力坝在弱震作用下作微幅振动，各坝段间的横缝可传递一定剪力，大坝坝体的整体作用明显，能基本反映大坝的整体空间振动，分析重力坝的地震反应取单个坝段进行是合适的。

2.4.4.2 有限元模型

(1) 参数选取

正常上游水位为 658.00m，下游水位为 572.5m。坝前泥沙淤积高程为 585m（50 年），淤沙浮容重 0.68×10³kg/m³，内摩擦角取 10°，混凝土的容重取 2400kg/m³，泊松比为 0.167，静弹性模量取 28GPa，动态弹性模量为静态弹性

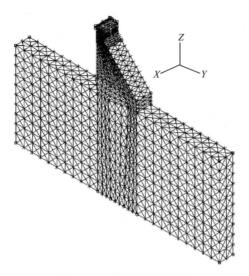

图 2.45　有限元三维模型

模量的 1.3 倍。19# 坝段坝高为 103.4m。

　　所有材料参数均按实际材料选取，坝体材料为 C30 混凝土，采用线弹性本构关系。地基尺寸为上下游各取坝高的 1.5 倍，深度为坝高的 2 倍。坝体采用五面体和六面体单元，地基为六面体单元，共计 4790 节点，3364 单元。

　　有限元三维模型见图 2.45。裂缝位置见图 2.46。

(2) 黏弹性边界的设置

　　黏弹性边界是采用由物理元件构成的人工边界，能够同时模拟散射波辐射和地基弹性恢复性能，并具有良好的低频稳定性。黏弹性人

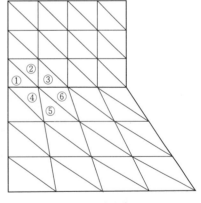

图 2.46　裂缝位置

工边界等效于在人工截断边界上设置连续分布的并联弹簧-阻尼器系统，其中弹簧元件的弹性系数 K_b 和黏性阻尼器的阻尼系数 C_b 的计算公式如下

$$K_b = \alpha \frac{G}{R}, \quad C_b = \rho c \tag{2.105}$$

式中，ρ 和 G 分别表示介质的质量密度和剪切模量；R 表示散射波源至人工边界的距离；c 表示介质中的波速，法向人工边界取 P 波波速 c_P，切向人工边界取 S 波波速 c_S；参数 α 根据人工边界的类型及设置方向取值。

(3) 库水的模拟

　　韦斯特伽特将坝面动水压力沿坝面的分布图形用抛物线来近似，并根据实际

动水压力对于坝踵力矩与近似动水压力图形对坝踵力矩相等的条件得到了水深 y 处坝面动水压力的近似公式

$$P_s = \frac{7}{8} K \sqrt{hy} \tag{2.106}$$

式中，K 为地震系数，$K = \ddot{u}_0/g$，$\ddot{u}_0$ 为地面运动加速度；h 为坝前总水深。

根据动水压力有着和惯性力相似的特点，可以用附着于坝面的一定质量的水体来代替水的动力学效应，由此便可得到韦斯特伽特附加质量公式

$$M_p = \frac{7}{8} \rho A \sqrt{hy} \tag{2.107}$$

(4) 输入地震动

由于水库总库容 5.72 亿立方米，最大坝高小于 150m（最大坝高约 116.00m，坝段长度 636.6m，坝顶高程 662.3m），根据《水工建筑物抗震设计规范》（SL 203—97）的要求，其抗震设防标准为在基本烈度基础上提高 1 度设防，水库坝址的基本烈度为 7.2 度，提高 1 度设防的标准应为 8.2 度，其 100 年超越概率下峰值加速度为 256cm/s²，特征周期取 0.45s，放大系数 β 取 2.4，其地震动加速度时程曲线如图 2.47 所示。

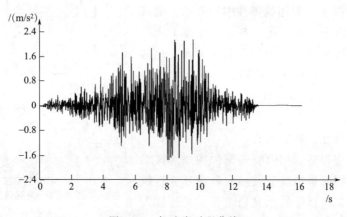

图 2.47 加速度时程曲线

2.4.4.3 有限元分析结果

坝体裂缝动态应力强度因子可以作为判断裂缝是否稳定的判据，相比以往仅根据坝体混凝土的拉应力是否超过其极限抗拉强度来判断具有更加实际的意义。由于断裂韧度可以认为是材料的一种固有属性，因此可以用来作为坝体裂缝稳定的判据。

坝体各阶振型图见图 2.48，裂缝扩展 ΔC 的放大图见图 2.49。

在坝高 87.6m 处有一水平裂缝，缝深 0.9m，建立有限元模型进行计算，计算结果见图 2.50、图 2.51。

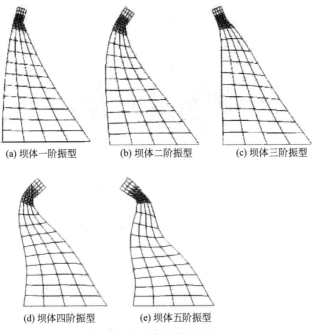

(a) 坝体一阶振型　　(b) 坝体二阶振型　　(c) 坝体三阶振型

(d) 坝体四阶振型　　(e) 坝体五阶振型

图 2.48　坝体各阶振型图

在地震作用下，坝体相同点的应力，无裂缝时的地震动拉应力峰值为 4.799MPa，压应力为 5.504MPa，有裂缝时缝端拉应力为 1.159MPa。

在计算过程中需要建立的刚度阵增量 $[\Delta K]$，裂缝扩展 ΔC 后只涉及 6 个单元的变化。因此，裂缝扩展前后刚度阵的变化也仅仅局限于这 6 个单元刚度矩阵的变化。

根据有限元理论知识可知，三角形单元平面应力单元刚度阵

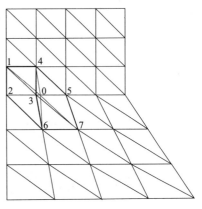

图 2.49　裂缝扩展 ΔC 的放大示意图

$$[K_{rs}] = \frac{Ed}{4A(1-\mu^2)} \begin{bmatrix} b_r b_s + \dfrac{1-\mu}{2} c_r c_s & \mu b_r c_s + \dfrac{1-\mu}{2} c_r b_s \\ \mu c_r b_s + \dfrac{1-\mu}{2} b_r c_s & c_r c_s + \dfrac{1-\mu}{2} b_r b_s \end{bmatrix} \quad (2.108)$$

式中，r，$s = i$、j、m；$c_i = -x_j + x_m$；$b_i = y_j - y_m$；d 为厚度。裂纹扩展 ΔC 后，由于 ΔC 是微小量，假定单元面积没有发生变化，单元刚度矩阵变为 $[K_{rs}^*]$，由于是水平裂缝，故只有 c_r 参量发生变化，即：

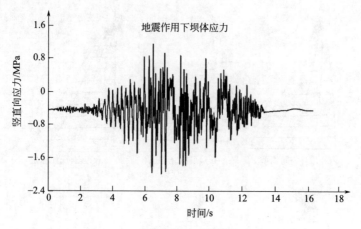

图 2.50　无裂缝情况下坝体缝端应力

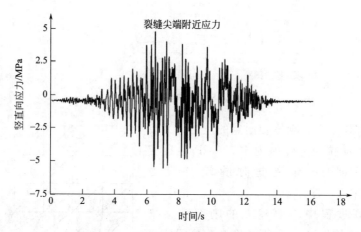

图 2.51　裂缝情况下裂缝尖端附近应力

$$[\Delta K_{22}] = \frac{Ed\,\Delta C}{4(1-\mu^2)A}\begin{bmatrix} \dfrac{1-\mu}{2}(-2c_i+\Delta C)-\mu b_i-\dfrac{1-\mu}{2}b_i & \\ \mu b_i-\dfrac{1-\mu}{2}b_i & 2c_i+\Delta C \end{bmatrix} \quad (2.109)$$

则 $[\Delta K_{rs}] = [K_{rs}^*] - [K_{rs}]$，以所示的单元为例，则其它增量依此类推便可以得到 $[\Delta K]$，代入式中，化简后只剩下矩阵中含有 ΔC，当 $\Delta C \to 0$ 后，则能量释放率 G_{Ij} 只与初始裂缝长度有关，和裂缝增量 ΔC 无关。此算例计算结果见表 2.9。

表 2.9　地震作用下各阶动态断裂韧度

阶数	振型参与系数	自振频率/Hz	振型动态断裂韧度 /MPa·m$^{1/2}$	最大动态断裂韧度 /MPa·m$^{1/2}$	混凝土动态断裂韧度 /MPa·m$^{1/2}$
1	0.549	0.179	43.736	43.736	2.0157

阶数	振型参与系数	自振频率/Hz	振型动态断裂韧度 /MPa·m$^{1/2}$	最大动态断裂韧度 /MPa·m$^{1/2}$	混凝土动态断裂韧度 /MPa·m$^{1/2}$
2	0.377	0.194	33.741	55.239	2.5458
3	−0.208	0.268	10.068	56.149	2.5877
4	0.124	0.361	2.099	56.188	2.5895
5	0.175	0.368	1.152	56.200	2.5901

0.9m 裂缝下的动态断裂韧度见图 2.52。

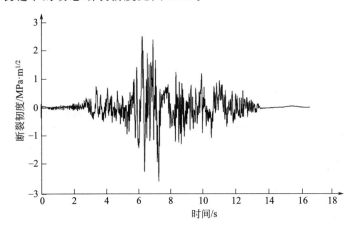

图 2.52　0.9m 裂缝下的动态断裂韧度

同理，计算初始裂缝长度分别为 1.2m、1.8m 情况下的动态断裂韧度，如图 2.53、图 2.54。

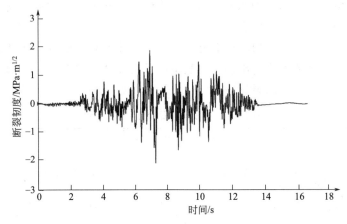

图 2.53　1.2m 裂缝下的动态断裂韧度

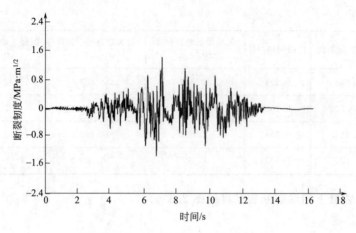

图 2.54   1.8m 裂缝下的动态断裂韧度

19$^{\#}$坝段各种不同深度裂缝在地震荷载下的裂缝尖端动态断裂韧度及裂缝状态判别如表 2.10 所示。

表 2.10   19$^{\#}$坝段各种裂缝在地震荷载下的动态断裂韧度及裂缝状态

初始裂缝长度 /m	试验得出的静态断裂韧度 /MPa·m$^{1/2}$	放大系数	计算动态断裂韧度 /MPa·m$^{1/2}$	有限元计算得到动态断裂韧度/MPa·m$^{1/2}$	裂缝状态
0.9	2.6178		3.5079	2.5901	稳定
1.2	1.6819	1.34	2.2537	1.8640	稳定
1.8	1.1949		1.6012	1.3340	稳定

由表 2.10 可以看出，初始裂缝为 0.9m 时，裂缝处混凝土动态断裂韧度为 $K_{\text{I 计算}}^{\text{d}}=2.5901\text{MPa}\cdot\text{m}^{1/2}$，小于由试验值推算得出的动态断裂韧度 $K_{\text{I 试验}}^{\text{d}}=3.5079\text{MPa}\cdot\text{m}^{1/2}$，因此该裂缝处于稳定阶段，不影响结构的正常使用。

可见，由计算得出的动态断裂韧度小于经试验并推断出的动态断裂韧度，说明该条件下裂缝处于稳定状态。

当地震发生后，对大坝坝体混凝土裂缝、坝体混凝土质量、建基面岩体质量进行检测。震后坝体混凝土出现一定数量的垂直裂缝，裂缝均呈近垂直发育，裂面局部弯曲。调查统计结果见表 2.11 所示。

表 2.11   混凝土坝体裂缝调查统计

19～20$^{\#}$坝段（高程 569～572m）	LD1	横 404.171，纵 73.397 至横 404.213，纵 80.726	顺河向延伸，长约 7.5m，宽 0.3～3mm
	LD2	横 403.793，纵 101.050 至横 404.981，纵 108.808	顺河向发育延伸，长约 8.5m，宽 0.3～2mm
	LR1	横 445.100，纵 0.782 至横 445.636，纵 9.949	顺河向延伸，长约 10m，宽 0.4～3mm
	LR2	横 448.697，纵 0.782 至横 449.472，纵 13.588	顺河向延伸，长约 12.8m，宽 0.4～4mm

调查结果表明，在后期不断的余震中，以上裂缝均未扩展，地震对坝体混凝土及裂缝无其它影响，这与表 2.10 的裂缝状态判别一致，说明研究结论与实际吻合较好。

这是在数值计算中对坝体的混凝土未考虑分层、分区的影响，且在较多的简化条件下进行的，实际的动态断裂韧度应该较计算值大一些。同时对于放大系数的值还需要更多试验进行验证。

参 考 文 献

[1] 梅泰.混凝土的结构、性能与材料 [M].祝永年等译.上海：同济大学出版社，1991.

[2] 蒋昭镰，陈江瑛，黄德进等.混凝土结构动态安全分析的重要基础——混凝土动态力学性能 [J].宁波大学学报，1997，10（2）：50-57.

[3] 王向东.混凝土损伤理论在水工结构仿真分析中的应用 [D].南京：河海大学，2004.

[4] 徐道远，符晓陵，朱为玄等.坝体混凝土损伤-断裂模型 [J].大连理工大学学报，1997，37：增 S1-S6.

[5] P Caroll，Jirasek M，Bazant Z. A thermodynamically consistent approach to microplane theory. Free energy and consistent microplane stresses [J].JSolids Struct，2001，38：2921-2931.

[6] Jenq Y S，Shah S P. Two parameter fracture model for concrete [J].Journal of engineering mechanics，1985，111（10）：1227-1241.

[7] P Ozbolt J，Bazant Z. Microplane model for cyclic triaxial behavior of concrete [J].J Eng Mech，1992，118（7）：1365-1386.

[8] Xu Shilang，Reinhardt H W. Determination of double-K criterion for crack propagation in quasi-brittle fracture，Part III：Analytical evalustion and practical measuring methods for three-point bending notched beams [J].International journal and fracture，1999，98：151-177.

[9] J Mazars，Pijaudier-Cabot G. Continuum damage theory-application to concrete [J].ASCE Journal of Engineering Mechanics，1989，115（2）：345-365.

[10] F Ghrib，Tinawi R. Nonlinear behavior of concrete dams using damage mechanics [J].Journal of Engineering Mechanics，1995，121（4）：513-526.

[11] M Cevera，Oliver J，Faria R. Seismic evalution of concrete dams via continuum damage models [J].Earthquake Engineering and Structural Dynamics，1995，（24）：1225-1245.

[12] H Al-Gadhib A，Asadur Rahman K，Baluch M H. CDM based finite element code for concrete [J].Computers and Structures，1998，（67）：451-462.

[13] J Lee，Fenves G L. Plastic-damage model for cyclic loading of concrete structures [J].Journal of Engineering Mechanics，1998，124（8）：892-900.

[14] J Lee，Fenves G L. A plastic-damage concrete damage model for earthquake analysis of dams [J].Earthquake Engineering and Structural Dynamics，1998，27（9）：937-956.

[15] G Meschke，Lachner R，Mang H A. An anisotropic elastoplastic-damage model for plain concrete [J].Int J Numer Meth Eng，1998，（42）：703-727.

[16] S Fichant，La Borderier C，Pijaudier-Cabot G. Isotropic and anisotropic descriptions of damage in con-

crete structures [J]. Mech Cohens-Frict Mater, 1999, (4): 339-359.

[17] Valliappan S, Yazdchi M, Khalili N. Seismic analysis of arch dams-a continuum damage mechanics approach [J]. Int J Numer Meth Eng, 1999, (45): 1695-1724.

[18] M Yazdchi, Khalili N, Valliappan S. Nonlinear seismic behavior of concrete gravity dams using coupled finite-boundary element technique [J]. Int J Numer Meth Eng, 1999, (44): 101-130.

[19] R Faria, Oliver J, Cevera M. Modeling material failure in concrete structures under cyclic actions [J]. Journal of Structural Engineering, 2004, 130 (12): 1997-2005.

[20] 李灏. 损伤力学基础 [M]. 济南: 山东科学技术出版社, 1992.

[21] 吴鸿遥. 损伤力学 [M]. 北京: 国防工业出版社, 1990.

[22] 余天庆, 钱济成. 损伤理论及其应用 [M]. 北京: 国防工业出版社, 1993.

[23] 楼志文. 损伤力学基础 [M]. 西安: 西安交通大学出版社, 1991.

[24] 李兆霞. 损伤力学及其应用 [M]. 北京: 科学出版社, 2002.

[25] 刘华, 蔡正敏, 杨菊生等. 混凝土结构三维损伤开裂破坏全过程非线性有限元分析 [J]. 工程力学. 1999, 16 (2): 45-51.

[26] 杜成斌, 苏擎柱. 混凝土坝地震动力损伤分析 [J]. 工程力学, 2003, 20 (5): 170-173.

[27] 邱战洪, 张我华, 任廷鸿. 地震荷载作用下大坝系统的非线性动力损伤分析 [J]. 水利学报, 2005, 5: 629-636.

[28] 张我华, 邱战洪, 余功栓. 地震荷载作用下坝及其岩基的脆性动力损伤分析 [J]. 岩石力学与工程学报, 2004, 23 (8): 1311-1317.

[29] 陈健云, 林皋, 胡志强. 考虑混凝土应变率变化的高拱坝非线性动力响应研究 [J]. 计算力学学报, 2004, 21 (1): 45-49.

[30] 王向东, 徐道远, 朱为玄等. 混凝土结构的损伤模型及损伤场分析 [J]. 北方交通大学学报, 2003, 27 (1): 32-35.

[31] Zhou W, Zhao J, Liu Y. Simulation of localization failure with strain-gradient-enhanced damage mechanics [J]. Int J Numer Analy Meth Geomech, 2002, 26: 793-813.

[32] 陈健云, 李静, 林皋. 基于速率相关混凝土损伤模型的高拱坝地震响应分析 [J]. 土木工程学报, 2003, 36 (10): 46-50.

[33] 李静, 陈健云, 白卫峰. 基于应变率相关的非线性损伤模型在高拱坝横缝开度分析中的应用 [J]. 水利学报, 2005, 7: 870-875.

[34] Hillerborg A, Modeer M. Analysis of Crack Formation and Crack Growth in Concrete by Means of Fracture Mechanics and Finite Elements [J]. Cement and Concrete Research, 1976, 6 (6): 773-782.

[35] P Bazant Z. Microplane model M4 for concrete. I Formulation with work-conjugate deviatoric stress. II. Algorithm and Calibration [J]. J Eng Mech, 2000, 126 (9): 944-953.

[36] L Nobile. Micro-damage induced anisotropic in concrete [J]. Nuclear Engineering and Design, 1995, 156: 229-234.

[37] 唐春安, 朱万成. 混凝土损伤与断裂——数值试验 [M]. 北京: 科学出版社, 2003.

[38] Th Dragon A, Halm D, Desoyer. Anisotropic damage in quasi-brittle solids: modeling, computational issues and applications [J]. Comput Meth Appl Mech Eng, 2000, 183: 331-352.

[39] 吴胜兴, 周继凯. 混凝土动态特性及其机理研究 [J]. 徐州工程学院学报, 2005, 20 (1): 15-28.

[40] Duan K, Hu X Z, Wittmann F H. Size effect on fracture resistance and fracture energy of concrete

［J］. Materials and Structures，2003，36（256）：74-80.

［41］吴智敏，杨树桐，郑建军. 混凝土等效断裂韧度的解析方法及其尺寸效应［J］. 水利学报，2006，37（7）：795-799.

［42］范向前，胡少伟，陆俊. 三点弯曲梁法研究试件宽度对混凝土断裂参数的影响［J］. 水利学报，2012，43（s1）：85-90.

［43］徐世烺. 混凝土断裂力学［M］. 北京：科学出版社，2011.

［44］吴智敏，徐世烺，卢喜经等. 试件初始缝长对混凝土双 K 断裂参数的影响［J］. 水利学报，2000，31（4）：35-39.

［45］张秀芳，徐世烺，侯利军. 配筋率对 RUHTCC 梁弯曲性能的影响研究［J］. 土木工程学报，2009，42（12）：16-24.

［46］Wen Si-hai，Chung D D L. Enhancing the vibration reduction ability of concrete by using steel reinforcement and steel surface treatments［J］. Cement and Concrete Research，2000，30（2）：327-330.

［47］Razak H A，Choi F C. The effect of corrosion on the natural frequency and modal damping of reinforced concrete beams［J］. Engineering Structures，2001，23（9）：1126-1133.

［48］梁超锋，刘铁军，邹笃建. 配筋对钢筋混凝土阻尼性能的影响［J］. 建筑材料学报，2011，14（6）：839-843.

［49］Bosco C，Carpinteri A & Debernardi P G. Fracture of reiinforced concrete：scale effect and snap-back instability［C］. International Conference on Fracture and Damage of Concrete and Roxk. Austria，1990，35（4-5）：665-677.

［50］Bosco C，Carpinteri A & Debernardi P. G. Minimum reinforcement in high-strength concrete［J］. Journal of Structural Engineering，1990，116（3）：427-437.

［51］陆俊. 混凝土断裂过程试验与坝体开裂破坏研究［D］. 南京：南京水利科学研究院，2011.

［52］Zhao Y H，Xu S L. The influence of span/depth ratio on the double-k fracture parameters of concrete［J］. Journal of China Three Gorges University（Natural Sciences），2002，24（1）：35-41.

［53］吴智敏，徐世烺，丁一宁等. 砼非标准三点弯曲梁试件双 K 断裂参数［J］. 中国工程科学，2001，3（4）：76-81.

［54］Guinea G V，Pastor J Y，Planas J，et. al. Stress intensity fractor，compliance and CMOD for a general three-point-bend beam［J］. International Journal of Fracture，1998，39（2）：103-116.

［55］Kishimoto K. On the path independent integral［J］. Engng Fracture Meth，1980，13：841-850.

［56］陆瑞明，钱济成. 在动荷载作用下的结构断裂分析［J］. 水利学报，1994，4：81-87.

［57］Niu zhiguo，You Ri，Hu Shaowei，Lu Jun. Seismic response analysis of concrete dams using damage mechanics and creep models［C］// Proceeding of Earth and Space 2010：Engineering，Science，Construction，and Operations in Challenging Environments. Reston：ASCE，2010：704-708.

［58］Nicolas Moes，John Dolbow，Ted Belytschko. A finite element method for crack growth without remeshing［J］. International Journal for Numerical Methods in Engineering，1999，46：131-150.

［59］Liu XY，Xiao QZ，Karihaloo BL. XFEM for direct evaluation of mixed mode SIFs in homogeneous and bi-materials［J］. Int J Numer Meth Eng，2004，59：1103-1118.

［60］Xiao QZ，Karihaloo BL. Direct evaluation of accurate coefficients of the linear elastic crack tip asymptotic field［J］. Fatigue&Fracture of Engineering Materials&Structures，2003，（26）：719-729.

第3章
混凝土材料老化与结构病害

3.1 混凝土老化病害特征

结构老化是指建筑物在正常运行和正常维护的情况下，由于物质磨损和自然侵蚀，导致建筑物功能丧失的过程。所谓正常运行是指规划设计中预定的荷载和环境条件，它是设计文件上记载或设计参数取值中蕴含着的。混凝土建筑物老化病害从现象上看主要有裂缝、渗漏、剥蚀、混凝土碳化等，另外钢筋混凝土结构还存在钢筋的锈蚀现象[1~6]。

裂缝是混凝土建筑物最普遍、最常见的病害之一，不发生裂缝的混凝土结构是极少的，而且混凝土裂缝往往是多种因素联合作用的结果。裂缝对混凝土建筑物的危害程度不一，严重的裂缝不仅危害建筑物的整体性和稳定性，而且还会产生大量的漏水，使建筑物的安全运行受到严重威胁[7~9]。另外，裂缝往往会引起其它病害的发生与发展，如渗漏溶蚀、环境水侵蚀、冻融破坏及钢筋锈蚀等。这些病害与裂缝形成恶性循环，会对混凝土建筑物的耐久性产生很大危害。

由于混凝土当中有许多微小的孔结构，在日常使用当中和外界有一定的压力差，就必然有液体或者气体由高压处向低压处渗透，这种现象就是混凝土的渗透性。由于这些渗透进来的有害气体或者液体会和混凝土反应，从而降低混凝土的耐久性，所以混凝土的渗透性与混凝土的抗碳化能力、抗腐蚀能力、抗冻融能力都有密切的关系。Mehta教授在1991年召开的第二届国际混凝土耐久性会议上的主题报告中指出：当今的混凝土破坏原因，按重要性排列，首先是钢筋锈蚀、冻害、物理化学作用。可见冻害是影响混凝土耐久性的重要因素。由于混凝土中气体和液体的渗透主要通过气孔来进行，渗透性的强弱取决于混凝土的孔结构、孔的大小和空隙率，所以从抗渗角度尽量减少孔才是最重要的，另外和孔结构密切相关的就是混凝土的冻融破坏。

碳化是水泥石中的水化产物与环境中的二氧化碳相互作用的一个复杂的物理化学过程。一方面混凝土的碳化可能是有利的，因为二氧化碳与不同水化产物反应生成碳酸钙，部分填充了混凝土的空隙，改善了混凝土的力学性能，增强其抗渗透性和抗化学腐蚀的能力；另一方面，伴随着碳化，使混凝土的碱度降低，从而失去对钢筋的保护作用，是一般大气环境下混凝土内部钢筋锈蚀的前提条件。混凝土的碳化是建筑物最为典型的劣化特征。

钢筋锈蚀在房屋建筑、公路、桥梁、大坝等混凝土结构中大量存在，是混凝土结构耐久性的一个主要问题。混凝土中水泥水化后在钢筋表面形成一层致密的钝化膜，故在正常情况下的钢筋不会锈蚀，但处于混凝土液相介质中的钢筋通常具备了电化学腐蚀的条件，当钝化膜破坏之后，有反应需要的水和氧气时，钢筋便开始锈蚀。锈蚀作用不仅导致钢筋截面面积的削弱、力学性能的退化，且将由于锈蚀产物密度小于钢筋密度而产生体积膨胀，致使混凝土保护层开裂、脱落，削弱了钢筋和混凝土的共同作用。随着保护层的不断开裂、脱落，混凝土逐步失去对钢筋的保护作用，锈蚀进一步形成恶性循环，其直接危害是使构件服役效果锐减，严重影响混凝土结构物正常使用性能[10]。

另外混凝土的冻融破坏与氯离子破坏不仅对混凝土结构的外观产生很大的影响，而且降低了混凝土结构的强度与承载能力。

3.2 混凝土老化病害过程与起因

混凝土结构老化病害的特征有很多种，而导致混凝土出现老化的原因也不尽相同。

3.2.1 混凝土裂缝

裂缝的主要成因有两种：由外荷载（如静、动荷载）的直接应力即按常规计算的主要应力引起的裂缝和结构次应力引起的裂缝；由变形变化引起的裂缝[11~13]。这种裂缝起因是结构首先要求变形，当变形得不到满足才引起应力，而且应力尚与结构的刚度大小有关，只有当应力超过一定数值才引起裂缝，裂缝出现后变形得到满足或部分满足，同时刚度下降，应力就发生松弛。

混凝土是多相复合脆性材料，当混凝土拉应力大于其抗拉强度，或混凝土拉伸变形大于其极限拉伸变形时，混凝土就会产生裂缝[14~16]。裂缝按深度不同，可分为表层裂缝、深层裂缝和贯穿裂缝；按裂缝开度变化，可分为死缝（其宽度和长度不再变化）、活缝（其宽度随外界环境条件和荷载条件变化而变化，长度不变或变化不大）和增长缝（其宽度或长度随时间而增长）；按产生原因，裂缝可分成温度裂缝、干缩裂缝、钢筋锈蚀裂缝、超载裂缝、碱骨料反应裂缝等。

(1) 温度裂缝

大体积混凝土浇筑后，由于水泥水化热，使内部混凝土温度升高。当水化热温升到达高温后，由于环境温度较低，因此混凝土温度开始下降。由于混凝土为热量的不良导体，这时内部混凝土仍处于高温阶段，因而在表层形成很陡的温度梯度，严重限制表层混凝土的急剧收缩，使混凝土的徐变性能不能发挥作用。当拉应力超过其极限抗拉强度时，即会出现表面裂缝，或进一步发展成贯穿裂缝。

(2) 干缩裂缝

置于未饱和空气中的混凝土因水分散失而引起的体积缩小变形，称为干燥收缩变形，简称干缩。干缩仅是混凝土收缩的一种，除干燥收缩外，混凝土还有自生收缩（自缩）、温度收缩（冷缩）、碳化收缩等。干缩的扩散速度比温度的扩散速度要慢 1000 倍。例如，对大体积混凝土，干缩扩散深度达到 6cm 需花 30 天时间，而在这段时间内温度却可传播 6m 深。因此，对大体积混凝土内部不存在干缩问题，但其表面干缩是一个不能忽视的问题。正因为干缩扩散速度小，混凝土表面已干缩，而其内部不缩，这样内部混凝土对表面混凝土干缩起约束作用，使混凝土表面产生干缩应力。当混凝土干缩应力大于混凝土抗拉强度时，混凝土就会产生裂缝，这种裂缝称为干缩裂缝。

(3) 钢筋锈蚀裂缝

钢筋锈蚀是钢筋混凝土结构的致命病害，分湿锈蚀和干锈蚀两种，前者是在有水分参与的条件下发生的锈蚀，钢筋在混凝土结构中的锈蚀即属此种。钢筋表面生成红铁锈后，体积将比原来增长 2～4 倍，从而对周围混凝土产生膨胀应力。当该膨胀应力大于混凝土抗拉强度时，混凝土就会产生裂缝，这种裂缝称为钢筋锈蚀裂缝。钢筋锈蚀裂缝一般都为沿钢筋长度方向发展的顺筋裂缝。钢筋锈蚀裂缝普遍发生在水利工程中薄壁构件上，如工作桥排架柱、工作便桥梁、公路桥栏杆等。

(4) 碱骨料反应裂缝

碱骨料反应主要有碱-硅酸反应和碱-碳酸盐反应，它们都是水泥中的碱（Na_2O、K_2O）和骨料中的某些活性物质，如活性 SiO_2、微晶白云石（碳酸盐），以及变形石英等发生反应而生成吸水性较强的凝胶物质。当反应物增加到一定数量，且有充足水时，就会在混凝土中产生较大的膨胀作用，导致混凝土产生裂缝，这种裂缝即为碱骨料反应裂缝。碱骨料反应裂缝不同于常见的混凝土干缩裂缝和荷载引起的超载裂缝，这种裂缝的形貌和分布与钢筋限制有关，当限制力很弱时常出现地图状裂缝，并在缝中伴有白色浸出物；当限制力强时则出现顺筋裂缝。

(5) 超载裂缝

当建筑物遭受超载作用时，其结构构件中产生的裂缝称超载裂缝。与荷载作用有关的，较常见的裂缝有地基不均匀沉陷裂缝、地基冻胀裂缝等。

3.2.2 渗漏

由于渗漏问题多发生于水工建筑物中，这里主要针对水工建筑物说明。渗漏的原因主要有裂缝、止水结构失效、混凝土施工质量差、密实性差和基础灌浆帷幕破坏。水工混凝土建筑物的主要任务是挡水、引水、输水和泄水，都是与"水"密切相关，而水又是无孔不入的，特别是压力水。因此，渗漏也是水工混凝土建筑物常见的主要病害之一。渗漏会使建筑物内部产生较大的渗透压力和浮托力，甚至危及建筑物的稳定与安全；渗漏还会引发溶蚀、侵蚀、冻融、钢筋锈蚀、地基冻胀等病害，加速混凝土结构老化，缩短建筑物的使用寿命。同时渗漏会导致水量损失，影响经济效益和社会效益。

按照渗漏的几何形状可以把渗漏分为点渗漏、线渗漏和面渗漏三种。点渗漏和面渗漏一般是由混凝土施工质量差造成的。如生产混凝土的原材料不合格、搅拌不均匀、浇筑振捣不密实或漏振、骨料分离、早期冻害、塑性收缩裂缝等使混凝土疏松、不密实，抗渗等级低或其内部形成相互连通的蜂窝孔隙，从而导致集中或零散渗漏和大面积散渗发生。线渗漏较为常见，发生率高。线渗漏又可分为病害裂缝渗漏和变形缝渗漏两种。根据渗漏的速度，渗漏又可分为慢渗、快渗、漏水和射流四种，渗漏水量与渗径长度、静水压力、渗流截面积三个因素有关。

3.2.3　剥蚀

混凝土产生剥蚀破坏是由于环境因素（包括水、气、温度、介质）与混凝土及其内部的水化产物、砂石骨料、掺和料、外加剂、钢筋相互之间产生一系列机械的、物理的、化学的复杂作用，从而形成大于混凝土抵抗能力（强度）的破坏应力所致。最常见的剥蚀破坏有下列四种。

(1) 冻融破坏

混凝土产生冻融破坏，从宏观上看是混凝土在水和正负温度交替作用下产生的疲劳破坏。在微观上，其破坏机理有多种解释，较有代表性和公认程度较高的是美国学者 T. C. Powers 的冻胀压和渗透压理论。这种理论认为，混凝土在冻融过程中受到的破坏应力主要有两方面来源：一个是混凝土孔隙中充满水时，当温度降低至冰点以下而使孔隙水产生物态变化，即水变成冰，其体积要膨胀 9%，从而产生膨胀应力；与此同时，混凝土在冻结过程中还可能出现冷水在孔隙中的迁移和重分布，从而在混凝土的微观结构中产生渗透压。这两种应力在混凝土冻融过程中反复出现，并相互促进，最终造成混凝土的疲劳破坏[17]。饱水状态和外界气温的正负变化是混凝土发生冻融剥蚀破坏的两个必要条件。这两个必要条件，决定了冻融破坏是从混凝土表面开始的层层剥蚀破坏。

(2) 冲磨与空蚀

在水工建筑物过流部位往往容易发生冲磨和空蚀破坏，但冲磨与空蚀的破坏机理是不同的。冲磨破坏是一种单纯的机械作用，它既有水流作用下固体材料间的相互摩擦，又有相互间的冲击碰撞。不同粒径的固体介质，当它的硬度大于混凝土硬度时，在水流作用下就形成对混凝土表面的磨损与冲击，这种作用是连续的和不规则的,最终对混凝土面造成冲磨破坏。而空蚀破坏是在高速水流下由于水流形态的突然变化,在局部产生负压,从而使水汽化而形成空穴(气泡),这些空穴随水流运动到高压区时又迅速破灭,此时对混凝土表面产生类似爆炸的剥蚀应力,从而形成混凝土表面的空蚀破坏。很多水闸闸墩水位变化区附近混凝土表面出现的露石现象主要是水流冲磨破坏所致;而溢流堰面的混凝土局部脱落,则主要是因空蚀破坏造成。

(3) 钢筋锈蚀破坏

铁转化成铁锈时,伴有体积膨胀,膨胀量根据氧化状态的不同而异,约为原来体积的2~4倍。钢筋锈蚀时的体积膨胀,是钢筋混凝土结构产生顺筋裂缝和混凝土保护层脱落钢筋外露的原因,而保护层的剥落又会进一步加速钢筋锈蚀,这一恶性循环将使混凝土结构的钢筋保护层大量剥落、钢筋的截面积减小,抗拉强度和极限伸长率明显降低,出现屈服点不明显状况,从而降低结构的承载能力和稳定性,危及结构物的安全[18~20]。

(4) 水质侵蚀

水质侵蚀引起混凝土剥蚀破坏的原因也较复杂,从总体上看,都是可溶性侵蚀介质随着水渗透扩散到混凝土中,再与混凝土中水泥水化产物或其它组分发生化学反应,生成膨胀性产物或溶解度较大的反应产物,从而使混凝土产生胀裂剥蚀或溶出性剥离。水工混凝土受到水质侵蚀出现的破坏主要有两类:一类是硫酸盐侵蚀,属膨胀型破坏,当这些溶解度小而又有体积膨胀的产物不断增加时,在混凝土孔隙中将产生不断增加的膨胀应力,最终导致混凝土开裂和剥蚀;另一类是酸性水的溶出性侵蚀,溶出性侵蚀会促使混凝土中的氢氧化钙不断溶出,从而引起水泥水化产物分解、水泥石结构疏松,混凝土强度降低。

3.2.4 混凝土碳化

建筑物周围的环境(水,大气,土壤)中所包含的酸性物质主要有二氧化碳、二氧化硫、氯化氢等,当与混凝土表面接触时,通过混凝土当中的毛细孔或者胶凝孔进入混凝土内部,由于混凝土自身是呈碱性的,这些酸性物质就会和水泥石当中的碱发生中和反应,称为混凝土的中性化。由于最为普遍的形式是大气当中的二氧化碳渗透到混凝土毛细孔当中,与水溶解后形成碳酸,与水泥水化后的产物反应生成碳酸钙,由于混凝土最常见的中性化就是与二氧化碳的反应,所以我们一般把混凝土的中性化就叫做混凝土的碳化。它使混凝土的碱度降低,从而失去对钢筋的保护作用,是一般大气环境下混凝土内部钢筋锈蚀的前提条件。混凝土的碳化是建筑物最为典型的劣化特征。

(1) 混凝土碳化机理

水泥将砂、石子粘结在一起成为一个整体，具有一定的强度，叫做水泥石。混凝土在硬化过程当中，生成了大量的水化硅酸钙、水化铝酸钙，另外有 1/3 的水泥生成了氢氧化钙。氢氧化钙或者以结晶的形式存在于水泥石当中，或者以饱和水的形式存在于水泥石的空隙当中，正是由于氢氧化钙的存在使得新鲜的混凝土呈强碱性[21~23]。随着时间的推移，大气当中的二氧化碳是不断向混凝土内部扩散的，二氧化碳不断与氢氧化钙作用生成碳酸盐和一些中性的物质，由于反应的主要生成物碳酸钙是一种难溶物质，同时体积也会膨胀 17%，会堵塞混凝土当中的毛细孔和胶凝孔，一定程度上提高了混凝土的密实度和强度，对于二氧化碳进一步扩散有一定的缓解作用，但同时也使混凝土变脆。

(2) 混凝土碳化的影响因素

① 二氧化碳浓度　由于碳化反应是基于酸性物质和混凝土中的碱的反应，所以二氧化碳浓度对碳化影响较为显著，基于二氧化碳扩散理论，二氧化碳浓度越高，扩散到混凝土当中的气体就会越多，碳化反应就会越剧烈，速度也会越快。一般认为碳化速度与二氧化碳浓度的平方根成正比。环境温度湿度对混凝土碳化的影响：根据扩散理论，气体扩散的速度和温度有很大的关系，温度升高，碳化速度加快。试验研究表明，二氧化碳含量为 10%、相对湿度 80% 条件下，在 40℃ 的碳化的速度是 20℃ 的 2 倍多。环境的相对湿度亦对碳化速度有很大的影响。相对湿度的变化决定着混凝土孔隙水的饱和程度的大小，空气中湿度较小时，混凝土处于较为干燥或者含水量较低的状态，即使二氧化碳扩散速度较快，由于水分不足，使得碳化反应仍然比较缓慢；当大气中湿度较大时，那么进入混凝土当中的水分也较多，空隙较为饱和，混凝土的空隙被水所占据，所以阻止了二氧化碳的扩散，所以碳化速度也较慢。

② 水灰比　水灰比是决定混凝土性能的一项重要参数，尤其对混凝土碳化速度影响极大，所以我国《混凝土结构设计规范》作了最大水灰比的规定。水灰比决定了混凝土的孔结构，水灰比越大，混凝土当中的孔隙率就会越大。由于二氧化碳扩散是通过混凝土当中的毛细孔来进行的，所以水灰比在一定程度上决定了二氧化碳扩散的速度和范围。

③ 水泥用量　水泥用量直接关系着混凝土当中碱性物质的多少，直接影响混凝土吸收二氧化碳的能力。混凝土吸收二氧化碳的量直接取决于水泥用量和混凝土的水化进程，水泥用量大，说明能吸收的钙越多，碳化反应时间较长，所以碳化速度较慢。

④ 其它　外加剂对混凝土的碳化也有很大影响，尤其是混凝土当中加入减水剂，能直接减少用水量，有效降低水灰比，而且混凝土当中的引气剂又可以在混凝土当中形成很多封闭的气泡或者气孔，切断了毛细孔与外界大气的联系，有

效阻止了二氧化碳进入混凝土内部，使混凝土内部钙含量较低，大大降低了混凝土的碳化速度。

3.2.5 混凝土中钢筋的锈蚀

混凝土中钢筋的腐蚀一般是由内部因素和外部因素共同作用造成的[7]。其中包括混凝土的密实度、混凝土保护层厚度及完好性、混凝土的内部结构状态、混凝土以及周围介质的腐蚀性、周期的冷热交替作用、冻融循环作用等。引起钢筋锈蚀主要有以下几个因素。

(1) 碳化作用

混凝土的碳化是引起钢筋腐蚀的主要原因。如前所述，碳化是空气中的二氧化碳等酸性气体渗入混凝土，与混凝土孔隙中氢氧化钙发生中和反应。混凝土的碳化会降低混凝土的碱度，破坏钢筋表面的钝化膜，使混凝土失去对钢筋的保护作用，当碳化深度到达钢筋时，钢筋周围的钝化保护膜就遭到破坏，在空气和水的作用下，钢筋就开始腐蚀了。

(2) 混凝土抗渗性

腐蚀性介质对构件的腐蚀一般是由外表向内部逐渐进行的，因此混凝土的抗渗性能对其内部钢筋的腐蚀速度有很大的影响。混凝土抗渗性能主要取决于混凝土的密实度，而对混凝土密实度起控制作用的是水灰比和水泥用量，其中水灰比起主要作用。水灰比一般控制在 0.55 左右（抗渗等级相对于 0.6MPa），预应力混凝土为 0.45 左右（抗渗等级相对于 0.8MPa）。

(3) 环境湿条件

环境条件如温度、湿度及干湿交替、海水飞溅、海盐渗透等是引起钢筋锈蚀的外在因素，都对混凝土结构中的钢筋锈蚀有明显影响。特别是混凝土自身保护能力不合要求或混凝土保护层有裂缝等缺陷时，外界因素的影响会更突出。许多实际调查结果表明，混凝土结构在干燥无腐蚀介质情况下，其使用寿命比在潮湿腐蚀介质中要长 2~3 倍。

(4) 裂缝的影响

裂缝对钢筋腐蚀的产生和发展的影响程度至今为止还没有统一的结论，但主要集中在两种观点上面：其一，直观上裂缝的存在为侵蚀性物质进入钢筋表面破坏钝化膜和产生腐蚀提供了一个相对容易的通道，裂缝越宽、越密则渗透到钢筋表面的腐蚀介质、水分和氧气就越多，更容易引起钢筋的腐蚀并使腐蚀逐渐发展，许多国家的规范都是通过限制裂缝宽度来限制裂缝对结构耐久性不利的影响；其二，裂缝引起的钢筋腐蚀是局部的，大部分腐蚀介质仍是通过未开裂部分混凝土侵入混凝土内部的，故钢筋整体腐蚀程度主要取决于未开裂部分混凝土的性能。

3.2.6　混凝土的冻融破坏及机理

由于混凝土使用环境一般比较恶劣，很多时候气温都在零下几十度，气温下降时，混凝土凝结硬化后残留在其内部的游离水，还有就是通过混凝土孔结构渗透到混凝土内部空隙中的水，就会结成冰，体积膨胀，严重破坏混凝土内部结构。当混凝土内部的空隙较为饱和的时候，毛细孔当中的水结冰膨胀，就会产生大的内压力。胶凝孔的蒸发压力会对毛细孔壁产生一个渗透压作用，同时孔壁还要承受来自饱和水结冰后的压力，毛细孔壁就会在双重压力作用下，超出混凝土抗压极限，混凝土就会从内部首先开裂。而往往这种作用随着气候变化，混凝土内部冰化为水，水结成冰，往复进行。每次循环都是在上一次损伤基础上再进行，所以每一次破坏都比前一次更加严重。经过多次冻融循环作用，混凝土表层有可能出现剥离，出现新的表层。损伤不断积累，使混凝土剥离不断向内部进行，最后有可能成为贯穿裂缝，这种破坏是一个由表及里的过程，使混凝土最终丧失承载能力。混凝土早期受冻主要体现为混凝土在凝固前受冻，当其中的拌和水尚未充分反应前，拌和水的冻结导致混凝土体积膨胀，混凝土的水化反应也由于冻结而终止，直到温度升高，冰又重新化为水，反应才能继续进行。但是由于未凝结的混凝土体积会膨胀，需要重新振捣密实后，混凝土才会正常凝结硬化，对混凝土强度增长影响不是很大，一般对早期强度会有一定影响，但是后期仍然能达到设计强度。若冰融化后，没有进行充分振捣，混凝土就会比较松散，有较大的空隙，强度较低。

混凝土在凝结后，没有达到预定强度后就受冻，这种危害是最严重的。由于混凝土强度没有达到预定的强度，已经有大部分混凝土水化完全，毛细孔里面的水结冰使得混凝土体积膨胀，混凝土内部结构严重受损，造成的混凝土强度损失也是无法恢复的。混凝土所达到的强度越低，其抗冻性能就越差，因为水泥水化尚未完全，所以胶凝也没有形成完全，无法缓解体积膨胀，所以这种冻害危害最大。

影响混凝土冻融破坏的因素[10] 主要有水灰比和含气量。

① 水灰比。由于混凝土的抗冻性和混凝土的孔结构有很大的影响，水灰比将影响混凝土的孔结构和空隙率，所以水灰比将会对混凝土抗冻性有很大的影响。水灰比增大，不仅饱和水的开孔总体积增加，孔径也会大大增加，而且各个孔之间就会形成连通毛细孔结构，这样封闭孔的数量大大减少，在孔内水结冰的情况下，冻涨压力就会增大，而且失去了封闭孔的缓冲作用，所以破坏就会更加严重。

② 含气量。混凝土当中的含气量也会很大程度地影响混凝土的抗冻性，尤其是加入引气剂形成的微小的气孔，这些气孔一般都是封闭的，混凝土内部的含水率也会下降，封闭的气孔也会阻断混凝土的渗透作用，减少外部环境当中进入混凝土内部的水汽。而且空隙当中水结冰的过程中会有一定的体积膨胀的空间，

所以在混凝土毛细孔受冻时，能够缓解混凝土的静水压力作用，起到减压的作用。在混凝土结冰的过程当中，这些空隙阻断了水泥浆中的微小冰体的形成。

3.2.7 氯离子的侵蚀

我国海域辽阔，海岸线很长，岛屿众多，而且大规模的基本建设大都集中于沿海地区，海洋中的氯离子以海水、海雾等形式渗入混凝土中，影响混凝土结构的使用性能和寿命，以往的海港码头等工程多数都达不到设计寿命的要求。另外，随着我国公路交通的迅猛发展，公路和高速公路成为经济命脉。为保证交通畅行，冬季向道路、桥梁及城市立交桥等撒盐或盐水，以化雪和防冰。如果桥面板渗水，则溶有氯离子的溶液将流向梁、墩台等部位并向钢筋混凝土内部渗透，致使钢筋锈蚀并产生膨胀，导致保护层剥落，对钢筋混凝土结构危害很大。还有，我国有一定数量的盐湖和大面积的盐碱地，这些地域的混凝土结构也会受到很强烈的腐蚀。这些自然或人为的因素使氯离子进入混凝土结构内部，而在混凝土结构使用寿命期间可能遇到的各种暴露条件中氯化物算是最危险的侵蚀介质，应引起高度重视。

氯离子侵蚀破坏机理：

① 破坏钝化膜。氯离子是极强的去钝化剂，氯离子进入混凝土到达钢筋表面，吸附于局部钝化膜处时，可使该处的 pH 值迅速降低，使钢筋表面 pH 值降低到 4 以下，破坏了钢筋表面的钝化膜。

② 形成腐蚀电池。在不均质的混凝土中，常见的局部腐蚀对钢筋表面钝化膜的破坏发生在局部，使这些部位露出铁基体，与尚完好的钝化膜区域形成电位差，铁基体作为阳极而受腐蚀，大面积钝化膜区域作为阴极。腐蚀电池作用的结果使得钢筋表面产生蚀坑；同时，蚀坑的发展会十分迅速。

③ 去极化作用。氯离子不仅促成了钢筋表面的腐蚀电池，而且加速了电池的作用。氯离子将阳极产物及时地搬运走，使阳极过程顺利进行甚至加速进行。氯离子起到了搬运的作用，却并不被消耗，也就是说凡是进入混凝土中的氯离子会周而复始地起到破坏作用，这也是氯离子危害的特点之一。

④ 导电作用。腐蚀电池的要素之一是要有离子通路，混凝土中氯离子的存在，强化了离子通路，降低了阴阳极之间的电阻，提高了腐蚀电池的效率，从而加速了电化学腐蚀过程。

3.3 混凝土老化病害对结构安全与耐久性影响

3.3.1 混凝土裂缝的危害

由于混凝土施工和本身变形、约束等一系列问题，硬化成型的混凝土中存在着众多的微孔隙、气穴和微裂缝，正是由于这些初始缺陷的存在才使混凝土呈现出一些非均质的特性。微裂缝通常是一种无害裂缝，对混凝土的承重、防渗及其它一些使用功能不产生危害[24]。混凝土工程中裂缝问题是不可避免的，在一定的范围内也是可以接受的。但是，在受到荷载温差作用以后，微裂缝就会不断地扩展和连通，最终形成我们肉眼可见的宏观裂缝，也就是混凝土中常说的裂缝。混凝土裂缝是混凝土结构的严重病害，混凝土早期表面裂缝在以后气温骤降形成的温度应力和外力作用下，表面裂缝可发展成具有破坏性的贯穿裂缝和深层裂缝。贯穿裂缝和深层裂缝会破坏结构的整体性，改变混凝土的受力条件，从而有使局部甚至整体结构发生破坏的可能，严重影响建筑物的质量和运行安全性。另外，由于裂缝的存在和发生通常会使内部的钢筋等材料产生腐蚀，降低钢筋混凝土材料的承载能力、耐久性及抗渗透性，影响建筑物的外观、使用寿命，严重的将会威胁到人们的生命和财产安全。

3.3.2　渗漏的危害性

渗漏对混凝土建筑物尤其是水工混凝土建筑物的危害性很大，渗漏会使混凝土产生溶蚀破坏。所谓溶蚀，即渗漏水对混凝土产生溶出性侵蚀。众所周知，混凝土中水泥的水化产物主要有水化硅酸钙、水化铝酸钙、水化铁铝酸钙及氢氧化钙，而足够的氢氧化钙又是其它水化产物凝聚、结晶稳定的保证。在以上水化产物中，氢氧化钙在水中的溶解度较高。在正常情况下，混凝土毛细孔中均存在饱和氢氧化钙溶液。而一旦产生渗漏，渗漏水就可能把混凝土中的氢氧化钙溶出带走，在混凝土外部形成白色碳酸钙晶体。这样就破坏了水泥其它水化产物稳定存在的平衡条件，从而引起水化产物的分解，导致混凝土性能的下降。当混凝土中总的氢氧化钙含量被溶出 25% 时，混凝土抗压强度要下降 50%；而当溶出量超过 33% 时，混凝土将完全失去强度而松散破坏。由此可见，渗漏对混凝土产生溶蚀将造成严重的后果。

渗漏还会引起并加速其它病害的发生与发展。当环境水对混凝土有侵蚀作用时，由于渗漏会促使环境水侵蚀向混凝土内部发展，从而增加破坏的深度与广度；在寒冷地区，由于渗漏，会使混凝土的含水量增大，促进混凝土的冻融破坏；对于水工钢筋混凝土结构物，渗漏还会加速钢筋锈蚀等。

3.3.3　碳化的危害

混凝土的碳化可能是有利的，因为二氧化碳与不同水化产物反应生成碳酸钙，部分填充了混凝土的空隙，改善了混凝土的力学性能，增强其抗渗透性和抗化学腐蚀的能力。另一方面，伴随着碳化，混凝土 pH 值降低，失去对钢筋的保护作用，可能导致钢筋锈蚀[25]。一般认为，在无氯污染的情况下，pH 值小于

10.5 为混凝土中钢筋钝化膜开始失稳的临界值，pH 值小于 10 为混凝土中钢筋完全失钝的临界值，当碳化深度达到钢筋表面时，钢筋钝化膜将会被破坏，引起钢筋锈蚀，进而使混凝土产生顺筋裂缝、保护层剥落，对结构的使用带来很严重的后果。同时混凝土的碳化也会加剧混凝土的收缩，收缩可能导致混凝土出现新的裂缝，新裂缝的诞生会进一步加剧混凝土性能的劣化，裂缝也会加剧混凝土的碳化。这是一个恶性循环的过程。随着世界工业化的进程，人类往大气当中的有害物质排放量在不断增加，大气当中二氧化碳浓度也在不断增加，各种工业废渣、废水中二氧化碳含量也在不断增加，这些使得混凝土碳化问题越来越严重，成为影响混凝土耐久性的首要问题。

3.3.4　钢筋锈蚀的危害

钢筋锈蚀对混凝土结构的耐久性有非常大的影响。钢筋锈蚀对混凝土结构的危害如下。

① 混凝土的开裂与剥落。钢筋在生锈过程中锈蚀产物结合多个水分子，使体积增大数倍。如红锈体积可增大到原来的 4 倍，黑锈体积可增大到原来的 2 倍。铁锈体积膨胀对周围混凝土产生压力，混凝土顺筋产生裂缝，钢筋表面的混凝土保护层成片剥落，混凝土一旦开裂或剥落，钢筋的锈蚀就会加剧。

② 粘结力下降。当钢筋生锈质量小于 1% 时，钢筋的锈蚀会增加钢筋与混凝土之间的粘结力。当锈蚀质量大于 1% 时，钢筋的锈蚀会减小混凝土与钢筋之间的粘结力。钢筋与混凝土之间的粘结力下降，也会造成钢筋混凝土结构耐久性降低。

③ 钢筋的断面减小。当钢筋锈蚀的截面损失率小于 5% 时，钢筋的力学性能和未锈蚀的钢筋的力学性能差别不大；当钢筋的截面损失率为 5%～10% 时，钢筋的力学性能有一定降低；当钢筋截面损失率大于 10% 时，钢筋应力-应变关系变化很大，没有明显屈服点，屈服强度与极限抗拉强度非常接近，且都有降低，伸长率明显下降。钢筋锈蚀造成钢筋截面积减小，极限伸长率降低。当钢筋截面损失率大于 5% 时，会产生纵向裂缝；当钢筋截面损失大于 10% 时，会导致混凝土保护层剥落，使构件的截面减小，截面有效高度降低。

④ 钢筋延性降低。钢筋锈蚀后，会造成钢筋的延性降低，严重时会造成构件突然断裂。试验表明，锈蚀量为 5% 的梁，其延性为未锈蚀梁延性的 88%。当锈蚀量增大，锈胀裂缝发展，钢筋和混凝土间的极限粘结强度、残余粘结强度呈指数关系降低。

总的来说，钢筋锈蚀造成了钢筋力学性能下降、构件有效高度减小、钢筋和混凝土的粘结强度降低，最终使混凝土结构的承载力降低。

参 考 文 献

[1] 王燕谋，苏慕珍，张量．硫铝酸盐水泥 ［M］．北京：北京工业大学出版社，1999．

[2] 尹　健．高性能快速修补混凝土的研究与应用 ［D］．长沙：中南大学，2003．

[3] 曹可之．大体积混凝土结构裂缝控制的综合措施 ［M］．北京：中国建筑工业出版社，2004．

[4] 张雄，张小伟．混凝土结构裂缝防治技术 ［M］．北京：化学工业出版社，2007．

[5] 卓尚木，季直仓，卓昌志．钢筋混凝土结构事故分析与加固 ［M］．北京：中国建筑工业出版
社，1997．

[6] 王铁梦．建筑物的裂缝控制 ［M］．上海：上海科学技术出版社，1987．

[7] 叶琳昌，沈义．大体积混凝土施工 ［M］．北京：中国建筑工业出版社，1987．

[8] 段峥．现浇大体积混凝土裂缝的成因与防治 ［J］．混凝土，2003，（8）：48-58．

[9] 高强与高性能混凝土专业委员会，混凝土质量专业委员会，中国土木工程协会．钢筋混凝土结构裂缝
控制指南 ［M］．北京：化学工业出版社，2004．

[10] 全学友，孙会朗．后浇带的设置方案对抗裂效果的影响 ［J］．建筑结构，2004，（6）：22-24．

[11] 游宝坤．混凝土建筑结构裂缝控制的技术措施 ［J］．建筑结构，2005，（10）：21-25．

[12] 富文权，韩素芳．混凝土工程裂缝分析与控制 ［M］．北京：北京大学出版社，2004．

[13] 张量等．铁铝酸盐水泥高强混凝土的研究与应用 ［J］．混凝土与水泥制品，1993 (6)．

[14] 刘超英，付磊．大田港闸混凝土结构耐久性检测与分析 ［J］．水利与建筑工程学报，2012，10 (5)：
79-83．

[15] 石妍，杨涛等．丹江口大坝老化混凝土耐久性的评估分析 ［J］．人民长江，2009，6 (11)：14-15．

[16] 金伟良，吕清芳．东南沿海公路桥梁耐久性现状 ［J］．江苏大学学报，2007，5 (28)：76-79．

[17] 李家正，周世华等．冻融循环过程中混凝土性能的劣化研究 ［J］．长江科学院院报，2011，10
(28)：193-196．

[18] 李春燕．既有钢筋混凝土拱桥检测、评估及加固技术研究 ［D］．成都：西南交通大学，2011．

[19] 袁群，赵国藩．老化钢筋混凝土结构的分形性质分析 ［J］．水力学报，2000，12 (12)：22-26．

[20] 张今阳，罗居刚．水闸混凝土老化和钢筋锈蚀检测 ［J］．混凝土，2011，3 (3)：136-139．

[21] 张宇贻，秦权．基于可靠度的混凝土桥梁构件最优检测规划 ［J］．清华大学学报，2001，41 (12)：
69-72．

[22] 贡金鑫，仲秋伟．工程结构可靠性基本理论的发展与应用 ［J］．建筑结构学报，2002，23 (4)：
2-9．

[23] 李守巨，刘迎曦．混凝土大坝冻融破坏问题的数值计算分析 ［J］．岩土力学，2004，25 (2)：
22-26．

[24] 尚振伟，王丰，李宏男．考虑既有建筑最不利方向的抗震能力评估方法 ［J］．防灾减灾工程学报，
2010，30 (3)：44-50．

[25] 梁建国，刘鑫，胡利．考虑徐变效应时水平灰缝配筋对砌体干燥收缩的影响 ［J］．建筑结构学报，
2010，31 (12)：136-141．

第4章
工程结构检测、监测与安全评估

4.1 工程结构检测和监测规程

4.1.1 工程结构检测规范

工程结构检测主要依据以下规程[1~16]：

① CECS 02—88《超声回弹综合法检测混凝土强度技术规程》；

② CECS 03—88《钻芯法检测混凝土强度技术规程》；

③ CECS 69—94《后装拔出法检测混凝土强度技术规程》；

④ DBJ 14-026—2004《回弹法检测混凝土抗压强度技术规程》；

⑤ DBJ 14-027—2004《超声回弹综合法检测混凝土强度技术规程》；

⑥ DBJ 14-028—2004《后装拔出法检测混凝土强度技术规程》；

⑦ DBJ 14-029—2004《钻芯法检测混凝土强度技术规程》；

⑧ JGJ 107—1987《混凝土强度检验评定标准》；

⑨ GB/T 50315—2000《砌体工程检测技术标准》；

⑩ DBJ 14-030—2004《回弹法检测砌筑砂浆强度技术规程》；

⑪ DBJ 14-031—2004《贯入法检测砌筑砂浆强度技术规程》；

⑫ GBJ 129—1990《砌体基本力学性能试验方法标准》；

⑬ GB 50204—2002《混凝土结构工程施工质量验收规范》；

⑭ GB 50152—92《混凝土结构试验方法标准》；

⑮ JGJ 145—2004《混凝土结构后锚固技术规程》；

⑯ JGJ/T 23—2001《回弹法检测混凝土抗压强度技术规程》。

4.1.2 基础工程检测规范

基础工程检测主要依据以下规范[17~23]：

① GB 50330—2002《建筑边坡工程技术规范》附录 C；

② CECS 22—2005《岩土锚杆（索）技术规程》；

③ GB 50202—2002《建筑地基基础工程施工质量验收规范》；

④ JGJ 106—2003《建筑基桩检测技术规范》；

⑤ DBJ 14-020—2002《建筑桩基检测技术规范》；

⑥ GB 50007—2011《建筑地基基础设计规范》；

⑦ JGJ 79—2012《建筑地基处理技术规范》。

4.1.3　工程结构监测规范

工程结构监测主要依据以下规范[24~29]：

① DL/T 5178—2003《混凝土坝安全监测技术规范》；

② GB/T 22385—2008《大坝安全监测系统验收规范》；

③ DL/T 5259—2010《土石坝安全监测技术规范》；

④ GB 50497—2009《建筑基坑工程监测技术规范》（含条文说明）；

⑤ JGJ 8—2007《建筑变形测量规范》；

⑥ SL 122—1995《岩石变形测试仪校验方法》。

4.2　工程结构病害检测方法

4.2.1　结构混凝土强度的检测

(1) 回弹法

回弹法是用一弹簧驱动的重锤，通过弹击杆（传力杆）弹击混凝土表面，并测出重锤被反弹回来的距离，以回弹值（反弹距离与弹簧初始长度之比）作为与强度相关的指标，来推定混凝土强度的一种方法。由于测量在混凝土表面进行，所以应属于一种表面硬度法，是基于混凝土表面硬度和强度之间存在相关性而建立的一种检测方法。

(2) 超声法

超声仪由一个换能器在被测混凝土的一个侧面发出超声波，而相对应的被测混凝土的另一侧面用另一个换能器接受此超声波。由于这是因为超声波在穿过混凝土中的孔洞时，要比穿过密实的混凝土所花时间要长，即速度要慢。而混凝土密实程度与混凝土的强度密切相关，混凝土越密实，其混凝土强度就越高，故可用超声波在混凝土中传播的速度快慢来推定混凝土的强度值。依照相关的超声波在混凝土中传播的速度与混凝土强度之间的关系曲线即可得到混凝土强度的推定值。

(3) 超声回弹综合法

是根据实测声速值和回弹值综合推定混凝土强度的方法。本方法采用带波形显示器的低频超声波检测仪，并配置频率为 50～100kHz 的换能器测量混凝土中的超声波声速值，以及采用弹击锤冲击能量为 2.207J 的混凝土回弹仪测量回弹值。

（4）钻芯法

① 芯样试件的试验方法，一般应采取抗压的试验方法；也可采用抗折和劈裂的试验方法，但应通过专门的试验确定。

② 抗压试验的芯样试件，其直径应为 100mm，且不宜小于骨料最大粒径的 3 倍；也可采用小直径的芯样试件，但其直径应为 70～75mm，且不得小于骨料最大粒径的 2 倍。

③ 钻芯检测混凝土强度宜与其它混凝土强度检测方法配合使用，形成钻芯验证法和钻芯修正法，也可单独使用推定结构混凝土强度或单个构件的混凝土强度。

④ 钻芯检测混凝土强度所需要的有效芯样试件的数量，应根据所采用的检测方法和检测对象确定。

⑤ 带有明显缺陷和加工不合格的芯样不得作为混凝土强度检测用的芯样试件。

利用深入混凝土中的锚头拔出拉力确定实际混凝土强度。

（5）射钉法

利用钢钉射入混凝土的深度确定实际混凝土强度。

（6）其它方法

如成熟度法、拉断法、推剥法等。

4.2.2 混凝土缺陷的检测

4.2.2.1 裂缝

观察、量测、描绘裂缝所在的构件、位置、形态、走向、宽度以及稳定性。

4.2.2.2 表面缺陷

观察、描绘露筋、蜂窝、孔洞、夹渣、疏松及其它外形、外表缺陷。

4.2.2.3 内部缺陷

用超声法或雷达波法确定内部缺陷的范围及性质。裂缝表面的宽度可由测量裂宽的读数显微镜观测。而裂缝深度的探测需借助超声仪进行测量。其原理是，当混凝土出现裂缝时，裂缝空间即有空气或其它介质（如水）所填充，在混凝土中形成一夹层。混凝土与空气或水是两种特性阻抗差别很大的物质。因此，裂缝的存在使混凝土中出现两个声学界面。当超声波射入到这两个不同的声学界面时，将会发生多次反射而衰减，使得声时延长。

4.2.2.4　构件缺陷检测

构件缺陷测试主要针对钢结构和混凝土结构。钢材缺陷测试方法较多。混凝土中缺陷检测方法主要采用声波透射法。混凝土结构的缺陷可分成混凝土缺陷和混凝土中埋入件的缺陷。混凝土缺陷包括疏松、漏振、蜂窝、狗洞和裂缝等，对于这类缺陷，国内虽然已有相应的标准，但是对于某些构件目前尚无合适的测试方法，如大体积混凝土，特别是高层建筑基础中的大体积、密配筋构件极易出现混凝土缺陷。雷达波法、冲击回波法和声发射法是目前得到较好发展的测试方法。混凝土中埋入件的缺陷主要是预应力管道灌浆饱满程度的测试。一些国家的规范已规定，凡是后张预应力管道都应进行灌浆饱满程度的检测。我国正在修订的有关规范也有此项要求。因此，无论是在施工工程还是已有建筑或桥梁都面临这个问题。

(1) 探地雷达法及其原理

探地雷达技术，是基于地下探测目标体与上部介质间存在的电性差异为物理基础，由发射天线向地下发射高频（$10^6 \sim 10^9\,\mathrm{Hz}$）的脉冲电磁波，利用接收天线接收由地下不同电性界面反射回来的电磁反射波和地面直达波，根据地下电磁波传播路径、电磁场强度和波形随所通过介质的电磁性质及几何形态变化而变化的原理来判断所通过介质的属性。它是一种通过研究反射波相对直达波的往返旅行时间、振幅、频率和相位特征达到确定地下目标体的一种探测方法，探测效率高，对场地和目标体无损，有较高的分辨率和抗干扰能力。探地雷达工作原理如图 4.1 所示。

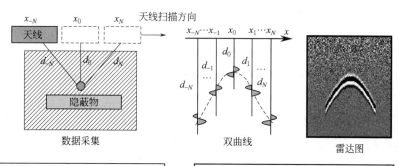

图 4.1　探地雷达工作原理图

① 基本原理。根据电磁场理论，电磁波在传播过程中遇到不同电性介质，在其界面处将发生反射和折射现象，从而改变电磁波的传播方向，通过沿剖面同步移动发射天线和接收天线便可获得由反射记录组成的雷达剖面，其同相轴分布与不同电性目标体形态有直观的对应关系。

利用探地雷达所接收到的反射波的双程走时值（t），若已知电磁波在介质的传播速度（v）和收发天线间的间距（x），由下式可计算出反射界面的深度（z）：

$$z = \sqrt{(\frac{vt}{2})^2 - (\frac{x}{2})^2} \qquad (4.1)$$

式中，波速 $v = \dfrac{c}{\sqrt{\varepsilon_r}}$，m/s；其中，$c = 0.3$m/ns（真空光速），$\varepsilon_r$ 为介质的相对介电常数。

② 实测参数选择与工作过程。为准确获取可靠的混凝土检测数据，本次检查分别采用收-发组合天线。现场测量方式采用天线沿设计测线贴面连续测量，天线移动速率约 0.2m/s。为消除天线检测速度不均对测量位置的影响，天线沿剖面每隔 1.0m 按动标记开关，以便准确控制剖面位置。所有观测数据均通过模数转换后，以数据文件的形式存放于主机。

③ 数据处理与解释。本次雷达数据处理采用 GSSI 公司提供的在 Windows 界面下运行的 WINRAD 专用雷达数据处理软件，界面方便易用，直观明了。常规处理流程为：原始数据→传输到计算机→原始数据编辑→水平均衡→零漂校正→反褶积或带通滤波（消除背景干扰信号）→频率、振幅分析，偏移绕射处理→增益处理→标定剖面坐标桩号→编辑、输出探地雷达检测图像剖面图。在数据处理过程中，针对原始数据的采集质量的好坏，根据需要合适地选择数据处理步骤。

(2) 冲击回波法及其原理

① 基本原理。冲击回波法是利用一个短时的机械冲击（用一个小钢球或小锤轻敲混凝土表面）产生低频的应力波，纵波传播到结构内部，被缺陷和构件底面反射回来，这些反射波被安装在冲击点附近的传感器接收下来，并被送到一个内置高速数据采集及信号处理的便携式仪器。将所记录的时域信号经傅立叶变换后进行频谱分析，频谱图中的明显峰值是由于混凝土结构表面、缺陷的反射所致，如图 4.2 所示。它之所以能被识别出来并被用来确定结构混凝土的厚度和缺陷位置，原因在于纵波在缺陷表面的反射将在振幅谱的高频部分产生一个显著的振幅峰值或一系列显著的振幅峰值（如混凝土结构中存在蜂窝情况）。

② 冲击回波信号分析方法。

a. 时域分析。从所记录的回波信号中判定出缺陷或结构底面的反射波的走时（$t_R = 1/F_T$），根据应力波在混凝土中的传播速度（v_P），即可由以下公式计算出混凝土的厚度或缺陷的深度（T）：

$$T = \alpha_s (v_P t_R)/2 \qquad (4.2)$$

式中，T 为混凝土的厚度或缺陷的深度；α_s 为与构件截面几何形状有关的系数；v_P 为 P 波在混凝土中的传播速度；t_R 为反射波的走时。

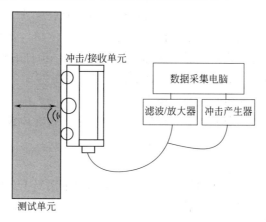

冲击/接收单元

数据采集电脑

滤波/放大器　冲击产生器

测试单元

图 4.2　扫描式冲击回波原理图

b. 频域分析。将所记录的数据信号通过快速傅立叶变换（FFT）转换到频域中进行分析，获得其振幅谱。用来确定结构混凝土的厚度和缺陷深度的计算公式如下：

$$T = \alpha_s v_P / (2f) \tag{4.3}$$

式中，f 为应力波的共振频率。

③ 参数设置。测试前首先设置波速（P 波波速）、采样频率等测试参数。试验所用仪器是美国 OLSON 公司生产的冲击回波 IES 测试系统，如图 4.3 所示。

图 4.3　扫描式冲击回波测试系统

仪器具有自动获得纵波速度的功能，并且通过选择 A、B、C、D 不同挡位实现不同的冲击力和时间。

④ 数据处理。对于厚度一致、密实的混凝土，试验测线是一条直线，且每点的频谱图像非常清晰，只有一个峰值；对于厚度出现变化、部分区域存在缺陷的混凝土，厚度测试结果有变化，在缺陷处测点的频谱图不规则，或出现多个峰值。

(3) 声发射法

声发射法是利用材料或结构受力时发出瞬态振动现象的原理，在混凝土构件表面的不同部位上放置声传感器，并将传感器与信号放大器、信号调节器和磁带记录仪等组成测量系统。当混凝土构件受力产生的应变超过其弹性极限点时就会产生小振幅弹性波，波向构件表面传播，会被放置在构件表面上的传感器探测到，根据不同探测位置上的应力波到达时间差可以确定变形点的位置，即混凝土构件由于受力而发生损伤的位置。用声发射法可以检测结构遭受损伤的程度。但是，该方法只能在结构变形和应力增加时才能应用，在静荷载下不能单独测量混凝土的损伤或破坏。

(4) 红外线热谱法

红外线热谱法又称红外扫描，是通过测量和记录混凝土结构热发射来分析判断混凝土构件缺陷的方法。当混凝土中存在裂缝或不连续时，扫描仪上将显示完好和有缺陷混凝土热发射的差异。

4.2.3 钢筋锈蚀测试

钢结构最大的缺点是易于锈蚀，锈蚀导致钢材截面削弱，承载力下降。钢材的锈蚀程度可由其截面厚度的变化来反映。检测钢材厚度的仪器有超声波测厚仪和游标卡尺，两者的精度均可达到 0.01mm。检测前需首先进行除锈处理。

① 超声波测厚仪。采用脉冲反射波法，超声波从一种均匀介质向另一种介质传播时，在界面上会发生反射，测厚仪可测出探头自发出超声波至收到界面发射回波的时间。超声波在各种钢材中的传播速度可查表或通过实测确定，由波速和传播时间就可计算出钢材的厚度。

② 钢筋锈蚀仪。次电位检测采用半电池电位法，半电池电位法是通过测量钢筋的自然腐蚀电位判断钢筋的锈蚀程度。腐蚀电位是钢筋上某区域的混合电位，反映了金属的抗腐蚀能力。混凝土中的钢筋的活化区（阳极区）和钝化区（阴极区）显示出不同的腐蚀电位。钢筋在钝化时，腐蚀电位升高，电位偏正；由钝态转入活化态（锈蚀）时，腐蚀电位降低，电位偏负。将混凝土中的钢筋看作是半个电池组，与合适的参比电极（铜/硫酸铜参考电极或其它参考电极）连通构成一个全电池系统，混凝土是电解质，参比电极的电位值相对恒定，而混凝土中的钢筋因锈蚀程度不同产生不同的腐蚀电位，从而引起全电池电位的变化，根据混凝土中钢筋表面各点的电位评定钢筋的锈蚀状态。

③ 钢筋截面损失率。检查钢筋有无锈蚀，对局部钢筋锈蚀严重处用冲击电钻凿去钢筋周围的混凝土，除去钢筋表面的浮锈、锈块，用游标卡尺测量钢筋的蚀余尺寸，计算钢筋截面损失率。

4.2.4　结构几何参数的检测

(1) 尺寸偏差

量测实际结构的截面尺寸、墙柱偏斜、标高偏差及其它类型的尺寸偏差值。

(2) 过大变形

实际结构或构件的明显挠度、构件偏斜、翘曲扭转的量测。

(3) 钢筋位置

钢筋配置情况测试包括混凝土构件的钢筋和砌体中的钢筋。目前主要采用电磁感应法和雷达波法测定构件中的钢筋，其中雷达波法测试速度较快，电磁感应法测试速度相对较慢。这两种方法都不能准确地测试钢筋直径，当需要钢筋直径准确数值时，必须结合开凿实地检查；另一方面，这两种测试方法均不能测定节点区的钢筋和构件中钢筋的连接情况，而构件中钢筋节点及其连接与结构的安全密切相关。

4.2.5　基础沉降观测

基础沉降观测对某些已有工程结构的评定是必不可少的。沉降观测的高程系采用独立系统。

4.2.5.1　沉降观测的原理

沉降观测就是采用水准测量的方法，通过观测镶嵌在建筑物上的沉降观测点，求得其高程值，然后比较两次观测所得到沉降观测点的高程，即可从沉降观测点的高程变化反映出建筑物的沉降情况。

4.2.5.2　沉降观测基准点和观测点的布设

(1) 基准点的布设

本次沉降观测的基准点位置的选取应布设在工程影响范围以外，一般不宜少于 30～50m，且数量不应少于 3 点，根据有关规范要求和现场条件情况，初步确定在离场区 50m 以外的路基基础上设 3 个沉降观测基准点，作为本次沉降观测的起算点，沉降观测基准点的布设采用长 12cm、直径为 20mm 的点芯镶嵌在稳固的地基基础上制作而成。

(2) 沉降观测点的布设

沉降观测的所有沉降观测点均按图 4.4 所示制作而成，镶嵌在距离地面 0.5m 的承重柱上。

沉降观测的沉降观测点应根据结构施工图具体布设，结合以往沉降观测的经验和对该项目的实际情况，对本项目进行沉降观测点点位的布设。

4.2.5.3　沉降观测点的有关观测及计算

(1) 基准点的观测及计算

沉降观测基准点的观测，按照二等水准的测量要求，以"后-前-前-后"的作

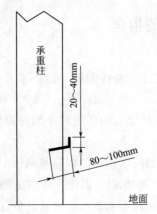

图 4.4　沉降点布设

业方法进行往返观测，3 个基准点进行水准联测，沉降观测网的平差计算使用 HLADJ3.0 智能平差软件进行平差计算。

(2) 沉降观测点的观测及计算

① 观测的技术要求　沉降观测点的观测，按照二等水准的测量要求，以"后-前-前-后"的作业方法进行往返观测，具体技术要求如表 4.1～表 4.4 所示。

表 4.1　水准观测的技术要求

等级	每千米高差全中误差/mm	路线长度/km	水准仪型号	水准尺	观测次数		往返较差及附合或环线闭合差	
					与已知点联测	附合或环线	平地/mm	山地/mm
二	2	—	DS1	因瓦	往返各一次	往返各一次	$4\sqrt{L}$	—

注：L——附合路线长度，km。

表 4.2　水准观测的测站技术要求

等级	仪器类型	视线长度/m	前后视距差/m	前后视距累计差/m	视线高度/m	上下丝读数与中丝读数之差/cm		基辅分划读数差/cm	基辅分划所测高差之差/cm	检查间歇点高差之差/mm	测段路线往返测高差不符值/mm	附合路线闭合差/mm	环闭合差/mm	检测已测测段高差之差/mm
						0.5cm刻划标尺	1.0cm刻划标尺							
二	DS1	50	1.0	3.0	0.3	1.5	3.0	0.4	0.6	1.0	$4\sqrt{K}$	$4\sqrt{L}$	$6\sqrt{R}$	$4\sqrt{F}$

注：K——测段、区段或路线长度，km；L——附合路线长度，km；F——环线长度，km；R——检测测段长度，km。

表 4.3　水准观测的限差　　　　　　单位：mm

等级	基辅分划（黑红面）读数之差	基辅分划（黑红面）所测高差之差	往返较差及附合或环线闭合差	单程双测站所测高差之差	检测已测测段高差之差
二级	0.5	0.7	≤1.0	≤0.7	≤1.5

表 4.4　水准观测的视线长度、前后视距差和视线高度　　单位：m

等级	视线长度	前后视距差	前后视距累积差	视线高度
二级	≤50	≤2.0	≤3.0	≥0.2

② 观测的路线　沉降观测拟以基 1 为起点（基 2、基 3 为检测点），大致按照 J1、J2、…、J47 的顺序进行观测，最后闭合至点基 1。

③ 内业计算　沉降观测网的平差计算使用 HLADJ3.0 智能平差软件进行平差计算，在满足观测精度要求的前提下计算出每个沉降观测点的高程值。

当再次进行沉降观测时，通过对各沉降观测点的高程进行比较，即可发现基坑周围及主体建筑物的沉降情况，并对建筑物的沉降情况作出分析。

4.2.5.4　沉降观测频率

① 针对本项目现阶段的实际情况，拟定主体建筑物沉降观测频率：主体施工至第一层时进行点位布设并首次观测，然后每三层观测一次（主体最高按 30 层计），至主体封顶该项目需观测 11 次；封顶后改为第一年观测 4 次，第二年观测 3 次，共需总观测次数为 18 次；另在观测过程中若局部点变化量较大则需要进行加密观测，直至沉降观测稳定。

② 主体建筑物沉降稳定的判断：若最后 100 天沉降速度小于 0.01～0.04mm/d，可以认为已进入稳定阶段。

③ 特殊情况：在观测过程中，如有基础附近地面荷载突然增减、基础四周大量积水、长时间连续降雨等情况，均应及时增加观测次数；当建筑物突然发生大量沉降、不均匀沉降或严重裂缝时，应立即进行逐日或几天一次的连续观测。

④ 每次沉降观测后，随时通过沉降观测数据对楼房的沉降情况进行分析，如发现数据异常，应及时通知甲方采取进一步措施，以预防事故的发生。

但是当监测过程中发生下列情况之一时，必须立即报告委托方，同时应及时增加观测次数或调整监测方案：

a. 变形量或变形速率出现异常变化；

b. 变形量达到或超出预警值；

c. 建筑本身、周边建筑及地表出现异常；

d. 由于地震、暴雨、冻融等自然灾害引起的其它变形异常情况。

4.2.6 耐久性检测

混凝土耐久性是指结构在规定的使用年限内，在各种环境条件作用下，不需要额外的费用加固处理而保持其安全性、正常使用和可接受的外观能力。现行国家标准《混凝土结构设计规范》（GB 50010—2002）中，明确规定混凝土结构设计采用极限状态设计方法。但现行设计规范只划分成两个极限状态，即承载能力极限状态和正常使用极限状态，而将耐久性能的要求列入正常使用极限状态之中，且以构造要求为主[30~33]。混凝土的耐久性与工程的使用寿命相联系，是使用期内结构保持正常功能的能力，这一正常功能不仅包括结构的安全性，而且更多地体现在适用性上[34~36]。

(1) 相关检测内容

① 资料调查：设计施工资料；竣工验收报告；承载服役历史；使用维修记录以及其它有关资料。

② 环境调查：结构环境等级；暴露程度；气候条件；使用状态；有害介质（氯盐等）以及其它因素的影响情况。

③ 混凝土耐久性检测：抗冻性；抗渗性；抗氯离子渗透性；收缩性；早期抗裂；混凝土中钢筋锈蚀；抗压疲劳变形。

(2) 抗冻试验（慢冻法）

适用于测定混凝土试件在汽冻水融条件下，以经受的冻融循环次数来表示的混凝土抗冻性能。

① 在标准养护室内或同条件养护的冻融试验的试件应在养护龄期为 24d 时提前将试件从养护地点取出，随后应将试件放在（20±2）℃水中浸泡，浸泡时水面应高出试件顶面 20~30mm，在水中浸泡时间应为 4d，试件应在 28d 龄期时开始进行冻融试验。始终在水中养护的冻融试验的试件，当试件养护龄期到达 28d 时，可直接进行后续试验，对此种情况应在试验报告中予以说明。

② 当试件养护龄期到达 28d 时应及时取出冻融试验的试件，用湿布擦除表面水分后对外观尺寸进行测量，试件的外观尺寸应满足标准要求，并应分别编号，称重。然后按编号置入试件架内，且试件架与试件的接触面积不宜超过试件底面的 1/5。试件与箱体内壁之间应至少留有 20mm 的空隙。试件架中各试件之间应至少保留 30mm 的空隙。

③ 冷冻时间应在冻融箱内温度降至 −18℃ 时开始计算。每次从装完试件到温度降到 −18℃ 所需的时间应在 1.5~2.0h 内，冻融箱内的温度在冷冻时应保持在 −20~−18℃。

④ 每次冻融循环中试件的冷冻时间不应小于 4h。

⑤ 冷冻结束后，应立即加入温度为 18~20℃ 的水，使试件转入融化状态，

加水时间不应超过 10min。控制系统应确保在 30min 内，水温不低于 10℃，且在 30min 后水温能保持在 18～20℃。冻融试验箱内的水面应至少高出试件表面 20mm。融化时间不应小于 4h。融化完毕视为该次冻融循环结束，可进入下次冻融循环。

　　⑥ 每 25 次循环宜对冻融试件进行一次外观检查，当出现严重破坏时，应立即进行称重。当一组试件的平均质量损失超过 5%，可停止其冻融循环试验。

　　⑦ 试件在达到 GB/T 50082 规定的冻融循环次数后，试件应称重并进行外观检查，应详细记录表面破损、裂缝及边角缺损情况。当试件表面破损严重时，应用高强石膏找平，然后进行抗压强度试验。抗压强度应符合现行国家标准 GB/T 50081 的相关规定。

　　⑧ 当冻融循环因故中断且试件处于冷冻状态时，试件应继续保持冷冻状态，直至恢复冻融试验为止，并应将故障原因及暂停时间在试验结果中注明。当试件在融化状态下因故中断时，中断时间不应超过两个冻融循环时间，在整个试验过程中超过两个冻融循环时间的中断故障次数不得超过两次。

　　⑨ 当部分试件由于失效破坏或者停止试验被取出时，应用空白试件填补空位。

　　⑩ 对比试件应继续保持原有的养护条件，直到完成冻融循环后，与冻融试验的试件同时进行抗压强度试验。

(3) 抗水渗透试验 (逐级加压法)

适用于通过逐级施加水的压力来测定以抗渗等级来表示的混凝土的抗水渗透性能。

　　① 同条件养护试件到龄期后即可检测，标养试件养护至检测前一天取出，将表面晾干后检测。

　　② 在试件侧面涂一层熔化的密封材料，随即在螺旋或其它加压装置上将试件压入经烘箱预热过的试件套中，稍冷却后，即可解除压力，连同试件套装在抗渗仪上进行检测。

　　③ 检测水压从 0.1MPa 开始，以后每隔 8h 增加水压 0.1MPa，并且要随时注意观察试件端面的渗水情况（自动加水压的混凝土抗渗仪不必人工加压，只需设定压力）。

　　④ 当 6 个试件中有 3 个试件端面呈现渗水现象时，即可停止检测，记录当时的水压。

　　⑤ 在检测过程中，如发现水从试件周边渗出，则应停止检测，重新密封。

　　⑥ 水压一直加到样品抗渗等级规定的压力再加 0.1MPa，加压结束后记录各个试件有无端面渗透情况。

　　⑦ 将试件用脱模装置（千斤顶）从试件套中脱出，并用破型装置（压力机）

从中轴线劈开，记录每个试件的水的渗透高度。

(4) 抗氯离子渗透试验（电通量法）

适用于测定以混凝土试件的电通量为指标来确定混凝土抗氯离子渗透性能。本方法不适用于掺有亚硝酸盐和钢纤维等良导电材料的混凝土抗氯离子渗透试验。

① 电通量试验采用直径（100 ± 1）mm、高度（50 ± 2）mm 的圆柱体试件。试件的制作、养护应符合 GB/T 50082 规定。当试件表面涂有涂料等附加材料时，应预先去除，且试样内不得含有钢筋等良导电材料。在试件移送实验室前，应避免冻伤或其它物理伤害。

② 电通量试验宜在试件养护到 28d 龄期进行，对于大掺量矿物掺和料的混凝土可在 56d 龄期进行试验。应先将养护到龄期的试件暴露于空气中至表面干燥，并应以硅胶或树脂等密封材料涂刷试件圆柱侧面，还应填补涂层中的孔洞。

③ 电通量试验前应先将试件进行真空饱水。应先将试件放入真空容器中，然后启动真空泵，并应在 5min 内将真空容器中的绝对压强减少至 $1\sim5$kPa，应保持该真空度 3h，然后在真空泵仍然运转的情况下注入足够的蒸馏水或者去离子水，直至淹没试件，应在试件浸没 1h 后恢复常压，并继续浸泡（18 ± 2）h。

④ 在真空饱水结束后，应从水中取出试件，并抹掉多余水分，且应保持试件所处环境的相对湿度在 95％以上。应将试件安装于试验槽内，并应采用螺杆将两试验槽和端面装有硫化橡胶垫的试件夹紧。试件安装好后，应采用蒸馏水或者其它有效方式检查试件和试验槽之间的密封性能。

⑤ 检查试件和试验槽之间的密封性能后，应将质量含量为 3.0％的 NaCl 溶液和摩尔浓度为 0.3mol/L 的 NaOH 溶液分别注入试件两侧的试验槽中，注入 NaCl 溶液的试验槽内的铜网应连接电源负极，注入 NaOH 溶液的试验槽中的铜网应连接电源正极。

⑥ 在正确连接电源线后，应在保持试验槽中充满溶液的情况下接通电源，并应对上述两铜网施加（60 ± 0.1）V 直流恒电压，且应记录电流初始读数，开始每 5min 记录一次电流值，当电流值变化不大时可每隔 30min 记录一次电流值，直至通电 6h。

⑦ 当采用自动采集数据的测试装置时，记录电流的时间间隔可设定为 $5\sim10$min。电流测量值应精确至 ±0.5A。

⑧ 试验结束后，应及时排除试验溶液，并应用凉开水和洗涤剂冲洗试验槽 60s 以上，然后用蒸馏水洗净，并用电吹风冷风挡吹干。

(5) 收缩试验

适用于测定无约束和规定的温度条件下硬化混凝土收缩试件的收缩变形性能。

① 试件应在 3d 龄期（从搅拌混凝土加水时算起）从标准养护室取出，立即移入恒温恒湿室 [温度为（20±2）℃，相对湿度为（60±5）%]，测定其初始长度 L_0。

② 测量前对每一试件标明记号，保证试件每次在收缩仪上放置的位置、方向均保持一致。

③ 测量时先用标准杆校正仪表的零点，并在半天的测定过程中至少再校核 1～2 次（其中一次在全部试件测量完后）。如校核时发现零点与原值的偏差超过 0.01mm，应调零后重新测定。

④ 测量时应有两个检试员配合测定，其中一人拉百分表的顶端，避免试件接触百分表，影响结果。另一名检试员轻轻拿起试件放到收缩仪上，勿碰撞表架及表杆。如发生碰撞，应取下试件，重新以标准杆校核调零。每次重复测读 3 次。

⑤ 读数完毕后将试件移至恒温恒湿室内放置的不吸水的搁架上，底面架空，其总支撑面积不应大于 100 乘以试件断面边长（mm），每个试件之间至少留有 30mm 的间隙。

⑥ 按 1d、3d、7d、14d、28d、45d、60d、90d、120d、150d、180d（从移入恒温恒湿室内算起），即混凝土龄期为 4d、6d、10d、17d、31d、48d、63d、93d、123d、153d、183d 时间间隔测量其变形读数 L_t。

⑦ 测定混凝土自缩值的试件在 3d 龄期时从标准养护室取出后立即密封处理，密封处理可采用金属套或蜡封，采用金属套时试件装入后应盖严焊死，不得留有任何能使内外湿度交换的空隙。外露测头的周围应用石蜡反复封堵严实，采用蜡封时至少应涂蜡 3 次，每次涂前应用浸蜡的纱布或蜡纸包缠严实，蜡封后应套以塑料加以保护。自缩检测期间，试件应无质量变化，如在 180d 检测间隔期内质量变化超过 10g，该试件的检测结果无效。

(6) 早期抗裂

适用于测试混凝土试件在约束条件下的早期抗裂性能。

① 试验宜在温度为（20±2）℃、相对湿度为（60±5）% 的恒温恒湿室中进行。

② 将混凝土浇筑至模具内以后，应立即将混凝土摊平，表面应比模具边框略高，应控制好振捣时间，应防止过振和欠振。

③ 在振捣后应用抹子抹平，并应使骨料不外露，且应使表面平实。

④ 在试件成型 30min 后，立即调节风扇位置和风速，使试件表面中心正上方 100mm 处风速为（5±0.5）m/s，并应使风向平行于试件表面和裂缝诱导器。

⑤ 试验试件应从混凝土搅拌加水开始计算，应在（24±0.5）h 测读裂缝。裂缝长度应用钢直尺测量，并应取裂缝两端直线距离为裂缝长度，当一个刀口上有

两个裂缝时，可将两条裂缝的长度相加，这算成一条裂缝。

⑥ 裂缝宽度应采用放大倍数至少40倍的读数显微镜进行测量，并应测量每条裂缝的最大宽度。

⑦ 平均开裂面积、单位面积的裂缝数目和单位面积上的总开裂面积应根据混凝土浇筑24h测量得到裂缝数据来计算。

4.3 工程结构检测仪器设备

4.3.1 混凝土结构检测仪器

混凝土结构检测仪器见表4.5。

表 4.5　混凝土结构检测仪器

检测参数		主要仪器设备名称/型号/规格
混凝土现场测试	超声-回弹综合法检测混凝土抗压强度	非金属超声波检测仪
	超声波法检测混凝土缺陷	
	回弹法检测混凝土抗压强度	混凝土回弹仪、碳化深度测量工具
	钻芯法检测混凝土抗压强度	混凝土钻孔机、游标卡尺、角度尺、压力试验机
钢筋的配置	钢筋位置、钢筋直径、混凝土保护层厚度	钢筋扫描仪、钢直尺、卷尺、游标卡尺
构件性能载荷试验	挠度、抗裂、承载力、裂缝宽度	加荷装置、百分表等测量装置、裂缝放大镜等观察仪器
	结构性能动力检测	位移计、动态应变测试系统、模态分析软件、拾振器
砌体强度	原位轴压法	原位压力机
砂浆强度	贯入法、回弹法等	贯入仪、回弹仪
混凝土后锚固	抗拔承载力	拉拔仪
结构变形检测		全站仪、经纬仪、钢尺
混凝土外观质量与缺陷检测		非金属超声仪
混凝土耐久性		冻融试验箱、1级精度压力试验机、弹性模量测定仪、混凝土动弹性模量测定仪、混凝土抗渗仪、混凝土氯离子电通量测定仪、非接触法混凝土收缩测定仪、混凝土收缩仪、混凝土早期抗裂试验装置
砌体结构变形与缺陷检测	裂缝、风化、剥落、垂直度	应力应变测试仪、位移测量设备
	结构动力测试	振动测试设备

4.3.2　钢结构检测仪器

钢结构检测仪器见表 4.6。

表 4.6　钢结构检测仪器

检测参数		主要仪器设备名称/型号/规格
钢结构焊缝质量无损检测	超声波探伤	超声波探伤仪
钢结构材料性能	屈服强度	万能试验机（1000kN 和 100kN 或 600kN 和 100kN）
	抗拉强度	
	伸长率	
	弯曲性能	钢筋弯曲机或万能试验机（1000kN 或 600kN）
钢结构连接性能	连接副抗滑移系数	拉力试验机（1000kN、600kN 或 300kN）
	高强度螺栓扭矩系数	轴压检测仪、扭力扳手
钢结构防腐及防火涂装层	防腐层厚度	涂层厚度检测仪
	防火层厚度	涂层厚度检测仪、测针、钢尺
钢结构变形	变形量	全站仪、经纬仪、钢尺
钢结构内力测试	应力-应变检测	静态应变仪（要求至少同时可测 20 个点）
钢结构构件性能实荷载检测	挠度、承载力、内力	力传感器、百分表等测量装置、静态应变仪

4.3.3　地基基础检测仪器

地基基础检测仪器见表 4.7。

表 4.7　地基基础检测仪器

检测参数		主要仪器设备名称/型号/规格
地基基础	基桩低应变动力测试	低应变测试仪
	静荷载试验	百分表（或计电百分表）、油压表（荷重传感器、压力传感器）、反力平台、反力钢梁、千斤顶
	基桩埋管超声波测试	非金属超声波检测仪
	基坑、边坡变形监测	测斜仪、经纬仪、水准仪、全站仪
	工程结构、构筑物的沉降、位移监测	经纬仪、水准仪、全站仪
	锚杆锁定力检测	锚杆拉拔仪

4.3.4 监测仪器

混凝土结构上采用正、倒垂线为基准来监测结构的竖向和水平位移，包括挠度。观测仪器多采用垂线坐标仪、引张线仪、静力水准仪等。近年来，这些传统的观测仪器得到了很大的发展，主要体现在大量程、高精度和高可靠性上。引张线仪由单向实现了向双向的发展和应用。遥测垂线坐标仪和引张线仪已经从接触式发展到非接触式，非接触式仪器包括步进式和 CCD 式。

(1) 遥测静力水准仪

静力水准仪是应用连通管原理测量测点间的相对位移。一侧沉降将引起浮子升降，通过各种量测技术来测量浮子的升降，从而观测点间的相对位移。目前主要有差动变压器式、电感式和 CCD 式等静力水准仪。

(2) 光纤传感器

新近发展起来的体积小、精度高、不受电磁干扰、抗腐蚀性环境的传感器，可用以测量温度、位移、应变、压力等物理量。该新型仪器最大的优点是不受电磁干扰，目前防雷抗干扰已经成为我国结构安全监测自动化中最为棘手的问题。光纤传感器的使用为彻底解决防雷抗干扰的问题创造了条件。

(3) 差动电阻式传感器

近年来解决了长导线电阻、导线电阻变差对测值的影响，并实现自动化遥测，得到了很大发展。目前差阻式仪器由 4 线制改为 5 线制测量方式，仪器电阻、电阻比测量精度、遥测距离、抗干扰能力均优于国外厂家，处于国际先进水平。更为重要的是，差阻式仪器已经完成了大量程、高弹性模量和耐高压产品的研制并能批量生产。在国内多年研究差动电阻式仪器的基础上，已经实现了差动电阻式仪器的系列化。

(4) 电子经纬仪和水准仪

采用电子经纬仪和水准仪可使传统的外部变形监测实现自动化，电子水准仪＋全站仪实现水工工程结构安全监测自动化已经在多个工程获得应用。GPS 具有土建工程量小、可以测量三维变形等优点，比较适合高土石坝的外部变形监测。GPS 技术已经在清江隔河岩结构安全监测自动监测系统中得到成功应用，现在一机多天线监测技术也被应用到多个工程，如小湾工程的高边坡等，节约了工程成本。另外，合成孔径雷达干涉测量技术已经开始应用于地震形变、地表沉降和滑坡监测，如果能进一步提高精度，实现地表连续变形测量，这对于结构，尤其是高土石坝，将具有明显优势。双向引张线自动测量技术能够通过一条引张线同时测量水平和垂直位移，相当于同时安装了原引张线和静力水准系统，且针对老引张线改造不需要增加任何土建工作，施工方便，特别适合我国广大已安装引张线项目的更新改造。

(5) 分布式光纤

分布式光纤被认为是目前最有前途的安全监测技术，近年来我国在光纤监测技术方面取得了显著成绩。光纤光栅传感器可以组成准分布式监测系统（1 根光纤上串接多只仪器）。分布式光纤监测系统试验性应用也很广泛，在三峡、石门子、长调、覃家田滑坡和古洞口等工程中已经实现了温度、渗流和裂缝的分布式监测。哈尔滨工业大学开发了适用于建筑基础结构健康监测的智能传感网络及综合系统，同时在压电薄膜（PVDF）应变传感器、疲劳寿命计、形状记忆合金位移传感器等监测仪器方面进行了相应的开发和应用。

(6) 微震监测和声发射

微震监测和声发射等技术在我国已经进行了大量的基础研究，特别是室内实验和现场针对高边坡的试验研究，但是在结构安全监测方面，尤其是组成一个实用系统方面还有许多工作要做。另外随着合成孔径雷达干涉测量（InSAR）和差分干涉测量（D-InSAR）技术发展，其在地表沉陷监测中应用已经全面展开，如 D-InSAR 技术已经在煤矿开采沉陷变形监测中得到应用并用于矿区 DEM 数据更新。

(7) 真空激光准直方法

真空激光准直方法作为一种能同时测量水平和垂直位移的方法已经在丰满、太平哨等工程中得到应用，但该方法投资大、土建施工要求高，在南方成功的事例还不多。

(8) 测量机器人

测量机器人（全站仪）主要以徕卡、托普康公司产品为代表，GPS 以天宝、阿斯泰克等公司为代表。随着 GLONASS、伽利略和北斗二代的投入运行，用户可具有更多的选择。

4.4　工程结构监测技术

4.4.1　安全监测内容

结构安全监测是一个系统工程，涉及信息采集、处理、评价以及反馈分析整个过程，参见图 4.5。

4.4.2　监测项目分类

从 20 世纪 80 年代中期开始，在电力部和水利部分别组织和指导下，结构安全监测方面的专家学者总结了我国多年的监测经验，编制了多部监测技术规范，即先后颁布《结构安全监测技术规范》（SL 60—94）（简称：结构安全监测技术规范）、《结构安全监测资料整编规程》（SL 169—96）、《混凝土坝安全监测技

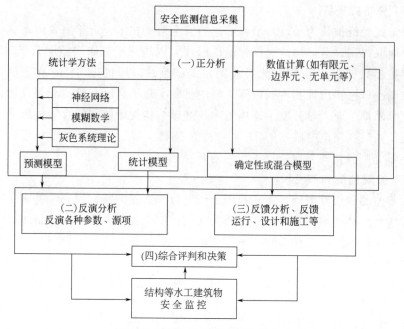

图 4.5　结构安全监测涵盖内容

规范》[DL/T 5178—2003（代替 SDJ－336—89）]（简称：混凝土坝安全监测技术规范）、《结构安全自动监测系统设备基本技术条件》（SL 268—2001）以及《结构安全自动监测自动化技术规范》（DL/T 5211—2005）等。与此同时有关测量规范、仪器系列型谱等也相继得到更新和颁布。上述规范的实施，为结构安全监测设计、施工和检验验收奠定了基础。

上述监测规范都对监测工作的全过程包括监测设计、监测仪器和监测方法、施工埋设、运行管理和资料整编分析等作了统一规定。根据上述规范，安全监测分类如下。

（1）巡视检查

巡视检查是相对仪器监测而言的。由于现有仪器监测还难以作到"面"和"体"监测，现有资料分析方法也存在一定的不足，因此巡视检查作为仪器监测的补充十分必要，尤其是针对结构整体性不强的结构或未设置有效监测仪器的地方。《结构安全监测技术规范》和《混凝土坝安全监测技术规范》中对人工巡视检查作了明确的规定，结构安全管理人员应该按照规范规定作好各种工况下的人工巡视检查工作。

（2）仪器监测

① 变形监测　变形监测包括水平位移（横向和纵向）、垂直位移（竖向位移）、坝体及坝基倾斜、表面接缝和裂缝等。对于结构，除设有上述变形（称之

为表面变形）监测项目外，还设有内部变形监测。内部变形包括分层竖向位移、分层水平位移、界面位移及深层应变等。对于混凝土面板坝还有混凝土面板变形监测，具体包括表面位移、挠度、应变、脱空及接缝监测等。另外，岸坡及基岩表面和深层位移监测等也属变形监测。

② 渗流监测　混凝土坝渗流监测包括坝基和坝体场压力、坝基和坝体渗漏量、绕坝渗流和地下水位监测等。

结构渗流监测包括坝体渗流压力、坝基渗流压力、绕坝渗流、渗流量监测等。

③ 应力、应变及温度监测　混凝土坝的应力、应变及温度监测包括混凝土的应力和应变、无应力、钢筋应力、钢板应力、坝体和坝基温度、接缝和裂缝开度监测等。

结构的压力（应力）监测包括孔隙水压力、土压力、接触土压力、混凝土面板应力监测等。

④ 环境量或水文、气象监测　结构所在位置的环境对结构和坝基工作性态有重大影响，需予以监测。监测项目有结构上下游水位、水温、气温、库区雨量、冰压力、坝前淤积和下游冲刷等。

⑤ 地震监测　强地震是结构安全的一大威胁，1962 年 3 月广东新丰江水库发生 6.1 级地震，使混凝土结构上部发生贯穿性的水平裂缝，并使有的坝段间接缝止水受损，漏水增加。为了监测结构在地震作用下的安全状况，也为了验证设计，为抗震理论的发展提供依据，对地震区的结构应进行地震强度安全监测。《结构安全监测技术规范》规定："地处地震基本烈度 7 度及其以上地区的Ⅰ、Ⅱ级结构经过论证，可进行坝体地震反应监测。"《混凝土坝安全监测技术规范》也给出了重力坝和拱坝的强震监测仪器布置。总之，结构强震安全监测的布置要考虑结构的强震反应特征，要考虑坝基、坝肩山体的影响，在总结已有强震安全监测资料的基础上提出了典型坝型强震监测的推荐方案。

除上述监测项目外，两部技术规范都提到了水力学监测，该监测项目应根据工程结构级别和水力学条件设置。

以上几大类监测项目涉及几十种物理量的监测，每一种物理量监测都需要在设计时布置必要的测点、选择适当的监测仪器、做出经费概算，才能得以顺利实施。

监测项目的选择在两部技术规范中按照工程等级、工程结构等级、坝型、坝基和基岩地质条件以及结构设计施工的特点作了规定，而测点的选择带有比较大的主动性，对设计人员的工作经验要求比较高。一般认为测点布置宜满足"少而精"的要求，但实际上由于结构的非线性、非连续性和难以预测性，要作到"少而精"比较困难，特别是缺少投资上的标准。水利水电规划总院曾经以水电规划造价（2005）0010 号文件的形式颁布了《水电工程安全监测系统专项投资编制细则（试行）》用以规范。此外，监测项目的投资可参照国际上的相应指标，即监测设施和实施费用相当于工程总造价的 1% 来确定。大中型工程或结构安全特别重要的小型工程均应考虑到现代化管理的需要，即通过监测项目的自动化实现结构安全管理的现代化。

4.4.3　监测方法

(1) 变形监测

变形监测包括水平位移、竖向位移、倾斜及接缝和裂缝监测等。对于结构，根据测点布置在坝面或是坝体内部分为表面变形监测及内部变形监测。

水平位移人工监测方法包括视准线法（针对直线性坝）和三角网法等。竖直位移人工监测一般采用精密水准法进行监测。结构内部变形可用水管式沉降仪、引张线式水平位移计等进行变形监测；裂缝及接缝监测一般采用测缝计（测缝标点）监测。

随着科技的发展，变形监测已逐步采用自动化，可实现自动化的监测方法包括垂线法、引张线法、静力水准法、真空激光准直法等；使用的监测仪器有垂线坐标仪、引张线仪、静力水准仪、位移计、测缝计、水管式沉降仪、引张线式水平位移计等。其中引张线法和真空激光准直法主要布置在直线性坝上（或廊道内），用于实现坝顶或坝基水平位移的监测。

(2) 渗流监测

渗流监测是结构安全监测的重要项目，对于混凝土坝，渗流监测项目有扬压力（坝体、坝基扬压力）、渗漏量（包括坝基渗漏量和坝体渗漏量）、绕坝渗流、地下水位等。结构渗流监测项目包括坝体渗流压力、坝基渗流压力、绕坝渗流、渗流量监测。

渗压（或浸润线）观测可采用测压管法和埋设渗压计法，测压管法具有可进行人工比测、仪器更换方便等优点，但是也有容易出现泥沙淤积、孔口破坏和测值滞后等缺点，因此在进行具体设计时要根据渗流特征和仪器情况进行确定。

渗流量监测是综合评价结构安全最有效的方式之一，一般可以采用容积法、量水堰法和流速法进行测量。容积法主要针对单管渗流量进行监测（流量小于 1L/s），当流量在 1~300L/s 之间时宜采用量水堰法，当流量大于 300L/s 或受落差限制不能设量水堰时，可以将漏流水引入排水沟，采用测流速法进行测量。

(3) 应力（压力）、应变及温度监测

应力、应变及温度一般采用压应力计、钢筋计、锚杆（索）应力计、应变计（组）（混凝土应变监测必须设置应变计和无应力计）和温度计进行监测。上述仪

器目前使用较多的有差阻式仪器和振弦式两种。

(4) 环境量 (水文、气象) 监测

环境量是结构性态发展的外因，对环境量 (水位、气温、雨量等) 进行监测是资料分析的需要，因此必须加以重视。

上下游水位是结构承受的主要荷载，是形成坝体及坝基渗流场的主要原因，因此必须进行监测。水位测点要布置在水流平稳、水面平缓的地方，以确保观测精度。监测仪器有浮子式水位计、超声波水位计、压力式水位计等。浮子式水位计精确度较高、测值直观，但在库水结冰情况下无法使用。

气温及库水温是影响坝体温度场的重要因素，其监测测点布置要根据库区气温及库水温分布特点确定。监测仪器对于气温可选铂电阻温度计，当温度变化不太剧烈时可选用铜电阻温度计。

降雨量是影响结构周围渗流场的主要原因之一，降雨还有可能导致坝外测压管水位升高，同时高强度降雨将会形成地表径流，破坏坝面结构，造成结构局部失稳，因此必须加以监测。降雨量可选翻斗式雨量计进行监测。

(5) 其它监测

其它类型监测项目包括地震反应监测、水力学监测、泥沙监测等，这些都要根据具体结构的具体情况和规范要求设置，需要配置专门的监测仪器。

4.5 工程结构安全复核

4.5.1 现场调查工作内容

(1) 结构基本情况勘查

① 结构布置形式。

② 圈梁、支排 (或其它抗侧力系统) 布置。

③ 结构及其支撑构造；构件及其连接构造。

④ 结构及其细部尺寸，其它有关的几何参数。

(2) 结构使用条件调查核实

① 结构上的作用。

② 建筑物内外环境。

③ 使用史 (含荷载史)。

(3) 地基基础 (包括桩基础) 检查

① 场地类别与地基土 (包括土层分布及下卧层情况)。

② 地基稳定性 (斜坡)。

③ 地基变形，或其在上部结构中的反映。

④ 评估地基承载力的原位测试及室内物理力学性质试验。

⑤ 基础和桩的工作状态（包括开裂、腐蚀和其它扣环的检查）。

⑥ 其它因素（如地下水抽降、地基浸水、水质、土坡腐蚀等）的影响或作用。

(4) 材料性能检测分析

① 结构构件材料。

② 连接材料。

③ 其它材料。

(5) 承重结构检查

① 构件及其连接工作情况。

② 结构支撑工作情况。

③ 建筑物的裂缝分布。

④ 结构整体性。

⑤ 建筑物侧向位移（包括基础转动）和局部变形。

⑥ 结构动力特性。

4.5.2 工程结构安全性复核评级

工程结构安全性复核评级的层次、等级划分以及工作步骤和内容，应符合下列规定。

① 安全性的鉴定评级，应按构件、子单元和鉴定单元各分三个层次。

每一层次分为四个安全性等级，并应按表 4.8 规定的检查项目和步骤，从第一层开始，分层进行，根据构件各检查项目评定结果，确定单个构件等级。

② 根据子单元各检查项目及各种构件的评定结果，确定子单元等级。

③ 根据各子单元的评定结果，确定鉴定单元等级。

表 4.8 安全性复核分级标准

层次	鉴定对象	等级	分级标准	处理要求
一	单个构件或其检查项目	au	安全性符合本标准对 au 级的要求，具有足够的承载能力	不必采取措施
		bu	安全性略低于本标准对 au 级的要求，尚不显著影响承载能力	可不采取措施
		cu	安全性不符合本标准对 au 级的要求，显著影响承载能力	应采取措施
		du	安全性极不符合本标准对 au 级的要求，已严重影响承载能力	必须及时或立即采取措施

续表

层次	鉴定对象	等级	分级标准	处理要求
二	子单元的检查项目	Au	安全性符合本标准对 Au 级的要求，具有足够的承载能力	不必采取措施
		Bu	安全性略低于本标准对 Au 级的要求，尚不显著影响承载能力	可不采取措施
		Cu	安全性不符合本标准对 Au 级的要求，显著影响承载能力	应采取措施
		Du	安全性极不符合本标准对 Au 级的要求，已严重影响承载能力	必须及时或立即采取措施
	子单元中的每种构件	Au	安全性符合本标准对 Au 级的要求，不影响整体承载	可不采取措施
		Bu	安全性略低于本标准对 Au 级的要求，尚不显著影响整体承载	可能有极个别构件应采取措施
		Cu	安全性不符合本标准对 Au 级的要求，显著影响整体承载	应采取措施，且可能有个别构件必须立即采取措施
		Du	安全性极不符合本标准对 Au 级的要求，已严重影响整体承载	必须立即采取措施
	子单元	Au	安全性符合本标准对 Au 级的要求，不影响整体承载	可能有个别一般构件应采取措施
		Bu	安全性略低于本标准对 Au 级的要求，尚不显著影响整体承载	可能有极少数构件应采取措施
		Cu	安全性不符合本标准对 Au 级的要求，显著影响整体承载	应采取措施，且可能有极少数构件必须立即采取措施
		Du	安全性极不符合本标准对 Au 级的要求，严重影响整体承载	必须立即采取措施
三	鉴定单元	Asu	安全性符合本标准对 Asu 级的要求，不影响整体承载	可能有极少数一般构件应采取措施
		Bsu	安全性略低于本标准对 Asu 级的要求，尚不显著影响整体承载	可能有极少数构件应采取措施
		Csu	安全性不符合本标准对 Asu 级的要求，显著影响整体承载	应采取措施，且可能有少数构件必须立即采取措施
		Dsu	安全性严重不符合本标准对 Asu 级的要求，严重影响整体承载	必须立即采取措施

4.6 工程结构抗震安全复核

4.6.1 工程结构的抗震检测

评定结构综合抗震能力，通常以资料收集分析和现场常规检测为基础，依据现行规范予以确定。但对于某些特殊的结构构件、连接构造或新型建材，其抗震能力需进行有针对性的检测鉴定后再分析评价，进行工程结构抗震检测的目的就是协助确定结构的抗震能力，为现有建筑的抗震鉴定和抗震加固提供依据。目前与抗震能力相关的现场检测只能完成结构的动力测试。进行原型结构的动力测试可获得实际结构的动力特性，虽然对深入了解结构的抗震能力、检验结构的抗震性能是非常有效的手段，但结构承受地震作用实质上是承受多次反复的水平荷载作用，由于结构是依靠本身的变形来消耗地震能量，因此，评定结构抗震能力时需对结构或构件的强度、抗裂能力、变形能力、耗能能力、刚度和破坏机制等展开研究。要获取相关数据，结构抗震检测必须在荷载反复作用下，使被测工程结构达到结构构件屈服，并进入非线性工作阶段，直至完全被破坏。因此，结构或构件的抗震能力检测只能仿原结构制作模型在试验室进行。

当前，在试验室进行的结构抗震检测主要为伪静力检测、拟动力检测和地震模拟震动台检测。从加载方式上来看，前两者为静力检测，后者为动力检测。考虑到设备技术和经济因素等的影响，工程结构抗震检测往往无法利用模拟地震震动台进行动力检测，通常采用静载检测即低周反复静力检测方法——伪静力（周期性加载）检测方法和拟动力（非周期性加载）检测方法——进行模拟地震加载来完成。

4.6.2 工程结构的抗震鉴定

根据国家标准（GB 50023—1995）《建筑抗震鉴定标准》，建筑抗震鉴定一般针对抗震设防烈度为6～9度地区的现有建筑进行。鉴定时首先搜集建筑的勘探报告、施工图纸、竣工图纸和工程验收文件等原始资料。当资料不全时，宜进行必要的补充实测。其次调查建筑现状与原始资料相符合的程度、施工质量和维护状况，发现相关的非抗震缺陷，然后根据各类结构的特点、结构布置、构造和抗震承载力等因素，采用相应的逐级鉴定方法进行综合抗震能力分析，对不符合抗震鉴定要求的工程结构提出相应的抗震减灾对策和处理意见。其鉴定方法可分为以下两级。

(1) 第一级鉴定（以宏观控制和构造鉴定为主进行综合评价）

第一级鉴定的内容较少，方法简便，如多层砌体房屋的第一级鉴定只需对房屋的结构体系、承重墙体的砖或砌块与砂浆实际达到的强度等级、房屋的整体性连接构造、房屋中易引起局部倒塌的部件及其连接等进行鉴定，容易掌握，又能确保安全。

当符合第一级鉴定的各项要求时，建筑可评为满足抗震鉴定要求。当有些项目不符合第一级鉴定要求时，可在第二级鉴定中进一步判断。

(2) 第二级鉴定（以抗震验算为主结合构造影响进行综合评价）

第二级鉴定是在第一级鉴定的基础上进行的，通过第一级鉴定确定结构的体系影响系数和局部影响系数，并据此计算结构综合抗震能力指数。当结构的承载力较高时，可适当放宽某些构造要求，或者当抗震构造良好时，承载力的要求可以酌情降低。

两级鉴定方法中，一般采用先简后繁、先易后难的方法，将抗震构造要求和抗震承载力验算要求更紧密地结合在一起，具体体现了结构抗震能力是承载能力和变形能力两个因素有机结合的鉴定结果。

4.6.3　工程结构抗震性能的分析

由于结构是依靠本身的变形来消耗地震能量，因此，分析结构的抗震性能，其实质就是根据所获取的试验数据，对结构或构件的强度、抗裂能力、变形能力、耗能能力、刚度和破坏机制等展开对比性研究。

通过伪静力试验，可以得到如下数据。

(1) 屈服荷载和屈服变形

屈服荷载为被测件在荷载稍有增加而变形有较大增长时所能承受的最小荷载，与其相对应的变形为屈服变形。对混凝土构件而言，系指受拉主筋应力屈服时的荷载与相应变形。

(2) 极限荷载

被测件所能承受的最大荷载。

(3) 破损荷载和极限变形

在检测过程中，被测件达到极限荷载后，出现较大变形，但仍有可能修复时所对应的荷载值称为破损荷载。一般宜取极限荷载下降 15% 时所对应的荷载值作为破损荷载。

(4) 骨架曲线

在低周反复荷载检测中，应取荷载-位移曲线各级第一循环的峰点（回载顶点）连接起来的包络线作为骨架曲线。骨架曲线在研究非线性地震反应时，反映了每次循环的荷载-位移曲线达到最大峰点的轨迹，反映了被测件的抗裂能力、承载力和延性特征。

4.6.4 结构抗震能力的评定

对建筑物进行抗震鉴定，即对结构的抗震能力进行评定，它是建立在对结构或构件进行抗震性能分析的基础之上的。

(1) 通过伪静力检测方法评定抗震能力

以伪静力试验数据和抗震性能分析为基础进行的抗震能力评定，通常采用通过地震反应分析综合评价法，其主要步骤如下：

① 通过实地测量或系统识别建立力学计算模型；

② 通过周期性静力试验，确定恢复力模型；

③ 选择与场地相接近的地震记录，或按规范反应谱反应的人工地震波，进行多波输入计算，并按规范说明提出的与烈度相应的地面运动加速度峰值取值；

④ 分析结构在最大反应情况下处于何种结构状态（未开裂、一般开裂、严重开裂等），然后综合评定其抗震能力。

(2) 通过拟动力检测方法评定抗震能力

拟动力检测实质上就是一次确定性的地震反应分析，只不过恢复力特性不是假定的而是实测的。因此，通过地震反应分析综合评价法评定结构抗震能力的方法在这里也适用，而且能更好地结合被测件的实际工作状态作出评定。

参 考 文 献

[1] CECS 02—88 超声回弹综合法检测混凝土强度技术规程 [S].

[2] CECS 03—88 钻芯法检测混凝土强度技术规程 [S].

[3] CECS 69—94 后装拔出法检测混凝土强度技术规程 [S].

[4] DBJ 14−026—2004 回弹法检测混凝土抗压强度技术规程 [S].

[5] DBJ 14−027—2004 超声回弹综合法检测混凝土强度技术规程 [S].

[6] DBJ 14−028—2004 后装拔出法检测混凝土强度技术规程 [S].

[7] DBJ 14−029—2004 钻芯法检测混凝土强度技术规程 [S].

[8] JGJ 107—1987 混凝土强度检验评定标准 [S].

[9] GB/T 50315—2000 砌体工程检测技术标准 [S].

[10] DBJ 14−030—2004 回弹法检测砌筑砂浆强度技术规程 [S].

[11] DBJ 14−031—2004 贯入法检测砌筑砂浆强度技术规程 [S].

[12] GBJ 129—1990 砌体基本力学性能试验方法标准 [S].

[13] GB 50204—2002 混凝土结构工程施工质量验收规范 [S].

[14] GB 50152—92 混凝土结构试验方法标准 [S].

[15] JGJ 145—2004 混凝土结构后锚固技术规程 [S].

[16] JGJ/T 23—2001 回弹法检测混凝土抗压强度技术规程 [S].

[17] GB 50330—2002 建筑边坡工程技术规范 附录 C [S].

［18］CECS 22—2005 岩土锚杆（索）技术规程［S］.

［19］GB 50202—2002 建筑地基基础工程施工质量验收规范［S］.

［20］JGJ 106—2003 建筑基桩检测技术规范［S］.

［21］DBJ 14－020—2002 建筑桩基检测技术规范［S］.

［22］GB 50007—2011 建筑地基基础设计规范［S］.

［23］JGJ 79—2012 建筑地基处理技术规范［S］.

［24］DL/T 5178—2003 混凝土坝安全监测技术规范［S］.

［25］GB/T 22385—2008 大坝安全监测系统验收规范［S］.

［26］DL/T 5259—2010 土石坝安全监测技术规范［S］.

［27］GB 50497—2009 建筑基坑工程监测技术规范（含条文说明）［S］.

［28］JGJ 8—2007 建筑变形测量规范［S］.

［29］SL 122—1995 岩石变形测试仪校验方法［S］.

［30］魏新良.浅谈混凝土结构的耐久性［J］.现代商贸工业，2007，（01）：132-133.

［31］尚勇，张凌云，朱德武.路桥混凝土结构耐久性能主要病害研究［J］.山东交通科技，2005，（02）：23-26.

［32］刘海华.高速铁路混凝土结构耐久性措施探讨［J］.铁道标准设计，2004，（05）：34-36.

［33］叶国华，郑亚平.浅谈混凝土结构的耐久性设计与施工［J］.科技信息（科学教研），2007，（20）：399-399.

［34］陈仲庆.提高混凝土耐久性的措施［J］.科技资讯，2007，（14）：58-58.

［35］马庆华，叶森，仝彩霞.混凝土保护层质量对结构耐久性的影响分析［J］.科技信息（学术版），2006，（04）：138-139.

［36］张广义.浅谈钢筋混凝土耐久性的影响因素及对策［J］.科技情报开发与经济，2005，（05）：206-208.

第5章
混凝土工程结构修复和加固

5.1 混凝土结构破损常规修复

　　混凝土结构破损是混凝土结构在其使用过程中的自然损坏和外力破坏，造成如麻面、露筋、孔洞、裂缝、钢筋锈蚀等缺陷，使其外观遭到破坏或影响其正常使用功能。

5.1.1 修补材料的基本要求

　　混凝土结构修补用的水泥，宜采用强度等级不小于 42.5 的硅酸盐水泥或普通硅酸盐水泥，必要时可采用特种水泥。水泥的性能应符合国家现行有关标准的规定。

5.1.2 麻面的处理

　　麻面是混凝土表面局部出现缺浆粗糙或有小凹坑、麻点、气泡等，形成粗糙面，但混凝土表面无钢筋外露现象。其原因是混凝土结构在长时间的使用中，表面碳化严重，使其疏松部分脱落造成麻面；或在其使用过程中，受外力破坏撞击使混凝土面层局部脱落造成麻面。

　　先将麻面处凿除到密实处，用清水清理干净，再用喷壶向混凝土表面喷水直至吸水饱和，将配置好的水泥干灰均匀涂抹在表面，此过程应反复进行，直至有缺陷的地方全部被水泥灰覆盖。待 24h 凝固后用镘刀将凸出于表面的水泥灰清除，然后按照涂抹水泥灰的方法进行细部修复，保证混凝土表面平顺、密实。用水泥灰修复的具体操作过程如下。

　　① 调配水泥灰。用喷壶对调制好配比的水泥灰进行分层洒水，保证"握在手里成团，放手后能松散开"。

　　② 用水把需要修补的部分充分湿润，待两个小时后即可修复。将水泥灰握于掌心，对着麻面进行涂抹填充。填充时要保证一定的力度，先是顺时针方向、后转换为逆时针方向对同一处麻面进行揉搓，反复进行，直至麻面内填充密实。密实的概念是用手指对着缺陷处按压时，不出现深度的凹陷。

③ 处理完一处面积后，用手背（不能用手指）对修复过的混凝土表面进行抚扫，抚平应按从上而下的方向进行，其目的一是清除粘在混凝土表面多余的水泥灰，二是可以消除因涂抹形成的不均匀的痕迹，使颜色和线条一致。

④ 对于局部凸出混凝土面的湿润水泥灰应用镘刀铲平。

5.1.3　露筋的修复

钢筋混凝土结构的主筋、副筋或箍筋等裸露在表面，没有被混凝土包裹。其原因是混凝土碳化严重或者是保护层过薄，在碳化作用下使其保护层脱落，造成钢筋裸露在空气中；再者，由于外力作用导致钢筋裸露。

露筋的修补一般都是先用锯切槽，划定需要处理的范围，形成整齐而规则的边缘，再用冲击工具对处理范围内的疏松混凝土进行清除。

① 对表面露筋，刷洗干净后，用 1∶2 或 1∶2.5 水泥砂浆将露筋部位抹压平整，并认真养护。

② 如露筋较深，应将薄弱混凝土和突出的颗粒凿去，洗刷干净后，用比原来高一强度等级的细石混凝土填塞压实，采用喷射混凝土工艺或压力灌浆技术进行修补，并认真养护。

5.1.4　裂缝的修复

钢筋混凝土结构的裂缝包括干缩裂缝、温度裂缝和外力作用下产生的裂缝，有表面裂缝，也有深层裂缝。其原因是：混凝土温控措施不力，所浇混凝土在养护期养护不善，这类原因所形成的裂缝一般为表面的浅层裂缝；另外，在有外力作用于混凝土结构时，如所浇混凝土受到爆破震动、混凝土结构基础不均匀沉陷等，均有可能形成对混凝土结构正常使用产生影响的深层裂缝。钢筋的腐蚀也可以产生裂缝。

根据裂缝是否稳定，可将裂缝分为静止裂缝与活动裂缝。按《港口水工建筑物修补加固技术规定》（JTS 311—2011）的有关规定，对宽度为 0.2～0.3mm 的静止裂缝，可采用封闭法进行修补；对宽度大于 0.3mm 的裂缝或贯穿裂缝，可采用化学灌浆法进行修补；对于活动裂缝应查明其成因并采用控制措施后，再确定采取何种修补措施；若裂缝不能完全稳定，经评估对结构、构件的安全性不构成危害时，可采用柔性材料进行修补。除规范规定裂缝修补方法外，其余常用的裂缝修补法还有表面处理法、结构加固法、填充法（嵌缝法）以及裂缝自修复技术等[1,2]。

(1) 裂缝封闭修补

裂缝封闭修补就是沿裂缝走向骑缝凿深度不小于 30mm 和宽度不小于 20mm 的 U 形或 V 形槽，清除槽内松散层、油污、浮沉和其它不牢固附着物后，采用封缝材料将裂缝填平。封缝材料视修补目的而定，有环氧树脂、环氧砂浆、聚合物水泥砂浆等。对于活动性裂缝，应采用极限变形较大的延伸性材料；对于锈蚀裂缝，应先加宽、加深凿槽，直至完全露出钢筋生锈的部位，彻底除锈，然后涂上防锈涂料，再填充聚合物水泥砂浆、环氧砂浆等。

该方法对结构有损伤，像混凝土梁、电杆、轨枕这些构件不宜采用。另外，目前许多单位采用环氧树脂砂浆填补，由于收缩和老化的关系，长期效果都不甚理想。

(2) 灌浆法修复[3]

将树脂浆液、水泥浆液或聚合物浆液等灌入裂缝内部，达到恢复结构整体性、耐久性和防水性的目的，适用于宽度较大（≥0.3mm）、深度较深的裂缝，尤其是受力裂缝。灌浆法按灌浆材料可以分为水泥灌浆法和化学灌浆法，当裂缝宽度大于 2mm 时常采用水泥灌浆法，小于 2mm 采用化学灌浆法，其中化学灌浆法具有黏度低、可灌性好、收缩小、粘结强度高以及恢复效果好等优点。

灌浆法不损伤原有结构，补后防水性和耐久性可靠，修补质量良好。

(3) 表面处理法修复

采用弹性涂膜防水材料、聚合物水泥膏及渗透性防水剂等，涂刷于裂缝表面，恢复其防水性和耐久性，适用于对结构的强度影响不大但会使钢筋锈蚀且有损美观的表面以及深进微细裂缝的治理（裂缝宽度小于 0.2mm）。对于稀而少的裂缝，可骑缝涂覆修补；对于细而密的裂缝，应采用全部涂覆修补。由于涂层较薄，涂覆材料应选用粘着力强且不宜老化的材料。对于活动性裂缝应采用伸长率较大的弹性材料。

表面处理法施工简单，但是涂料无法深入到裂缝内部。

(4) 结构加固法修复

结构加固法是在构件外部或结构裂缝四周浇筑钢筋混凝土围套或包钢筋、型钢龙骨，将陆基混凝土箍紧，以增加陆基混凝土受力面积、提高结构的刚度和承载力的一种结构补强加固方法。适用于对结构整体性、承载能力有较大影响的深进及贯穿性裂缝的加固处理，常用的方法如下[4]。

① 加大截面加固法　在周围空间尺寸允许的情况下，在结构外侧包钢筋混凝土围套，并使其与基体起到协同作用，以增大截面，提高承载力，适用于混凝土梁、板、柱等一般陆基混凝土裂缝修补。加固时，原混凝土表面应凿毛清基，或凿出主筋，若钢筋锈蚀严重，应凿除保护层，钢筋除锈，增配的钢筋和锚植筋应根据裂缝程度和外包钢筋混凝土的体积计算确定。浇筑围套混凝土前，模板与原结构均应充分湿润，然后用细石混凝土浇捣密实并养护。

加大截面加固法工艺简单，适用面广，但在一定程度上会减小建筑物的使用空间，增加结构自重，而且在加固钢筋混凝土构件时，现场凿除作业的工程量较大，养护期较长，施工期内对建筑物的使用有一定影响。

②外包钢加固法　采用型钢（一般为角钢）外包于陆基混凝土四角（或两角）将构件箍紧，以防止裂缝的扩展和提高结构的刚度和承载力，适用于在使用上不允许增大原构件截面尺寸，却又要较大幅度地提高截面承载能力的框架梁、柱、牛腿等大型结构及大跨结构的裂缝治理。外包钢加固分湿式和干式两种。湿式要求钢材与原构件之间，采用乳胶水泥、聚合物砂浆或环氧树脂化学灌浆等方法粘结，使新旧材料之间具有良好的协同工作能力；而干式则要求钢材与原构件之间没有任何粘结，虽局部存在着机械咬合及摩擦的作用，有时虽填有水泥砂浆，但当荷载达到某一值时，外包型钢与构件之间难以协调变形，不能确保新旧材料协同工作。故采用干式加固时，应采用紧固件使钢材与混凝土表面紧密接触，以保证其共同工作。

外包钢加固法施工简便，现场工作量较小，构件截面尺寸变化不大，重量增加较少，而承载能力提高显著，构件截面的刚度和延性得以改善，还能限制原构件挠度的过快增长。

③粘钢加固法　在混凝土构件表面用特制的粘结剂（建筑结构胶）粘贴钢板，以防止裂缝继续扩大，提高结构承载力，适用于治理正常情况下的一般受弯、受拉及中轻级工作制的吊车梁等产生的裂缝。加固时，必须使用强度高、粘结力强、耐老化等性能良好的结构胶，而且要重视粘结施工质量。

粘钢加固法工艺简便，加固施工所需的场地、空间都不很大，而且钢板粘贴到构件上一般 3d 即可受力使用，对生产和生活影响很小；粘钢加固所用的钢板厚度一般为 2~6mm，加固后不影响结构外观，重量增加也不多；加固效果比较明显，不仅补充了原构件的钢筋不足，而且还通过大面积的钢板粘贴，有效保护了原构件的混凝土不再产生裂缝或使已有的裂缝得到控制而不继续扩展，加强了结构的整体性，提高了原构件的承载能力。由于粘钢加固法是一种新技术，在国内推广应用时间不长，粘结理论研究还不成熟，粘结剂的抗老化性能徐变性对粘结强度的影响、在动荷载作用下粘钢加固的试验及理论分析等问题都有待进一步的研究。

④预应力加固法　采用外加预应力钢拉杆或型钢撑杆对陆基混凝土或整体进行加固，改变原结构内力分布并降低原结构应力水平，致使一般加固结构中所特有的应力应变现象得以完全消除，减小构件挠度，缩小混凝土构件的裂缝宽度，提高构件承载力，适用于大跨结构以及采用一般方法无法加固或加固效果很不理想的较高应力应变状态下的大型结构加固。施工时，预应力拉杆或撑杆的锚固件应用乳胶水泥或铁屑砂浆并通过膨胀螺栓锚固在坚实的混凝土基层上，结合面应进行粗糙和清洁处理，预应力施加方法应根据施工条件及预应力值大小确定。此外，结构加固还有粘贴碳纤维法、增设支点加固法等。

(5) 裂缝的自修复方法

混凝土裂缝自修复方法是国外近些年提出的混凝土裂缝修补方法，指混凝土在外部或内部条件作用下释放或生成新的物质自行愈合其裂缝。这些自修复方法包括结晶沉淀法、渗透结晶法、聚合物固化法等[4]。

① 结晶沉淀法 利用物理、热学与力学过程对微细裂缝的自修复作用，在水流或水介质作用下，裂缝区形成中的 $CaCO_3-CO_2-H_2O$ 物质体系与水泥浆体中的 $Ca(OH)_2$ 发生反应生成难溶于水的 $CaCO_3$，然后 $CaCO_3$ 与 $Ca(OH)_2$ 结晶沉淀在裂缝中聚集、生长，逐渐密封、愈合裂缝。

结晶沉淀法是一个自然修复过程，只发生在混凝土中有潮气或水、但没有拉应力存在的情况，在活动缝上、修复时有变位发生以及水流流过裂缝时（除非水流很慢，否则 $CaCO_3$ 沉淀会被溶解和冲洗）均不会发生。

② 渗透结晶法 利用在混凝土中掺入活性外加剂或外部涂覆一层含活性外加剂的涂层，在一定的养护条件下，以水为载体，通过渗透作用使其特殊的活性化学物质在混凝土微孔及毛细孔中传输，填充并催化混凝土中未完全水化的水泥颗粒继续水化，形成不溶性晶体。

渗透结晶是一种主动激发、自修复的过程，必须在有水或足够湿度的情况下才会发生，可显著提高混凝土结构水密性，但对大于 0.4mm 的裂缝自修复效果不佳。

③ 聚合物固化法 充分模仿生物组织对受创伤部位自动分泌某种物质而使创伤部位得到修复的原理，在混凝土传统组分中复合特殊组分或混凝土内部形成智能型仿生自愈合系统，如可采用液芯纤维或胶囊植入混凝土中，基体开裂时，液芯纤维或胶囊发生破裂使粘结液流出，深入裂缝使其重新愈合。该法目前还存在一些关键性问题尚未解决，如胶囊及其空穴对强度的影响，多次可愈合性、胶囊的时效以及愈合的可行性与可靠性。

5.1.5 钢筋锈蚀的修补处理

钢筋锈蚀是由于混凝土结构出现露筋现象，钢筋长期裸露在外，在外界腐蚀作用下形成锈蚀，其直接原因就是混凝土结构出现了露筋现象，或者一些裂缝穿过钢筋造成的钢筋锈蚀。

钢筋锈蚀的修复不能像处理露筋现象那么简单，首先要对钢筋锈蚀进行处理，然后才能处理露筋现象。目前已经有多种研究混凝土中钢筋锈蚀机理的试验和评估方法。国内外常用的钢筋锈蚀破坏混凝土的最新修复方法、作用原理和应用技术有很多，这些修补和保护技术包括补丁修补、涂层、密封和薄膜保护、阴极保护、电化学氯化物萃取、再碱化和使用阻锈剂等。

(1) 补丁修补方法

补丁修补即在发生钢筋锈蚀破坏的混凝土部位凿除胀裂或剥落的混凝土，再用新的混凝土或砂浆修补抹平的方法。现在使用的补丁材料可使修补区域的混凝土获得良好的耐久性。补丁修补方法可用于大多数的钢筋混凝土结构，但应当使用适当的修补材料，并按正确的方法操作。

（2）涂层、密封和薄膜覆盖保护

通常在氯离子侵入新建的混凝土结构前，使用硅烷和防水材料对混凝土进行保护性的预处理。当发现有锈蚀发生时，通常在修复过程中会使用抗碳化涂层。涂层通常在进行电化学氯化物萃取、再碱化或阻锈剂处理后再施用，以延缓侵蚀性介质的进一步侵入。使用气相阻锈剂时，这些材料还可以防止气相阻锈剂的挥发。

5.1.6　存在的主要问题及对策

常规修复方法存在的主要问题是修复效果难以满足长期耐久性要求，尤其对于已遭受氯离子侵蚀的海洋环境钢筋混凝土结构。主要原因是混凝土破损的范围远小于氯化物污染范围，新修补区域与老混凝土区域之间，由于氯离子含量、pH 值、含氧量与湿度的差异，存在环状宏观腐蚀电偶。实际操作过程中，难以发现钢筋开始锈蚀，但其混凝土保护层尚存在完好的隐患区域，结果在这些隐患区必然会较早地出现腐蚀破损，而使封闭效果丧失。也就是即使修补质量好，也不能制止修补处附近（即虽尚未开裂但已广泛遭受氯化物污染或已碳化到钢筋之处）的钢筋成为腐蚀电偶的新阳极区，发生锈蚀、胀裂混凝土的必然趋势。因此要提高局部修补的保护效果，理论上说，就必须消除上述宏观腐蚀电偶，扩大局部修补范围，这样必然会增加凿除和修补工程量、施工难度、修补费（包括增加修补时为结构安全而增加的临时支护）、延长结构修补期和增加结构停止营运带来的巨大间接损失。针对上述问题，为了提高其修复保护效果可采用以下几方面的措施。具体为：

① 设计采用性能优良且具有针对性的修复或封闭用材料；

② 采用钢筋半电池电位等电化学检测技术和其它无损检测技术，检查、发现并标识上述隐患区域，并加以凿除；

③ 应采用混凝土专用界面剂，以提高修补材料与基体混凝土的粘结强度；

④ 清除已破坏部位氯离子污染物，必要时可扩大范围抽测混凝土中氯离子含量；

⑤ 必要时，在修补区域周边，安装埋设修补用混凝土的专用牺牲阳极块，以消除宏观腐蚀电偶。

在局部修复加全面封闭技术的两种施工工艺中，枪喷工艺虽然可进一步提高封闭材料的密实性及其与基体混凝土之间的附着力，但材料损耗大、利用率低，故适宜于大体积构件或大面积实施。实践证明，只有配合比、养护和枪喷工艺均得当时才可达到预期效果。而实际施工中，往往存在局部砂浆水灰比过大、灰砂比不合理等现象，从而造成枪喷砂浆层早期就会出现龟纹裂缝等缺陷，甚至局部脱空与脱落，影响其防腐蚀效果。因此，应根据构件的具体情况选择合适的实施工艺，以达到最佳的修复保护效果。因人工操作很难始终保持高的施工质量和控制水平，为达到质量要求，必须培训高水平的操作人员和保持高要求的现场检测。

5.2 混凝土结构加固

混凝土结构在其使用过程中发生破损，造成如露筋、裂缝、钢筋锈蚀等缺陷，如修复无法满足其结构的正常使用状态下的要求，就要对其结构进行加固处理。加固的方法有增大截面加固法、置换混凝土加固法、外加预应力加固法、外粘型钢加固法、粘贴纤维复合材加固法、粘贴钢板加固法、增设支点加固法等。

5.2.1 增大截面加固法

本方法适用于钢筋混凝土受弯和受压构件的加固。采用本方法时，按现场检测结果确定的原构件混凝土强度等级不应低于C10。采用增大截面加固钢筋混凝土结构构件时，其正截面承载力应按现行国家标准《混凝土结构设计规范》（GB 50010）的基本假定进行计算。新增混凝土层的最小厚度，板不应小于40mm。梁、柱采用人工浇筑时，不应小于60mm；采用喷射混凝土施工时，不应小于50mm。加固用的钢筋，应采用热轧钢筋。板的受力钢筋直径不应小于8mm；梁的受力钢筋直径不应小于12mm；柱的受力钢筋直径不应小于14mm；加锚式箍筋直径不应小于8mm；U形箍直径应与原箍筋直径相同；分布筋直径不应小于6mm。新增受力钢筋与原受力钢筋的净间距不应小于20mm，并应采用短筋或箍筋与原钢筋焊接。梁的新增纵向受力钢筋，其两端应可靠锚固；柱的新增纵向受力钢筋的下端应伸入基础并应满足锚固要求；上端应穿过楼板与上层柱脚连接或在屋面板处封顶锚固。

5.2.2 置换混凝土加固法

本方法适用于承重构件受压区混凝土强度偏低或有严重缺陷的局部加固。采用本方法加固梁式构件时，应对原构件加以有效支顶。当采用本方法加固柱、墙等构件时，应对原结构、构件在施工全过程中的承载状态进行验算、观测和控制，置换界面处的混凝土不应出现拉应力，若控制有困难，应采取支顶等措施进行卸荷。当加固混凝土结构构件时，其非置换部分的原构件混凝土强度等级按现场检测结果不应低于该混凝土结构建造时规定的强度等级。当混凝土结构构件置换部分的界面处理及其施工质量符合规范的要求时，其结合面可按整体工作计算。

置换用混凝土的强度等级应比原构件混凝土提高一级，且不应低于 C25。混凝土的置换深度，板不应小于 40mm；梁、柱采用人工浇筑时不应小于 60mm，采用喷射法施工时不应小于 50mm。置换长度应按混凝土强度和缺陷的检测及验算结果确定，但对非全长置换的情况，其两端应分别延伸不小于 100mm 的长度。置换部分应位于构件截面受压区内，且应根据受力方向将有缺陷混凝土剔除。剔除位置应在沿构件整个宽度的一侧或对称的两侧，不得仅剔除截面的一隅。

5.2.3　外加预应力加固法

本方法适用于对原构件截面偏小或需要增加其使用荷载、原构件需要改善其使用性能和原构件处于高应力、应变状态，且难以直接卸除其结构上荷载的梁、板、柱和桁架的加固。

采用外加预应力方法加固混凝土结构时，应根据被加固构件的受力性质、构造特点和现场条件，选择适用的预应力方法。当采用外加预应力方法对钢筋混凝土结构、构件进行加固时，其原构件的混凝土强度等级应基本符合现行国家标准《混凝土结构设计规范》（GB 50010）对预应力结构混凝土强度等级的要求。当采用本方法加固混凝土结构时，其新增的预应力拉杆、撑杆以及各种紧固件和锚固件等均应进行可靠的防锈蚀处理。

5.2.4　外粘型钢加固法

外粘型钢（角钢或槽钢）加固法适用于需要大幅度提高截面承载能力和抗震能力的钢筋混凝土梁、柱结构的加固。采用本方法加固混凝土结构构件时，应采用改性环氧树脂胶黏剂进行灌注。采用外粘型钢加固钢筋混凝土梁时，应在梁截面的四隅粘贴角钢，若梁的受压区有翼缘或有楼板时，应将梁顶面两隅的角钢改为钢板。

外粘型钢加固法应优先选用角钢。角钢的厚度不应小于 5mm；角钢的边长，对梁和桁架不应小于 50mm，对柱不应小于 75mm。沿梁、柱轴线方向应每隔一定距离用扁钢制作的箍板或缀板与角钢焊接。当有楼板时，U 形箍板或其附加的螺杆应穿过楼板，与另加的条形钢板焊接或嵌入楼板后予以胶锚。箍板与缀板均应在胶粘前与加固角钢焊接。箍板或缀板截面不应小于 40mm×4mm，其间距不应大于 20r（r 为单根角钢截面的最小回转半径），且不应大于 500mm；在节点区，其间距应适当加密。

外粘型钢的两端应有可靠的连接和锚固。对柱的加固，角钢下端应锚固于基础中；中间应穿过各层楼板，上端应伸至加固层的上一层楼板底或屋面板底；若相邻两层柱的尺寸不同，可将上下柱外粘型钢交汇于楼面，并利用其内外间隔嵌入厚度不小于 10mm 的钢板焊成水平钢框，与上下柱角钢及上柱钢箍相互焊接固定。对梁的加固，梁角钢（或钢板）应与柱角钢相互焊接，必要时可加焊扁钢带或钢筋条，使柱两侧的梁相互连接；对桁架的加固，角钢应伸过该杆件两端的节点，或设置节点板将角钢焊在节点板上。采用外粘型钢加固钢筋混凝土构件时，型钢表面（包括混凝土表面）应抹厚度不小于 25mm 的高强度等级水泥砂浆（应加钢丝网防裂）作防护层，也可采用其它具有防腐蚀和防火性能的饰面材料加以保护。

5.2.5 粘贴纤维复合材加固法

本方法适用于钢筋混凝土受弯、轴心受压、大偏心受压及受拉构件的加固；不适用于素混凝土构件，包括纵向受力钢筋配筋率低于现行国家标准《混凝土结构设计规范》（GB 50010）规定的最小配筋率的构件加固。

被加固的混凝土结构构件，其现场实测混凝土强度等级不得低于 C15，且混凝土表面的粘结强度不得低于 1.5MPa。外贴纤维复合材加固钢筋混凝土结构构件时，应将纤维受力方式设计成仅承受拉应力作用。粘贴在混凝土构件表面上的纤维复合材，不得直接暴露于阳光或有害介质中，其表面应进行防护处理。表面防护材料应对纤维及胶黏剂无害，且应与胶黏剂有可靠的粘结强度及相互协调的变形性能。

采用本方法加固的混凝土结构，其长期使用的环境温度不应高于 60℃；处于特殊环境（如高温、高湿、介质侵蚀、放射等）的混凝土结构采用本方法加固时，除应按国家现行有关标准的规定采取相应的防护措施外，尚应采用耐环境因素作用的胶黏剂，并按专门的工艺要求进行粘贴。采用纤维复合材料对钢筋混凝土结构进行加固时，应采取措施卸除或大部分卸除作用在结构上的活荷载。

对钢筋混凝土受弯构件正弯矩区进行正截面加固时，其受拉面沿轴向粘贴的纤维复合材应延伸至支座边缘，且应在纤维复合材的端部（包括截断处）及集中荷载作用点的两侧设置纤维复合材的 U 形箍（对梁）或横向压条（对板）。

5.2.6 粘贴钢板加固法

本方法适用于对钢筋混凝土受弯、大偏心受压和受拉构件的加固；不适用于素混凝土构件，包括纵向受力钢筋配筋率低于现行国家标准《混凝土结构设计规范》（GB 50010）规定的最小配筋率的构件加固。

被加固的混凝土结构构件，其现场实测混凝土强度等级不得低于 C15，且混凝土表面的正拉粘结强度不得低于 1.5MPa。粘贴钢板加固钢筋混凝土结构构件时，应将钢板受力方式设计成仅承受轴向应力作用。粘贴在混凝土构件表面上的钢板，其外表面应进行防锈蚀处理。表面防锈蚀材料对钢板及胶黏剂应无害。

采用粘贴钢板对钢筋混凝土结构进行加固时，应采取措施卸除或大部分卸除作用在结构上的活荷载。手工涂胶粘贴的钢板厚度不应大于 5mm。采用压力注胶粘结的钢板厚度不应大于 10mm，且应按外粘型钢加固法的焊接节点构造进行设计。对钢筋混凝土受弯构件进行正截面加固时，其受拉面沿构件轴向连续粘贴的加固钢板宜延长至支座边缘，且应在钢板的端部（包括截断处）及集中荷载作用点的两侧设置 U 形钢箍板（对梁）或横向钢压条（对板）进行锚固。

5.2.7　增设支点加固法

本方法适用于梁、板、桁架、网架等结构的加固。

按支撑结构受力性能的不同可分为刚性支点加固法和弹性支点加固法两种。设计时，应根据被加固结构的构造特点和工作条件选用其中一种。设计支撑结构或构件时，宜采用有预加力的方案。预加力的大小，应以支点处被支顶构件表面不出现裂缝和不增设附加钢筋为度。制作支撑结构和构件的材料，应根据被加固结构所处的环境及使用要求确定。当在高湿度或高温环境中使用钢构件及其连接时，应采用有效的防锈、隔热措施。

采用增设支点加固法新增的支柱、支撑，其上端应与被加固的梁可靠连接。增设支点加固法新增的支柱、支撑，其下端连接，若直接支撑于基础，可按一般地基基础构造进行处理；若斜撑底部以梁、柱为支撑时，可采用对钢筋混凝土支撑和对钢支撑的不同构造形式。

5.3　混凝土结构电化学修复

5.3.1　阴极保护技术

5.3.1.1　阴极保护技术原理与分类

阴极保护技术是以抑制钢筋表面形成腐蚀电池为目的的电化学防腐蚀技术。其基本原理为对被保护钢筋持续施加一定阴极电流，将其极化到一定程度，从而使得在钢筋上的阳极反应（腐蚀）被抑制或降低到非常小的程度。

按提供阴极电流的方式不同，阴极保护可分为两类：阴极电流由牺牲阳极提供，称为牺牲阳极阴极保护；阴极电流由直流电源设备通过辅助阳极提供，称为外加电流阴极保护。对于尚未发生腐蚀的钢筋混凝土结构实施的阴极保护，又称为阴极防护。

5.3.1.2　阴极保护准则

目前，关于钢筋混凝土结构阴极保护的标准规范与指南主要有以下几种。

① 美国腐蚀工程师协会标准 NACE SP 0290—2007 Impressed Current Cathodic Protection of Reinforcing Steel in Atmospherically Exposed Concrete

Structures。

② 美国腐蚀工程师协会标准 NACE 01102（2002）State-of-the-Art Report：Criteria for Cathodic Protection of Prestressed Concrete Structure。

③ 美国腐蚀工程师协会标准 NACE 01105（2005）Sacrificial Cathodic Protection of Concrete Elements：A State-of-the-Art Report。

④ 欧洲标准 EN 12696：2006 Cathodic Protection of Steel in Concrete。

⑤ 美国国家标准 ANSI/AWS C2.20/C 2.20M—2002 Specification for Thermal Spraying Zinc Anodes on Steel Reinforced Concrete。

⑥ 法国标准 NF A05-668—2000 Cathodic Protection of Steel in Concrete。

⑦ 中华人民共和国行业标准 JTS 311—2011 港口水工建筑物修补加固技术规范。

⑧ 中华人民共和国行业标准 JTS 153-2—2012 海港工程钢筋混凝土结构电化学防腐蚀技术规范。

对钢筋混凝土结构阴极保护效果的评判，国内外目前尚未有统一准则，需根据建构筑物的具体情况选择合适的保护准则，或通过试验确定。目前常用的保护准则主要有保护电位准则和极化衰减准则。

(1) 保护电位准则

EN 12696：2006 规定，相对于 Ag/AgCl/0.5mol/L KCl 参比电极，瞬时断电电位（断开保护电流 0.1s 到 1s 之间测定）应负于 -720mV(vs. Ag/AgCl/0.5mol/L KCl)，为避免"氢脆"的发生，其中普通钢筋不应负于 -1100mV(vs. Ag/AgCl/0.5mol/L KCl)，预应力钢筋不应负于 -900mV(vs. Ag/AgCl/0.5mol/L KCl)。

(2) 极化衰减（发展）准则

极化衰减值是指钢筋的瞬时断电电位值与断电一段时间后（断电 4h 至 24h 内的某一时刻）电位值之差。极化发展值是指阴极极化充分后钢筋的瞬时断电电位与自腐蚀电位之差。

EN 12696：2006 规定，断电时间小于 24h，极化衰减值不小于 100mV；断电时间超过 24h，极化衰减值应不小于 150mV。

NACE SP 0290—2007 规定，如果腐蚀电位或衰减后的断电电位负于 -200mV（vs CSE），应获得最小 100mV 的极化衰减值或极化发展值；如果腐蚀电位或衰减后的断电电位正于 -200mV（vs CSE），那么钢筋处于钝化状态，无须满足最小 100mV 极化衰减值或极化发展值的要求。

虽然对衰减期的时间尚缺少统一的认识，但实践中最小 100mV 的保护准则应用较多，越来越多的实践表明，按此规则，混凝土中的钢筋能得到有效的保护。由于杂散电流的存在，影响钢筋电位极化值的测量，且 100mV 的极化电位往往不足以显著减轻腐蚀的发生，因此，该准则一般不用于存在杂散电流的地方。

(3) 国内规范的相关规定

按《海港工程钢筋混凝土结构电化学防腐蚀技术规范》（JTS 153-2—2012）的有关规定，阴极保护的保护准则如下：相对于 Ag/AgCl/0.5mol/L KCl 参比电极，每个保护单元内保护电位应满足下列要求之一。

①去除 IR 降后的保护电位范围：普通钢筋为－720～－1100mV；预应力钢筋应为－720～－900mV。

②极化电位衰减值不小于 100mV。

按《港口水工建筑物修补加固技术规范》（JTS 311—2011）有关规定，阴极保护的保护准则如下：相对于 Ag/AgCl/0.5mol/L KCl 参比电极，普通混凝土中钢筋瞬时断电电位不应负于－1100mV；预应力混凝土中钢筋瞬时断电电位不应负于－900mV；大气中的混凝土结构任一代表性的测点，其电位实测值应满足下列要求之一。

a. 直流电回路断开后 0.1～1.0s 测得的瞬时断电电位负于－720mV。

b. 断电瞬间的初始极化电位，断电后 24h 内电位衰减不小于 100mV。

c. 断电瞬间的初始极化电位，断电后 48h 或更长时间的电位衰减值不小于 150mV。

5.3.1.3 保护电流密度

保护电流密度是指使被保护的钢筋混凝土结构达到保护准则要求时所需的电流密度，是阴极保护设计中的基本参数之一。

保护电流密度可参照有关标准规范和类似经验选取，或进行现场试验确定。影响保护电流密度取值的因素主要包括钢筋所处的环境条件及钢筋的腐蚀状况，如钢筋周围的碱性、供氧量、氯盐含量、温度、湿度、混凝土质量、保护层厚度以及钢筋的锈蚀程度等。例如，如果钢筋周围的碱性较高、未被氯盐污染、混凝土相对密实、钢筋尚未锈蚀，则较小的电流密度就足以抑制钢筋混凝土内钢筋发生腐蚀破坏。反之，如果混凝土氯盐含量高、潮湿、富氧、干湿交替、保护层薄、气候炎热、钢筋锈蚀严重，则需要提供较大的电流密度。

表 5.1 是国内外一些规范中阴极保护和阴极防护电流密度取值。表 5.2 为不同环境和腐蚀状态下阴极保护电流密度取值。表 5.3 列出一些钢筋混凝土结构保护电流密度设计值和测量值。[5]

表 5.1　有关规范标准中阴极保护电流密度

标准名称	保护电流密度/（mA/m²)	
	阴极保护	阴极防护
欧洲标准 EN 12696：2006	2～20	0.2～2
澳大利亚标准 AS 2832-5—2002	2～20	0.2～2

续表

标准名称	保护电流密度/（mA/m²）	
	阴极保护	阴极防护
英国标准 BS 7361—1991	5～20	—
沙特阿拉伯标准 B01—E04	20	5
我国行业标准 JTS 311—2011	0.1～50	—

表 5.2　阴极保护电流密度参考值

钢筋周围的环境及钢筋的状况	保护电流密度/（mA/m²）（以表层钢筋面积计）
碱性、供氧少、钢筋尚未锈蚀	0.1
碱性、露天结构、钢筋尚未锈蚀	1～3
碱性、干燥、有氯盐、混凝土保护层厚、钢筋轻微锈蚀	3～7
潮湿、有氯盐、混凝土质量差、保护层薄或中等厚度、钢筋普遍发生点蚀或全面锈蚀	8～20
氯盐含量高、潮湿、干湿交替、富氧、混凝土保护层薄、气候炎热、钢筋锈蚀严重	30～50

表 5.3　钢筋混凝土结构阴极保护的保护电流密度值举例

工程名称	阴极保护方式	保护电流密度/（mA/m²）	备注
我国大丰挡潮闸胸墙钢筋混凝土梁	外加电流	＜10，以表层钢筋面积计	平均值
我国连云港二码头东侧钢筋混凝土梁底板		17.6，以表层钢筋面积计	平均值
我国湛江港码头横梁、肋和板		＜20，以表层钢筋面积计	
我国渤海码头钢筋混凝土承重梁		10～20	随潮涨潮落变化
澳大利亚悉尼歌剧院下部构件		14.44，以混凝土表面积计	设计值
美国维吉尼亚混凝土桥梁面板		5.3～13.6，以混凝土表面积计	运行 897 天后不同区域整流器设置值
德国绕城公路钢筋混凝土结构		1～10，以钢筋表面积计	运行前 6 年不同区域
		3～7，以钢筋表面积计	调整后不同区域

续表

工程名称	阴极保护方式	保护电流密度/（mA/m²）	备注
美国佛罗里达Sanibel岛公寓大楼柱和梁	牺牲阳极	2.69～3.44，以混凝土表面积计	运行20个月后柱的保护电流密度
美国阿拉斯加Ketchikan高架桥		0.58～1.6，以混凝土表面积计	锌网，运行初期测量值
		0.36～1.0，以混凝土表面积计	热喷锌，运行初期测量值
美国维吉尼亚Hampton预应力混凝土桩		2.0～8.4，以混凝土表面积计	电弧喷铝-锌-铟
		28.9～37.0，以混凝土表面积计	锌箔/水凝胶
		57.0～62.0，以混凝土表面积计	锌网/水泥浆护套

5.3.1.4　实施阴极保护的前提与条件

确定实施阴极保护前应掌握以下几方面的情况，这也是实施阴极保护的前提与条件，否则阴极保护难以达到预期效果。

(1) 现状调查与检测

现状调查与检测是实施阴极保护的基本前提。通过现状调查与检测，可以掌握结构物的现有状况，确定产生腐蚀破坏的主要原因，确认结构物是否适合采用阴极保护措施。现状调查与检测一般包括以下几方面的内容：

① 环境资料，如潮汐、温度、湿度、海水中氯离子含量、pH 值、水污染情况及建筑物周边其它侵蚀介质等；

② 混凝土结构形式、构件所处位置、外形尺寸、配筋情况、混凝土保护层厚度及钢筋连接等结构和构造资料；

③ 混凝土的劣化情况、碳化深度、氯离子含量及分布、混凝土电阻率及钢筋自腐蚀电位等资料。

(2) 钢筋的电连接性

在保护范围内，所有需保护的钢筋具有良好的电连接性，是实施阴极保护的基本前提。只有使所有需保护的钢筋具有良好的电连接性才能避免引起杂散电流腐蚀。所以，在实施阴极保护之前，应查阅该结构的设计图纸，并对钢筋的电连接性进行必要的检测和评定。在大多数土木工程结构中，通过铁丝绑扎等连在一起的钢筋笼一般具有良好的电连接性，但在钢筋笼与钢筋笼之间，特别是结构伸缩缝处电连接可能较薄弱，或当钢筋发生了腐蚀，腐蚀产物也会削弱电连接，因此在这些可疑的部位均应通过检测钢筋之间的电阻或电位来证实其电连接性，钢筋之间的电阻应小于 1Ω，或电位差小于 $1mV$，否则应通过焊接或绑扎附加钢筋使其达到该值。

（3）混凝土表面预处理

实施阴极保护前混凝土表面应进行预处理，避免阴极与阳极之间短路，否则整个阴极保护系统会遭到破坏而失效。破损区域应进行必要的凿除修补处理，且修补材料应符合下列规定：

① 抗压强度等级不低于原混凝土设计强度等级；

② 粘结强度不小于原混凝土的抗拉强度标准值；

③ 电阻率为原混凝土电阻率的 50％～200％。

5.3.1.5 外加电流阴极保护

外加电流阴极保护就是以直流电源的负极与被保护的钢筋相接，正极与难溶性辅助阳极相接，以提供保护电流。保护电流通过连续的混凝土介质到达钢筋表面，使钢筋产生阴极极化而受到保护。外加电流阴极保护法的优点之一是系统可通过调节控制电源的电流（或电压），使钢筋处于一定的保护电位（或电流）之下。

自 1973 年美国在已遭受氯化物污染的钢筋混凝土公路桥的桥面板上成功地安装了外加电流阴极保护系统后，此方法得到迅速发展，在当今许多发达国家已有较广泛的应用。美国俄勒冈新港区的 Yaquina 海湾桥 1985 年 6 月实施外加电流阴极保护[6]；澳大利亚悉尼歌剧院西宽行道下部结构 1996 年实施外加电流阴极保护[7]；沙特阿拉伯 Jubail 海水进口混凝土结构物的水上部分 1995 年完成外加电流阴极保护[8]。对采用外加电流阴极保护的钢筋混凝土结构调查表明，其中大多数可长期可靠地抑制钢筋的腐蚀，大大降低了维修成本[9]。

从 20 世纪 70 年代至今，国外钢筋混凝土外加电流阴极保护的发展可分为以下三个阶段[5,10]。

第一阶段为从 1973 年开始在钢筋混凝土结构上实施外加电流阴极保护至1982 年。在这一阶段，外加电流阴极保护技术主要用于对受氯化物污染的钢筋混凝土桥面板保护，其间建立了新的供电和监测系统（阳极、覆盖层和参比电极等），而且保护和设计标准完全不同于土壤和海水中使用的阴极保护系统。经过近 10 年的研究与实践，证明了阴极保护是一种能够解决钢筋腐蚀的办法，特别是在氯化物含量较高，而且其它传统的维修方式效果较差或价格昂贵的情况下。

第二阶段为 20 世纪 80 年代，在北美以外的其它地方，开始了实施钢筋混凝土阴极保护技术。这一阶段开发了导电聚合物网状阳极、混合金属氧化物钛阳极等辅助阳极材料。阴极保护的应用扩大到桥梁的板、梁和桩，海洋结构物，工业设备，遭受氯化物腐蚀的车库和建筑物。

第三阶段为 20 世纪 90 年代至今，阴极保护不仅用于控制氯化物污染的结构物中钢筋的腐蚀速度，而且用于提高将要遭受盐污染的新建（或拟建）结构物中钢筋的耐腐蚀性能，这种阴极保护技术通常被称为阴极防护。

在国内，南京水利科学研究院于 20 世纪 80 年代中期开展海工钢筋混凝土上部结构外加电流阴极保护研究[11~17]，采用自主研究开发的以碱矿渣水泥焦炭屑砂浆为次阳极、以导电塑料电缆为主阳极的外加电流阴极保护系统，并于 1988年～1990 年，分别在湛江港 2.5 万吨级油码头引桥上部结构、连云港二码头东侧钢筋混凝土梁板底部和江苏盐城大丰挡潮闸胸墙等三个工程上，进行了现场工程试点[11~15]，虽然当时保护效果良好，但在长期运行过程中，上述阳极系统失灵，难以继续实施保护。

1989 年，湛江麻斜某码头梁板等上部构件[12~17]，采用导电涂层次阳极加主阳极丝方案，实施外加电流阴极保护试验，三年后因该码头改造而报废。

钢筋混凝土外加电流阴极保护技术在我国的研究与进展相对迟缓[5]，目前尚未见成功应用的工程案例。阴极防护技术主要针对新建钢筋混凝土结构，近年来，以阴极保护的专业国际性公司为主体，联合国内相关单位或公司，采用MMO 阳极系统的外加电流阴极保护技术，在我国一些新建跨海大桥混凝土结构上开始实施，预期会获得良好效果。但并非是我国自主知识产权，且必须长期维护监控，方可保证其长效性。目前在我国有杭州湾跨海大桥主塔钢筋混凝土结构、津廊高速特大桥钢筋混凝土面板两个工程正在应用的案例，工程单价约 500元/m²，但实施了不到 5 年，长期效果有待验证。

(1) 外加电流阴极保护系统的组成

外加电流阴极保护系统主要由阳极系统、直流电源、监控系统和电缆等组成，其中监控系统包括控制系统和监测检测系统，电缆包括电源电缆、阳极电缆、阴极电缆、参比电极电缆和电位测量电缆等，外加电流阴极保护系统组成示意图见图 5.1。

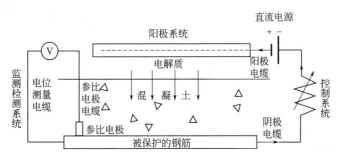

图 5.1　钢筋混凝土的外加电流阴极保护系统示意图

① 阳极系统是外加电流阴极保护系统的重要组成部分，对保护效果起着至关重要的作用，承担着将保护电流持续均匀地输送至被保护钢筋的功能。《海港工程钢筋混凝土结构电化学防腐蚀技术规范》（JTS 153-2—2012）规定的阳极系统主要有两种，一种是导电涂层阳极系统，一种是活性钛网阳极系统。这两种阳极系统较为成熟，在工程上均有成功的应用案例。

② 直流电源应具有技术性能稳定、可靠性高、维护简单的特点和抗过载、防雷、抗干扰、抗盐雾、故障保护等功能。常用的电源主要有整流器和恒电位仪，以恒电压、恒电位或恒电流模式运行，持续输出可控低压直流电流。

③ 监控系统是评价外加电流阴极保护效果和控制外加电流阴极保护系统运行状况的体系，包括控制系统和监测检测系统等两个系统，由参比电极、监控设备、测量端子和其它装置等组成。

(2) 外加电流阴极保护系统的设计

依据外加电流阴极保护系统的组成，外加电流阴极保护系统的设计包括阳极系统设计、直流电源选择、监控系统设计和电缆的选择等内容。

① 阳极系统 按《海港工程钢筋混凝土结构电化学防腐蚀技术规范》(JTS 153-2—2012) 的有关规定，阳极系统应根据被保护结构构件的形式、需要保护的年限、保护单元的划分情况、保护电流的分布、辅助阳极的性能和适用性等设计阳极系统，并符合下列规定。

a. 辅助阳极材料应满足在设计保护寿命期内承载阳极发射电流的能力。

b. 阳极系统应与原混凝土具有良好的粘结能力和抗酸化的能力，其最小粘结强度应大于原混凝土抗拉强度。

c. 应选用经证实有效的阳极系统，也可选用经室内及现场试验应用与实践充分验证的新型阳极系统。

目前开发应用的外加电流阳极系统主要有焦炭沥青阳极系统、无覆盖层开槽阳极系统、导电聚合物堆砌阳极系统、导电聚合物网状阳极系统、钛基混合物金属氧化物阳极系统、导电涂料阳极系统、可喷涂的导电聚合物涂层阳极系统、喷涂锌层阳极系统以及喷涂钛层阳极系统等。《海港工程钢筋混凝土结构电化学防腐蚀技术规范》(JTS 153-2—2012) 规定的阳极系统见表5.4。

表 5.4 外加电流阴极保护阳极系统

阳极系统		阳极系统组成	布置方式
导电涂层阳极系统	有机涂层	涂覆铂或金属氧化物的钛丝＋含炭黑填料的水性或溶剂性导电涂层	布置于结构混凝土的整个表面
	金属涂层	热喷涂金属涂层	
活化钛阳极系统		涂金属氧化物的钛网＋优质水泥砂浆或聚合物改性水泥砂浆覆盖层	
		涂金属氧化物的网状钛条＋导电聚合物回填料	于结构混凝土表面按一定间隔开槽布置
		涂金属氧化物的钛棒＋导电聚合物回填料	埋设于结构混凝土的钻孔中，呈点状分布

② 直流电源 选用的直流电源应具有技术性能稳定、可靠性高、维护简单

的特点和抗过载、防雷、抗干扰、抗盐雾、故障保护等功能，并满足下列要求。

a. 长期不间断供电。

b. 输出电压不超过 50V，波纹量不超过 100mVms，最小频率 100Hz。

c. 从零到满量程输出连续可调。

d. 电源的正极与负极不可逆转，并标识明确。

e. 设置有瞬时断电的断路器。

f. 设置数据传输接口。

直流电源的布置应根据直流电源的数量、保护单元的划分、结构形式、使用条件、维护管理和经济等因素确定。可集中布置，也可分散布置。其总功率 P（W）可按下列公式计算。

$$P_j = \frac{\sum_{i=1}^{m} I_i^2 R_i}{\eta} \tag{5.1}$$

$$P = \sum_{j=1}^{n} P_j \tag{5.2}$$

式中　P_j——单台直流电源的功率，W；

I_i——被保护单元所需电流量，A；

R_i——被保护单元回路电阻，Ω；

η——直流电源的效率，一般取 0.7；

P——直流电源的总功率，W。

③ 监控系统　监控系统是外加电流阴极保护的重要组成部分之一。进行监控系统设计时，其主要组成部件的性能与参数应符合下列规定。

a. 选用的参比电极应具有极化小、稳定性好、不易损坏、寿命长和适用环境介质的特性。精度应达到 ±5mV（20℃，24h）。埋入式参比电极的寿命大于 15 年，便携式参比电极的寿命大于 5 年。

b. 埋入式参比电极可选用 Ag/AgCl/0.5mol/L KCl 电极和 Mn/MnO$_2$/0.5mol/L NaOH 电极，便携式参比电极可选用 Ag/AgCl/0.5mol/L KCl 电极。

c. 保护电位和极化电位衰减值，可采用便携式参比电极或埋入式参比电极测量；不超过 24h 的极化电位衰减值也可采用由石墨、活性钛或锌制作的电位衰减值测量探头测量。

d. 参比电极的埋设位置应代表整个区域的运行状况。每个阴极保护单元应在保护电位最正和最负的位置布置 2 个以上埋入式参比电极。便携式参比电极的测点选取应能反映整个被保护结构物的保护状况。

e. 选用的监控设备应适应所处的环境，并具有技术性能稳定、可靠性高、维护简单的特点和抗干扰、抗盐雾、故障保护等功能；具有测量并显示自然单位、极化电位、保护电位、瞬时断电电位等参数以及调节极化电位和保护电位的基本功能；设置用于测量自然单位、极化电位、保护电位、瞬时断电电位的手动检测接线端子；电位测量精度不低于±5mV，分辨率大于±1mV，输入阻抗不小于 100MΩ；电流测量的精度与分辨率不小于测量值的±1％。

f. 有条件时，监控设备应具有远程遥测、遥控和分析评估的功能。

g. 应根据现场条件布置监控设备，可集中或分散于工程结构的相应位置上。

④ 电缆 电源电缆、阳极电缆、阴极电缆、参比电极电缆和电位测量电缆等不同电缆应使用颜色或者数字区分，电缆护套应具有良好的绝缘、抗老化、耐海洋环境和海水腐蚀性能。

电缆用量应根据电缆的类型、保护单元的具体情况、电缆的铺设位置及走向等计算确定。

电缆宜采用铜芯电缆。电缆截面积应根据 125％最大设计电流时允许的温度和压降等因素确定，且单芯电缆的截面积不小于 2.5mm²，其中阳极电缆和阴极电缆宜采用单芯多股铜芯电缆，电缆截面面积 S（mm²）应根据电缆允许压降和机械强度等因素，按下列公式计算。

$$S = \frac{\rho}{R}L \tag{5.3}$$

$$R = \frac{V}{I} \tag{5.4}$$

式中 L——电缆长度，m；

ρ——电缆缆芯的电阻率，Ω·cm；

R——导线电阻，Ω；

I——流经电缆的电流，A；

V——电缆允许的压降，V。

参比电极电缆应用屏蔽电缆，不应紧靠动力电缆，且屏蔽层应接地。

测量电位电缆严禁与阴极电缆兼用。

钢筋、辅助阳极、参比电极和电缆的接头以及电缆之间的接头均应进行绝缘密封防水处理。

每个阴极保护单元内至少应布设 2 根阳极电缆和 2 根阴极电缆。每个阴极保护单元内的阴极（钢筋）上，至少引出一根用于测量保护电位的测量电缆。

所有电缆至少具有符合《额定电压 1kV（U_m = 1.2kV）到 35kV（U_m = 40.5kV）挤包绝缘电力电缆及附件》（GB/T 12706）标准的绝缘层和护套各一层。

(3) 外加电流阴极保护系统的安装与调试

外加电流阴极保护系统的安装包括保护单元内钢筋电连接、混凝土表面预处理、监控系统的安装、阳极系统安装、各种接头的制作和电缆铺设、直流电源的安装等工序。各工序的基本要求如下。

① 保护单元内钢筋电连接电阻≤1.0Ω。保护单元内非预应力钢筋的电连接可采用电焊连接和机械连接等方式，预应力钢筋的电连接应采用机械连接的方式。电连接钢筋或电缆外露部分应采取适当的防腐保护措施。

② 混凝土表面预处理应满足要求，即混凝土表面应清洁，不应存在有机涂层、外露金属和其它影响电流均匀流通的缺陷等；局部破损区域混凝土的凿除应采用人工凿除方式，凿除范围应大于破损范围，并采用水泥基修补材料恢复至原断面。

③ 埋入式参比电极应埋入于第一层钢筋附近，并严禁与钢筋短路。

④ 阳极系统的安装应牢固、可靠，且严禁阳极系统与钢筋、金属预埋件、绑扎丝之间存在短路；辅助阳极之间的搭接应不小于50mm，采用焊接方式搭接时每个搭接部分点焊不少于3点；电缆与阳极的连接方式和安装方式应通过试验或已有工程证实的方法实施。

⑤ 各种接头应进行密封防水处理，并满足耐久性使用要求。电缆的铺设应留有适当余量，并具有唯一性标识。所有电缆应采取适当的保护措施，避免环境、人和动物的破坏。

通电调试前，应测量并记录各保护单元的回路电阻与自腐蚀电位，检查各种电缆的通电连续性、各种接头的绝缘及密封性、仪器设备安装位置的准确性、牢固及可靠性等。并按下列程序至少连续进行1个月的通电调试。

① 以设计电流的20%进行试通电1周，测量并记录试通电过程中的保护电位、保护电流、输出电压和输出电流等，确认所有部件安装、连接正确，并及时检查修复监控设备和直流电源在运行中的故障。

② 试通电正常后，逐步加大保护电流，直至保护电位达到设计值，同时测量并记录保护系统的保护电位、瞬时断电电位、保护电流、输出电压和输出电流等参数。

③ 根据保护电位的测量结果，调整直流电源的输出电流和输出电压，直至保护电位满足相关规范的要求，且保护系统工作正常。

按上述程序，逐一保护单元进行通电调试。

(4) 外加电流阴极保护系统的质量控制与检验方法

钢筋电连接性检验宜采用直流电阻法。采用内阻不低于10MΩ的数字万用表测量保护单元内不同钢筋之间的电阻，其电阻值应小于1Ω。

应采用内阻不低于10MΩ的数字万用表和校核参比电极逐只测量参比电极的电位值，允许偏差应为±10mV。采用目测法检查参比电极安装数量，采用量测法检查安装位置，允许偏差为±100mm。

阳极系统的质量控制与检验方法应符合下列规定。

① 逐件目视检查辅助阳极外观和规格型号，外观应均匀一致，无气泡、裂缝等缺陷。

② 辅助阳极的安装位置可用量测法检查，安装允许偏差为±50mm。

③ 保护单元内辅助阳极的电连接性检验宜采用直流电阻法。采用内阻不低于10MΩ的数字万用表测量保护单元内阳极之间的电阻，其电阻值应小于1Ω。

④ 目视检查导电涂层外观质量，涂层表面应均匀，无气泡、裂缝等缺陷；涂装完成7d后，应采用涂层附着力测试仪测定附着力，每个保护单元随机抽测3个测点，平均附着力应不小于设计值，最小附着力应不小于设计值的75%。

⑤ 目视检查辅助阳极的覆盖层或导电聚合物回填料外观状况，外观应均匀，无气泡、裂纹等缺陷。

⑥ 阳极系统安装后，可用数字万用表检查所有回路电阻，评判所有回路电连接性和绝缘性。

应逐根目测检验连接接头及电缆的外观、规格型号与标识。用电工摇表逐根检测电缆的绝缘性和电缆接头密封层的绝缘性。用数字万用表逐根检查电缆的电连续性。

逐件目测检查所有仪器设备的规格型号。电源设备应逐件通电检查，监控仪器应用数字万用表逐件检查。

运行状况和保护效果检测应符合下列规定。

① 检查直流电源的输出电压和输出电流值，检查监控系统的电位指示值。不符合规定或与前次检测结果有较大差异时，应对仪器设备和电路进行详细检测，查明故障部位及原因并进行处理。

② 检查被保护结构表面覆盖层外观状况，应无开裂、空鼓、脱落等缺陷。

③ 采用内阻不低于10MΩ的数字万用表和便携式参比电极测量各保护单元代表性测点的保护电位和极化电位衰减值。电位值不符合规定值时，调节仪器设备的控制值。

(5) 外加电流阴极保护系统的管理与维护

在外加电流阴极保护系统运行期间应定期对直流电源、监控系统、阳极系统以及电缆等所有外加电流阴极保护系统组成部分进行日常检查与维护，并及时修复运行中存在的故障。

日常定期检查的内容包括直流电源的输出电压、输出电流、保护电位和保护电流等。

5.3.1.6 牺牲阳极阴极保护技术

牺牲阳极阴极保护[18~23]就是在混凝土内的钢筋上连接一种电极电位更负的金属或合金（称为牺牲阳极），通过牺牲阳极的自我溶解和消耗，使钢筋得到阴极电流而受到保护。实施牺牲阳极阴极保护时，由于阳极所能提供的电流有限，只能保护阳极附近较小范围内的钢筋，且牺牲阳极阴极保护于 1978 年首次在美国伊利诺伊州的一座桥梁的桥面板上应用的效果并不理想，因而普遍认为牺牲阳极保护法不大适用于保护暴露于大气中的钢筋混凝土结构。但是与外加电流阴极保护技术相比，牺牲阳极阴极保护具有系统无须提供辅助电源、施工简便、不必经常维护管理的优点，更重要的是牺牲阳极阴极保护不会引起预应力钢筋产生氢脆危险，因此，20 世纪 80 年代后，国外对钢筋混凝土牺牲阳极保护的研究日益深入和广泛，不仅开发研制了多种新型的牺牲阳极保护系统，并且进行了大量试验研究和工程应用。

经过 30 多年的发展，通过大量的研究与应用，国外已开发研制了多种钢筋混凝土牺牲阳极保护系统，其中电弧喷锌或喷锌-铝-钢合金、锌箔-导电粘结剂、锌网/水泥砂浆护套、埋入式牺牲阳极等[5,22]阳极系统研究应用相对较多。亦有学者将钢筋牺牲阳极系统按块状阳极、点状阳极、埋入式网状阳极和表面覆盖式阳极等进行分类和研究[24]。

① 电弧喷锌或喷锌-铝-钢合金牺牲阳极系统　S. J. Bullard[25]等对水凝胶粘附的锌片、热喷涂锌、热喷涂锌-15 铝和热喷涂铝-12 锌-0.2 铟合金四种应用于海洋和除冰盐环境钢筋混凝土建筑物上的牺牲阳极，进行了室内研究。在环境温度为 25℃，相对湿度为 85%，并定期用去离子水润湿的条件下，四种牺牲阳极均能提供充足的电流，其中热喷涂锌提供的电流最大，其后依次为热喷锌-15 铝、水凝胶粘附的锌片和热喷铝-12 锌-0.2 铟合金。

文献[26]研究认为，作为钢筋混凝土牺牲阳极材料，热喷涂锌铝合金（78：22）的保护电流、界面结合力以及钢筋极化方面的性能与纯锌阳极材料相当，但其驱动电位略高于纯锌。

S. D. Cramer 等通过室内和现场试验，研究分析了热喷锌层、锌箔-水凝胶体系和热喷 Al-12Zn-0.2In 等牺牲阳极系统的电化学性能，根据阳极与混凝土结合粘结强度的变化，结合电流密度测量结果，预测了阳极的使用年限[27]。阳极被喷涂或粘贴于被研究结构的表面，阳极与阴极的面积比为 1：1，喷涂或粘贴阳极前混凝土表面需进行喷砂处理。研究表明，喷锌层与混凝土的结合强度，通电初期逐步增加，达到最大值后逐步减小，与此同时阳极/混凝土界面的 pH 值亦由大变小；根据粘结强度的变化，推断喷锌层阳极在现场的使用寿命大于 25 年。热喷 Al-12Zn-0.2In 阳极体系中，In 的加入主要是防止 Al 在 pH 值较高的混凝土表面钝化。研究认为，热喷涂体系界面结合强度随通电时间的延续而减低，且电流密度越大，下降的速度越快；阳极的输出电流与被保护结构的潮湿度有关，且随时间的延续而减低。相对而言，在相同的条件下，热喷 Al-12Zn-0.2In 阳极的发射电流小于锌箔-水凝胶阳极和热喷锌阳极，其中热喷锌阳极发射的电流最大。研究认为采用 LiBr 和 LiNO₃ 保湿剂可减少各类阳极的自身极化，延长阳极的使用寿命。

文献[28] 认为，在热喷锌层牺牲阳极阴极保护系统中，采用保湿剂 LiBr 较采用保湿剂 LiNO₃，更有利于阳极性能的改善。

Alberto A. Sagues 等[29] 以喷锌层作为牺牲阳极，进行了海上现场试验和室内模拟试验。海上现场试验位于 Florida Keys 和 Tampa Ba 的桥墩上，对喷锌层的附着强度、发射电流、阳极和阴极的电位以及保护效果进行了研究。室内试验模拟现场实际，研究了不同湿度条件和阳极的不同安装位置等对保护效果的影响，并分析了原因。海上现场试验结果表明，安装在海洋环境中阳极系统保护效果良好，极化衰减电位值满足大于 100mV 的保护准则要求，在恶劣的环境中近5 年，外观完整。近 2 年的室内研究表明，相同湿度条件下，保护电流密度随时间的延续而降低，且湿度越小，随时间的变化越明显；相对而言，电流密度随相对湿度的增加而增大，但在 85％相对湿度条件下，被保护钢筋极化衰减电位达不到 100mV 的保护准则要求；研究认为，85％相对湿度条件下未达到保护准则要求主要是由于阳极长期极化引起的，混凝土电阻率的增加以及阳极的消耗是次要的影响因素；在 85％相对湿度的实验室条件下，对阳极表面直接润湿可显著提高阳极的发射电流；保护电流主要由位于水线附近含氯盐混凝土表面的阳极提供，而水线以上含氯盐低的混凝土表面的阳极提供的电流很小，保护电流主要能对水线附近的钢筋提供有效的保护，分析认为锌钝化及混凝土高电阻率是造成这种现象的主要原因。Alberto A. Sagues 认为该阳极系统适合于浪溅区钢筋混凝土结构的保护。

1994 年，基于美国联邦公路管理局资助，研究人员开展了用于混凝土和预应力混凝土桥梁下部结构新型牺牲阳极材料的研究[30]。开发了电弧喷 Al-20Zn-0.2In 牺牲阳极保护系统，并进行不同温度和湿度条件下的室内试验研究。结果表明，即使在较低温度和湿度的条件下，该阳极系统提供的电流明显大于纯锌阳极系统。研究认为，湿度与温度对阳极系统的性能影响较大，湿度越高，发射的电流越大，温度越低，发射的电流越小。根据阳极消耗率和实验资料预计，该阳极系统的寿命为 10～15 年。

总体而言，电弧喷锌或电弧喷锌-铝-铟合金阳极系统施工简单，被保护构件经喷砂处理后，采用电弧喷涂方式即可将各类阳极材料喷涂于构件表面，但阳极系统的性能受湿度影响较大，一般湿度越大，越有利于阳极电化学性能的发挥，因此，该类系统特别适合于浪溅区钢筋混凝土构件的保护。若应用于大气区钢筋混凝土结构，最好使用 LiBr 或 LiNO₃ 等保湿剂，以改善阳极的电化学性能，发挥其阴极保护作用。

② 锌箔-导电粘结剂牺牲阳极系统　J. E. Bennett 等以 Zn、Al 和 Al 合金作

为牺牲阳极材料，利用离子型水凝胶材料将阳极安装在混凝土表面，为混凝土内钢筋提供阴极电流。研究认为，Zn-导电凝胶体系综合性能最佳，使用寿命约 12年；在预应力桩、桩帽和预应力梁上应用表明，该体系具有优良的导电性能，安装简单，短期试验保护效果良好[31]。

R. J. Kessler 等将锌片用离子导通的凝胶安装在 Florida Keys 一座桥的下部结构上，进行牺牲阳极阴极保护。通过断电电位极化衰减测试表明，系统运行98 天和 132 天时钢筋极化衰减电位大于 100mV，满足阴极保护标准的要求，混凝土内的钢筋得到了有效保护[32,33]。

S. D. Cramer 等研究认为[27]，锌箔-水凝胶阳极与混凝土的粘结强度较小，最大只有 0.12MPa，但在 530 天的试验过程中并未出现阳极系统脱落的现象；只要水凝胶不干燥，锌箔-水凝胶阳极就能提供相对稳定的保护电流，且回路电阻随时间的变化也不大。

S. J. Bullard 等认为[25]，在相同条件下，水凝胶粘附的锌片提供的电流小于热喷涂锌和热喷锌-15 铝。

Andrés A. Torres-Acosta1 等[34]将 $2mm \times 100mm \times 140mm$ 锌片，利用导电聚合物树脂安装于 $90mm \times 190mm \times 305mm$ 的钢筋混凝土试件表面，在相对湿度为 95% 的条件下进行了近 1 年的阴极保护效果试验研究。试验以 Cu/饱和 Cu-SO$_4$ 电极为参比电极，定期测量阳极和钢筋的电位以及相应保护电流，绘制电位-时间曲线和电位-电流曲线，以此评判牺牲阳极保护系统的电化学活性。研究表明，在相对湿度较大的情况下，该阳极系统安装方便，运行近 1 年，外观状况未见明显劣化；在通电的前 50 天，电流密度在 $2 \sim 30mA/m^2$ 之间变化，在 50 $\sim$ 200天的通电过程中部分保护系统的电流密度最小降低到只有 $0.6mA/m^2$；在通电初期，瞬时断电电位维持在 $-800 \sim -1000mV$ 之间，随后电位正移，分析认为这可能由于阳极钝化引起。

该类阳极系统安装简单，初期提供的发射电流稳定，被保护区域能得到可靠的保护，但与被保护构件表面的粘结强度较小，需进一步改进。此外，其长期性能尚有待进一步验证。

③ 锌网/水泥砂浆护套牺牲阳极系统　文献[35]以 Zn 作为阳极材料，于 1994年在佛罗里达杰克逊维尔的 Broward 河桥的钢筋混凝土桥墩上进行了钢筋混凝土牺牲阳极阴极保护试验研究。锌网/水泥砂浆护套保护系统安装于桥墩的浪溅区，该阳极系统首先将锌网固定在一个玻璃钢套中，然后将玻璃钢套包裹固定于桥墩的周围，再在玻璃钢套和桥墩之间填满水泥砂浆；桥墩的水下区段也安装了一个大的阳极。在海水涨潮时，水下区段的阳极亦可为浪溅区桥墩提供电流，减少固定于浪溅区阳极的电流输出，延长其使用寿命。试验表明，该牺牲阳极组合系统能够对水下区和浪溅区的钢筋混凝土提供有效的阴极保护，满足钢筋极化衰减电

位大于 100mV 的保护准则要求，预估使用寿命在 20 年以上。

意大利学者 Luca Bertolini 等[36]通过室内试验，研究了安装于水中大体积阳极的保护范围。试件尺寸为 150mm×150mm×1200mm，试验时将试件一段放入 3.5％的 NaCl 溶液中，其余部分暴露于大气中，阳极布置在溶液中，并与混凝土内的钢筋连接。15 根 φ10 的钢筋均匀地布置在研究试件内，钢筋间距为 80mm，其中最下面一个钢筋与溶液面平齐。通过测量回路电流、自然电位、保护电位以及 4h 和 24h 的去极化电位等发现：a. 阳极提供的电流，70％以上集中分布在距溶液面 80mm 和 160mm 的钢筋上，布置于 400mm 以上的所有钢筋通过的电流只有不到 10％；b. 阳极与钢筋断开之后，若不同钢筋之间仍然保持连接状态，则钢筋的去极化电位与阴极保护时通过的电流没有相关性，进一步研究表明宏观电偶电池的存在是造成去极化电位与通过电流相关性不明显的主要原因，阳极与钢筋断开后底层饱水混凝土内的钢筋作为阳极，继续为其余钢筋提供电流，使其余钢筋仍然表现阴极极化状态，依据极化电位衰减值大于 100mV 的阴极保护标准推算，对氯盐污染试件阳极的保护范围为 30～40cm，而未遭受氯盐污染试件牺牲阳极的保护范围为 60～70cm；c. 阳极与钢筋以及钢筋与钢筋之间全部断开后，依据去极化电位大于 100mV 的阴极保护标准推算，未遭受氯盐污染试件的保护区域大于 100cm；d. 研究认为，在试验条件下，牺牲阳极对预防钢筋的腐蚀更为有效。Luca Bertolini 等进一步研究表明[37]，被保护结构的几何形状，尤其是直径和钢筋面积，对牺牲阳极保护范围的影响较大，而保护层厚度、阳极的安装位置与尺寸影响相对较小。该类阳极一般安装于水下区段，作为其它阴极保护系统的补充或为新建钢筋混凝土桩基提供阴极防护等。

锌网/水泥砂浆护套牺牲阳极系统安装相对复杂，但预估寿命较长，主要使用于水位变动区与浪溅区钢筋混凝土结构的保护。目前，该牺牲阳极保护系统已成为佛罗里达修复海洋环境钢筋混凝土桩的标准方法之一，已在多座桥梁上的 900 多根桩上使用[38]。

④ 埋入式牺牲阳极系统 I. Genesca 等人研究认为，铝阳极可以在一个宽的电阻率范围内作为埋入混凝土内部的牺牲阳极材料使用[39]。

D. A. Whiting 等将铝、镁及锌合金等牺牲阳极材料分别与钢筋短路，放入含有沙子、混合碱溶液及一定浓度的 Cl⁻ 的容器内，通过测量电流、回路电阻、电位和极化衰减电位等参数，进行了超过 18 周的牺牲阳极材料的筛选试验。结果表明，当介质的电阻率为 23Ω·m 时，所有的牺牲阳极材料都可对其保护的钢筋提供有效的保护，其中以镁提供的电流密度最大，铝锌次之；当介质的电阻率为 100Ω·m 时，各种阳极提供的电流密度明显下降，其中镁提供的电流几乎为零；当介质的电阻率为 263Ω·m 时，所有阳极提供的电流均难以满足保护要求。这说明在高电阻率条件下使用牺牲阳极保护有困难，但研究认为铝和锌可以作为保护混凝土桥面的牺牲阳极[40]。

Oladis T. de Rincón 等应用电化学方法对各种不同的阳极材料，如 Al、Zn 和 Al-Zn-In 合金等，在饱和 Ca(OH)$_2$ 溶液和砂浆中的性能进行了研究。结果表明，Al-Zn-In 合金可以对混凝土内的钢筋提供最为有效的阴极保护[41]。

John E. Bennett 等研究认为，若在锌和水泥胶合材料组成的阳极系统中掺入一定量的锂化物，则有利于 Zn 阳极维持电化学活性，提高其电流的输出能力[42]。

印度 Karaikudi 电化学研究中心以镁合金为牺牲阳极埋入混凝土中，进行了为期 3 年的钢筋混凝土阴极保护实验研究[43]。镁合金含 0.184% 的锰、0.0053% 的铁，且杂质小于 0.005%（以上含量均为质量分数）。将尺寸 ϕ225mm×60mm、重 4.2kg 的镁合金，置于体积为 1600mm×1600mm×100mm 的混凝土试块的中心。以 Cu/饱和 CuSO$_4$ 电极为参比电极，在距镁合金阳极 160mm、500mm、960mm 处，每隔一段时间测定混凝土中钢筋的电位，并拟合时间-电位曲线，推算曲线方程。实验表明，钢筋的电位随时间的延续从最初的较高负电位向正电位逐渐增加：三处检测点初始电位分别约为 −800mV、−600mV 和 −500mV，约 6 个月后电位值都增加为大于 −200mV。实验同时测定了距镁合金阳极 230mm、500mm 和 950mm 处钢筋混凝土的氯离子含量，结果表明，3 个月后三处检测点氯离子含量从最初的 12kg/m^3 分别降低至 0.35kg/m^3、0.15kg/m^3 和 0.069kg/m^3。氯离子含量的骤然降低说明镁合金阳极对钢筋起到了显著的抗腐蚀作用。此外，实验证明，以镁合金作为牺牲阳极进行钢筋混凝土阴极保护对混凝土内的钢筋强度无明显的影响。3 年实验的结果表明，以镁合金作为牺牲阳极对混凝土进行阴极保护是一种有效的预防钢筋腐蚀的方法，值得推广应用。

2007 年，印度学者 A. S. S. Sekarl 等[44]以镁块作为牺牲阳极埋入混凝土中，分别以锌和导电涂层作为覆盖层，对遭受氯盐污染的混凝土试件进行对比试验表明：在氯盐污染环境中，相对于腐蚀钢筋的阴极保护，牺牲阳极系统对预防钝化钢筋腐蚀更为有效，且保护范围更大；采用的导电涂层需要进行改进，否则难以满足使用要求。

Christopher L. 和 George Sergi 在"钢筋混凝土阴极保护进展"一文中指出，在常规修补区域埋设牺牲阳极，可有效避免常规修补造成的"环阳极腐蚀"或"光环效应"。

英国 Fosroc 国际公司和加拿大马尼托巴湖 Vector Onstruction Group 共同研发了可供市售的 Galvashield 埋入式牺牲阳极专利产品，实现了埋入式牺牲阳极在实际工程中的应用。

国内关于钢筋混凝土牺牲阳极保护的应用与研究相对较少，仅见少量的文献报道。20 世纪 80 年代，苏州水泥混凝土制品研究院采用牺牲阳极保护解决了钢筋混凝土管线穿越盐碱地引起的预应力腐蚀问题。中国科学院等研究认为，牺牲阳极对于水下区的钢筋混凝土结构能起到保护作用；对于潮差区，由于通电条件不佳，牺牲阳极难以起到保护作用，建议改进设计和安装工艺。

南京水利科学研究院于 20 世纪 80 年代中期在室内开展了钢筋混凝土牺牲阳极保护初步试验研究，将传统的锌阳极埋设在混凝土保护层中对试件进行牺牲阳极保护，但效果并不理想。

国内学者对钢筋混凝土热喷锌层阴极保护系统进行了研究，结果表明，热喷锌层阴极保护系统导电性能优良，可与混凝土表面长期、牢固地结合，适合于钢筋混凝土结构防腐蚀，但喷锌层提供的输出电流不足以使钢筋到达保护电位，需要外加电流进行补充[45]。

王伟通过室内模拟试验，提出了一种适合于水位变动区和浪溅区环境的钢筋混凝土牺牲阳极保护系统，并对该系统的电化学行为进行了研究[46]。结果表明，砂浆包裹阳极系统是一种有效、安装维护简便的牺牲阳极保护系统，它可以有效地抑制水位变动区和浪溅区钢筋的腐蚀；包裹阳极的砂浆组成对阳极性能有重要影响；试验发现，铝锌铟合金比较适合作为砂浆包裹阳极系统中的牺牲阳极材料，而锌铝镉合金不适合；回路电阻和阳极的极化对砂浆包裹阳极保护系统电流的分布有较大影响；海水润湿是影响阳极发挥作用的关键因素；远离水线的阳极系统保护效果较差，被海水浸泡的时间越长对钢筋的保护效果越好；模拟试验表明，砂浆包裹阳极系统对于水位变动区部位钢筋混凝土可以达到良好的保护作用；对水位变动区以上区段的钢筋，进行 4h 断电电位测试发现，极化电位衰减值大都超过 100mV；全浸在水下的牺牲阳极对于提高水位变动区阳极系统保护效果以及延长其使用寿命起着重要作用；在实际应用中，砂浆包裹阳极系统和全浸在水中的阳极联合使用效果更佳。

有资料表明，由于锌阳极的驱动电位较低，作为钢筋混凝土牺牲阳极材料，只能保护阳极两侧 7.62cm 的范围[47]。

2009 年，张桂扬等对分布式牺牲阳极阴极保护效果的有效性进行了研究[48]。

2004 年以来，南京水利科学研究院将英国 Fosroc 公司研制的 XP 型牺牲阳极应用在宁波港多座海港码头的修补工程上，至今运行状况良好。南京水利科学研究院在开发电化学活性砂浆的基础上，研发了锌网/电化学活性砂浆钢筋混凝土牺牲阳极保护系统[49,50]。

(1) 牺牲阳极阴极保护系统的组成及设计

牺牲阳极阴极保护系统应包括牺牲阳极、监控系统和通电连接部件。

按《海港工程钢筋混凝土结构电化学防腐蚀技术规范》（JTS 153-2—2012）的有关规定，牺牲阳极材料应具有开路电位较负的特性，在使用期内应保持阳极活性、电位和输出电流稳定；牺牲阳极阴极保护系统应根据被保护建筑物的结构形式、施工条件和使用寿命等进行设计，并满足下列要求。

① 牺牲阳极阴极保护系统应与混凝土粘结良好。

② 选用的阳极系统应能保护电流分布均匀，且保护电位满足规范要求。

可用于钢筋混凝土结构的牺牲阳极系统主要有：锌-水凝胶阳极系统、喷涂合金阳极系统、锌网阳极系统和用于局部修补的埋入式阳极系统。《海港工程钢筋混凝土结构电化学防腐蚀技术规范》（JTS 153-2—2012）规定的牺牲阳极阴极保护系统和布置方式如表 5.5 所示。

表 5.5　适用的牺牲阳极阴极保护系统和布置方式

形式	阳极系统组成	布置方式
面式阳极	锌或铝合金喷涂层	热喷或电弧喷涂于经清理的混凝土表面，通过引出线接到钢筋
	锌箔加导电粘结剂	将锌箔用导电粘结剂粘贴于经清理的干燥混凝土表面，通过引出线接到钢筋
	锌网加水泥浆护层	将锌网固定在结构表面，用水泥砂浆包覆，通过引出线接到钢筋
点式阳极	棒状或块状锌阳极加水泥基包覆材料	将阳极系统埋设到钢筋附近的混凝土中，阳极引出线接到钢筋

每个保护单元所需牺牲阳极的质量应根据选用的阳极材料、设计的保护电流、保护年限、阳极消耗率以及牺牲阳极利用系数等通过计算确定，计算公式如下：

$$W = \frac{E_g I t}{f} \tag{5.5}$$

式中　W——所需的牺牲阳极质量，kg；

E_g——牺牲阳极的消耗率，kg/(A·a)；

I——所需平均保护电流，A；

t——保护年限，a；

f——牺牲阳极的利用系数，可取 0.5～0.8。

目前牺牲阳极的保护寿命一般在 10～20a 之间。

牺牲阳极阴极保护的监控系统与外加电流阴极保护的监控系统基本相同，亦主要包括参比电极、监控设备及其它装置等，其中参比电极的有关性能与参数和外加电流阴极保护系统相同，但每个保护单元只需布置不少于 1 个埋入式参比电极即可。考虑到牺牲阳极阴极保护系统应用环境相对复杂，为了准确掌握阴极保护效果，必要时应安装保护电流以及腐蚀速率测量装置等。监控设备除应适应所处环境，具有稳定、可靠、维护简单、抗干扰、抗盐雾、故障保护等特点外，尚应满足下列要求。

① 具有测量电位和电流的功能。

② 电位测量的分辨率达到 1mV，精度不低于测量值的 ±0.1%，输入阻抗不小于 10MΩ。

③ 电流测量的分辨率达到 1μA，精度不低于测量值的 ±0.5%。

牺牲阳极阴极保护系统的电缆主要包括阳极电缆、阴极电缆、参比电极电缆和电位测量电缆等。选用电缆的基本要求和原则除与外加电流阴极保护系统所用电缆基本一致外，尚应注意以下两方面的问题。

① 采用点式牺牲阳极保护时，可将阳极铁芯直接电连接到被保护钢筋上，仅在钢筋上引出一根电位测量电缆。

② 采用面式牺牲阳极保护时，阳极电缆和阴极电缆的铜芯截面积应提高一个等级配置。

(2) 牺牲阳极阴极保护系统安装

牺牲阳极阴极保护系统的安装施工应包括保护单元内钢筋电连接、混凝土结构预处理、监控系统的安装、牺牲阳极的安装或施工以及各种接头制作和电缆铺设等。在牺牲阳极阴极保护系统的安装过程中，应注意以下几方面的问题。

① 保护单元内钢筋的电连接、混凝土预处理以及监控系统的安装原则与要求和外加电流阴极保护系统基本一致。

② 牺牲阳极在储存和搬运过程应避免污染，安装应牢固、可靠。

③ 点式阳极与基体混凝土之间应采用水泥基材料充填密实，严禁存在孔洞等缺陷。

④ 面式阳极安装前，混凝土表面宜进行喷砂处理；阳极与基体混凝土粘结应牢固，附着力应大于 1.0MPa。

⑤ 牺牲阳极与被保护构件短路前，应测量被保护构件的自腐蚀电位。

⑥ 通电过程中，应定期记录保护电位，以评定保护效果。

(3) 牺牲阳极阴极保护系统的质量控制与检验方法

钢筋电连接性检验宜采用直流电阻法。采用内阻不低于 10MΩ 的数字万用表测量保护单元内不同钢筋之间的电阻，其电阻值应小于 1Ω。

应采用内阻不低于 10MΩ 的数字万用表和校核参比电极逐只测量参比电极的电位值，允许偏差应为 ±10mV。采用目测法检查参比电极安装数量，采用量测法检查安装位置，允许偏差为 ±100mm。

阳极系统的质量控制与检验方法应符合下列规定。

① 阳极的化学成分分析按现行国家标准《铝锌铟系合金牺牲阳极化学分析》(GB/T 4949) 的规定进行，电化学性能检验按现行国家标准《牺牲阳极电化学

性能试验方法》（GB/T 17848）的规定进行，结果应符合设计要求。

② 阳极的外观质量可目视检验，外观应均匀一致，无气泡、裂缝等缺陷。

③ 每保护单元应随机抽测 3 个测点的喷涂层厚度，其平均厚度不应小于设计值，最小厚度不应小于设计值的 75%。涂层附着力可采用附着力测试仪测定，每保护单元应随机抽测 3 个测点，其平均附着力不应小于设计值，最小附着力不应小于设计值的 75%。

④ 锌箔和锌网阳极的总重量不应出现负偏差。

⑤ 电缆的外观、规格型号与标识和接头应逐一目测检验，并检测电缆和接头的绝缘性和电连续性。

⑥ 仪器和设备应逐件检查其规格型号和是否完好。

运行状况和保护效果检测应符合下列规定。

① 监控系统的电位指示值不符合规定或与前次检测结果有较大差异时，应对仪器设备和电路进行检测，查明故障部位及原因并进行处理。

② 运行期间阳极系统应无脱开、脱落等缺陷。

③ 混凝土表面覆盖层应无开裂、空鼓、脱落等缺陷。

④ 保护电位和极化电位衰减值不符合规定值时，应采取补救措施。

(4) 牺牲阳极阴极保护系统的维护与管理

与外加电流阴极保护系统相比，牺牲阳极阴极保护系统的维护与管理相对简单。主要工作有：保护电位测量和条件许可时定期检测牺牲阳极的消耗情况。

若保护电位不正常，可能存在的问题如下。

① 牺牲阳极与被保护钢筋的接触不良或短路。

② 混凝土电阻率较大，牺牲阳极输出电流太小。

③ 参比电极失效等。

5.3.2　电化学脱盐防腐保护技术

5.3.2.1　电化学脱盐的原理及研究进展

(1) 原理

电化学脱盐技术的基本原理是以混凝土中钢筋作为阴极，以浸入（或埋入）混凝土表面电解质中的外部电极作为阳极，在阴极与阳极之间通以直流电流，电流密度一般为 $1 \sim 3 A/m^2$（相对于钢筋表面积，以下类同）。在电场的作用下，混凝土中的氯离子快速向外迁移，同时其它阴、阳离子也发生相应的迁移，此时在阳极与阴极上发生相应的下列电化学反应。

在阳极上：

$$4OH^- \longrightarrow 2H_2O + O_2 \uparrow + 4e^- \qquad (5.6)$$

$$2H_2O \longrightarrow O_2 + 4H^+ + 4e^- \qquad (5.7)$$

$$2Cl^- \longrightarrow Cl_2 \uparrow + 2e^- \tag{5.8}$$

在高的 pH 值条件下反应以式（5.6）为主，在中性或低的 pH 值条件下反应以式（5.7）为主，两种反应均能造成阳极周围的 pH 值降低。据资料介绍，在 $0.75A/m^2$ 的电流密度下对钢筋混凝土构件电化学脱盐处理 16 周，阳极周围的 pH 值可降至 1.5 左右。随着电化学脱盐的进行，阳极周围的氯离子浓度的升高，pH 值下降，在高电位条件下式（5.8）反应逐渐占主导地位，并与式（5.7）反应在阳极表面产生竞争。U. Schneck 研究认为[51]，电化学脱盐中，有 80% 发生了生成氯气的反应。但同时指出采用活性钛阳极对氯气的析出具有抑制作用，从而可免遭由于析氯造成的环境污染问题[51,52]。

在钢筋（阴极）上：

$$2H_2O + O_2 + 4e^- \longrightarrow 4OH^- \tag{5.9}$$

$$2H_2O + 2e^- \longrightarrow 2OH^- + H_2 \uparrow \tag{5.10}$$

OH^- 的产生致使钢筋附近的 pH 值增高，这有利于钢筋钝态的恢复及维持，以免遭腐蚀。在氧气充足的条件下，反应以式（5.9）为主；式（5.10）反应只有在达到析氢或氧被耗尽时才可能发生。理论上，在 $1\sim3A/m^2$ 的电流密度下，阴极电位可能负于析氢电位。研究认为[53]，在常规电流密度下，钢筋周围的可利用的氧在电化学脱盐处理 7h 就可消耗完毕。

在混凝土中由于电场的存在，负离子（Cl^-、OH^- 等）由阴极向阳极迁移，正离子（Na^+、K^+ 和 Ca^{2+} 等）由阳极向阴极迁移。氯离子由阴极向阳极的迁移并脱离混凝土进入电解质后就达到了脱除氯盐的目的，这就是电化学脱盐。理论上分析认为，通电一段时间后，当钢筋附近的 pH 值升高到一定程度和氯化物污染混凝土中氯离子含量下降到一定程度时，钢筋能恢复到钝化状态，从而防止混凝土中的钢筋遭受进一步腐蚀。与此同时，在电场作用下，钢筋周围产生的大量 OH^- 在由阴极向阳极迁移的过程中可提高混凝土孔隙液的碱性，达到再碱化混凝土的目的。

(2) 研究进展

电化学脱盐（Electrochemical Chloride Extraction，简称 ECE）防腐蚀技术的可行性最早始于 20 世纪 70 年代中后期[54,55]，但因采用很高电流密度（$\geq 54A/m^2$），造成混凝土开裂、渗透性增大以及钢筋-混凝土界面结合强度下降等负面作用，使其应用到工程的可行性受到质疑，并曾一度阻碍了该技术的进一步研究发展[56,57]。事实上，电化学脱盐技术在 20 世纪 70 年代末到 80 年代后期近 10 年的时间中，发展非常缓慢，很少有公开发表的文献报道。直到 1987 年挪威混凝土技术公司（Norway Concrete Technologies A/S，简称 NCT）专利技术 NorcureTM 的问世，使得电化学脱盐技术成为一种应用于工程实际的防护技术后，电化学脱盐防腐蚀技术才真正引起欧、美学者的重视，并开展了大量有益的研究工作。

在我国，对电化学脱盐防腐蚀技术的研究始于 20 世纪 90 年代初期[58]，但该技术在我国发展很快，经过"九五"研究论证，目前应用已达 2.5 万平方米，技术经济效益明显。

国内外大量实验与工程应用已证明了电化学脱盐能有效脱除混凝土内有害氯离子，同时对早期的高电流密度所造成的负面效应也有了进一步的认识。Bennett 等（1990）[59]研究认为，相对于混凝土表面积 20A/m² 的电流密度对钢筋混凝土有明显的破坏作用，但采用相对于钢筋表面积不大于 5A/m² 的电流密度是安全的。Polder 等（1992）研究[60]认为，相对于钢筋面积 1A/m² 的电流密度是合适的，最大电流密度不得超过 5A/m²。目前，欧美国家电化学脱盐工程应用的电流密度最大不超过 5A/m²，一般采用 1～2A/m² 的电流密度，电化学脱盐处理时间一般为 30～60 天。

在这方面，我国已有研究成果[61]与此一致，认为采用 1～3A/m² 的电流密度不会对钢筋混凝土造成明显危害，工程用电流密度为 1～2.5A/m²，根据不同钢筋与混凝土面积比以及初始氯离子浓度，电化学脱盐处理时间一般为 35～45 天。

目前，对电化学脱盐可能对钢筋混凝土造成的影响的研究较为广泛，包括钢筋-混凝土界面结合强度、碱集料反应、氢脆以及混凝土微裂缝的变化等多方面。

(3) 钢筋-混凝土界面结合强度[60]

Ewing 认为，经 36600 A·h/m² 电量对试件进行处理，钢筋-混凝土界面结合强度同未经处理的试件相比下降了 25%，但成倍增加电量，未见界面结合强度进一步下降。Vrable 研究认为（1977），采用悬臂梁测试法，当电流密度在 517mA/m²～10A/m² 时，通电量为 37240A·h/m² 时，钢筋-混凝土界面结合强度下降了 10%，电量增加 1 倍时界面结合强度下降了 20%。

Nustad 和 Miller 研究（1993）了采用光圆钢筋、电化学脱盐电量为 5000 A·h/m² 时的钢筋-混凝土界面结合强度，结果发现，同空白试件（无论空白试件受盐污染与否）的单轴拉拔试验测试相比，脱盐试件结合强度下降了 60%～75%，进一步增加电量，脱盐试件钢筋-混凝土界面结合强度下降的幅度更大，但同时指出结合强度的下降是暂时性的。

采用悬臂梁测试法，Rasheeduzzafaar 等研究（1993）电化学脱盐对螺纹钢试件的影响发现，相对于盐污染空白试件，电量为 5426A·h/m² 时，界面结合强度下降了 33%。

N. R. Buenfeld 等（1994）[62]对经 0.75A/m² 电流密度、2000A·h/m² 电量进行电化学脱盐处理的试件，断电后 24h，采用单轴拉拔试验测试钢筋-混凝土界面结合强度，结果发现与钢筋已遭受腐蚀的空白试件比较，经电化学脱盐处理的试件钢筋-混凝土界面结合强度下降；但与未受盐污染的空白试件相比，界面结合强度变化不明显。他认为前者界面结合强度的下降是由于盐污染空白试件钢筋腐蚀造成界面结合强度相对增加与电化学脱盐导致钢筋腐蚀产物溶解、脱落造成界面结合强度相对减少所致。研究表明，电化学脱盐前盐污染试件钢筋-混凝土界面结合强度比未污染试件钢筋-混凝土界面结合强度增加了 57%。SHRP 采用悬臂梁测试法得到的结果与此相同。

N. R. Buenfeld 等（2000）[52]在其早期研究的基础上，又研究了电化学脱盐对钢筋-混凝土界面结合强度的影响，认为虽然电化学脱盐处理使钢筋-混凝土界面结合强度下降，但通电结束后下降的结合强度可部分恢复，并推断结合强度的恢复可能与界面已软化砂浆的恢复、混凝土潮湿度的变化以及铁原子的溶解有关。

总体认为当采用单根钢筋时，电化学脱盐处理可造成钢筋-混凝土界面结合强度下降。但考虑到实际构件中不存在单根钢筋受拉拔的情况，且电化学脱盐的影响范围主要局限在表层主筋的保护层内，因此认为不能简单地用单根钢筋试件的测试结果来评判电化学脱盐处理对实际构件钢筋-混凝土界面结合强度造成的影响。从理论上而言，由于实际构件内钢筋的网状分布，电化学脱盐对其钢筋-混凝土界面结合强度造成的损失应小于单根钢筋试件钢筋-混凝土界面造成的损失。

在这方面，我国已有的研究成果表明，在常规电流密度与电量下，同盐污染的空白试件相比，电化学脱盐试件钢筋-混凝土界面结合强度下降不超过 25%，认为强度下降是由于钢筋表面析氢和钢筋-混凝土界面砂浆软化等原因造成[63~65]。

综上可知，在研究电化学脱盐对钢筋-混凝土界面结合强度的影响方面，多数研究仅限于宏观，涉及影响机理与长期的影响效应的不多。

(4) 碱集料反应

虽然电化学脱盐并没有给混凝土添加碱金属离子，但是电化学脱盐时钢筋作为阴极，使得碱金属离子在电场的作用下向钢筋迁移，并在它周围富集。与此同时，钢筋的电极反应产生 OH^- 且它的迁移会提高钢筋周围以及混凝土保护层中孔隙液的碱性，使其 pH 值升高。可以设想，如果混凝土本来含有活性集料，势必会激发或加剧碱集料反应。

一般认为，如果混凝土中碱含量（以 Na_2O 计）大于 $3.0kg/m^3$、混凝土相对湿度在 $80\% \sim 100\%$，则含有活性 SiO_2 等组分集料的混凝土对碱集料反应（AAR）是敏感的。

C. L. Page 和 S. W. Yu（1995）[66]对含有碱活性集料的钢筋混凝土试件采用不同电流密度与电量进行电化学脱盐处理时发现，尽管电化学脱盐处理前试件内碱含量明显低于引起碱集料反应的临界值含量，但经过电化学脱盐处理后，除了未通电的空白试件与通电电流密度 $1.0A/m^2$、通电时间 28 天的试件外，其余试件均发生了碱集料反应，造成钢筋-混凝土界面附近混凝土膨胀破裂。研究认为，当钢筋混凝土内含有活性集料时，电化学脱盐对碱集料反应的发生有促进作用。

Bennett 等[67,68]为了研究电化学脱盐处理对钢筋混凝土碱集料反应的影响，成型了具有不同骨料（惰性石英砂、活性燧石或活性蛋白石等）的钢筋混凝土试件进行电化学脱盐处理，脱盐电流密度为 $6.0A/m^2$，电量 $3000A\cdot h/m^2$。结果发现，尽管未通电的空白试件与含燧石的试件未发现明显膨胀破坏（AAR），但含蛋白石的试件却发生了严重的碱集料反应破坏；当采用硼酸锂作为电解质进行电化学脱盐时，由于生成不溶性的硅酸锂，可以抑制混凝土碱集料反应[66]。

E. E. Velivasakis 等研究认为[65,69]，电化学脱盐产生的 OH^- 与迁移以及碱金属离子的局部富集对碱集料反应的发生有促进作用。尽管没有指出碱集料反应发生所必需的 pH 值，但认为必须在碱性足够充分的条件下碱集料反应才发生。研究同时指出，对由于氯离子侵蚀造成混凝土钢筋严重腐蚀的构件，如果混凝土保护层中氯离子的平均含量达水泥质量的 1% 时，则此时混凝土内的碱含量（以 Na_2O 计）可达 $3.8kg/m^3$。也就是，在电化学脱盐前混凝土内的碱含量（以 Na_2O 计）已超过可引起碱集料反应（AAR）的临界值。

我国有关研究认为[61,70]，碱活性集料混凝土在电化学处理后，虽未测量到混凝土体积的膨胀，但微观结果观察到钢筋附近已有碱集料反应的倾向。同时也认为在电化学脱盐过程中加入锂离子可以抑制碱集料反应的发生。

综上可知，电化学脱盐对碱集料反应有促进作用，但加入锂离子后可抑制碱集料反应的发生[64]。

（5）氢脆

当钢筋与氢接触时，氢原子即被钢筋表面所吸附，在一定压力条件下沿晶界向钢筋内部扩散，引起钢筋性能降低，即氢脆[71]。电化学脱盐过程中，由于阴极反应所产生的氢原子也可能被混凝土内钢筋所吸附，造成氢脆，影响钢筋混凝土的整体性能。为此，Bennett 等人研究了带切口的普通钢筋置于饱和 $Ca(OH)_2$ 溶液中，在阴极极化条件下进行抗拉试验的情况，结果发现，电流密度以及饱和 $Ca(OH)_2$ 溶液中的氯离子的不同浓度对钢筋的抗拉强度无显著影响，但同空白试件相比，由于氢的吸附，钢筋的延伸长度减少了 80%，即阴极极化能显著影响钢筋的塑性。进一步研究发现，如果极化结束后进行抗拉试验，随着氢原子的快速解析，钢筋的延伸长度可恢复 90%。将钢筋中间部分埋入砂浆中进行与溶液中相似的抗拉试验，结果与钢筋在溶液中的试验结果相似。最后研究者认为，对普通碳素钢筋构成的钢筋混凝土试件进行电化学脱盐处理不会造成钢筋氢脆。

但对高强预应力钢筋，大量研究认为[52,61,72]，由于高强预应力钢筋对氢敏感性高，对该类钢筋混凝土构件进行电化学脱盐处理有可能造成氢脆现象发生；并且指出，由于预应力钢筋的类型不同，对氢的敏感程度不同，引起氢脆的临界氢浓度不同。

因此，目前电化学脱盐处理多用于非预应力钢筋混凝土构件[54~57,59,60,63~67]，尚未见用于预应力钢筋混凝土构件的报道。

(6) 其它主要研究成果

研究电化学脱盐后混凝土内剩余氯离子的分布发现[61,73,74]，电化学脱盐后的剩余混凝土内氯离子的分布是不均匀的，一般钢筋附近氯离子含量最低，离钢筋稍远的中间层氯离子含量较高，这样在浓差作用下会引起剩余氯离子向钢筋周围迁移，可能导致钢筋再次发生腐蚀破坏。有研究认为在假定氯离子在混凝土中只有扩散迁移的条件下，通过有限元法计算了电化学脱盐处理后 10 年时混凝土内氯离子的分布情况，结果表明对于水灰比为 0.54 的普通硅酸盐混凝土而言，电化学脱盐处理 10 年后，远离钢筋处的剩余氯离子（≥2.6%，相对于水泥质量）可再次迁移至钢筋引起其腐蚀破坏。

A. M. Hassanein 等[75,76]根据试验资料初步建立了电化学脱盐的数学模型，为分析预测电化学脱盐效果提供了依据。

T. D. Marcotte 等[77,78]通过测量极化电阻（R_p）计算钢筋的腐蚀速率指出：电化学脱盐后钢筋的腐蚀速率上升，但断电一段时间后钢筋的腐蚀速率下降。他认为电化学脱盐处理后的初期钢筋的腐蚀速率的上升，一方面是由于电化学脱盐造成钢筋周围氧的消耗，使钢筋一时无法形成钝化膜，另一方面是由于碱腐蚀造成的；当断电一段时间后，由于再钝化膜的形成使得腐蚀速率下降。而 C. Andrade 等[79]研究电化学脱盐再碱化处理断电后 2 个月时钢筋的腐蚀速率发现，钢筋腐蚀速率仍较大，一方面认为钢筋尚未恢复到钝化状态，另一方面认为可能是测量方法有问题。采用极化电阻（R_p）法计算腐蚀速率，钢筋需处于自腐蚀平衡状态，如经电化学脱盐处理后钢筋去极化尚未完成，即钢筋尚未恢复到自腐蚀平衡状态，此时测得的结果会有较大的偏差。

N. R. Buenfeld 等研究认为[52]，电化学脱盐不但提高了混凝土抗毛细吸水、气体扩散、氯离子的扩散能力，而且还提高混凝土的电阻率与抗冻性，并推断这些特性的改变可能与电化学脱盐使氢氧化钙的溶解、沉淀的重分布有关。但 M. Castellote 等研究氯化物电化学迁移试验对混凝土内孔结构的影响表明[80]，在电场的作用下，由于羟钙石与钙矾石的溶解与除去，不但混凝土内总孔隙率增加，而且孔径大小与分布也发生了变化。

T. D. Marcotte 等[77,81]研究认为，电化学脱盐处理使界面组成与形貌发生了变化。

Mirand J M 等[82~84]研究认为电化学脱盐能有效清除混凝土内的有害氯离子和使混凝土再碱化，但氯离子清除后，混凝土内的钢筋是否停止腐蚀、钢筋是否恢复再钝化，尚需要进一步研究，且电化学脱盐的效果与脱盐前钢筋的锈蚀程度有关。

2006 年 Graces P 等[85]研究了柱、板、梁等构件配筋量不同对电化学脱盐的影响，并采用极化电阻技术测量了钢筋的瞬时腐蚀速率，认为电化学脱盐后腐蚀速率降低。

Fajardo G 等对遭受人造海水污染的混凝土进行电化学脱盐处理发现，平均脱盐率能达到 $50\%\sim60\%$，电化学脱盐后 Na^+、K^+、Ca^{2+} 等碱性离子在钢筋表面富集，其中 K^+ 迁移的速度最快。但同时认为，电化学脱盐后尽管混凝土内氯离子含量和钢筋的腐蚀速率都有所减小，但不能保证钢筋恢复再钝化，这与 Mirand J M 的研究结果相一致。

Bouteiller V 等对遭受海洋环境污染 40 年的梁进行电化学脱盐处理表明，电化学脱盐后钢筋周围氯离子脱除率达 70%。

Orellan J C 等室内研究分析了电化学脱盐处理的优点与缺点，认为电化学脱盐局部富集的碱性离子对碱硅反应具有促进作用，即使在不含碱活性骨料的混凝土亦是如此。

2008 年 Elsener B[86]对电化学脱盐处理已 20 年的案例进行研究发现，电化学脱盐处理 20 年后，半电池电位测量表明钢筋处于钝化状态；采用间歇通电的脱盐方式，对脱盐效果更为有利；综合评估电化学脱盐后，能避免外界氯离子的进一步侵入，电化学脱盐处理具有长期耐久性。

2003 年干伟忠等[87]针对实际混凝土结构工程进行了电化学脱盐室内试验研究，分析了电化学脱盐的影响因素，提出了实际工程中脱盐技术参数的确定方法以及无损评价方法，但并未用于工程实际。2006 年王新祥等[88]室内研究了混凝土在电化学脱盐过程中内部离子迁移和结构的变化。

5.3.2.2　保护效果评定

目前，关于钢筋混凝土结构电化学脱盐的标准规范与指南主要有：

① NACE SP 0107—2007，Electrochemical Re-alkalization and Chloride Extraction for Reinforced Concrete；

② Cen/Ts 14038-1—2004，Electrochemical Re-alkalization and Chloride Extraction Treatments for Reinforced Concrete，Part 1：Re-alkalization；

③ Cen/Ts 14038-2—2011，Electrochemical Re-alkalization and Chloride Extraction Treatments for Reinforced Concrete，Part 2：Chloride Extraction；

④ Ts 14038-1—2004，Electrochemical Re-alkalization and Chloride Extraction Treatments for Reinforced Concrete；

⑤ 中华人民共和国行业标准 JTS 311—2011 港口水工建筑物修补加固技术规范；

⑥ 中华人民共和国行业标准 JTS 153-2—2012 海港工程钢筋混凝土结构电化学防腐蚀技术规范。

对钢筋混凝土结构电化学脱盐处理效果的评判方法和保护年限，国内外目前尚未有统一准则。按中华人民共和国行业标准《海港工程钢筋混凝土结构电化学防腐蚀技术规范》（JTS 153-2—2012）有关规定，电化学脱盐处理后，混凝土内氯离子含量应低于水泥砂浆质量的 0.1% 或钢筋恢复钝化，但对保护年限未作明确规定。目前国内已有应用 15 年以上的工程案例。

5.3.2.3 电化学脱盐系统的设计

电化学脱盐保护系统应包括阳极系统、直流电源、监控系统和电缆等。

(1) 阳极系统

阳极系统由辅助阳极和电解质等组成。为了达到预期的脱盐效果，辅助阳极应具备在通电期内承载发射电流的能力，且形状应满足均匀分布电流的要求。一般建议采用网格状阳极；当采用条状阳极时，应根据结构构件的形状和表层钢筋的表面积均匀布置，间距不宜大于 0.5m。电解质可选用自来水或饱和 $Ca(OH)_2$ 溶液。集料存在碱活性时，宜在电解质中加入 0.1mol/L LiOH 或 0.1mol/L Li_2CO_3 溶液。

《海港工程钢筋混凝土结构电化学防腐蚀技术规范》（JTS 153-2—2012）规定的辅助阳极的布置方式如表 5.6 所示。

表 5.6　辅助阳极的布置方式

布置方式	电解质溶液维持材料	适用场合
在辅助阳极的周围喷涂纤维材料	纤维材料	所有场合
在混凝土表面上固定绝缘板，在其间布置辅助阳极与充填电解质溶液	绝缘板	水平面与垂直面
在混凝土顶面蓄存电解质溶液并安装辅助阳极	水泥砂浆	水平的上表面

(2) 直流电源

选用的直流电源应具有稳定、可靠、维护简单、抗过载、防雷、抗干扰、抗盐雾、故障保护等特点，并满足下列要求：

① 长期不间断供电；

② 输出电压不超过 50V，波纹量不超过 100mVrms，频率不低于 100Hz；

③ 从零到满量程输出连续可调；

④ 电源的正极与负极不可逆转，并标识明确；

⑤ 应采用防干扰的金属外壳，并对其进行必要的防腐蚀处理。

直流电源的布置应根据直流电源的数量、保护单元的划分、结构形式、使用条件、维护管理和经济等因素确定。可集中布置，也可分散布置。其总功率 P（W）可按公式（5.1）和公式（5.2）计算。

(3) 监控系统

监控系统选用的参比电极应具有极化小、不易损坏和适用环境介质的特性，一般选用 Ag/AgCl/0.5mol/L KCl 电极。相对于外加电流阴极保护系统，电化学脱盐无须每个保护单元埋设参比电极，只需在典型脱盐单元埋设参比电极。要求每个典型脱盐单元宜布置不少于 3 个参比电极，其安装位置应反映单元内电流的分布情况，不同测点的极化电位差宜控制在 ±300mV 范围内。

监控设备应适应所处环境，并满足下列要求：

① 具有稳定、可靠、维护简单、抗干扰、抗盐雾、故障保护等特点；

② 具有测量并显示电位和电流等参数的功能；

③ 电位测量的分辨率达到 1mV，精度不低于测量值的 ±0.1%，输入阻抗不小于 10MΩ；

④ 电流测量的分辨率达到 1μA，精度不低于测量值的 ±0.5%。

(4) 电缆

电化学脱盐保护系统的电缆包括电源电缆、阳极电缆、阴极电缆、参比电极电缆和电位测量电缆等，各类电缆的要求与外加电流阴极保护系统相同。

5.3.2.4 电化学脱盐系统的安装、调试及过程控制

电化学脱盐保护系统的安装包括钢筋电连接、混凝土结构预处理、监控系统的安装、阳极系统安装、各种接头的制作和电缆铺设、直流电源的安装等。

① 安装过程应注意以下几方面的问题。

a. 保护单元内钢筋电连接电阻≤1.0Ω。保护单元内非预应力钢筋的电连接可采用电焊连接和机械连接等方式，预应力钢筋的电连接应采用机械连接的方式。电连接钢筋或电缆外露部分应采取适当的防腐保护措施。

b. 混凝土表面预处理应满足要求，即混凝土表面应清洁，不应存在有机涂层、外露金属和其它影响电流均匀流通的缺陷等；局部破损区域混凝土的凿除应采用人工凿除方式，凿除范围应大于破损范围，并采用水泥基修补材料恢复至原断面。

c. 埋入式参比电极应埋入于第一层钢筋附近，并严禁与钢筋短路。

d. 阳极系统的安装应牢固、可靠，且严禁阳极系统与钢筋、金属预埋件、绑扎丝之间存在短路；辅助阳极之间的搭接应不小于 50mm，采用焊接方式搭接时每个搭接部分点焊不少于 3 点；电缆与阳极的连接方式和安装方式应通过试验或已有工程证实的方法实施。阳极系统应具有避免电解质溶液的蒸发与泄漏的功能。

e. 各种接头应进行密封防水处理，并满足耐久性使用要求。电缆的铺设应留有适当余量，并具有唯一性标识。所有电缆应采取适当的保护措施，避免环境、人和动物的破坏。

② 系统调试应按下列规定的程序进行。

a. 混凝土保护层和阳极系统充分饱水后，应检测记录每个脱盐单元的回路电阻，并避免短路。

b. 以电流设计值的 20% 进行试通电，应记录输出电压、电流和电位，确认所有组件安装、连接是否正确。

c. 试通电不应少于 24h，每 4h 记录一次输出电压、电流和电位。

d. 试通电完成后应逐步加大保护电流，直至设计值。

e. 按上述程序，应对保护单元逐一进行调试。

③ 电化学脱盐系统过程控制的主要工作有保护系统各组成部件的检测，输出电压、电流和保护电位的检测，阳极的消耗情况以及电解质的消耗情况和 pH 值等。可能存在的问题及原因如下：

a. 电源设备只有电压，没有输出电流或电流很小，可能是回路电阻太大或断路；

b. 不同测点的极化电位差远远偏离 ±300mV，可能是电流分布不均匀、阳极布设不合理；

c. 不同保护单元之间设备相互干扰，可能是保护单元之间存在短路现象。

5.3.2.5 后处理

因为海港工程钢筋混凝土结构常年暴露于氯盐污染环境中，因此，电化学脱盐处理完毕，尚需进行后处理，以减缓环境中的氯离子对混凝土的侵蚀，延长电化学脱盐处理的保护年限。后处理的主要工作包括：

① 拆除混凝土表面阳极系统及其组件；

② 取样分析典型脱盐单元混凝土内剩余氯离子含量，评定保护效果；

③ 采用高压淡水清洗混凝土表面，检查混凝土表面状况并对表面缺陷进行修复；

④ 按现行行业标准《海港工程混凝土结构防腐蚀技术规范》（JTJ 275）的有关规定进行涂层封闭处理。

5.3.2.6 电化学脱盐系统的质量控制与检验

电化学脱盐防腐保护处理的质量控制与检验的内容包括混凝土结构预处理、保护单元内钢筋电连接性、参比电极的性能及安装、阳极系统的性能及安装、接头制作及电缆铺设、仪器和设备性能、运行状况及处理效果以及混凝土表面封闭涂层等。具体检验方法与要求如下。

(1) 混凝土结构预处理的检验方法与基本要求

混凝土结构凿除与修补范围可采用目测法或量测法，凿除范围应大于混凝土破损范围，并恢复至原断面。

修补砂浆材料的抗压强度和粘结强度检验应按现行行业标准《港口水工建筑物修补加固技术规范》（JTS 311）附录 A 的有关规定执行。

修补砂浆的电阻率可用混凝土电阻率测定仪测量，必要时应采用局部破损方法对测定仪测量结果进行校准。单块修补面积大于 $2m^2$ 时，测点数量不应少于 2 个。

每个保护单元混凝土表面状况应进行目视检查，表面应无外露金属、有机涂层等影响电流分布的缺陷。

（2）保护单元内钢筋电连接性与参比电极性能及安装

钢筋电连接性检验宜采用直流电阻法。采用数字万用表测量保护单元内不同钢筋之间的电阻，其电阻值应小于 1.0Ω。

参比电极的电位值应采用内阻不低于 $10M\Omega$ 的数字万用表和校核参比电极逐只测量，允许偏差为 $\pm10mV$。参比电极安装位置采用量测法检查，允许偏差为 $\pm100mm$。

（3）阳极系统的质量控制内容与检验方法

辅助阳极外观和规格型号应逐件目视检查，外观应均匀一致，无气泡、裂缝等缺陷。辅助阳极的安装位置可用量测法检查，允许偏差为 $\pm50mm$。

保护单元内辅助阳极的电连接性检验宜采用直流电阻法，电阻值应小于 1.0Ω。阳极系统安装后，应检查所有回路电阻，评判所有回路的电连接性和绝缘性。注入电解质后，应目视检查阳极系统泄漏情况，泄漏严重时应采取必要措施。

（4）电缆与仪器及设备

电缆的外观、规格型号与标识和接头应逐一目测检验，并检测电缆和接头的绝缘性和电连续性。

仪器及设备应逐件检查其规格型号和是否完好。

（5）运行状况和处理效果的质量控制内容与检测方法

直流电源的输出电压、输出电流值、监控系统的电位指示值不符合规定或与前次检测结果有较大差异时，应对仪器设备和电路进行检测，查明故障部位及原因并进行处理。

线路的绝缘阻抗应进行检测，绝缘不良好的部位应查明原因并及时进行处理。电解质溶液的 pH 值检验每天不少于 1 次且应大于 9.0。

氯离子含量检测方法应满足下列要求：

① 选取具有代表性的位置取样，并避开主筋、预埋铁件、管线以及受力较大和修补等区域，取样数量不少于保护单元总数量的 5% 且每类构件数量不少于 1 件；

② 按现行行业标准《水运工程混凝土试验规程》（JTJ 270）的方法测定砂浆的水溶性氯离子含量；

③ 电化学脱盐处理后混凝土中的氯离子含量应小于水泥砂浆质量的 0.1%。

构件去极化结束后应进行钢筋自腐蚀电位检验，其检测方法应符合现行行业标准《水运工程混凝土试验规程》（JTJ 270）的有关规定。

混凝土表面封闭涂层的质量控制与检查应符合现行行业标准《海港工程混凝土结构防腐蚀技术规范》（JTJ 275）的有关规定。

5.3.2.7 电化学脱盐防腐蚀技术的优点及不足

采用电化学脱盐防腐蚀技术不但具有有效清除混凝土内的有害氯离子、使活化腐蚀的钢筋全面恢复钝化、混凝土再碱化和提高密实性四大功效，而且无须日常维修管理，是一种全新的钢筋混凝土防腐蚀技术。

（1）主要优点

① 可有效清除混凝土内的有害氯离子，钢筋周围的氯离子脱盐效率在 70% 以上，或混凝土内氯离子含量小于 0.1%，已遭受氯离子侵蚀而活化的钢筋可全面恢复钝化，在设计使用年限内从根本上消除了继续引起钢筋腐蚀的隐患。

② 保护效果可通过测量混凝土内剩余氯离子含量和钢筋半电池电位等方法测量，使得防腐蚀质量指标化，工程实施时可具体检测。

③ 对于那些标高较低的构件，工程实施时不会因海水浸泡而影响脱盐指标。

④ 劳动强度低，对混凝土表面尚完好的腐蚀隐患区和已破坏区域钢筋背后的氯离子污染产物无须进行彻底清除，易操作和掌握。

（2）主要不足

① 施工期内，系统设备较多，工序复杂，对操作人员的专业技术要求高。

② 由于需逐个构件进行脱盐，且均有一定的脱盐周期，故大规模实施电化学脱盐工程的周期相对较长。

③ 初期投资较高。

（3）电化学脱盐（再碱化）可能引起的负面效应

① 降低钢/混凝土附着强度及混凝土性能问题　很大的阴极电流使钢筋/混凝土界面的碱性提高，可使混凝土软化，从而减低混凝土/钢的附着强度。但电化学脱盐再碱化技术所设计的电流密度通常为 $1\sim3A/m^2$，试验证明是相对安全、可靠的。

② 引起碱集料反应　电化学脱盐过程中，碱金属离子会向钢筋迁移，并在钢筋周围富集。与此同时，钢筋周围的 pH 值会增高。若混凝土中含有活性集料，势必会激发或加剧碱集料反应。但研究表明，若采用合适的电解质，完全可以抑制碱集料反应的发生。

③ 引起氢脆　施工工艺设计不当，造成局部电流过大，可能会引起预应力

钢绞线的氢脆。

此外，该技术工艺相对复杂，技术难度大，需专业人员负责实施。

5.3.3　电沉积修复混凝土裂缝技术

5.3.3.1　电沉积修复混凝土裂缝技术的原理及研究进展

(1) 原理

电沉积修复混凝土裂缝技术的基本原理是，以混凝土中的钢筋为阴极，置于混凝土表面或外侧电解质中的电极为阳极，在阴、阳极之间通一直流电，在电场的作用下，混凝土内和电解质中的正、负离子发生迁移，并发生化学反应，生成难溶性无机盐类电沉积产物，并附着于裂缝的空隙断面和局部缺陷内部，从而达到修复裂缝和其它缺陷的目的。当采用不同的电解质时，会有不同的电极反应与沉淀机理，现以海水和 $ZnSO_4$ 为电解质分别加以说明。

以海水为电解质时，其电极反应与沉淀机理主要为

阳极：$2H_2O-4e \longrightarrow O_2\uparrow +4H^+$

阴极：$2H_2O+2e \longrightarrow 2OH^- +H_2\uparrow$

溶液中：$Mg^{2+}+2OH^- \longrightarrow Mg(OH)_2\downarrow$

$\qquad\qquad Ca^{2+}+2OH^- \longrightarrow Ca(OH)_2\downarrow$

$\qquad\qquad Ca(OH)_2+CO_2 \longrightarrow CaCO_3\downarrow +H_2O$

以 $ZnSO_4$ 为电解质时，其电极反应与沉淀机理主要为

阳极：$2H_2O \longrightarrow O_2\uparrow +4H^+ +4e$

阴极：$2H_2O+2e \longrightarrow H_2\uparrow +2OH^-$

溶液中：$ZnSO_4 \longrightarrow Zn^{2+}+SO_4^{2-}$

$\qquad\qquad H_2O \longrightarrow H^+ +OH^-$

$\qquad\qquad Zn^{2+}+2OH^- \longrightarrow Zn(OH)_2$

$\qquad\qquad Zn(OH)_2+2OH^- \longrightarrow Zn(OH)_4^{2-}$

$\qquad\qquad Zn(OH)_2 \longrightarrow ZnO\downarrow +H_2O+2OH^-$

该技术不受裂缝宽度与深度的局限，只要在电场可作用到之处，电沉积物质就可达到，但裂缝宽度与深度不同对电沉积修复裂缝的闭合程度会有一定的影响，通常适用电沉积法的裂缝宽度为 0 至数毫米。同时，该技术的实施可在混凝土表面形成一层坚硬而致密的电沉积物，起到自我封闭保护作用。再者，在实施该技术过程中，混凝土中尚未水化或尚未充分水化的水泥颗粒会在电场激发下发生再次水化反应，改善混凝土孔结构，提高混凝土密实性。因此，实施该技术不但可以修复裂缝与缺陷，且具有产生表面致密电解沉积层和增加混凝土密实性等一举三效之功能，从整体上提高混凝土的耐久性。

该技术特别适用于海水中钢筋混凝土结构的防腐蚀维修。利用海水中的

Ca^{2+}、Mg^{2+}作为电沉积原料，在电场可达到处的裂缝和局部缺陷处生成难溶的无机钙、镁盐类沉积物。同时，海水中的Ca^{2+}、Mg^{2+}是取之不尽的，加上海水的流动，可认为其浓度是不变的，即两种离子的供应量是恒定的，这十分有利于电沉积产物的均匀性和密实性，而这对修复效果及其耐久性十分重要。

(2) 电沉积系统装置

由电沉积原理可知，电沉积系统应包括电解质、外部阳极及电源三个必要部分。

① 电解质溶液　针对于电沉积用电解质溶液，国内外学者[89~93]尝试对$MgCl_2$、$Mg(NO_3)_2$、$MgSO_4$、MgS_2O_3、$ZnSO_4$、$Ca(NO_3)_2$、$Mg(CH_3COO)_2$、$Ca(CH_3COO)_2$、$[Mg(NO_3)_2 + K_2B_2O_5]$、$AgNO_3$、$CuCl_2$、$CuSO_4$、$Ca(OH)_2$、$NaHCO_3$、$CaCl_2$、$Al_2(SO_4)_3$和$Pb(NO_3)_2$等电解质溶液进行了试验研究。姚武等认为$ZnSO_4$溶液的电沉积效果最好[89]；储洪强等认为$MgSO_4$、$ZnSO_4$、$MgCl_2$等3种溶液均可取得较好的沉积效果[90]；T. Nishida与J. Ryou等[91,92]选用$Mg(CH_3COO)_2$溶液作为电沉积试验的电解质。总体来说，可溶性的镁盐或锌盐是较为理想的电解质溶液，但对电解质溶液浓度的选择目前尚未取得一致认识，普遍认为裂缝的填充深度随浓度的增加而增大，表面覆盖率和裂缝愈合率则随浓度的增大而减小[94,95]。W. Yodudiai等[94]认为，0.1mol/L的溶液浓度最为有效。储洪强等[95]研究表明0.05 mol/L的溶液浓度是较为经济的选择，同时指出应根据实际情况及浓度对电沉积效果的影响综合确定。

海水中的常量元素中Mg^{2+}约为1.28g/kg，浓度约为0.05mol/L，可作为良好的天然电解质溶液，目前已开展了该项研究，研究成果表明海水可作为电沉积电解质溶液，且部分指标优于$ZnSO_4$溶液。今后应加强开展海水中混凝土裂缝的电沉积修复技术的研究，特别是实体工程试验研究。

② 外部阳极　外部阳极按其溶解度可分为易溶、微溶与难溶等三种。考虑到电沉积实施过程中阳极发射电流密度大、通电时间长，故要求阳极必须满足排流量大、极化率小、耐氯腐蚀、消耗率小等特点。储洪强[96]等尝试利用圆柱石墨、片状钛网板及棱柱状钛网板作为阳极，并研究了辅助阳极与钢筋距离对电沉积效果的影响，结果表明棱柱状钛网作为阳极电沉积效果最优。南京水利科学研究院[97]比较了铜包铌镀铂丝、铂钛复合丝、镀铂钛丝和铜铌复合丝四种阳极材料，结果表明铂铌复合阳极的电化学性能相对优良、损耗极小，同时铂铌复合阳极丝较为柔韧，可针对不同的钢筋混凝土构件弯曲布设，是一种经济合理、性能优良的阳极材料。当前，多数学者直接选用钛网板作为外部阳极，对阳极材料的选用研究较少；且目前开展的多为室内试验，对阳极布置方式研究相对较少[96]。

③ 电源　根据电沉积原理，电源应选用直流电源。具体电源参数选择主要以通过钢筋表面电流的大小为依据。电流密度小，裂缝填充深度深，愈合效果

好，但通电时间长；电流密度太大，会引起混凝土开裂等负面效应[98]。通常情况下，电流密度控制在 $0.25\sim1.0A/m^2$ 范围内。考虑到安全因素，直流电源的电压通常为 $10\sim30V$，通电时间为 $20\sim180d$。

从电源的供电方式来讲，主要有直流不间断供电和间断（脉冲）供电。河海大学[99]尝试采用脉冲电沉积方法进行混凝土裂缝修复的试验研究，结果表明，选择合适的电解液浓度及脉冲参数，在相同的通电时间内，脉冲电沉积方法得到的沉积效果要优于直流电沉积方法，沉积产物的主要成分不变，但沉积物的形貌发生改变，形态更趋于稳定。

(3) 裂缝修复效果评定方法

如何有效评价钢筋混凝土裂缝的愈合效果一直是电沉积法修复钢筋混凝土裂缝研究的难点和热点。现有的评价方法主要集中在四个方面[100~104]：

① 沉积物的产生量及分布，如质量增加率、表面覆盖率等；
② 裂缝的闭合度，如裂缝愈合率和填充深度等；
③ 混凝土性能的改善，如混凝土抗碳化性能、抗渗性能（透水系数）等；
④ 钢筋锈蚀状况，极化电位、极化曲线等。

以上评价指标均从一定的角度反映了裂缝修复的效果，而裂缝修复对结构物性能的影响如何尚缺少统一的评定方法。因此，对混凝土结构整体性能的影响评价应作为今后裂缝修复效果评价方法研究的重点方向。

(4) 技术参数对电沉积效果的影响

技术参数对电沉积效果的影响，目前主要针对混凝土结构技术参数及电沉积系统参数两方面开展了研究。

混凝土结构技术参数方面，主要开展了水灰比、保护层厚度、裂缝宽度等方面的研究，主要成果[98~102]有：水灰比越大对质量增加率及裂缝愈合率越有利；保护层越大越不利于裂缝的愈合；裂缝宽度越宽，其愈合速度降低，但沉积物在裂缝内填充的深度越深。此外蒋林华等[101]还对裂缝越宽，沉积物填充深度越深的原因进行了分析论证。

电沉积系统参数方面，主要开展了电解质溶液、电流密度、电量等方面的研究，主要成果如下。储洪强等[103]以 $0.05mol/L$ 的 $ZnSO_4$ 和 $MgSO_4$ 溶液为电解质，以 $40mm\times40mm\times160mm$ 的带裂缝砂浆试件为研究对象，研究了 $0.25A/m^2$、$1.00A/m^2$ 和 $3.00A/m^2$ 等 3 种电流密度及 $30\sim1440A\cdot h/m^2$ 范围内的 10 种电量对电沉积效果的影响，结果表明：①表面覆盖率随电流密度增大而增大；②裂缝内沉积物的矿物成分并不随电流密度的变化而改变，但沉积物的微观颗粒大小随电流密度的增加而增大；③裂缝愈合率随电量的增加而增大，且相同电量时较低的电流密度更有利于裂缝的愈合。Ryu 等[104,105]研究认为：随电流密度的增加，沉积物在裂缝处的填充深度减小，电流密度越小，裂缝愈合需要的时间越长，沉积物在裂缝处的填充深度越深，愈合效果越好；表面覆盖率随电流密度的变化规律基本与文献一致。文献[106]通过测量混凝土透水系数和质量增加量等方法研究发现，电流密度越大，沉积速度越快，质量增加量也大，且水渗透系数降低；进一步研究认为低电流密度、较低沉积速度更有利于生成结构排列紧密且强度高的沉积物。

综上所述，国内外学者仅对水灰比、保护层厚度、裂缝宽度、电流密度及电量等技术参数对电沉积效果的影响进行了研究，尚需进一步研究混凝土配筋条件、裂缝相对位置、裂缝深度、裂缝成因以及环境条件等其它参数可能对电沉积产生的影响，建立混凝土参数-环境条件-通电参数之间的关系，为科学、安全、合理地将该技术应用于工程实际提供依据。

(5) 沉积物的化学成分及特性

Ryu 等通过 XRD 分析沉积产物发现，以 $ZnSO_4$ 为电解质时沉积产物为 ZnO，以 $MgCl_2$ 为电解质时沉积产物为 $Mg(OH)_2$[107,108]。研究表明，以海水为电解质时，沉积物系 $Mg(OH)_2$ 与 $CaCO_3$ 混合物，其中近 85％为 $Mg(OH)_2$；以 $ZnSO_4$ 为电解质时，沉积产物系 ZnO 与 $Zn(OH)_2$ 混合物，且近 80％为 ZnO。文献[109]研究表明，溶液中加入外加剂只对沉积物的微观结构有影响，不改变其化学组成。有关文献[110]介绍的沉积产物化学成分及特性见表 5.7。

表 5.7　电沉积物的化学成分及特性

电解质溶液	$ZnSO_4$溶液	$MgCl_2$溶液	海水
沉积物化学成分	ZnO	$Mg(OH)_2$	85％$Mg(OH)_2$＋15％ $CaCO_3$
密度/（g/cm³）	5.7～6.2	2.6	—
粘结力/MPa	1.7～2.3	2.0	1.7～2.0
维氏硬度 HV0.01	100～200	50～150	
抗弯强度/MPa	5～7	4～7	
抗压强度/MPa	6～20	5～25	

采用不同的电解质溶液，因其电极反应及沉积机理不同，电沉积产物的组成、结构及性能不同。各类沉积物与混凝土的粘结力均大于 1.5MPa，基本满足有关规范对混凝土表面涂层粘结力的规定，但对其形成过程及长期耐久性尚有待进一步研究，尤其对以海水为电解质形成的电沉积物特性尚需系统研究，以掌握在流动海水作用下沉积物的特性及其长期耐久性。

(6) 优劣势

电沉积修复裂缝的主要优点有：

① 无须破坏原有混凝土保护层，即可通过电流找到裂缝及缺陷部位并封闭，

可使整个区域内裂缝、缺陷都得到处理，特别适用于传统修复技术难以奏效的水下混凝土结构；

② 封闭裂缝及混凝土表面，提高混凝土水渗透系数、抗碳化性能及抗氯离子渗透性能；

③ 优化混凝土孔结构，提升混凝土的耐久性能；

④ 有效清除混凝土内的氯离子，提高混凝土的碱性，使混凝土内活化腐蚀的钢筋恢复钝化[1,26,28]。

电沉积处理需长时间通电，可能会对钢筋混凝土造成负面影响，如碱集料反应、氢脆、握裹力减低等，且往往与构件的几何形态、钢筋布置方式、钢筋电连接等因素相关，因此尚需系统研究各因素对电沉积处理效果的影响以及对混凝土结构性能和长期耐久性的影响，针对不利因素提出有效控制、解决措施，为电沉积的工程应用提供技术保障。

（7）发展方向

电沉积修复混凝土裂缝这一技术在理论及实践上是十分可行的，可为在役混凝土结构的裂缝修复提供新的选择。近年来，开展了一系列研究，并取得了一定的成果，具备了工程应用的理论基础。针对目前的研究现状及工程实际需求，建议开展以下这几个方面的研究。

深入开展电沉积修复裂缝的机理研究，从电化学动力学、电化学反应特征及界面化学等方面研究各因素对成核、结晶、生长、填充等过程的影响，进而通过控制其反应进程，控制电沉积的效果。

完善电沉积效果评价方法，可从微观产物特性、裂缝愈合的稳定性及结构物整体性能三个层次进行，其中对钢筋混凝土结构的影响及长期耐久性应作为今后研究的重要方向。

积极开展工程应用试验，掌握该技术具体实施工艺及质量控制方法，为该技术的工程应用提供依据。

正视电沉积方法的优点与不足，在具体实施前充分考虑其安全性，针对不利因素合理选择处理方法，因势利导，扬长避短，充分发挥电沉积的优势。

5.3.3.2　电沉积系统的设计

电沉积保护系统包括阳极系统、直流电源、监控系统和电缆等。

（1）阳极系统

阳极系统包括辅助阳极和电解质溶液。对辅助阳极的基本要求如下：

① 辅助阳极应具备在通电保护期内承载发射电流的能力；

② 辅助阳极应根据构件形式、允许工作电流密度、保护电流和通电时间等选用，且应符合现行行业标准《海港工程钢结构防腐蚀技术规范》（JTS 153—3）附录 F 的规定；

③ 辅助阳极布置应满足保护电流在保护单元内均匀分布的要求；

④ 辅助阳极的绝缘座、绝缘密封件、阳极电缆、靠近阳极的支架和保护护套等安装组件应采用耐海水、耐碱和耐氯气腐蚀的材料；

⑤ 辅助阳极的接头应进行绝缘密封防水处理。

对海港工程，电解质溶液建议采用海水。

(2) 直流电源

选用的直流电源应具有稳定、可靠、维护简单、抗过载、防雷、抗干扰、抗盐雾、故障保护等特点，并满足下列要求：

① 长期不间断供电；

② 输出电压不超过 50V，波纹量不超过 100mVrms，频率不低于 100Hz；

③ 从零到满量程输出连续可调；

④ 电源的正极与负极不可逆转，并标识明确；

⑤ 应采用防干扰的金属外壳，并对其进行必要的防腐蚀处理。

直流电源的布置应根据直流电源的数量、保护单元的划分、结构形式、使用条件、维护管理和经济等因素确定。可集中布置，也可分散布置。其总功率 P (W)可按公式 (5.1) 和公式 (5.2) 计算。

(3) 监控系统

监控系统选用的参比电极应具有极化小、不易损坏和适用环境介质的特性，一般选用 Ag/AgCl 海水电极。每个保护单元宜布置不少于 4 个参比电极，其安装位置应反映结构物的电流分布情况；参比电极支架及其相关部件应进行防腐蚀处理。

监控设备应适应所处环境，并满足下列要求：

① 具有稳定、可靠、维护简单、抗干扰、抗盐雾、故障保护等特点；

② 具有测量并显示电位和电流等参数的功能；

③ 电位测量的分辨率达到 1mV，精度不低于测量值的 ±0.1%，输入阻抗不小于 10MΩ；

④ 电流测量的分辨率达到 1μA，精度不低于测量值的 ±0.5%。

(4) 电缆

系统的电缆包括电源电缆、阳极电缆、阴极电缆、参比电极电缆和电位测量电缆等，各类电缆的要求与外加电流阴极保护系统相同。

5.3.3.3 电沉积系统的安装与调试

电沉积保护系统的安装包括钢筋电连接、混凝土结构预处理、监控系统的安装、辅助阳极的安装、各种接头的制作和电缆铺设、直流电源的安装等。

安装过程应注意以下几方面的问题。

① 保护单元内钢筋电连接电阻≤1.0Ω。钢筋电连接一般采用焊接连接。电

连接钢筋或电缆外露部分应采取适当的防腐保护措施。

② 待修复部位应用高压淡水冲洗，尤其是裂缝部位的海生物、松散混凝土和其它不牢固附着物等。

③ 接头应进行密封防水处理，并满足耐久性要求；参比电极电缆不得有水中接头，陆上接头应修复屏蔽层并进行绝缘密封。电缆应采取适当的保护措施，避免环境、人和动物的破坏；电缆水中部分应留有足够的长度余量。

系统调试主要包括以下几方面的内容：

① 检测记录每个保护单元的回路电阻，避免短路；

② 以电流设计值的 20％进行试通电，记录输出电压、电流和电位，确认所有组件安装、连接是否正确；

③ 试通电不少于 48h，每 8h 记录一次输出电压、电流和电位；

④ 试通电完成后逐步加大保护电流，直至设计值。

5.3.3.4　电沉积系统的过程控制

过程控制的主要工作有保护系统各组成部件的检测，输出电压、电流和保护电位的检测，阳极的消耗情况，电解质化学成分等。

5.3.3.5　质量控制与检验

电沉积处理质量控制与检验的主要内容如下：混凝土结构预处理、保护单元内钢筋电连接性、参比电极的性能及安装、阳极系统的性能及安装、接头制作及电缆铺设、仪器和设备性能以及运行状况及处理效果。

具体检验方法与要求如下。

① 钢筋电连接性检验宜采用直流电阻法。采用数字万用表测量保护单元内不同钢筋之间的电阻，其电阻值应小于 1.0Ω。

② 参比电极的电位值应采用内阻不低于 $10M\Omega$ 的数字万用表和校核参比电极逐只测量，允许偏差为 $\pm10mV$。参比电极安装位置采用量测法检查，允许偏差为 $\pm100mm$。

③ 辅助阳极应逐件检验规格型号、外观状况和尺寸。

运行状况和处理效果的质量控制与检测包括如下内容：直流电源的输出电压、输出电流值、监控系统的电位指示值不符合规定或与前次检测结果有较大差异时，应对仪器设备和电路进行检测，查明故障部位及原因并进行处理。线路的绝缘阻抗应进行检测，绝缘不好的部位应查明原因并及时进行处理。检验裂缝愈合程度，裂缝应完全被沉积物堵塞，检验数量应不少于裂缝总条数的 10％，且不少于 5 条。

裂缝填充深度检验应满足下列要求：

① 采用钻取芯样法检验水位变动区的裂缝填充深度；

② 选取具有代表性的位置取芯，并避开主筋、预埋铁件、管线以及受力较

大和修补等区域，检验数量不少于 2 条裂缝；

③ 沿裂缝劈开芯样，等间距选取不少于 3 个点，用游标卡尺量取每个点的封填深度，其均值即为裂缝填充深度；

④ 裂缝的填充深度大于 5mm。

5.3.4 电迁移阻锈技术

(1) 电迁移阻锈技术原理

电迁移阻锈技术的基本原理如图 5.2 所示，在混凝土表面铺设阳极，并使阳极处于含有一定浓度的阻锈剂（R-M）的碱性电解质中，在阴极与阳极之间通以直流电流。在电场的作用下，外部电解质溶液中的阳离子阻锈基团快速向混凝土内部迁移，混凝土内带负电荷的氯离子向外部迁移，其它阴、阳离子也分别向阳极或阴极迁移，同时在阳极与阴极上发生相应的电化学反应。

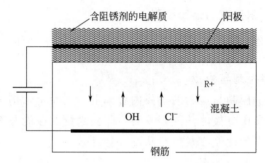

图 5.2 电迁移阻锈技术基本原理

在外部电极（阳极）：

$$4OH^- \longrightarrow 2H_2O + O_2 \uparrow + 4e \tag{5.11}$$

$$2H_2O \longrightarrow O_2 \uparrow + 4H^+ + 4e \tag{5.12}$$

$$2Cl^- \longrightarrow Cl_2 \uparrow + 2e \tag{5.13}$$

以上阳极反应均能造成阳极周围电解质 pH 值降低。

在钢筋上（阴极）：

$$2H_2O + O_2 + 4e \longrightarrow 4OH^- \tag{5.14}$$

$$2H_2O + 2e \longrightarrow 2OH^- + H_2 \uparrow \tag{5.15}$$

OH^- 的产生致使钢筋附近混凝土孔隙液的 pH 值增高，这有利于钢筋恢复并维持其钝态。在氧气充足的条件下，反应以式（5.14）为主；当钢筋电位达到析氢电位或氧被消耗净时反应以式（5.15）为主。

在混凝土中，由于电场的存在，负离子（Cl^-、OH^- 等）由阴极向阳极迁移，阳离子阻锈基团以及 Na^+、K^+ 和 Ca^{2+} 等离子由阳极向阴极迁移。当钢筋周围混凝土孔隙液中有效阻锈基团集聚到一定程度、氯离子含量下降到一定浓度，活化腐蚀的钢筋恢复钝态，停止腐蚀。

(2) 室内研究进展

利用电场将有效阻锈基团输送至钢筋的技术最早见于文献[111]。在电化学脱盐过程中将可离解出阳离子阻锈基团的阻锈剂添加到电解质溶液中，利用电场作用将有效阻锈基团输送至钢筋，其采用的电压与电流密度分别为 $5\sim10V/cm$ 和 $4.6\sim12.4A/m^2$，通电时间为 $10\sim15d$。虽然该技术相对新颖且对混凝土结构也无破坏，但由于采用的有机类阻锈剂较为昂贵，且要达到的满意的效果需要较长的通电时间，因此该技术早期发展缓慢，直到最近几年才有所进展。

电迁移阻锈装置主要由三部分组成，即电解质、外部阳极和直流电源等。为了避免电迁移阻锈技术实施过程中发生的阳极反应导致外层混凝土孔隙液酸化，常采用碱性电解质溶液如饱和 $Ca(OH)_2$ 等，选用的阻锈剂为在碱性条件下能离解出阳离子阻锈基团的阻锈剂。由于胺和醇胺类阻锈剂在一定条件下因质子化作用能形成阳离子阻锈基团，因此多选用胺或醇胺类阻锈剂，如瑞士 Sika 公司生产的 Sika903、美国 Cortec 公司生产的 MCI 以及国内某科研单位研制的 BE 等[112~116]。但并非所有的胺或醇胺类阻锈剂在碱性条件下都能达到预期的阻锈效果。研究认为[117]，在高碱性条件下分析纯级的醇胺类有机阻锈剂电离程度有限，电迁移阻锈效果不理想。

2004 年澳大利亚学者 L. Holloway 等研究认为[118]，电场作用有利于迁移型阻锈剂离解的阳离子铵基向混凝土内的钢筋迁移，但相对于自然渗透与外掺阻锈剂，电场作用方法的阻锈效果并不显著。近年来，洪定海等人以盐污染混凝土结构电化学脱盐所采用的电流密度进行了 BE 阻锈剂的电迁移试验，结果表明，在电场作用下阻锈剂能迅速达混凝土内部 $100mm$，且可显著阻锈，但对于阻锈剂含量、电量以及混凝土技术条件等方面可能对阻锈效果的影响并未进行深入讨论。海军工程大学等通过测试阻锈剂渗入量、脱盐率以及钢筋电位、钢筋极化电阻研究了电迁移阻锈技术的可行性，结果表明，电迁移阻锈技术在脱除盐污染混凝土中氯离子的同时能快速将有效阻锈基团输送到钢筋表面，使已腐蚀的钢筋快速恢复钝态，达到修复的目的；研究认为，与单一的电化学脱盐及阻锈剂自然渗透修复技术相比，该技术能显著提高防腐修复的效果[119~121]；但对于该技术对混凝土性能的影响未进行深入研究。

(3) 现场应用情况

2001 年 6 月开始，洪定海等在室内研究的基础上，在连云港大浦东抽水站进行了历时 3 年的电迁移阻锈现场试验研究。试验以已遭受盐污染腐蚀破坏的横梁为研究对象，试验选取的电流密度为 $2A/m^2$，阻锈剂采用 30% 的 BE。通过测量钢筋半电池电位表明，电迁移阻锈处理 3 年后，阻锈剂 BE 对梁内的钢筋仍然起着保护作用。但对混凝土内钢筋的腐蚀速率以及钢筋周围阻锈剂的含量并未进行测试分析。

2008 年 5 月，唐军务等在舟山某海港码头的梁类构件上进行电迁移阻锈现场试验研究，试验选取的电流密度为 $1.5A/m^2$，阻锈剂采用 5% 的 BE，最大通电电量为 $720A \cdot h/m^2$。研究表明，电迁移阻锈技术具有清除混凝土内有害氯离子和加速阻锈基团渗入的双重作用，并通过试验提出了以钢筋的腐蚀电位或 N/Cl 值作为电迁移阻锈效果的评判方法。

国外目前尚未见盐污染环境中钢筋混凝土电迁移阻锈技术工程应用性研究的公开报道。

(4) 发展方向

钢筋混凝土电迁移阻锈技术为氯盐污染环境中钢筋混凝土结构进行在役维护、修复提供了一种新思路、新方法，它具有高效、快捷，且无须破坏原有混凝土保护层就可将有效阻锈基团输送至钢筋表面的优点。近年来，国内外虽进行了一些研究，取得了一定的成果，但总体而言尚处于起步阶段。针对目前的研究现状，建议应在以下几方面开展研究。

① 有效阻锈基团在电场作用下到达钢筋并富集于钢筋表面，有效阻锈基团与钢筋的螯合形式以及成膜物的长期稳定性尚需进一步研究，因为该成膜物的长期稳定性直接影响钢筋混凝土的长期耐久性。

② 在钢筋混凝土电迁移阻锈技术实施过程中，阴极和阳极上不可避免地会发生电化学反应，也会引起正负离子在混凝土保护层中发生迁移与富集，可能会改变混凝土原来的离子分布与组成，导致混凝土性能发生变化，因此，进一步研究该技术对钢筋混凝土结构构件性能的影响对该技术的工程应用具有重要意义。

开展工程试验及效果评价指标体系的研究，以掌握该技术具体操作工艺及质量控制方法，为该技术的工程应用提出依据。

参 考 文 献

[1] 蒋元驹，韩素芳. 混凝土工程病害与修补加固 [M]. 北京：海洋出版社，1996：1-65.

[2] 姚继涛，马永欣，董振平等. 建筑物可靠性鉴定和加固——基本原理和方法 [M]. 北京：科学出版社，2003.266-320.

[3] A. A. Shash. Repair of concrete beams-a case study [J]. Construction and Building Materials，2005，19：75-79.

[4] 李勇. 电沉积法修复海工结构混凝土水下裂缝的研究 [D]. 南京：南京水利科学研究院，2007.

[5] 葛燕，朱锡昶，朱雅仙等. 混凝土中钢筋的腐蚀与阴极保护 [M]. 北京：化学工业出版社，2007.

[6] S. D. Cramer，S. J. Bullard，B. S. Covino，etal. Carbon paint anode for reinforced concrete bridge in coastal environments [C]. Corrosion，2002；paper 02265.

［7］ M. Tettamanti，A. Rossini. Cathodic prevention and protection of concrete elements at the Sydney Opera House［J］. Material Performance，1997，36（9）：21-25.

［8］ Mohammed Ali，Hassan Ali Al-Ghannam. Cathodic protection for above-water sections of a steel-reinforced concrete seawater intake structures［J］. Material Performance，1998，37（6）：11.

［9］ Lambert P. Cathodic protection of reinforced concrete［J］. Anti-Corrosion Methods and Materials，1995，30（1）：8-9.

［10］ 葛燕，朱锡昶. 钢筋混凝土阴极保护和阴极保护技术的状况与进展［J］. 工业建筑，2004，34（5）：18-20.

［11］ 洪定海，范卫国，罗德宽等. 海工钢筋混凝土上部结构外加电流阴极保护技术的研究与应用总报告［R］. 南京：南京水利科学研究院材料结构研究所，1991.

［12］ 洪定海，范卫国，罗德宽等. Study and application of impressed current cathodic protection technique for atmospherically exposed salt-contaiminated reinforced concrete structures［J］. ACI Material Performance，1993，90（1）：3-7.

［13］ 范卫国，罗德宽，洪定海等. 湛江港 2.5 万吨级油码头引桥上部结构阴极保护试点报告［R］. 南京：南京水利科学研究院材料结构研究所，1990.

［14］ 范卫国，罗德宽，洪定海等. 连云港二码头东侧钢筋混凝土梁板底部阴极保护试点报告［R］. 南京：南京水利科学研究院材料结构研究所，1990.

［15］ 范卫国. 大丰港挡潮闸胸墙钢筋混凝土梁阴极保护试点报告［R］. 南京：南京水利科学研究院材料结构研究所，1990.

［16］ 洪定海，范卫国，罗德宽等. 海工钢筋混凝土上部结构外加电流阴极保护技术的初步研究（Ⅰ）［J］. 腐蚀与防护，1990，11（4）：197-202.

［17］ 洪定海，范卫国，罗德宽等. 海工钢筋混凝土上部结构外加电流阴极保护技术的初步研究（Ⅱ）［J］. 腐蚀与防护，1990，11（5）：257-261.

［18］ 杜荣归，黄若双，赵冰等. 钢筋混凝土结构中阴极保护技术的应用现状及研究进展［J］. 材料保护，2003，36（4）：12-16.

［19］ R. J Kessler，et al. Anode for impressed current cathodic protection substructure of concrete bridges in marine environment［J］. Materials Performance，1989，105（6）：432-435.

［20］ 加纳伸入，望月纪深. 流电阳极方式にするコンクリ-ト 中の铁筋の防食［C］. コンクリ-ト 工学年次论文报告集，1998，10（2）：517-522.

［21］ 葛燕，朱锡昶. 氯化物环境钢筋混凝土的腐蚀与牺牲阳极保护［J］. 水利水电进展，2005，25（4）：67-70.

［22］ Daily S F. Galvanic cathodic protection of reinforced and prestressed concrete using a thermally sprayed aluminum coating［J］. Concrete Repair Bulletin，2003，16（4）：2-10.

［23］ 王伟，季明堂. 钢筋混凝土构筑物牺牲阳极保护研究进展［J］. 科学视野，2001，25（5）：18-20.

［24］ S. R. Sharp，M. C. Brow. Survey of cathodic protection systems on virginia bridges［R］. Charlottesville：Virginia transportion research council，2007.

［25］ S. J. Bullard，B. S. Covino，S. D. Cramer，et al. Alternative Consumable Anodes for Cathodic Protection of Reinforced Concrete Bridges［A］//Corrosion 99［C］. San Antonio，Tx：NACE International，1999，25-30.

［26］ R. Brousseau and B. Baldock. Laboratory Study of Sacrificial Anodes for Reinforced Concrete［J］. Corrosion，1998，54（3）：241-245.

[27] S. D. Cramer, B. S. Covino, Jr., S. J. Bullard, et al. Corrosion prevention and remediation strategies for reinforced concrete coastal bridges [J]. Cement and Concrete Composites, 2002, 24 (1): 101-117.

[28] Gordon R. Holcomb, Bernard S. Covino, James H. Russell, et al. Humectant Use in the Cathodic Protection of Reinforced Concrete [J]. Corrosion, 2000, (3): 26-31.

[29] Alberto A. Sagues, Rodney G. Powers. Sprayed-zinc sacrificial anodes for reinforced concrete in marine service [J]. Corrosion, 1996, 52 (7): 508-522.

[30] Steven F. Daily. Galvanic cathodic protection of reinforced and prestressed concrete using a thermally sprayed aluminum coating [J]. Concrete repair bulletin, 2003, 16 (4): 12-15.

[31] J. E. Bennett, C. Firlotte. A Zinc/Hydrogel System for Cathodic Protection of Reinforced Concrete Structures [J]. Corrosion, 1996, (3): 24-29.

[32] R. J. Kessler, R. G. Powers. Zinc sheet anodes with conductive adhesive for cathodic protection [J]. Materials Performance, 1998, 37 (1): 12-16.

[33] R. J. Kessler, R. G. Powers and I. R. Lasa. Cathodic protection using zinc sheet anodes and an ion conductive gel adhesive [J]. Corrosion, 1997, (3): 10-14.

[34] Andrés A. Torres-Acostal, Rajan Sen F. ASCE, Miguel Mart'nez-Madrid. Cathodic protection of reinforcing steel in concrete using conductive-polymer system [J]. Journal of materials in civil engineering, 2004, 16 (4): 315-321.

[35] Richard J. Kessler, R. G. Powers, Ivan R. Lasa. Zinc Mesh Anodes Cast into Concrete Pile Jackets [J]. Corrosion, 1996, (3): 24-29.

[36] Luca Bertolini, Matteo Gastaldi, MariaPia Pedeferri, et al. Prevention of steel corrosion in concrete exposed to seawater with submerged sacrificial anodes [J]. Corrosion Science, 2002, 44: 1497-1513.

[37] Luca Bertolini, Elena Redaelli. Throwing power of cathodic prevention applied by means of sacrificial anodes to partially submerged marine reinforced concrete piles: Results of numerical simulations [J]. Corrosion Science, 2009, 51: 2218-2230.

[38] I. R. Lasa, R. G. Powers. Florida's approach to bridge preservation [R]. Japan: Technical memorandum of public works research institute, 2003, 175-188.

[39] I. Genesca, L. Betancourt, L. Jerade, et al. Electrochemical Testing of Galvanic Anodes [J]. Materials Science Forum, 1998: 1275-1288.

[40] D. A. Whiting, M. A. Nagi and J. P. Broomfield. Laboratory Evaluation of Sacrificial Anode Materials for Cathodic Protection of Reinforced Concrete Bridges [J]. Corrosion, 1996, 52 (6): 472-479.

[41] Oladis T. de Rincón, Matilde F. de Romerol, Aleida R. de Carruyol, et al. Performance of sacrificial anodes to protect the splash zone of concrete piles [J]. Materials and Structures, 1997, 30 (9): 556-560.

[42] John E. Bennett, Caroline Talbot. Extending the Life of Concrete Patch Repair with Chemically Enhanced Zinc Anodes [J]. Corrosion, 2002, (4): 7-11.

[43] G. T Parthiban, Thirumalai Parthiban, R. Ravi, et al. Cathodic protection of steel in concrete using magnesium alloy anode [J]. Corrosion Science, 2008, 50: 3329-3335.

[44] A. S. S. Sekarl, V. Saraswathy, G. T. Parthiban. Cathodic protection of steel in concrete using conductive polymer overlays [J]. International Journal of electro-chemical science, 2007, (2): 872-882.

[45] 高南, 刘增何, 刘骁. 混凝土钢筋阴极保护的新型阳极的研究 [J]. 材料保护, 1995, 28 (12):

8-9.

[46] 王伟．钢筋混凝土构筑物潮差区浪溅区牺牲阳极保护研究［D］．青岛：中国科学院海洋研究所，2000.

[47] 邱富荣，石小燕，余兴增等．钢筋混凝土构筑物电化学保护的新进展［J］．腐蚀科学与防护技术，2000，12（5）：303-307.

[48] 张桂扬，路新瀛．分布式牺牲阳极阴极保护有效性初步试验研究［J］．混凝土，2009，（4）：8-13.

[49] 李岩，葛燕，朱锡昶等．电化学活性砂浆物理性能的室内研究［J］．混凝土与水泥制品，2009，（3）：4-5.

[50] 葛燕，李岩，朱锡昶．海洋环境钢筋混凝土牺牲阳极阴极保护试验研究［A］//第四届中国海洋（岸）工程学术讨论会论文集．北京：海洋出版社，2009.

[51] U. Schneck. Investigation on the chloride transformation during the electrochemical chloride extraction process［J］. Material and Corrosion，2000，51：91-96.

[52] N. R. Buenfeld and J. P. Broomfield. Influence of electrochemical chloride extraction on the bond between steel and concrete［J］. Magazine of Concrete Research，2000，52（2）：79-91.

[53] A. J. Van den and R. B. Polder. Electrochemical realkalisation and chloride removal of concrete［J］. Construction Repair，1992，6（5）：19-24.

[54] J. E. Slater，D. R. Lankard，P. J. Moreland. Electrochemical removal of chlorides from concrete bridge deck［J］. Materials Performance，1976，15（11）：21-26.

[55] J. A. Rogers etc. Discussion Electrochemical removal of chlorides from concrete bridge deck［J］. Materials Performance，1977，16（7）：48-49.

[56] 洪定海．混凝土中钢筋的腐蚀与保护［M］．北京：中国铁道出版社，1998.

[57] B. Elsener，M. Molina，H. Bohni. The electrochemical removal of chloride from reinforced concrete［J］. Corrosion science，1993，35（5）：1563-1570.

[58] 朱雅仙．水工钢筋混凝土结构电渗防腐技术的室内试验研究［R］．南京：南京水利科学研究院，1995.

[59] J. E. Bennett，T. J. Schue. Electrochemical chloride from concrete：a SHRP contract status report［J］. NACE，Corrosion 90，1990：316.

[60] A J Van den Hondel，Polder R B，et al. Electrochemical realkalisation and chloride removal of cohere［J］. Construction Repair，1992，（10）：19-24.

[61] 范卫国等．钢筋混凝土电化学脱盐防腐保护成套技术研究（专题总报告），"九五"国家重点科技攻关项目［R］．南京：南京水利科学研究院，2000.

[62] N. R. Buenfeld，J. P. Broomfield. Effect of chloride removal on rebar bond structure & concrete properties //Ed. by Swamy R N. Pro. of Inter. Conf. on Corrosion and Corrosion Protection of Steel in Concrete［C］. Univ. of Sheffield UK，1994：1439-1450.

[63] 朱雅仙，朱锡昶，罗德宽等．电化学脱盐对钢筋混凝土性能的影响［J］．水运工程，2002，340（5）：8-12.

[64] 朱雅仙，吕亿农，朱锡昶．电化学脱盐对钢筋混凝土性能的影响［R］．南京：南京水利科学研究院，南京化工大学，2000.

[65] E. E. Velivasakis，S. K. Henriksen，D. W. Whitmore. Halting corrosion by chloride extraction and realkalization［J］. Concrete International，1997，（10）：39-44.

[66] C. L. Page and S. W. Yu. Potential effects of electrochemical desalination of concrete on alkali-silica reac-

tion〔J〕. Magazine of Concrete Research, 1995, 47 (170): 23-31.

〔67〕 J. Bennett et al. Protection of concrete bridge components: Field Trials, Strategic highway research program〔R〕. Report SHRP-S-657, 1993: 201.

〔68〕 J. Mietz. Electrochemical rehabilitation method for reinforced concrete structures——a state of the report〔R〕. Published for the European of corrosion by the institute of material, 1998.

〔69〕 E. E. Velivasakis, S. K. Henriksen, R. Hauer. Chloride extraction and re-alkalization of reinforced concrete stops steel corrosion //K. D. Basham. Infrastructure: New material & material of repair, Proc. 3rd material engineering conf. materials engineering ASCE〔C〕. 1999: 1127-1134.

〔70〕 吕忆农, 朱雅仙, 卢都友. 电化学脱盐对混凝土碱集料反应的影响〔J〕. 南京工业大学学报: 自然科学版, 2002, 24 (6): 35-39.

〔71〕 魏宝明. 金属腐蚀理论及应用〔M〕. 北京: 化学工业出版社, 1984.

〔72〕 Metha P K. Concrete durability—fifty year, s progress //Proc. of 2nd inter. Cof. On Concrete Durability〔C〕. ACI SP126-1, 1991: 1-31.

〔73〕 方英豪, 李森林, 范卫国等. 电化学脱盐防腐蚀保护技术现场应用〔J〕. 水运工程, 2009, 426 (4): 56-59.

〔74〕 B. T. J. Stoop, R. B. Polder. Redistribution of chloride after electrochemical chloride removal from reinforced concrete prisms〔J〕. Heron, 1999, 44 (1): 31-44.

〔75〕 A. M. Hassancin, G. K. Glass, N. R. Buenfeld. A mathematical model for electrochemical removal of chloride from concrete structures〔J〕. Corrosion, 1998, 54 (4): 323-332.

〔76〕 C. L. Page. Computer simulation of ionic migration during electrochemical chloride extraction from hardened concrete〔J〕. British Corrosion Journal, 1996, 31 (1): 73-75.

〔77〕 T. D. Marcotte, C. M. Hansson, B. B. Hope. The effect of the electrochemical chloride extraction treatment on steel-reinforced mortar part I: electrochemical measurements〔J〕. Cement and Concrete Research, 1999, 29 (10): 1555-1560.

〔78〕 W. K. Green, S. B. Lyon, J. D. Scantlebury. Electrochemical changes in chloride contaminated reinforced concrete following cathodic polarization〔J〕. Corrosion Science, 1993, 35 (5-8): 1627-1631.

〔79〕 C. Andrade, M. Castellote, J. Sarria, C. Alonso. Evolution of pore solution chemistry, electro-osmosis and rebar corrosion rate induced by realkalisation〔J〕. Materials and Structures, 1999, 32 (7): 427-436.

〔80〕 M. Castellote, C. Andrade, M. C. Alonso. Changes in concrete pore size distribution due to electrochemical chloride migration trials〔J〕. ACI Materials of Journal, 1999, 96 (3): 314-319.

〔81〕 李森林, 朱雅仙, 朱秀娟. 脱盐处理对钢筋-砂浆界面微观结构的影响〔J〕. 海洋工程, 2004, 22 (2): 75-78.

〔82〕 Mirand J M, Cobo A, Otero E, etc. Limitations and advantages of electrochemical chloride removal in corroded reinforced concrete structures〔J〕. Cement and concrete research, 2007, 37 (4): 596-603.

〔83〕 Mirand J M, Gonzale J A, Cobo A, etc. Several questions about electrochemical rehabilitation methods for reinforced concrete structures〔J〕. Corrosion science, 2006, 48 (8): 2172-2188.

〔84〕 Mirand J M, Otero E, Gonzalez J A. Reflections on electrochemical rehabilitation methods for corroded reinforced concrete structures〔J〕. Revista de metalurgia, 2005, 41: 274-278.

〔85〕 Graces P, Climent M A, etc. Effect of the reinforcement bar arrangement on the efficiency of electrochemical chloride removal technique applied to reinforced concrete structures ［J］. Corrosion science，2006，48（3）：531-545.

［86］ Elsener B. Long-term durability of electrochemical chloride extraction ［J］. Materials and Corrosion，2008，59（2）：91-97.

［87］ 干伟忠，王纪跃. 电化学排除钢筋混凝土结构氯盐污染的试验研究 ［J］. 中国公路学报，2003，16（3）：44-47.

［88］ 王新祥，邓春林，成立等. 混凝土在电化学脱盐过程中内部离子迁移和结构变化的研究 ［J］. 混凝土与水泥制品，2006，（4）：1-9.

［89］ 姚武，郑晓芳. 电沉积法修复钢筋混凝土裂缝的试验研究 ［J］. 同济大学学报：自然科学版，2006，34（11）：1441-1444.

［90］ 储洪强，蒋林华. 利用电沉积方法修复混凝土裂缝试验研究 ［J］. 河海大学学报：自然科学版，2005，33（3）：310-313.

［91］ T. Nishida，N. Otsuki，S. Miyazato，et al. The investigation of electrodeposition conditions for the crack closure of the land reinforced concrete ［C］//25th conference on our world in concrete & structures. Singapore：CI-Premier PTELTD，2000：469-476.

［92］ J. Ryou. New waterproofing technique for leaking concrete ［J］. Journal of materials science，2003，22：1023-1025.

［93］ Nobuaki Otsuki，Jac-Suk Ryu. Use of electrodeposition for repair of concrete with shrinkage cracks ［J］. Journal of materials in civil engineering，2001，26（2）：136-142 .

［94］ W. Yodudiai，P. Suwanvittaya. Experimental study on application of electrodeposition method for decreasing carbonation and chloride penetration of cracked reinforced concrete ［J］. Asian journal of civil engineering，2011，12（2）：197-204.

［95］ 储洪强，孙达，蒋林华. 电沉积溶液浓度及温度对修复混凝土裂缝的影响 ［J］. 材料导报，2010，24（6）：66-69.

［96］ 储洪强，蒋林华，华卫兵. 辅助阳极及电极距离对沉积效果的影响 ［J］. 建筑材料学报，2005，8（4）：456-461.

［97］ 李森林，范卫国，方英豪等. 在役海港码头钢筋混凝土电化学脱盐技术的研究应用 ［R］. 南京：南京水利科学研究院，2008.

［98］ 姚武，郑晓芳. 电沉积法修复混凝土裂缝的初步进展 ［J］. 中国科学基金，2005，（4）：216-219.

［99］ 于丽波. 脉冲电沉积方法修复混凝土裂缝技术研究 ［D］. 南京：河海大学，2008.

［100］ 蒋正武，邢锋，孙振平等. 电沉积法修复钢筋混凝土裂缝的基础研究 ［J］. 水利水电科技进展，2007，27（3）：5-8，20.

［101］ 蒋林华，储洪强. 混凝土参数对沉积效果的影响 ［J］. 水利水电科学进展，2005，25（2）：23-25.

［102］ J. S. Ryu. Influence of crack width，cover depth，water-cement ratio and temperature on formation of electrodeposits on the concrete surface ［J］. Magazine of concrete research，2003，55（1）：35-40.

［103］ 储洪强，蒋林华，徐怡. 电沉积法修复混凝土裂缝中电流密度的影响 ［J］. 建筑材料学报，2009，12（6）：729-733.

［104］ Ryu Jae-Suk，Nobuaki Otsuki. Crack closure of reinforced concrete by electrodeposition technique ［J］. Cement and Concrete Research，2002，32（1）：159 -164.

［105］ Nobuaki Otsuki，Makoto Hisada，Ryu Jae-Suk. Rehabilition of concrete cracks by electrodeposition ［J］. Concrete International，1999，21（1）：58-63.

[106] 蒋正武，孙振平，王培铭. 电化学沉积法修复钢筋混凝土裂缝的愈合效果 [J]. 东南大学学报：自然科学版，2006，36（增刊）：129-134.

[107] J. S. Ryu，Nobuaki Otsuki. Experimental study on repair of concrete structural members by electrochemical method [J]. Scripta materialia，2005，52：1123-1127.

[108] J. S. Ryu，N. Otsuki. Application of electrochemical techniques for the control of cracks and steel corrosion in concrete [J]. Journal of applied electrochemistry，2002，32：635-639.

[109] Chu hongqiang，Wang peiming. Influence of additives on the formation of electrodeposits in the concrete cracks [J]. Journal of Wuhan University of Technology：Materials Science Edition，2011，26（2）：366-370.

[110] Jac-Suk Ryu，Nobuaki Otsuki，Makoto Hisada. Crack closure and chloride extraction of concrete by electrodeposition method [C]. Transaction of the 15th international conference on SMiRT. Seoul，Korea，1999：65-70.

[111] S. Hettiarachchi，A. T. Gaynor and M. F. Asaro. Electrochemical chloride removal and protection of concrete bridge components（Injection of synergistic inhibitors），Strategic Highway Research Program，SHRP-S-310 [R]. National Research Council，Washington，DC，1987.

[112] 唐修生，黄国泓，祝烨然. 渗透型高性能钢筋阻锈剂的研制 [R]. 南京：南京水利科学研究院，2009.

[113] 李森林，蔡伟成，徐宁，朱雅仙. 电渗阻锈新技术研究 [R]. 南京：南京水利科学研究院，2010.

[114] 徐永模. 迁移性阻锈剂——钢筋混凝土阻锈剂的新发展 [J]. 硅酸盐学报，2002，30（1）：94-101.

[115] 汤涛，雷俊，祝剑剑，陈步荣，魏无际. 一种新型钢筋阻锈剂的阻锈性能 [J]. 腐蚀与防护，2007，28（12）：642-645.

[116] 洪定海，王定选，黄俊友. 电迁移型阻锈剂 [J]. 东南大学学报：自然科学版，2006，36：154-159.

[117] Sawada S，Page CL，Page MM. Electrochemical injection of organic corrosion inhibitors into concrete [J]. Corrosion Science，2005，47（8）：2063-2078.

[118] L. Holloway，K. Nairn，M. Forsyth. Concentration monitoring and performance of a migratory corrosion inhibitor in steel-reinforced concrete [J]. Cement and concrete research，2004，34：1435-1440.

[119] 唐军务，李森林，蔡伟成，朱雅仙. 钢筋混凝土结构电渗阻锈技术研究 [J]. 海洋工程，2008，26（3）：83-88.

[120] 唐军务，黄长虹，朱雅仙，蔡伟成. 军港码头采用不同延寿修复技术比较研究 [J]. 海洋工程，2009，27（4）：116-120.

[121] 朱雅仙，李森林，蔡伟成. 氯盐环境钢筋混凝土结构修复技术效果的试验研究 [C] //第七届海峡两岸材料腐蚀与防护研讨会论文集. 昆明：昆明理工大学，2010：86-90.

第6章
提高工程寿命的新材料和新技术

影响工程混凝土结构寿命的因素很多，如结构物所处的服役环境、结构设计、材料选择、防护措施以及服役过程中的外在因素等，其中新材料和新技术是工程结构延寿的重要组成部分。

6.1 高性能混凝土延寿技术

混凝土是影响工程结构寿命的最重要的材料，早期的普通混凝土由于在环境的侵蚀下不能达到预期的耐久性而不得不进行维修加固，有的甚至达到报废重建的程度。高性能混凝土是在 20 世纪 90 年代初提出来的，尽管目前对高性能混凝土的定义不一致，但高性能混凝土必须有高耐久性是一致的。高性能混凝土是在大幅度提高不同混凝土性能的基础上，以耐久性为主要设计指标，针对不同用途和要求，采用现代技术制作的、低水胶比的混凝土。

高性能混凝土所用的原材料主要是：水泥、砂、石、水、化学外加剂和矿物外加剂。化学外加剂和矿物外加剂的加入是从普通混凝土向高性能混凝土转变的关键。化学外加剂如减水剂、缓凝剂、引气剂等的加入，减少了需水量，降低了水化热，增加了和易性，减少了坍落度损失，提高了混凝土的致密性和工作性能。矿物外加剂如磨细矿渣和粉煤灰的加入，减少了水泥的用量，参与水化反应，填充了胶凝材料的孔隙，提高了混凝土的致密性，改善了混凝土的界面结构，提高了混凝土的耐久性能。

6.1.1 高性能混凝土用原材料选用

6.1.1.1 水泥的选用原则

自从英国人 Aspdin 取得"波特兰"水泥的专利，已经有 180 多年的历史[1]，生产水泥的技术也在不断革新和完善。目前水泥混凝土已经成为用量最大的建筑材料。据不完全统计，全世界年产水泥已经超过 20 亿吨，我国 2006 年的水泥产量已经超过 12.4 亿吨，占全球产量的 50％ 以上。水泥的品种较多，按照不同的划分方法可分为不同的类型（见表 6.1）。

表 6.1 我国水泥的种类

划分方法	类别	说明
按性能和用途划分	通用水泥	用于大量土木建筑工程一般用途的水泥，如硅酸盐水泥、普通硅酸盐水泥、矿渣硅酸盐水泥、火山灰质硅酸盐水泥和粉煤灰硅酸盐水泥等
	专用水泥	指有专门用途的水泥，如油井水泥、中热硅酸盐水泥、低热矿渣硅酸盐水泥、砌筑水泥等
	特性水泥	指某种性能较突出的一类水泥，如快硬水泥系列、膨胀水泥系列、抗硫酸盐水泥等
按水泥的生产方法（生料制备方法）不同划分	湿法	将原料加水粉磨成生料浆后喂入湿法回转窑煅烧成熟料，则称为湿法生产。湿法生产能耗较高，但电耗较低，生料易于均化，成分均匀，熟料质量较好，粉尘少，在 20 世纪 30 年代得到了快速发展
	半干法	将生料粉加入适量的水制成生料球后喂入立窑或立波尔窑煅烧成熟料的方法，也可归入干法
	干法	将原料同时烘干与粉磨或烘干后粉磨成生料粉，然后喂入干法窑煅烧成熟料的方法
按水泥的生产方法（熟料煅烧方法）不同划分	立窑	立窑适用于规模较小的工厂
	回转窑	湿法窑
		立波尔窑
		新型干法窑（悬浮预热器窑和窑外分解窑）
按水泥熟料的矿物组成划分	硅酸盐水泥、铝酸盐水泥、硫铝酸盐水泥、氟铝酸盐水泥、铁铝酸盐水泥、无熟料水泥等	

在高性能混凝土中，如果选择含有各种混合材的水泥，必须弄清楚水泥中矿物混合材的品种、细度和掺量，在进行高性能混凝土配合比设计时必须扣除水泥中混合材掺量，并在大量试配的基础上确定各组分的用量。

凡是由硅酸盐水泥熟料、≤5％石灰石或高炉矿渣、适量石膏磨细制成的水硬性胶凝材料，称为硅酸盐水泥。广泛用于各种混凝土或钢筋混凝土工程。

凡是由硅酸盐水泥熟料、＞5％且≤20％混合材料、适量石膏磨细制成的水硬性胶凝材料，称为普通硅酸盐水泥（简称普通水泥），代号 P·O。广泛用于各种混凝土或钢筋混凝土工程。

凡是由硅酸盐水泥熟料、＞20％且≤70％的粒化高炉矿渣和适量石膏磨细制成的水硬性胶凝材料，称为矿渣硅酸盐水泥（简称矿渣水泥），代号 P·S。该水泥具有水化热较低、耐蚀性和耐热性较好等特点；但泌水性、干缩性较大，抗冻性较差，早期强度较低（但后期强度增进率较快）。矿渣硅酸盐水泥可用于地面、地下、水中各种混凝土工程中。

凡由硅酸盐水泥熟料、＞20％且≤40％的火山灰质混合材和适量石膏磨细制成的水硬性胶凝材料，称为火山灰质硅酸盐水泥（简称火山灰水泥），代号 P·P。常用的火山灰质混合材料有火山灰、凝灰岩、煤矸石、烧页岩、烧黏土、硅藻土等。火山灰水泥的用途一般与普通硅酸盐水泥相类似，但更适用于地下、水中及潮湿环境的混凝土工程。

凡由硅酸盐水泥熟料、＞20％且≤40％的粉煤灰和适量石膏磨细制成的水硬性胶凝材料，称为粉煤灰硅酸盐水泥（简称粉煤灰水泥），代号 P·F，粉煤灰水泥性能具有需水量低、干缩性小、抗裂性较好、水化热低的特点。粉煤灰水泥可用于一般工业和民用建筑，尤其适用于大体积的水工混凝土以及地下和海港工程等。

凡由硅酸盐水泥熟料、＞20％且≤50％的两种或两种以上（粒化高炉矿渣、火山灰质混合材料、粉煤灰和石灰石）混合材料、适量石膏磨细制成的水硬性胶凝材料，称为复合硅酸盐水泥（简称复合水泥），代号 P·C。复合硅酸盐水泥广泛用于各种工业与民用建筑工程，是我国主要的水泥品种之一。

为了更直观地表示上述品种水泥，将水泥的组分、化学指标要求和强度指标要求列于表 6.2～表 6.4。

表 6.2　通用硅酸盐水泥的组分

品　种	代　号	组分				
		熟料＋石膏	粒化高炉矿渣	火山灰质混合材料	粉煤灰	石灰石
硅酸盐水泥	P·Ⅰ	100	—	—	—	—
	P·Ⅱ	≥95	≤5	—	—	—
		≥95	—	—	—	≤5
普通硅酸盐水泥	P·O	≥80 且＜95	＞5 且≤20			
矿渣硅酸盐水泥	P·S·A	≥50 且＜80	＞20 且≤50	—	—	—
	P·S·B	≥30 且＜50	＞50 且≤70	—	—	—
火山灰质硅酸盐水泥	P·P	≥60 且＜80	—	＞20 且≤40	—	—
粉煤灰硅酸盐水泥	P·F	≥60 且＜80	—	—	＞20 且≤40	—
复合硅酸盐水泥	P·C	≥50 且＜80	＞20 且≤50			

注：混合材料的要求需符合相关的国家标准。

表6.3 通用硅酸盐水泥的化学指标要求

品种	代号	不溶物/%	烧失量/%	三氧化硫/%	氧化镁/%	氯离子/%
硅酸盐水泥	P·Ⅰ	≤0.75	≤3.0	≤3.5	≤5.0①	
	P·Ⅱ	≤1.50	≤3.5			
普通硅酸盐水泥	P·O	—	≤5.0			
矿渣硅酸盐水泥	P·S·A	—	—	≤4.0	≤6.0②	
	P·S·B	—	—		—	≤0.06③
火山灰质硅酸盐水泥	P·P	—	—	≤3.5	≤6.0②	
粉煤灰硅酸盐水泥	P·F	—	—			
复合硅酸盐水泥	P·C	—	—			

① 如果水泥压蒸试验合格，则水泥中氧化镁的含量（质量分数）允许放宽至6.0%。
② 如果水泥中氧化镁的含量（质量分数）大于6.0%时，需进行水泥压蒸安定性试验并合格。
③ 当有更低要求时，该指标由买卖双方协商确定。
注：水泥中碱含量按$Na_2O+0.658K_2O$计算值表示。若使用活性骨料，用户要求提供低碱水泥时，水泥中的碱含量应不大于0.60%或由买卖双方协商确定。

表6.4 通用硅酸盐水泥的强度指标要求

品 种	强度等级	抗压强度/MPa		抗折强度/MPa	
		3d	28d	3d	28d
硅酸盐水泥	42.5	≥17.0	≥42.5	≥3.5	≥6.5
	42.5R	≥22.0		≥4.0	
	52.5	≥23.0	≥52.5	≥4.0	≥7.0
	52.5R	≥27.0		≥5.0	
	62.5	≥28.0	≥62.5	≥5.0	≥8.0
	62.5R	≥32.0		≥5.5	
普通硅酸盐水泥	42.5	≥17.0	≥42.5	≥3.5	≥6.5
	42.5R	≥22.0		≥4.0	
	52.5	≥23.0	≥52.5	≥4.0	≥7.0
	52.5R	≥27.0		≥5.0	
矿渣硅酸盐水泥 火山灰质硅酸盐水泥 粉煤灰硅酸盐水泥 复合硅酸盐水泥	32.5	≥10.0	≥32.5	≥2.5	≥5.5
	32.5R	≥15.0		≥3.5	
	42.5	≥15.0	≥42.5	≥3.5	≥6.5
	42.5R	≥19.0		≥4.0	
	52.5	≥21.0	≥52.5	≥4.0	≥7.0
	52.5R	≥23.0		≥4.5	

除了前面介绍的通用硅酸盐水泥外，人们还发明了满足快硬早强的铝酸盐快

硬水泥、硫铝酸盐型快硬水泥、氟铝酸盐型快硬水泥、快硬硅酸盐水泥，满足自应力要求的自应力水泥，满足膨胀要求的膨胀水泥，满足抗硫酸盐侵蚀要求的抗硫酸盐水泥，满足油井生产需要的油井水泥，满足大体积混凝土低热要求的大坝水泥，满足装饰要求的白水泥和彩色水泥等。

从国内实际情况出发，根据高性能混凝土的特点，选用的水泥应具有足够的强度，同时具有良好的流变性，并与目前广泛应用的高效减水剂有很好的适应性，较容易控制坍落度损失。在我国，普通水泥和硅酸盐水泥的强度等级完全可以满足高强高性能混凝土配制的需要，最常使用的是 42.5 强度等级以上的水泥。配制高强度混凝土不一定必须使用高强度水泥。因为我国水泥的强度等级是按照规定的水灰比（0.5）成型水泥砂浆，养护至规定龄期来确定的。水灰比不同，水泥水化产物的结构是不同的。化学外加剂和矿物外加剂的使用，使得用较低强度等级水泥配制高强混凝土有了可能。

总之，在选择高性能混凝土用水泥时，要综合考虑水泥的各项性能和水泥的成本，很重要的一点是要选择流变性好、早期反应性能低的水泥，也就是说，一经搅拌，仅结合少量水的水泥或形成钙矾石少的水泥，这时水泥浆体具有良好的流变性，并与多数高效减水剂有很好的适应性，较容易控制坍落度损失。

6.1.1.2 矿物掺和料的选用原则

在混凝土搅拌过程中加入的、具有一定细度和活性的用于改善新拌和硬化混凝土性能（特别是混凝土耐久性）的某些矿物类的产品，称作混凝土用矿物掺和料（也称作矿物外加剂）。[1]

将矿物掺和料掺加到混凝土中可以提高混凝土的一些性能：部分替代硅酸盐水泥，可能改善混凝土的工作性；降低水化热；增进后期强度；改善混凝土的内部结构，提高抗渗性和抗腐蚀能力；抑制碱集料反应等。

矿渣是在炼铁炉中浮于铁水表面的熔渣，排出时用水急冷，得到水淬矿渣，生产矿渣水泥和磨细矿渣用的都是这种粒状渣。磨细矿渣是将这种粒状高炉水淬渣干燥，再采用专门的粉磨工艺磨至规定细度，在混凝土配制时掺入的一种矿物外加剂。我国每年高炉矿渣排量约为 4000 万吨以上，大约有 3400 万吨被水泥工业利用，作为水泥混合材与水泥熟料、石膏一起粉磨，生产矿渣硅酸盐水泥，已有相当长的历史。在共同粉磨时，由于矿渣较水泥熟料难以磨细，在水泥中颗粒较粗，所以矿渣水泥中矿渣的水化活性难以得到充分发挥，给矿渣硅酸盐水泥混凝土带来一些缺点，如混凝土早期强度低、易泌水、耐久性差。

随着粉磨技术的不断发展，水淬高炉矿渣开始被加工成商品磨细矿渣粉（比表面积 $400m^2/kg$ 以上，有些甚至达到 $800m^2/kg$），并且逐渐在混凝土中得到应用，这时的磨细矿渣与前边提到的水泥混合材概念是完全不一样的。它作为辅助性胶凝材料，等量替代水泥，在混凝土拌和时直接加入混凝土中，可以改善新拌混凝土及硬化混凝土性能。高性能混凝土中的矿物掺和料是经过磨细的，细度比水泥小，水化快，并发挥了磨细矿物掺和料的填充和改善集料界面作用，所以各龄期强度都较高。而掺加入硅酸盐水泥中的矿物原料颗粒较粗、水化慢、各龄期强度都低于硅酸盐水泥强度。将这一大宗工业废渣转化为高附加值的磨细矿渣产品，符合环境保护和可持续发展的战略要求。

磨细矿渣所采用矿渣的化学成分应符合 GB/T 203—2008《用于水泥中的粒化高炉矿渣》的要求。矿渣粉磨时分两种情况：一是单纯磨细矿渣；二是在粉磨时可以掺入适量的石膏和助磨剂。

我国 1983 年以来粉煤灰年均增加近 400 万吨；到 1997 年，年排灰量达 1 亿吨以上。我国的粉煤灰主要用于建材、回填、筑路、建工、农（种植）业等方面。与世界各国相比，我国粉煤灰利用量排在世界前列。粉煤灰作为粉煤灰水泥的混合材、混凝土中降低成本和水化热功能的掺和料在我国已被广泛而有效地应用。具有胶凝性质的粉煤灰作为矿物外加剂代替部分水泥配制高性能混凝土，在我国还有很大的发展潜力和空间。

我国 GB/T 1596—2005《用于水泥和混凝土中的粉煤灰》把粉煤灰按照煤种分为 F 类（由无烟煤或烟煤煅烧收集的粉煤灰）和 C 类（由褐煤或次烟煤煅烧收集的粉煤灰，氧化钙含量一般大于 10%），把拌制混凝土和砂浆用的粉煤灰按其品质分为 I、II、III 三个等级。

我国是世界硅铁、工业硅生产大国，我国硅灰潜在资源每年达 15 万～20 万吨。近年来，我国硅灰实际产量也在逐年上升，约 3000～4000t/a。硅灰混凝土多用于有特殊要求的混凝土工程，如高强度、高抗渗、高耐久性、耐侵蚀性、耐磨性及对钢筋无侵蚀的混凝土工程中。由于硅灰是生产硅铁和工业硅的副产品，其生产条件相似，所以各国硅灰的物理性质和化学成分相似。根据电子显微镜的观察，硅灰的形状为非结晶的球形颗粒。硅灰是极细的材料，硅灰主要由小于 $0.5\mu m$ 的颗粒组成，平均粒径为 $0.1～0.3\mu m$，约为水泥粒径 1/100，硅灰的容重也很小（180～230kg/m³），因此，硅灰不宜储存、运输。硅灰常以泥浆或高密度状态（凝聚体）供应。非凝聚硅灰是一种灰尘，移动困难，运费高，不经济；凝聚硅灰不起尘，也没有固结，容易流动，输送方面也经济。水与硅灰混合成浆状硅灰，比没有凝聚的硅灰输送价钱低，而且与化学外加剂容易混合，使用方便。

由于硅灰颗粒细小、比表面积大，具有 SiO_2 纯度高、高火山灰活性等物理化学特点，把硅灰加入混凝土中，对混凝土的性能会产生多方面的良好效果。无定形和极细的硅灰对高性能混凝土有益的影响表现在物理和化学两个方面：起超细填充料的作用；在早期水化过程中起晶核作用，并有高的火山灰活性。在混凝土中用硅灰等量替代胶凝材料后，会加速胶凝材料系统的水化，增加致密度，改善混凝土离析和泌水性能，提高混凝土的强度、空蚀强度和冲磨强度，提高混凝土的抗渗性和抗化学腐蚀性，有利于抑制混凝土中的碱集料反应。

由于硅灰颗粒极细、比表面积大，掺入硅灰后，混凝土的需水量增加，需要高效减水剂配合来调节混凝土的用水量。高性能混凝土中硅灰的掺量宜控制在胶凝材料的 5% ～ 10%，以防止硅灰可能引起的早期收缩过大的问题。另外，硅灰的价格较贵，一般在 C70 级以下的混凝土中未必需要掺入硅灰。

我国天然沸石在建筑材料中的应用有以下几个方面：①水泥混合材，用以提高水泥产量和改善水泥的性能，特别是有效地解决水泥安定性不良的问题；②混凝土矿物外加剂，用以配制高性能混凝土，以普通的混凝土原材料、高效减水剂可以配制出强度 60 ～ 80MPa 的高性能混凝土；③轻质陶粒，用作轻集料的原料，生产优质陶粒；④硅钙制品，用作硅钙合成材料的原料，生产特种功能的硅钙制品。

建设部颁布了建筑工业行业标准 JGJ/T 3048—1998《混凝土和砂浆用天然沸石粉》和 JGJ/T 112—1997《天然沸石粉在混凝土与砂浆中应用技术规程》，GB/T 18736—2002《高强高性能混凝土用矿物外加剂》中对天然沸石粉做了相应的规定。表 6.5 是 GB/T 18736—2002 中用于配制高强高性能混凝土的矿物掺和料的技术要求。

表 6.5　矿物掺和料的技术要求

试验项目			指　标						硅灰
			磨细矿渣			磨细粉煤灰		磨细天然沸石		
			Ⅰ	Ⅱ	Ⅲ	Ⅰ	Ⅱ	Ⅰ	Ⅱ	
化学性能	MgO/%	≤	14			—		—		—
	SO₃/%	≤	4			3		—		—
	烧失量/%	≤	3			5	8	—		6
	Cl/%	≤	0.02			0.02		0.02		0.02
	SiO₂/%	≥	—			—		—		85
	吸铵值/(mmol/100g)	≥	—			—		130	100	—
物理性能	比表面积/(m²/kg)	≥	750	550	350	600	400	700	500	15000
	含水率/%	≤	1.0			1.0		—		3.0
胶砂性能	需水量比/%	≤	100			95	105	110	115	125
	活性指数/%	3d	≥	85	70	55	—		—		—
		7d	≥	100	85	75	80	75	—		—
		28d	≥	115	105	100	90	85	90	85	85

6.1.1.3 集料的选用原则

集料又称骨料[1,2]，在混凝土中约占 3/4。正确选择集料的品种是配制高性能混凝土的基础。集料在传统混凝土中主要起骨架作用和减少由于胶凝材料在凝结硬化过程中干缩湿胀所引起的体积变化，同时还作为胶凝材料的廉价填充料。在高性能混凝土中，集料用量、品种、性能等对流动性、强度和耐久性都有影响。集料中如果含有蛋白石、玉髓、微晶石英等矿物成分有可能导致碱集料反应的发生，会引起混凝土膨胀开裂甚至破坏，极大地影响混凝土的耐久性等。因此，配制高性能混凝土之前需要对集料的碱活性情况进行检测。

高性能混凝土的集料有粗集料和细集料。粗集料为卵石、碎石，细集料采用河砂为主。

对粗集料的质量要求主要包括：颗粒级配、针、片状颗粒含量、含泥量、泥块含量、强度（岩石抗压强度和压碎指标值）、坚固性、有害杂质含量和碱活性。

石子级配对节约水泥和保证混凝土和易性有很大关系。集料最大粒径应尽量小。我国许多工程实践的经验是，配制 C60～C80 的混凝土，集料最大粒径应在 20mm 左右。

针、片状颗粒含量是评定粗集料质量的指标。凡颗粒的长度大于该颗粒所属粒级平均粒径 2.4 倍者称为针状颗粒；厚度小于平均粒径的 0.4 倍者称为片状颗粒。针、片状颗粒对混凝土的拌和物和易性有明显影响，且对高强度等级混凝土的影响更大一些。另外，针、片状颗粒的存在对混凝土的抗折强度也有一定的影响。

粗集料的强度用岩石的立方体（或圆柱体）强度和压碎指标两种方法表示。一般要求岩石的抗压强度值与混凝土强度等级之比应不小于 1.5。集料物理力学性能及矿物成分对高强高性能混凝土的影响是一个比较复杂的问题。需要通过试验来确定影响程度。

配制高性能混凝土所用的粗骨料，最好选用质量致密坚硬、强度高的花岗石、大理岩、石灰岩、辉绿岩、硬质砂岩等品种的碎石，如果配制泵送或大流动度的高性能混凝土也可考虑采用卵石。高性能混凝土的质量要求主要包括颗粒级配、针、片状颗粒含量、含泥量、泥块含量、强度（岩石抗压强度和压碎指标值）、坚固性、有害杂质含量和碱活性等。粗骨料的各项质量指标，应当达到国家标准《建筑用卵石、碎石》（GB/T 14685—2011）中的规定。高性能混凝土所用的粗集料应采用Ⅰ类粗集料，即含泥量不大于 0.5%，不能含有泥块，针、片状含量不宜大于 5%，坚固性指标质量损失不大于 5%，压碎指标碎石不大于 10% 和卵石不大于 12%，吸水率不大于 1.0%，以及经碱集料反应试验后试件应无裂缝、酥裂、胶体外溢等现象，在规定的试验龄期膨胀率应小于 0.10%。

对细集料砂的要求主要包括：细度模数、颗粒级配、含泥量、泥块含量、坚固性、有害杂质含量和碱活性。

含泥量和泥块含量是集料中尘屑、淤泥和黏土等的总含量，这类黏土杂质对混凝土拌和物的和易性及硬化混凝土的抗冻、抗渗和收缩等性能都有一定的影响，对高强度混凝土的影响更大些，在配制高性能混凝土时必须严格控制。

砂的粗细程度和颗粒级配采用筛分析的方法进行测定，用级配区表示砂的颗粒级配，用细度模数表示砂的粗细，以 μf 表示。细度模数越大，表示砂越粗。μf 在 3.7～3.1 之间为粗砂，μf 在 3.0～2.3 之间为中砂，μf 在 2.2～1.6 之间为细砂，μf 在 1.5～0.7 之间为特细砂。高性能混凝土通常选用中粗砂。砂的粗细不能只看细度模数，还需要看砂的级配，如果有的细度模数大，但粒径在 5mm 以上和 0.315mm 以下砂都过多，那么砂的级配就较差。配制高强高性能混凝土时最好要求砂 0.63mm 筛的累计筛余在 70% 左右，0.315mm 筛的累计筛余为 85%～95%，0.15mm 筛的累计筛余大于 98%。

配制高性能混凝土所用的细骨料，其质量要求主要包括细度模数、颗粒级配、含泥量、泥块含量、坚固性、有害杂质含量和碱活性等。砂的各项质量指标应达到国家标准《建筑用砂》(GB/T 14684—2011) 中规定的优质砂标准。

工程实践经验证明，配制高性能混凝土所用的细骨料，宜选用石英含量高、颗粒形状浑圆、洁净、具有平滑筛分曲线的中粗砂，其细度模数一般应控制在 2.6～3.7 之间；对于 C50～C60 强度等级的高性能混凝土，砂的细度模数可控制在 2.2～2.6 之间。混凝土中的砂率一般控制在 36% 左右。

试验研究指出，配制高性能混凝土强度要求越高，砂的细度模数应尽量采取上限。如果采用一些特殊的配比和工艺措施，也可以采用细度模数小于 2.2 的砂配制 C60～C80 的高性能混凝土。

6.1.1.4 化学外加剂的选用原则

20 世纪 30 年代，国外就开始使用木质素磺酸盐减水剂，20 世纪 60 年代初日本和德国先后研制成萘系 (SNF) 和三聚氰胺系 (SMF) 高效减水剂后，混凝土外加剂开始进入快速发展和广泛应用的时代[3,4]。我国外加剂的起步较晚，20 世纪 50 年代开始木质素磺酸盐和引气剂的研究和应用，20 世纪 70 年代后外加剂的科研、生产和应用开始迅速发展。混凝土外加剂是高性能混凝土的必要组分，也被称为混凝土的第五组分。工业发达国家混凝土中有 50%～80% 掺有各种外加剂，我国掺外加剂的混凝土也达到 40% 左右。GB 2076 修标小组和中国混凝土外加剂协会联合进行了 2007 年外加剂产量的调查，调查情况汇总于表 6.6。据不完全统计，全国外加剂企业有 1500 多家，其中化学合成企业 350 多家。

表 6.6 2007 年混凝土外加剂调查表

外加剂品种	高效减水剂						高性能减水剂	引气剂	木质素磺酸盐	膨胀剂	速凝剂	葡萄糖酸钠
	萘系	蒽系	建1型	氨基磺酸盐	脂肪族	蜜胺系						
年产量/万吨	197.42	4.63	1.64	9.94	11.56	0.413	41.43	0.34	17.51	100	35.41	4.5

在混凝土中，掺加外加剂的主要目的有：

① 改善混凝土的拌和性能，特别是混凝土的耐久性；

② 促进混凝土新技术的发展，如商品混凝土、泵送混凝土、自流平混凝土、水下混凝土和喷射混凝土等；

③ 化学外加剂还促进工业副产品在胶凝材料系统中更多的应用，有助于节约资源和保护环境，如粉煤灰、矿渣和硅灰的利用。

(1) 混凝土外加剂的品种[4]

在 GB 8076—2005 标准中对混凝土外加剂的定义：混凝土外加剂是一种在混凝土搅拌之前或拌制过程中加入的、用以改善新拌和（或）硬化混凝土性能的材料。混凝土外加剂按其主要使用功能分为四类。

① 改善混凝土拌和物流变性能的外加剂，包括各种减水剂和泵送剂等。

② 调节混凝土凝结时间、硬化性能的外加剂，包括缓凝剂、促凝剂和速凝剂等。

③ 改善混凝土耐久性的外加剂，包括引气剂、防水剂、阻锈剂和矿物外加剂等。

④ 改善混凝土其它性能的外加剂，包括膨胀剂、防冻剂、着色剂等。

主要品种有 20 多种。

① 普通减水剂（water reducing admixture） 在混凝土坍落度基本相同的条件下能减少拌和用水量的外加剂。如木质素磺酸盐减水剂和腐殖酸减水剂。

② 高效减水剂（superplasticizer） 在混凝土坍落度基本相同的条件下能大幅度减少拌和用水量的外加剂。有萘系、蒽系、氨基磺酸盐系、脂肪族羟基磺酸盐系、三聚氰胺系、古马隆系和聚苯乙烯磺酸盐系减水剂。

③ 高性能减水剂（high performance water reducer） 具有一定的引气性，且比高效减水剂具有更高减水率、更好坍落度保持性能和较小干缩的外加剂。主要指聚羧酸盐类外加剂。

④ 早强剂（hardening accelerating admixture） 加速混凝土早期强度而发展的外加剂。

⑤ 早强减水剂（hardening accelerating and water reducing admixture） 兼

有早强和减水功能的减水剂。如氯化钙等无机盐类早强剂和三乙醇胺类有机物类早强剂。也可以是复合形式的早强剂。

⑥ 缓凝剂（set retarder）　延长混凝土凝结时间的外加剂。如葡萄糖等糖类缓凝剂、柠檬酸等羟基羧酸缓凝剂等。

⑦ 缓凝减水剂（set retarding and water reducing admixture）　兼有缓凝和减水功能的外加剂。主要有木质素磺酸盐类和如糖蜜等的多元醇系减水剂。

⑧ 缓凝高效减水剂（set retarding superplasticizer）　兼有缓凝功能和高效减水功能的外加剂。通常是缓凝剂和高效减水剂的复配组成。

⑨ 促凝剂（set accelerating admixture）　能缩短拌和物凝结时间的外加剂。

⑩ 速凝剂（flash setting admixture）　能使混凝土迅速凝结硬化的外加剂。主要有以铝氧熟料为主体的速凝剂、水玻璃类速凝剂、铝酸盐液体速凝剂、新型无机低碱速凝剂或液体无碱速凝剂。

⑪ 引气剂（air entraining admixture）　在混凝土搅拌过程中能引入大量均匀分布、稳定而封闭的微小气泡且能保留在硬化混凝土中的外加剂。

⑫ 引气减水剂（air entraining and water reducing admixture）　兼有引气和减水功能的外加剂。主要是松香类、皂苷类引气剂，少量烷基磺酸盐等引气剂。

⑬ 加气剂（gas forming admixture）　混凝土制备过程中因发生化学反应，放出气体，使硬化混凝土中有大量均匀分布气孔的外加剂。如铝粉、双氧水、松脂皂和混凝土松香热聚物加气剂，一般还需要稳泡剂的加入。

⑭ 防水剂（water-repellent admixture）　能提高水泥砂浆、混凝土抗渗性能的外加剂。有无机盐类、有机硅类、金属皂类、乳液类和复合型防水剂。

⑮ 阻锈剂（anti-corrosion admixture）　能抑制或减轻混凝土中钢筋和其它金属预埋件锈蚀的外加剂。如亚硝酸盐阻锈剂。

⑯ 膨胀剂（expanding admixture）　在混凝土硬化过程中因化学作用能使混凝土产生一定体积膨胀的外加剂。有硫铝酸钙类、氧化镁型、石灰系、铁粉系和复合型膨胀剂。

⑰ 防冻剂（anti-freezing admixture）　能使混凝土在负温下硬化并在规定养护条件下达到预期性能的外加剂。如氯化钠、亚硝酸钠等无机防冻剂和尿素、氨水等有机防冻剂以及无机有机复合防冻剂。

⑱ 着色剂（coloring admixture）　能制备具有彩色混凝土的外加剂。主要有粉末型或胶状型外加剂，既可以是掺入型也可以是表面涂刷型。如氧化铁红、铁黄、铁黑、铁棕等。

⑲ 保水剂（water retaining admixture）　能减少混凝土或砂浆失水的外加剂。保水剂有时也称增稠剂。

⑳ 增稠剂（viscosity enhancing agent） 能提高混凝土拌和物黏度的外加剂。主要是纤维素类、聚丙烯酸类、聚乙烯醇类的水溶性的高分子化合物。

㉑ 泵送剂（pumping aid） 能改善混凝土拌和物泵送性能的外加剂。通常是由普通减水剂、高效减水剂、高性能减水剂、缓凝剂、引气剂、保水剂等中的2种或2种以上进行复合而成的外加剂。

㉒ 絮凝剂（flocculating agent） 在水中施工时能增加混凝土黏稠性且抗水泥和集料分离的外加剂。也称水下不分散剂，国内这方面的产品较少。

㉓ 减缩剂（shrinkage reducing agent） 减少混凝土收缩的外加剂。主要是由聚醚或聚醇类有机物及它们的衍生物组成。

㉔ 保塑剂（plastic retaining agent） 在一定时间内减少混凝土坍落度损失的外加剂。主要是由合成水性聚合物（减水剂）、缓凝剂、促凝剂、消泡剂、抗菌剂等组成。

不同种类外加剂的性能不同，不在这里叙述。可参阅田培等编著的《混凝土外加剂手册》。

（2）混凝土外加剂品种的选用方法

混凝土外加剂的品种多，如何合理使用外加剂是混凝土获得所需性能的关键。混凝土外加剂应根据混凝土要达到的性能进行选择，表 6.7 提供了选用外加剂的参考。

表 6.7　混凝土外加剂的选用

混凝土种类	使用目的	高性能减水剂	高效减水剂	缓凝高效减水剂	普通减水剂	早强减水剂	早强剂	引气减水剂	引气剂	缓凝减水剂	缓凝剂	防水剂	膨胀剂	泵送剂	防冻剂	速凝剂	絮凝剂	阻锈剂
改善新拌混凝土性能	降低单位用水量	√	√	√	√	√		√	√	√				√				
	降低单位水泥用量	√	√	√	√			√		√								
	提高工作性	√	√	√	√			√		√	√							
	提高黏性		√	√						√								
	引气	√						√	√									
	降低坍落度损失	√	√	√						√	√							
	改善泵送性	√	√	√	√					√				√				
	改善加工性能	√	√	√	√			√	√	√	√							

续表

混凝土种类	外加剂品种 / 使用目的	高性能减水剂	高效减水剂	缓凝高效减水剂	普通减水剂	早强减水剂	早强剂	引气减水剂	引气剂	缓凝减水剂	缓凝剂	防水剂	膨胀剂	泵送剂	防冻剂	速凝剂	絮凝剂	阻锈剂
改善硬化中混凝土性能	延长凝结时间			√	√					√	√							
	缩短凝结时间		√			√	√											
	减少泌水	√	√		√			√	√									
	防冻														√			
	降低早期水化热	√		√						√	√							
	减少早期龟裂	√	√					√	√									
	改善加工性				√	√		√	√									
	提高早期强度	√				√	√											
改善硬化后混凝土性能	提高长期强度	√	√	√						√	√							
	降低水化热	√		√						√	√							
	提高抗冻性							√	√									
	减少收缩	√		√										√				
提高耐久性	提高抗冻融性	√						√	√									
	降低吸水性	√						√	√			√						
	降低碳化速度	√	√	√	√			√	√	√								
	降低透水性	√						√										
	降低碱集料反应	√	√	√	√			√	√	√								
	提高抗化学腐蚀性	√	√	√				√	√	√								
	防止钢筋锈蚀																	√
生产特种混凝土	轻混凝土	发泡剂、起泡剂																
	预填集料混凝土	预填集料压浆混凝土用外加剂																
	膨胀混凝土												√					
	超高强混凝土		√	√														
	水中混凝土																√	
	喷射混凝土															√		

注：√代表可以选用。

每一种混凝土外加剂除主要功能外，还有一种或几种辅助功能，在确定外加剂的种类后可根据使用外加剂的主要目的按主要功能进行选择，但有时可选用的不只是一种，可多选的情况下，可通过混凝土试配后结合技术经济效益分析，最后再确定一种。

(3) 选用外加剂的注意事项

在了解外加剂功能与根据使用目的选用外加剂品种后，要获得预期的使用效果，在使用中有许多问题值得注意，否则难以达到预期的效果。

① 严禁使用对人体产生危害、对环境产生污染的外加剂。如尿素用于居宅建设作防冻剂时，可能会放出刺激性氨气。又如，六价铬盐具有很好的早强性能，但它对人体有毒性，因此这种物质也被禁用。由于亚硝酸盐和六价铬盐有毒性，在与饮水及食品相接触的工程中禁用。

② 外加剂的掺量应在厂家推荐的控制范围内添加。过量掺加可能会造成不凝、速凝，甚至可能造成严重的工程质量事故。

③ 对于初次选用的外加剂，应按有关国家标准进行外加剂匀质性和混凝土性能的型式试验，各项性能检验合格后方可选用。

④ 外加剂性能与混凝土所用各种原材料性能有关，特别是与水泥的性能、混凝土配合比等多种因素有关；在按标准检验合格后，必须用工地所用原材料进行混凝土性能检验，达到预期效果后方可使用。

⑤ 由于引气剂及引气减水剂能在混凝土中引入大量的、微小的、封闭的气泡，控制好混凝土适宜的引气量是使用引气剂的关键因素之一，过多的引气量会使混凝土达不到预期的强度。

⑥ 早强剂及各种早强型减水剂可提高混凝土的早期强度，使用时应注意早期强度的大幅度提高，有时会使混凝土后期强度有所损失，在混凝土配合比设计时应予以注意。最好多选用早强减水剂，以便由外加剂的减水作用来弥补因早强而损失的后期强度。

⑦ 防冻剂应按标准规定温度选用，防冻剂标准规定的最低温度为 $-15℃$。由于标准规定的负温试验是在恒定负温下进行，在实际施工中如按日最低气温掌握是偏安全的，因此可在比规定温度低 $5℃$ 的环境温度下使用，即标准规定温度 $-15℃$ 检验合格的防冻剂可在 $-20℃$ 环境下使用。

⑧ 几种外加剂复合使用时，由于不同外加剂之间有适应问题，因此应在使用前进行复合试验，达到预期效果才能使用。

⑨ 有缓凝功能的外加剂不适用于蒸养混凝土，除非经过试验找出合适的静停时间和蒸养制度。

⑩ 温度对外加剂使用效果的影响。各种缓凝型及早强型外加剂的使用效果随温度变化而改变，当温度变化时其掺量应随温度变化而增减。各种减水剂的减水率、引气剂的引气量也随温度而变化，应予以注意。

⑪ 混凝土搅拌时加料程序也会影响外加剂的使用效果，外加剂检验时采用了标准规定的投料顺序，在为特定工地检验外加剂时外加剂的加料顺序必须与工

地的加料顺序一致。

⑫ 液体外加剂在储存过程中有时容易发生化学变化或霉变，高温会加速这种变化，低温或受冻会产生沉淀，因此外加剂的储存应避免高温或受冻，由低温造成的外加剂溶液不均匀的问题可以通过恢复温度后重新搅拌得到解决。

选用外加剂涉及多方面的问题，选用时必须全面地加以考虑。

(4) 水泥与外加剂的适应性

混凝土外加剂添加到混凝土中的目的是改善或改变混凝土的性能。混凝土外加剂是一种具有亲水基团和亲油基团的表面活性剂，加入混凝土后，能够打破水泥的絮凝结构，把颗粒之间的自由水分释放出来。关于外加剂的作用机理，有的说是吸附分散作用的机理，有的说是空间位阻效应，或者是二者的共同作用。

适应性也称为相容性。可以这样来定性理解：按照混凝土外加剂应用技术规范将经检验符合有关标准的外加剂掺加到符合国家标准的水泥所配制的混凝土中，若能产生预期的效果，就说该水泥与这种外加剂是适应的；相反，如果不能产生应有的效果，就说该水泥与这种外加剂之间不适应。

测试混凝土外加剂与水泥的适应性的方法有：混凝土坍落度法、小坍落度法、漏斗法、水泥浆体稠度法和水泥净浆流动度法。

水泥矿物中的成分直接影响使用外加剂的种类和外加剂的掺量。水泥的主要矿物有：C_3S，即硅酸三钙（$3CaO \cdot SiO_2$），含量 37%～60%；C_2S，即硅酸二钙（$2CaO \cdot SiO_2$），含量 15%～37%；C_3A，即铝酸三钙（$3CaO \cdot Al_2O_3$），含量 7%～15%；C_4AF，即铁铝酸四钙（$4CaO \cdot Al_2O_3 \cdot Fe_2O_3$），含量 10%～18%。此外，熟料中还有少量 CaO、少量游离 MgO 和碱化物。尤其是 C_3A 和 C_4AF 的含量对外加剂的影响明显，所以混凝土外加剂与某种水泥不适应，但与其它水泥可能就是适应的。

水泥的细度、颗粒级配和颗粒球形度、混合材（如粉煤灰）、水泥的陈放时间、水泥中的碱含量、水泥中的石膏、水泥助磨剂等也是影响混凝土外加剂与水泥的适应性的因素。

究竟是什么因素影响混凝土外加剂与水泥的不适应，难以判断。一旦发现混凝土外加剂与水泥不适应的现象，通常是更换外加剂的品种和厂家来达到与水泥适应的目的；如果可能，也用改变水泥的厂家的方法来解决适应性的问题。

(5) 国家标准 GB 8076 的简单介绍

混凝土外加剂的国家标准 GB 8076 是 1987 年制定的，从此混凝土外加剂从生产、检测和推广有了一个统一的标准，外加剂得以迅猛发展。国标修编组经过大量试验验证，修订了国标 GB 8076。具体内容可参阅 GB 8076—2008《混凝土外加剂》。摘取标准中受检混凝土性能指标的表格列于表 6.8。

6.1.2 高性能混凝土的配制和性能

高性能混凝土是由水泥、砂、石、外加剂、水按一定的比例配制成的具有一定性能的混凝土，为了达到预期的性能，必须对材料的组成进行选择并对材料的用量进行筛选，且通过性能试验确定最终的混凝土配合比。

6.1.2.1 高性能混凝土的性能[1]

(1) 混凝土的工作性

混凝土的工作性是混凝土使用的关键性能，对保证混凝土的浇筑和达到预期的强度具有重要意义。高性能混凝土配比的细微变化就可能引起混凝土工作性的敏感变化。

表 6.8 对受检混凝土性能指标要求 (GB 8076—2008)

项目		外加剂品种											
		高性能减水剂 HPWR			高效减水剂 HWR		普通减水剂 WR			引气减水剂 AEWR	泵送剂 PA	早强剂 Ac	缓凝剂 Re	引气剂 AE
		早强型 HPWR-A	标准型 HPWR-S	缓凝型 HPWR-R	标准型 HWR-S	缓凝型 HWR-R	早强型 WR-A	标准型 WR-S	缓凝型 WR-R					
减水率/% ≥		25	25	25	14	14	8	8	8	10	12	—	—	6
泌水率比 /% ≥		50	60	70	90	100	95	100	100	70	70	100	100	70
含气量/%		≤6.0	≤6.0	≤6.0	≤3.0	≤4.5	≤4.0	≤4.0	≤5.5	≥3.0	≤5.5	—	—	≥3.0
凝结时间之差 /min	初凝	−90～+90	−90～+90	>+90	−90～+120	>+90	−90～+90	−90～+90	>+90	−90～+120	—	−90～+90	>+90	−90～+120
	终凝													
1h经时变化量	坍落度 /mm	—	≤80	≤60							≤80			
	含气量 /%									−1.5～+1.5				−1.5～+1.5
抗压强度比 /% ≥	1d	180	170	—	140	—	135	—	—	—	—	135	—	—
	3d	170	160	—	130	—	130	115	—	115	—	130	—	95
	7d	145	150	140	125	125	110	115	110	110	115	110	100	95
	28d	130	140	130	120	120	100	110	110	100	110	100	100	90

续表

项目		外加剂品种											
		高性能减水剂 HPWR			高效减水剂 HWR		普通减水剂 WR			引气减水剂 AEWR	泵送剂 PA	早强剂 Ac	缓凝剂 Re	引气剂 AE
		早强型 HPWR-A	标准型 HPWR-S	缓凝型 HPWR-R	标准型 HWR-S	缓凝型 HWR-R	早强型 WR-A	标准型 WR-S	缓凝型 WR-R					
收缩率比 /% ≤	28d	110	110	110	135	135	135	135	135	135	135	135	135	135
相对耐久性（200 次） /% ≥		—	—	—	—	—	—	—	—	80	—	—	—	80

注　1. 表中抗压强度比、收缩率比、相对耐久性为强制性指标，其余为推荐性指标。

2. 除含气量和相对耐久性外，表中所列数据为掺外加剂混凝土与基准混凝土的差值或比值。

3. 凝结时间之差性能指标中的"—"号表示提前，"＋"号表示延缓。

4. 相对耐久性（200 次）性能指标中的"≥80"表示将 28d 龄期的受检混凝土试件快速冻融循环 200 次后，动弹性模量保留值≥80%。

5.1h 含气量经时变化量指标中的"—"号表示含气量增加，"＋"号表示含气量减少。

6. 其它品种的外加剂是否需要测定相对耐久性指标，由供需双方协商确定。

7. 当用户对泵送剂等产品有特殊要求时，需要进行的补充试验项目、试验方法及指标，由供需双方协商决定。

高性能混凝土的优良工作性包括传统混凝土拌和过程中的流动性、黏聚性和泌水性等，现代混凝土中为了适应泵送、免振等施工过程中的大流动性、坍落度保持性好等。

在实际工程中，采用变形能力和变形速度两个指标来综合反映高性能混凝土的工作性较合理。混凝土工作性的检测方法较多。国内多以混凝土坍落度或者 L 型流动仪测得的结果表示混凝土的工作性。

（2）混凝土的体积稳定性

混凝土的收缩是指混凝土中所含水分的变化、化学反应及温度变化等因素引起的体积缩小。混凝土的收缩按作用机理分为自收缩、塑性收缩、硬化混凝土的干燥收缩、温度变化引起的收缩和碳化收缩变形五种。

混凝土收缩的结果是混凝土的开裂。由于低水胶比，掺加粉煤灰、矿渣、外加剂等使得高性能混凝土的硬化结构与普通混凝土相比差异较大，配合比的差异提高了高性能混凝土的性能，但也带来了一些缺点，如自收缩、温度收缩较大，而干燥收缩相对较小。

高性能混凝土的早期收缩大、早期弹性模量增长快、抗拉强度并无明显提高、比徐变小等因素共同导致了高性能混凝土（特别是高强混凝土）的早期抗裂性差。

(3) 高性能混凝土的耐久性

混凝土结构处于环境中，可能会受到环境中的水、气体以及其它如 Cl^-、SO_4^{2-} 等侵蚀介质的侵入，产生物理和化学作用而发生劣化，高性能混凝土抵抗环境劣化，保持其原来的形状、质量的能力就是混凝土的耐久性能。主要包括高性能的抗冻性、抗渗性、抗碳化能力、抗氯离子侵蚀能力、耐硫酸盐侵蚀能力和抗碱集料反应等。

在寒冷地区，抗冻性可以反映混凝土抵抗环境水侵入和抵抗冰晶的能力。道路冰雪天气撒除冰盐会造成混凝土的冰冻破坏，因此混凝土抗冰盐破坏的能力也很重要。

外界的水和侵蚀性介质渗入混凝土内部对混凝土造成破坏，因此，混凝土抗渗性能越好，耐久性就越好。

碱集料反应指混凝土中的碱与集料中的活性组分之间发生的破坏性膨胀反应，是影响混凝土安全性的最主要因素之一。碱集料反应包括碱-硅酸反应和碱-碳酸盐反应两类。不论是哪种类型的碱集料反应必须具备三个条件：一是配制混凝土各组分带进来的碱含量或者处于有碱渗入的环境中；二是集料存在碱活性；三是潮湿环境。碱集料反应发生的破坏不可以修复，预防混凝土发生碱集料反应破坏的方法是让上述三个条件不能满足，另外可以用磨细矿渣或粉煤灰等来替代水泥。

国内许多盐湖和盐碱地土壤环境、地下水中含有硫酸盐，混凝土中的硫酸盐的腐蚀破坏被认为是引起混凝土材料失效破坏的四大主要因素之一。如果硫酸盐浓度超过 1500mg/L，硫酸盐侵蚀的可能性就很大。

混凝土内具有高碱性环境，Cl^- 渗入其内到达钢筋表面，达到临界浓度时钢筋会发生锈蚀，并胀裂破坏混凝土。所以，混凝土抗氯离子渗透腐蚀破坏的能力是处于海洋环境、氯离子侵蚀环境中的混凝土结构耐久性的一项重要指标。

高碱性的混凝土在酸性物质如酸雨、二氧化碳等的侵蚀下，发生中和反应，导致混凝土结构的膨胀、松散和开裂等劣化现象。混凝土的中性化是导致钢筋混凝土结构破坏的原因之一。

水胶比、磨细矿渣、粉煤灰、硅粉的掺入均对高性能混凝土的各项性能有影响。

6.1.2.2 高性能混凝土的配制[2]

随着高性能混凝土在各建筑领域的广泛应用，国内外对其配合比设计方法也进行了深入研究。工程实践充分证明，高性能混凝土在配制后，要同时满足符合高性能混凝土的三个基本要求：①新拌混凝土良好的工作性；②硬化混凝土具有较高的强度；③硬化混凝土具有高耐久性。

虽然采用一些技术途径能够同时满足上述三个基本要求，但给高性能混凝土的配合比设计却带来一定困难，尤其是配合比设计中的一些参数的选择和确定很难。在普通混凝土配合比设计中这些参数都有比较成熟的经验公式和相应的参数进行计算和选择，但在利用这些经验公式和参数进行高性能混凝土配合比设计时往往会出现较大的偏差。

目前，国际上提出的高性能混凝土配合比设计方法很多，主要有美国混凝土协会（ACI）方法、法国国家路桥试验室（LCPC）方法、P. K. Mehta 和 P. C. Aitcin 方法等。这些设计方法各有优缺点，但均不十分成熟。根据我国的实际，清华大学的冯乃谦创造的设计方法与普通混凝土配合比设计方法基本相同，具有计算步骤简单、计算结果比较精确、容易使人掌握等优点。

归纳和总结有关高性能混凝土配合比设计实例，对高性能混凝土配合比设计的基本原则、基本要求、应考虑问题和方法步骤进行如下介绍。

(1) 配合比设计的基本原则

高性能混凝土配合比设计与普通混凝土配合比设计，既有相同之处，也有不同之处。因此在进行高性能混凝土配合比设计时，主要应掌握以下基本原则。

① 高性能混凝土配合比设计应根据原材料的品质、混凝土的设计强度等级、混凝土的耐久性及施工工艺对其工作性的要求，通过计算、试配、调整等步骤选定。配制的混凝土必须满足施工要求、设计强度和耐久性等方面的要求。

② 高性能混凝土配合比设计应首先考虑混凝土的耐久性要求，然后再根据施工工艺对拌和物的工作性和强度要求进行设计，并通过试配、调整，确认满足使用和力学性能后方可用于正式施工。

③ 为提高高性能混凝土的耐久性，改善混凝土的施工性能和抗裂性能，在混凝土中可以适量掺加优质的粉煤灰、矿渣粉或硅灰等矿物外加剂，其掺量应根据混凝土的性能通过试验确定。

④ 化学外加剂的掺量应使混凝土达到规定的水胶比和工作度，且选用的最高掺量不应对混凝土性能（如凝结时间、后期强度等）产生不利的影响。

(2) 配合比设计的基本要求

高性能混凝土配合比设计的任务，就是要根据原材料的技术性能、工程要求及施工条件科学合理地选择原材料，通过计算和试验确定能满足工程要求的技术经济指标的各项组成材料的用量。

高性能混凝土配合比设计应满足以下基本要求。

① 高耐久性　耐久性是高性能混凝土的特征，因此，必须考虑到抗渗性、抗冻性、抗化学侵蚀性、抗碳化性、抗大气作用性、耐磨性、碱骨料反应、抗干燥收缩的体积稳定性等。

水灰比对这些性能的影响很大，所以高性能混凝土的水灰比不宜大于 0.40。

一般宜掺加适量的超细活性矿物质混合材料,以提高高性能混凝土的强度、密实性、抗化学侵蚀性和抗碱集料反应性。

② 高强度 高强度是高性能混凝土的基本特征,高强混凝土也属于高性能混凝土的范畴。但高强度并不一定意味着高性能。高性能混凝土与普通混凝土相比,要求抗压强度的不合格率更低,以满足现代建筑的基本要求。

我国施工规范规定:普通混凝土的强度等级保证率为95%,即不合格率应控制在5%以下;对于高性能混凝土,其强度等级的保证率为97.5%,即不合格率应控制在2.5%以下,其概率度 $t \leqslant -1.960$。

③ 高工作性 新拌混凝土的工作性,即混凝土拌和物在运输、浇筑以及成型中不分离、易于操作的程度。这是新拌混凝土的一项综合性能,它不仅关系到施工的难易和速度,而且关系到工程的质量和经济性。

坍落度是表示新拌混凝土流动性大小的指标。在施工操作中,坍落度越大,流动性越好,则混凝土拌和物的工作性也越好。但是,混凝土的坍落度过大,一般单位用水量也增大,容易产生离析,匀质性变差。因此,在施工条件允许的条件下,应尽可能降低坍落度。根据目前的施工水平和条件,高性能混凝土的坍落度控制在 18～22cm 为宜。

④ 经济性 水泥和高性能外加剂是最贵的组分,高性能外加剂的用量又直接关系到水泥的用量。水泥用量的减少不但可以降低成本,而且可以减少水化热,从而减少温度裂缝的发生;在结构用混凝土中,水泥用量如果过多,会导致干缩增大和开裂。

(3) 配合比设计中应考虑的几个方面

高性能混凝土配合比设计应考虑以下几个方面:水泥浆与骨料比、强度等级、用水量、水泥用量、减水剂的种类和用量、矿物掺和料的种类和用量以及粗细骨料的比例。

① 水泥浆与骨料比 Mehta 等认为,对给定的水泥浆:骨料体积比为 35:65,通过使用合适的粗骨料可以获得足够尺寸稳定的高性能混凝土(如弹性性能、干燥收缩及徐变等)。

② 强度等级 强度不是高性能混凝土的唯一指标,也不是高强度就意味着高性能,但当抗压强度大于 60MPa 时,混凝土的密实性、部分耐久性能会相应提高。为方便混凝土配合比的计算,可将 60～120MPa 强度划分为几个等级,以便根据工程需要而选择。

③ 用水量 对于传统的混凝土而言,拌和用水量的多少,取决于骨料的最大粒径和混凝土的坍落度。由于高性能混凝土的最大骨料粒径和坍落度允许波动的范围很小(最大粒径不大于 15mm、坍落度为 18～22cm),以及坍落度可通过调节超塑化剂用量来控制,所以在确定用水量时不必考虑骨料的最大尺寸及坍落

度。高性能混凝土中的用水量与混凝土的抗压强度通常成反比例关系。

④ 水泥用量　在高性能混凝土中，水泥浆体积与骨料的体积比大约为 35∶65 比较适宜。对于一定体积的水泥浆（35%），如果已知水和空气的体积，则可以计算出水泥的体积和水泥的用量。

⑤ 减水剂的种类和用量　普通减水剂达不到高性能混凝土所要求的减水程度及工作性，因此超塑化剂（即高效减水剂）是配制高性能混凝土不可缺少的材料。

在配制高性能混凝土时，要根据给定的混凝土组成材料在试验室内进行一些必要的基本试验，以决定使用何种减水剂更加适合。超塑化剂价格较高，因此需要通过试验确定其最佳用量。

⑥ 矿物掺和料的种类和用量　除非不允许掺加矿物掺和料，高性能混凝土一般掺加一种或多种矿物掺和料来提高混凝土的耐久性能，或者用凝聚硅灰代替部分矿物掺和料配制高性能混凝土。在进行高性能混凝土配合比设计时，可假设水泥与选用矿物掺和料的体积比为 75∶25。

⑦ 粗细骨料的比例　根据试验证明，高性能混凝土中骨料体积的最佳比例为 65%。粗、细骨料分别所占的比例通常取决于骨料的级配与形状、水泥浆的流变性及混凝土所要求达到的工作性。由于高性能混凝土中的水泥浆体含量相对较大，通常细骨料的体积用量不宜超过骨料总量的 40%。因此，可假设第一次拌和粗细骨料的体积比为 3∶2。

(4) 配合比设计的方法步骤

① 配制强度的确定　高性能混凝土施工配制强度，仍然可以按国家标准 GB/T 50204《混凝土结构工程施工及验收规范》规定的公式进行计算。

$$f_{cu,0} = f_{cu,k} + t\sigma \tag{6.1}$$

式中，$f_{cu,0}$ 为混凝土的配制强度，MPa；$f_{cu,k}$ 为混凝土的设计强度标准值，MPa；t 为强度保证率系数，对于高性能混凝土一般取 $t=1.645$；σ 为混凝土强度标准差，MPa，可根据施工单位以往的生产质量水平进行测算，如施工单位无历史统计资料时，可按表 6.9 的推荐值选用。

表 6.9　混凝土强度标准差取值

混凝土强度等级	C50~C60	C60~C70	C70~C80	C80~C90	C90~C100
混凝土强度标准差 σ/MPa	3.5	4.0	4.5	5.0	5.5

② 初步配合比的确定

a. 水灰比的初步确定。根据有关试验和工程实例，将配制高性能混凝土的水灰比列于表 6.10，可供配制时选取参考。

表 6.10 配制高性能混凝土时的水灰比推荐值

水泥的强度等级/MPa	混凝土的强度等级					
	C50～C60	C60～C70	C70～C80	C80～C90	C90～C100	≥C100
42.5	0.30～0.33	0.26～0.30	—	—	—	—
52.5	0.33～0.36	0.30～0.35	0.27～0.30	0.24～0.27	0.21～0.25	≤0.21
62.5	0.38～0.41	0.35～0.38	0.30～0.35	0.27～0.30	0.25～0.27	≤0.25

注：1. 本表中的水灰比，其中灰为水泥和超细矿物掺和料的总用量；当采用硅灰、超细沸石粉时取高限；当采用超细矿渣粉或超细磷渣粉时取低限。

2. 当混凝土的强度等级高时，水灰比值取下限，反之取上限。

3. 如果采用真空脱水法施工，水灰比可比表中数值大些。

另外也可以根据已测定的水泥实际强度 f_{ce}（或选用的水泥强度等级 $f_{ce,k}$）、粗骨料的种类及所要求的混凝土配制强度（$f_{cu,0}$），按同济大学提出的高性能混凝土的关系式（6.2）进行计算，从而推算出混凝土的水胶比 $[W/(C+M)]$。

$$f_{cu,0} = a f_{ce}[(C+M)/W + b] \tag{6.2}$$

式中，C 为每立方米混凝土中水泥的用量，kg/m^3；M 为每立方米混凝土中矿物掺和料的用量，kg/m^3；W 为每立方米混凝土中的用水量，kg/m^3；对于用卵石配制的高性能混凝土，a 取 0.296，b 取 0.71；对于用碎石配制的高性能混凝土，a 取 0.304，b 取 0.62。

当无水泥实际强度数据时，公式中的 f_{ce} 值可按式（6.3）计算：

$$f_{ce} = \gamma_e f_{ce,k} \tag{6.3}$$

式中，γ_e 为水泥强度的富余系数，一般可取 1.13；$f_{ce,k}$ 为水泥的强度等级，MPa。

b. 用水量的确定。前述高性能混凝土的配合比设计不能照搬普通混凝土配合比的设计方法。高性能混凝土的用水量选择范围见表 6.11 所列。

表 6.11 高性能混凝土的用水量选择范围　　　　单位：kg/m^3

混凝土胶料	混凝土的强度等级					
	C50～C60	C60～C70	C70～C80	C80～C90	C90～C100	＞C100
水泥＋10％硅灰或超细沸石	195～185	185～175	175～165	160～150	155～145	＜145
水泥＋10％超细粉煤灰	185～175	175～165	165～155	155～145	145～135	＜135
水泥＋10％超细矿渣或超细磷矿渣	180～170	170～160	160～150	150～140	140～135	＜130

注：超细矿物掺和料的掺入量为等量取代水泥量。

在和易性允许的条件下，尽可能采用较小的单位用水量，以提高混凝土的强度和耐久性。一般情况下，高性能混凝土的单位用水量不宜大于 $175kg/m^3$。可以参照表 6.12 中推荐的经验数据进行混凝土的配合比设计，但对于重要工程，应通过试配确定单位用水量。确定用水量时应根据集料的含水量进行修正。

表 6.12　最大用水量与试配强度的关系

试配强度/MPa	最大用水量/（kg/m³）	试配强度/MPa	最大用水量/（kg/m³）
60	175	90	140
65	160	105	130
70	150	120	120

c. 计算混凝土的单位胶凝材料用量（$C_0 + M_0$）。可以按中低强度的普通混凝土的配制方法计算高性能混凝土的胶凝材料，矿物掺和料可以等量替代水泥。一般可由水胶比 $[W/(C+M)]$ 和用水量（W_0）计算所用的胶凝材料用量。水泥用量不宜大于 500kg/m³，胶凝材料总量不宜大于 600kg/m³。

d. 矿物质掺和料的确定。矿物掺和料等量取代水泥的最大用量分别为：磨细矿渣不大于 50%，粉煤灰不大于 30%，硅灰不大于 10%，磨细天然沸石不大于 10%，复合矿物掺和料不大于 50%。

e. 选择合理的砂率。混凝土的砂率一般通过试配最终确定。初次试配砂率宜为 28%～34%，当采用泵送工艺时可为 32%～42%。

一般情况下，高性能混凝土的合理砂率与胶凝材料用量和砂的细度模数有关。胶凝材料用量越多，砂率越小；砂的细度模数越大，砂率越大。可按表 6.13 参考选用。

表 6.13　高性能混凝土的合理砂率

砂的细度模数（M_x）	胶凝材料的用量/（kg/m³）			
	420～470	470～520	520～570	570～620
3.1～3.7	40%～42%	38%～40%	36%～38%	34%～36%
2.3～3.0	38%～40%	36%～38%	34%～36%	33%～34%
1.6～2.2	36%～38%	34%～36%	33%～34%	31%～32%

f. 粗、细骨料用量的确定。在集料的总体积为 0.65m³ 时，粗细集料的体积比可由表 6.14 查出。

表 6.14　粗细集料的体积比

试配强度/MPa	集料体积/%		试配强度/MPa	集料体积/%	
	粗	细		粗	细
60	60	40	105	63	37
75	61	39	120	64	36
90	62	38			

由于高性能混凝土的密实度比较大，其表观密度一般应比普通水泥混凝土稍高些，一般应取 2450～2500kg/m³，混凝土强度等级高者取大值。

g. 高性能外加剂的用量的确定。高性能外加剂的用量多少，应根据掺加的品种、施工条件、混凝土拌和物所要求的工作性、凝结性能和经济性等，通过多次试验才能确定其最佳用量。试配时按高性能外加剂厂家推荐的掺量添加。

(5) 高性能混凝土配合比的试配和调整

高性能混凝土配合比的试配与调整的方法和步骤，与普通水泥混凝土基本相同。但是，其水胶比的增减值宜为 0.02～0.03。为确保高性能混凝土的质量要求，设计配合比提出后，还需用该配合比进行 6～10 次重复试验确定。

(6) 高性能混凝土的其它性能的复核

如果配制的高性能混凝土在其它性能方面（如抗渗、抗冻、变形等）也有较高的要求，应当对这些性能进行认真的验证和复核，使其达到设计要求。

(7) 高性能混凝土的参考配合比

为方便试配和配制高性能混凝土，列出高性能混凝土的参考配合比（表6.15）。

表 6.15　高性能混凝土参考配合比

平均抗压强度/MPa	胶凝材料/kg			用水量/kg	粗骨料/kg	细骨料/kg	总量/(kg/m³)	水胶比(W/C)
	PC	FA（或BFS）	CSF					
65	534	0	0	160	1050	690	2434	0.30
	400	106	0	160	1050	690	2406	0.32
	400	64	36	160	1050	690	2400	0.32
75	565	0	0	150	1070	670	2455	0.27
	423	113	0	150	1070	670	2426	0.28
	423	68	38	150	1070	670	2419	0.28
90	597	0	0	140	1090	650	2477	0.23
	447	119	0	140	1090	650	2446	0.25
	447	71	40	140	1090	650	2438	0.25
105	471	125	0	130	1100	630	2466	0.22
	471	75	40	130	1100	630	2458	0.22
120	495	131	0	120	1120	620	2486	0.19
	495	79	44	120	1120	620	2478	0.19

注：表中 PC 为硅酸盐水泥；FA 为粉煤灰；BFS 为矿渣；CSF 为硅粉。

6.2　纤维增强水泥基复合材料抗裂技术

水泥基材料（水泥净浆、砂浆和混凝土）虽然具有很高的抗压强度，但存在抗拉强度低、抗裂性差和脆性大等缺点。水泥基材料的上述缺点是本质性的，不可能通过本身材质的改良来解决，只有采用"复合化"的技术途径。由此开发了一系列的水泥基复合材料，如钢筋混凝土、预应力混凝土、自应力混凝土、钢丝网水泥、纤维增强水泥基复合材料以及聚合物混凝土等[5,6]。

纤维增强水泥基复合材料在国际上的发展已跨越了将近一个世纪。自 20 世纪初 Ludwig Hatschek 将石棉纤维掺入水泥净浆中制成高强薄壁的制品，直至现今钢纤维与合成纤维在混凝土工程中仍然在使用。

我国古代早就用掺有麻丝的石灰黏土作为砖墙的抹灰料，已有上千年的历史。20 世纪 30 年代中期开始生产石棉水泥小波瓦。50 年代后，国内开始了纤维增强水泥和混凝土的研究投入。目前我国有十余所高等院校与科研单位正在继续深入研究与积极开发多种新型纤维增强水泥与纤维增强混凝土。纤维增强水泥基复合材料在各项工程中得到日益广泛的应用，对改善工程质量并提高长期耐久性发挥了很好的作用。

6.2.1　定义

因基体组成的不同，可将纤维增强水泥基复合材料分为两大类。当用水泥净浆或砂浆作基体时，称之为"纤维增强水泥"（fiber reinforced cement）；当用混凝土作基体时，称之为"纤维增强混凝土"（fiber reinforced concrete）。这样的分类主要是考虑到因基体的不同而使纤维与基体的相互影响以及复合材料的制备工艺等有很大差异，从而影响到复合材料的性能及其应用范围等。表 6.16 对纤维增强水泥和纤维增强混凝土的主要不同点进行了对比。

表 6.16　纤维增强水泥与纤维增强混凝土的对比

对比项	纤维增强水泥	纤维增强混凝土
水泥基体	水泥净浆或砂浆	混凝土
纤维长度	短纤维、长纤维、纤维织物或短纤维与长纤维（或纤维织物并用）	短纤维
纤维体积率	3%～20%	0.05%～2%
复合材料的制备	采用专门的工艺与装备	一般采用普通混凝土的工艺与装备
复合材料的物理力学性能	有显著的改进或提高，尤其是力学性能	某些性能无影响，某些性能有适度改进或提高
应用范围	主要用于制作薄壁（厚度 3～20mm）的预制品	主要用于现场浇筑的构件或构筑物

迄今为止，国际上对纤维增强水泥基复合材料的分类是不明确的，有的将纤维增强水泥也归为纤维增强混凝土，也有的叫织物增强混凝土。

6.2.2 纤维的种类和作用

6.2.2.1 纤维的种类

总结目前应用情况，用于增强水泥或增强混凝土的纤维有钢纤维、玻璃纤维、合成纤维（聚乙烯醇纤维、聚丙烯纤维、聚丙烯腈纤维、聚酰胺纤维）、天然植物纤维、碳纤维和混合纤维等。

不是所有纤维都适合增强水泥基体，纤维品种不同，它们的力学性能（包括抗拉强度、弹性模量、断裂伸长率与泊松比等）不可能相同，甚至其中某些性能指标有较大的差异。一般来说，纤维抗拉强度均比水泥基体的抗拉强度要高出两个数量级，但不同品种的纤维弹性模量值相差很大。纤维的力学性能与水泥基体均有一个比较合适的比值，不能过大或过小。表 6.17 列出几种增强水泥基体用的纤维的主要力学性能。

表 6.17　几种增强水泥基体用的纤维的主要力学性能

纤维品种	密度/(g/cm³)	抗拉强度/MPa	弹性模量/GPa	断裂伸长率/%
碳钢纤维	7.80	500~2000	200~210	3.5~4.0
不锈钢纤维	7.80	2000	150~170	3.0
金属玻璃纤维	7.20	2000	140	
抗碱玻璃纤维	2.70	1400~2500	70~75	2.0~3.5
温石棉	2.60	500~1800	150~170	2.0~3.0
聚丙烯单丝纤维	0.91	500~600	3.5~4.8	15~18
聚丙烯膜裂纤维	0.91	500~700	5.0~6.0	15~20
高模量聚乙烯醇纤维	1.30	1200~1500	30~35	5~7
改性聚丙烯腈纤维	1.18	800~950	16~20	9~11
尼龙纤维	1.15	900~960	5.0~6.0	18~20
高密度聚乙烯纤维	0.97	2500	117	3.5
芳纶纤维（Kevlar）	1.45	2800~2900	62~70	3.6~4.4
芳纶纤维（Technola）	1.39	3000~3100	71~77	4.2~4.4
高强度 PAN 基碳纤维	1.70	3000~3500	200~230	1.0~1.5
沥青基碳纤维	1.60	2100~2500	200~230	1.0~1.2
纤维素纤维	1.20	500~600	9.0~10.0	
剑麻纤维	1.50	800~850	13.0~20.0	3.0~5.0
黄麻纤维	1.03	250~350	26.0~32.0	1.5~1.9
椰子壳纤维	1.13	120~200	19.0~26.0	10.0~25.0

6.2.2.2　纤维和水泥在复合材料中的作用

(1) 纤维的作用

纤维与水泥基体相复合的主要目的在于克服水泥基体的弱点。纤维在复合材料中主要起着以下三方面的作用。

① 阻裂作用　纤维可阻止水泥基体中微裂缝的产生与扩展。这种阻裂作用既存在于水泥基体的未硬化的塑性阶段，也存在于水泥基体的硬化阶段。水泥基体在浇筑后的 24h 内抗拉强度极低，若处于约束状态，当其所含水分急剧蒸发时极易生成大量裂缝，均匀分布于水泥基体中的纤维可承受因塑性收缩引起的拉应力，从而阻止或减少裂缝的生成。水泥基体硬化后，若仍处于约束状态，因周围环境温度与湿度的变化而使干缩引起的拉应力超过其抗拉强度时，也极易生成大量裂缝，此情况下纤维也可阻止或减少裂缝的生成。

② 增强作用　水泥基体不仅抗拉强度低，且因存在内部缺陷而往往难于保证，加入纤维可使其抗拉强度有充分保证。当所用纤维的品种与掺量合适时，还可使复合材料的抗拉强度较水泥基体有一定的提高。

③ 增韧作用　在荷载作用下，即使水泥基体发生开裂，纤维可横跨裂缝承受拉应力，并可使复合材料具有一定的延性（一般称之为"假延性"），这也意味着复合材料可具有一定的韧性。韧性一般是用复合材料弯曲荷载-挠度曲线或拉应力-应变曲线下的面积来表示的。

在纤维增强水泥基复合材料中，纤维能否同时起到以上三方面的作用，或只起到其中两方面或单一作用，就纤维本身而论，主要取决于下列五个因素。

① 纤维品种　由于纤维品种的不同，它们的力学性能（包括抗拉强度、弹性模量、断裂伸长率与泊松比等）不可能相同，甚至其中某些性能指标有较大的差异。一般来说，纤维抗拉强度均比水泥基体的抗拉强度要高出两个数量级。纤维与水泥基体的弹性模量的比值对纤维增强水泥基复合材料的力学性能有很大影响，因该比值愈大，则在承受拉伸或弯曲荷载时纤维所分担的应力份额也愈大。纤维的断裂伸长率一般要比水泥基体高出一个数量级，但若纤维的断裂伸长率过大，则往往使纤维与水泥基体过早脱离，因而未能充分发挥纤维的增强作用。水泥基体的泊松比一般是 0.20~0.22，若纤维的泊松比过大，也会导致纤维与水泥基体过早脱离。

② 纤维长度与长径比　当使用连续的长纤维时，因纤维与水泥基体的粘结较好，故可充分发挥纤维的增强作用。当使用短纤维时，则纤维的长度与其长径比必须大于它们的临界值。若纤维的实际长径比小于临界长径比，则复合材料破坏时纤维由水泥基体内拔出。若纤维的实际长径比等于临界长径比，只有基体的裂缝发生在纤维中央时纤维才能拉断，否则纤维短的一侧将从基体内拔出。若纤维的实际长径比大于临界长径比，则复合材料破坏时纤维可拉断。

③ 纤维的体积率　该值表示在单位体积的纤维增强水泥基复合材料中纤维所占有的体积分数。用各种纤维制成的纤维增强水泥与纤维增强混凝土均有一临界纤维体积率，当纤维的实际体积率大于临界体积率时复合材料的抗拉强度才得以提高。定向纤维和非定向纤维的临界纤维体积率不同，非定向纤维的体积率要高于定向纤维的体积率。

④ 纤维取向　纤维在纤维增强水泥基复合材料中的取向对其利用效率有很大影响，纤维取向与应力方向相一致时其利用效率高。总的说来，纤维在该复合材料中的取向方式有表6.18中的四种，表中列出了不同取向的效率系数。

表6.18　纤维在纤维增强水泥基复合材料中的取向

纤维取向	纤维形式	效率系数
一维定向（1D）	连续纤维	1.0
二维乱向（2Dr）	短纤维	0.38～0.76
二维定向（2Da）	连续纤维（网格布）	各向1.0
三维定向（3D）	短纤维	0.17～0.20

⑤ 纤维外形与表面状况　纤维外形与表面状况对纤维与水泥基体的粘结强度有很大影响。纤维外形主要是指纤维横截面的形状及其沿纤维长度的变化、纤维是单丝状还是集束状等。纤维的表面状况主要是指纤维表面的粗糙度以及是否有被覆层等。横截面为矩形或异型的纤维与水泥基体的粘结强度大于横截面为圆形的纤维，横截面沿着长度而变化的纤维与水泥基体的粘结强度大于横截面恒定不变的纤维。当集束状纤维与单丝状纤维的直径相同时，前者经适度松开后，有利于与水泥基体的粘结。纤维表面的粗糙度愈大，则愈有利于与水泥基体的粘结。

(2) 水泥的作用

水泥基体在纤维增强水泥基复合材料中主要起着以下三方面的作用。

① 粘结纤维。粘结纤维与之成为一个整体，并起着保护纤维的作用。

② 承受外压。为复合材料提供较高的抗压强度与一定的刚度。

③ 传递应力。在外荷载作用下，最初与纤维共同承受拉应力，复合材料呈现弹性变形；一旦基体发生开裂后，通过与纤维的界面粘结将拉应力传递给纤维，则复合材料呈现弹塑性变形。

影响水泥基体作用效果的主要因素是它本身的组成，包括水泥的品种与强度等级，水泥与其它胶凝材料如硅灰、粉煤灰、磨细矿渣、偏高岭土等的相对含量，集料的级配与最大粒径，集灰比与水灰比等。

(3) 纤维与水泥在复合材料中的相互影响

在纤维增强水泥基复合材料中，纤维与水泥基体既起着相互复合、取长补短的作用，又在一定范围内相互影响、相互制约，主要表现在以下几个方面。

① 纤维的最大掺量　在水泥净浆和砂浆中，纤维的掺量可显著大于混凝土。纤维增强水泥的纤维体积率高于纤维增强混凝土。

② 纤维的长度　纤维长度必须超过水泥基体中最大粒子的直径才能发挥纤维的增强作用。一般纤维最小长度在水泥净浆和砂浆中分别为 1～3mm 与 4～6mm，而在混凝土中为 8～20mm。但在混凝土中纤维最大长度也受到一定限制，不宜大于 50mm，否则纤维可能会打团，同时新拌的纤维混凝土也不易密实。

③ 纤维的取向　在水泥净浆或砂浆中，纤维增强体可处于一维定向或二维定向或二维乱向，而在混凝土中绝大多数情况下只能限于三维乱向。因此，当纤维体积率相同时，纤维在水泥净浆和砂浆中的利用率显著高于在混凝土中。

④ 纤维与水泥基体的界面层　纤维与水泥基体之间存在着界面层，该界面层对二者的粘结强度有很大影响。界面层总的厚度可为约 $10\mu m$ 至 $50\mu m$ 以上不等。为提高纤维与水泥基体的粘结强度，必须尽可能减小界面层的厚度。当使用硅酸盐水泥时，通过加入适量的减水剂（尤其是高效减水剂）以降低水灰比，或选用某些高火山灰活性的矿物细掺料（如硅灰、粉煤灰与磨细矿渣粉等）替代部分水泥，均有助于减薄界面层，从而改善纤维与水泥基体的界面粘结。就纤维而言，为部分地抵消界面层对粘结的不利影响，可采取改变纤维截面形状与纤维的外形以及表面粗糙化等措施。

⑤ 纤维与水泥基体的化学相容性　普通硅酸盐水泥水化过程中生成大量的氢氧化钙，故水泥基体孔隙中液相的碱度很大，pH 值可达 12～14。当用钢纤维作为增强体时，与水泥基体有很好的化学相容性，因水泥基体的高碱度对钢纤维起着阴极保护作用。但当所用纤维增强体为玻璃纤维或天然有机纤维时，则水泥基体的高碱度对这些纤维有很强的侵蚀，因而纤维与水泥基体无化学相容性，则难于保证复合材料的长期耐久性。为此，应改用低碱度的特种水泥或用足量的高火山灰活性矿物细粉替代部分普通硅酸盐水泥，使纤维与水泥基体间有较好的化学相容性。

6.2.3　纤维增强水泥基复合材料力学性能的主要特征

纤维增强水泥基复合材料在受压时的性能与素混凝土基本相似，其抗压强度取决于水泥基体，纤维无助于抗压强度的提高，仅在某些情况下可适度延缓其破坏。纤维增强水泥基复合材料力学性能的主要特征体现于以下两个方面，即在静载作用下的抗拉伸或抗弯曲的性能和在动载作用下的抗冲击性与抗疲劳性。

水泥基体的极限伸长率很低，以硅酸盐水泥基体为例，净浆为 0.01%～0.05%，砂浆与混凝土为 0.005%～0.015%。在水泥基体中还不可避免地含有一定的缺陷和肉眼难于观察到的微细裂缝，这主要是为易于成型而加入较多的拌和水、拌和物的离析与塑性收缩以及硬化体在受约束状态下的冷缩与干缩等所致。在拉力作用下，水泥基体内原有的缺陷与微细裂缝迅速延伸并成为大裂缝，因而导致无预兆的骤然脆断。在纤维增强水泥基复合材料中，纤维的作用在于抑制水泥基体内新裂缝的生成并延缓其原有微细裂缝的延伸与扩展。

纤维增强水泥基复合材料的弯曲性能、弯曲韧性、抗冲击性能和抗疲劳性能均有不同程度的提高。

6.2.4 纤维增强水泥基复合材料成型工艺的选用

纤维增强水泥基复合材料的成型工艺对充分发挥纤维与水泥基体的复合作用并保证复合材料的物理力学性能有重要影响。成型工艺选用的准则如下。

① 针对所用水泥基体的组成 水泥基体的组成不同，应选用不同的成型工艺，故制作纤维增强水泥所用工艺与装备有别于制作纤维增强混凝土。

② 针对所用纤维的特性 对脆性较大的纤维（如玻璃纤维与碳纤维）与柔韧性较好的纤维，应采取不同的成型工艺。对前一类纤维应在成型过程中尽量减少或防止它们因摩擦或弯折而引起的损伤甚至断裂，并因而降低它们对水泥基体的增强效果。

③ 使纤维在复合材料中具有一定的取向 根据复合材料的使用情况，应使纤维在其中的取向符合一定的要求。若使用连续长纤维时，可使之在复合材料的某些部位按一维或二维定向排列；若使用短纤维时，应尽可能使之呈二维乱向分布，对仅起抗裂或增韧作用的短纤维则可使之呈三维乱向分布。一般情况下，应力求使短纤维均匀分布于水泥基体中。

④ 保证复合材料的密实性 在纤维与水泥基体的化学相容性符合要求的前提下，复合材料的耐久性在很大程度上取决于密实性，即其孔隙率应小，尤其是其中直径 100nm 以上的有害孔应尽可能少。为此，在成型过程中应力求降低其水灰比，提高其密实性。

⑤ 可实现工业化生产或施工 所采用的成型工艺，在保证复合材料质量的前提下应尽可能有较高的效率，以满足工业化生产或规模化施工的要求。

(1) 纤维增强水泥的成型工艺

根据上述成型工艺选用的准则，纤维增强水泥制品的成型工艺按水泥浆体与纤维的结合方式基本上可分为以下七类。

① 稀浆脱水 使短纤维与水泥加入大量水拌制成低浓度的纤维水泥浆，再使之过滤脱水成为纤维水泥薄料层，在此薄料层中纤维呈二维乱向分布，但仍有一定的主导取向。通过加压脱水使若干薄料层黏合成为一定厚度的料坯。

② 浓浆脱水 将短纤维与水泥砂浆制成较浓的纤维水泥砂浆，使之过滤脱水成为纤维水泥厚料层，在此厚料层中纤维呈三维乱向分布。通过加压脱水使该厚料层成为较密实的料坯。

③ 喷浆 可使连续长纤维经切短至一定长度，与水泥砂浆同时喷射到模具

上；或使短纤维与水泥砂浆均匀拌和后，再喷射到模具上；或将纤维网格布预先放置在模具内，再将水泥砂浆喷入其中。

④ 注浆 将短纤维与水泥净浆的拌和物在压力下注入模具内，再使之脱水密实定型；也可将纤维或纤维织物预先放置在模具内，再将水泥净浆或砂浆注入模具中。

⑤ 灌浆 可将短纤维与水泥砂浆的拌和物灌入模具内，再使之振动密实；也可将纤维网格布预先放置在模具内，再将水泥砂浆灌入其中。

⑥ 压浆 将流动性较好的水泥砂浆压入连续长纤维中或呈二维乱向分布的短纤维中，适用于制平板或波形瓦。

⑦ 挤浆 将水灰比较低的短纤维与水泥砂浆的拌和物在较高压力下挤制成型，或在水泥砂浆挤出过程中引入连续长纤维。

在表 6.19 中将以上七类成型工艺及其相应的制作方法、适用的纤维品种、纤维类型与长度、纤维取向、水泥基体、最终水灰比以及所制作的产品种类等列出，以供参考。

表 6.19 纤维增强水泥成型工艺一览表

工艺类别	制作方法	纤维品种	纤维长度/mm	纤维取向	水泥基体	最终水灰比（W/C）	产品种类
稀浆脱水	圆网抄取法流浆法	纤维素、聚乙烯醇、温石棉等	2～6	2D 乱向	净浆	0.35～0.45	板、管等
浓浆脱水	马雅尼法高速单层法	纤维素、聚乙烯醇、玻璃、温石棉	2～10	3D 乱向	砂浆	0.30～0.40	板、瓦等
喷浆	短切喷浆法	玻璃	25～55	2D 乱向	砂浆	0.30～0.40	异型板、薄壳等
	铺网喷浆法	玻纤网格布		2D 定向	砂浆	0.30～0.40	平板、曲面板等
	预混喷浆法	玻璃	10～25	3D 乱向	砂浆	0.35～0.45	异型制品
注浆	压力注浆法	玻璃、温石棉	2～10	3D 乱向	净浆	0.30～0.40	异型制品
	预埋注浆法	钢、钢纤网	30～60	2D 乱向	净浆	0.35～0.45	抗震、抗爆制品
灌浆	预混振动法	玻璃	10～25	3D 乱向	砂浆	0.30～0.40	异型制品
	张网立模法	玻纤网格布		2D 定向	砂浆	0.40～0.45	空心墙板
压浆	Wellcrete 法	玻璃	长＋短	1D＋2D 乱向	砂浆	0.40～0.45	波瓦、平板等
	Retiver 法	纤化聚丙烯网、玻璃	长＋短	1D＋2D 乱向	砂浆	0.40～0.45	波瓦、平板等
挤浆	高压挤出法	纤维素、聚乙烯醇、聚丙烯等	2～15	3D 乱向	砂浆	0.25～0.30	异型制品
	普通挤出法	玻璃	长	1D	砂浆	0.40～0.45	空心墙板

（2）纤维增强混凝土的成型工艺

纤维增强混凝土的成型工艺与纤维增强水泥有很大的差异，多数按混凝土的工艺稍作改变。基本可归纳为以下五类。

① 浇灌工艺 先用机械搅拌法使纤维均匀分布于混凝土中,再用输送泵、搅拌运输车或传送带将纤维混凝土拌和物送到施工现场或模具附近进行浇灌,浇灌后通过机械振动以保证纤维混凝土的密实性。对现浇纤维混凝土一般采用附着式振动器,纤维混凝土构件则在振动台上成型。

② 喷射工艺 使普通喷射混凝土的配比适当调整并加入适量均布于其中的钢纤维或某些合成纤维,成为纤维增强喷射混凝土(fibre reinforced shotcrete, FRS)。与普通喷射混凝土一样,根据拌和水的加入方式可分为干法与湿法两种。前者先使水泥、集料与纤维经均匀拌和,用压缩空气送至喷射器的喷头处,与此同时用泵将水也送至喷头处与干拌和料相混合,再将湿拌和料以高速喷至受喷面上。后者使纤维与包括水在内的混凝土各组分均匀拌和,然后用压缩空气送至喷射器的喷头处,以高速喷至受喷面上。干法与湿法相比较,虽有运输距离较长与设备不太复杂等优点,但喷射区的粉尘较大、喷射后纤维的回弹损失率较高,故一般均采用湿法。

③ 自密实工艺 自密实混凝土(self compacting concrete, SCC)是一种高性能混凝土,其配合比不同于普通混凝土,具有高流动性和抗离析性,浇灌后不需振动即可均匀填满于模框中,硬化后有较高的强度和较好的抗渗性。为进一步增进此种混凝土的韧性与抗裂性,近年来国外又开发了纤维增强自密实混凝土。

④ 碾压工艺 使干硬性的纤维混凝土拌和料在强力振动与碾压的共同作用下分层压实。该工艺具有水泥用量少、粉煤灰掺量大、施工速度快、混凝土密实度大等优点。目前仅限于使用钢纤维混凝土。

表 6.20 纤维增强混凝土成型工艺一览表

工艺类别	制作方法	纤维品种	纤维长度/mm	纤维取向	水泥基体混凝土	水灰比	结构或构件
浇灌	振动法	钢、聚丙烯、聚乙烯醇、聚丙烯腈、尼龙	20~60	3D乱向	集料 $D_M=20mm$	0.45~0.50	道路、桥面、某些构件
喷射	湿法	钢、聚丙烯、聚乙烯醇、聚丙烯腈	25~35	2D乱向	集料 $D_M=20mm$	0.40~0.45	隧道、地下工程支护、护坡加固等
自密实	免振法	钢、聚丙烯等	20~50	3D乱向	集料 $D_M=20mm$	0.35~0.45	地面、某些构件
碾压	振碾法	钢	25~35	2D乱向	集料 $D_M=20mm$	0.40~0.45	道路
层布	撒布法	钢	30~100	2D乱向		0.45~0.50	道路

注:表中 D_M 表示集料的最大粒径。

⑤ 层布工艺　近年我国有关单位开发了一种主要用于路面施工的层布工艺。该工艺的主要特点是只在混凝土路面的顶层和底层的混凝土中或仅在底层的混凝土中撒布钢纤维，而中间层仍是素混凝土，因而可有效地、较为经济地使用钢纤维。

在表 6.20 中将以上五类成型工艺及其相应的制作方法、适用的纤维品种、纤维类型与长度、纤维取向、水灰比以及所浇制的有代表性的结构或构件等列出，以供参考。

6.2.5　几种纤维增强混凝土的参考配合比

(1) 钢纤维增强混凝土参考配合比

一些钢纤维增强混凝土的参考配合比见表 6.21[6]。

表 6.21　钢纤维增强混凝土的参考配合比

粗骨料最大粒径/mm	水灰比	混凝土材料用量/(kg/m³)							
		水泥	粉煤灰	水	砂	石	钢纤维	外加剂	
								减水剂	引气剂
9.5	0.4	384		155	842	366	100	1.68	
10	0.53	393		207	1151	471	133		
10	0.42	512		215	1116	231	196	1.28	
20	0.42	434		182	808	839	118	1.11	
15	0.33	297	139	142	848	837	71～119		
9.5	0.4	384		155	842	766	100	1.42	0.26

(2) 玻璃纤维增强混凝土参考配合比

玻璃纤维增强混凝土的配合比，因成型工艺不同而有差异，一些玻璃纤维增强混凝土的参考配合比见表 6.22。

表 6.22　玻璃纤维增强混凝土的参考配合比

成型工艺	玻璃纤维	水泥	骨料	外加剂	灰砂比	水灰比
直接喷射法	抗碱玻璃纤维无捻粗砂，切短长度：33～44mm；体积掺率 2%～5%	早强型或 I 型低碱硫铝酸盐水泥（445～515kg/m³）	$D_{max}=2mm$，细度模数：1.2～1.4；含泥率：≤0.3%	减水剂或塑化剂掺量由预拌试验确定	(1:0.3)～(1:0.5)	0.32～0.33
铺网喷浆法	抗碱玻璃纤维网格布，厚 10mm 的板用层网格布；体积掺率 2%～3%	早强型或 I 型低碱硫铝酸盐水泥（445～515kg/m³）	$D_{max}=2mm$，细度模数：1.2～1.4；含泥率：≤0.3%	一般不掺用	(1:0.3)～(1:0.5)	起始值：0.50～0.55 最终值：0.25～0.30

续表

成型工艺	玻璃纤维	水泥	骨料	外加剂	灰砂比	水灰比
喷射抽吸法	抗碱玻璃纤维无捻粗砂，切短长度：33～44mm；体积掺率2%～5%	早强型或I型低碱硫铝酸盐水泥（445～515kg/m³）	$D_{max}=2mm$，细度模数：1.2～1.4；含泥率：≤0.3%	减水剂或塑化剂掺量由预拌试验确定	(1:0.3)～(1:0.5)	0.32～0.33

(3) 聚丙烯纤维增强混凝土参考配合比

聚丙烯纤维增强混凝土的配合比因成型工艺不同而有差异，不同成型方法的材料配合比要求不同，见表6.23。

表6.23 聚丙烯纤维增强混凝土的参考配合比

成型工艺	聚丙烯膜裂纤维	水泥	骨料	外加剂	灰骨比	水灰比
预拌法	细度：6000～13000旦尼尔；切矩长度：40～70mm；体积掺率：0.4%～1.0%	42.5级或52.5级硅酸盐水泥或普通硅酸盐水泥	细骨料：$D_{max}=5mm$；粗骨料：$D_{max}=10mm$	减水剂或塑化剂掺量由预拌试验确定	水泥：砂：石子=(1:2:2)～(1:2:4)	0.45～0.50
喷砂法	细度：4000～12000旦尼尔；切矩长度：20～60mm；体积掺率：2.0%～6.0%	42.5级或52.5级硅酸盐水泥或普通硅酸盐水泥	骨料：$D_{max}=2mm$	减水剂或塑化剂掺量由预拌试验确定	砂浆：水泥：砂=1:(0.3～1):0.5	0.32～0.40

6.2.6 几种纤维增强混凝土的性能[6]

(1) 钢纤维增强混凝土的性能

钢纤维掺入率为2%时，与普通混凝土相比，钢纤维增强混凝土的性能见表6.24。

表6.24 钢纤维增强混凝土的性能

项 目	与普通混凝土的比较
抗压强度	1.0～1.3倍
抗拉强度和抗弯强度	1.5～1.8倍
抗剪强度	1.5～2.0倍
疲劳强度	有改善
抗冲击性能	5～10倍
抗破损性能	有改善
伸长率	约2.0倍
韧性	40～200倍

续表

项　目	与普通混凝土的比较
耐热性能	显著改善
抗冻融性能	显著改善
耐久性	有改善

(2) 玻璃纤维增强混凝土的性能

玻璃纤维增强混凝土的物理力学性能见表 6.25。

表 6.25　玻璃纤维增强混凝土的物理力学性能

项　目	参　数
堆积密度	$1900 \sim 2100 kg/m^3$
吸水率（干燥状态）	$10\% \sim 15\%$
耐热性	$\leqslant 80℃$
抗渗性	较好
耐久性	至少 50 年
抗拉极限强度	$7.5 \sim 9.0 MPa$
抗弯极限强度	$15 \sim 25 MPa$
抗压强度	$48 \sim 63 MPa$
热膨胀系数	$(11 \sim 16) \times 10^{-6} K^{-1}$
韧性	比未增强的砂浆提高 $30 \sim 120$ 倍
抗冲击强度	$1.5 \sim 3.0 J/cm^2$
弹性模量	$(2.6 \sim 3.1) \times 10^4 MPa$

(3) 聚丙烯纤维增强混凝土的性能

聚丙烯纤维增强混凝土的物理力学性能见表 6.26。

表 6.26　聚丙烯纤维增强混凝土的物理力学性能

项　目	参　数
抗拉强度	喷射法制得的极限强度为 $7.0 \sim 10.0 MPa$
抗弯强度	体积掺率为 1% 时，强度增加不超过 25%； 用喷射法，体积掺率 6% 时，极限强度 $20 MPa$
抗压强度	与普通混凝土相比，无明显增强
抗冲击强度	体积掺率为 2% 时，可提高 $10 \sim 20$ 倍； 用喷射法，体积掺率 6% 时，可达 $3.0 \sim 3.5 J/cm^2$
抗收缩性	体积掺率 1% 左右时，收缩率降低 75% 左右
耐火性	体积掺率 1% 左右时，耐火等级与普通混凝土相同
抗冻融性	经 25 次冻融，无龟裂、分裂现象，质量和强度基本无损失

6.2.7 几种纤维增强混凝土的用途

几种纤维增强混凝土的主要用途见表 6.27。

表 6.27 纤维增强混凝土的主要用途

纤维混凝土类别	主要用途
钢纤维混凝土	高速公路和机场跑道；桥梁工程的结构和桥面；大跨度梁、板；隧道及巷道等工程的支护；水工结构工程及刚性防水工程；桩基和铁路轨枕；抗震抗爆结构
玻璃纤维混凝土	永久性模板；管道的衬砌；屋面瓦；隔墙板；水下管道；快速车道的挡土墙
聚丙烯纤维混凝土	停车场；车库工业地板的路面；加固河堤；下水管
碳纤维混凝土	幕墙板；混凝土板材

6.3 环氧涂层钢筋

钢筋混凝土中钢筋的腐蚀是造成混凝土破坏的主因，采用耐腐蚀钢筋是人们首先想到的防止腐蚀、延长耐久性的措施。耐腐蚀钢筋[7]包括耐腐蚀低合金钢钢筋、包铜钢筋、镀锌钢筋、环氧树脂涂层钢筋、聚乙烯醇缩丁醛涂层钢筋、不锈钢钢筋等。目前使用最多的是环氧涂层钢筋。

6.3.1 环氧涂层钢筋的概念

粉末涂料是将树脂制成粉状，添加助剂，采用静电喷涂喷在基体上，加热熔融并固化的一类涂料，该涂料不含有机溶剂等有机挥发物，属于环境友好型的涂料，20多年前在国内开始推广应用，开始主要为装饰性粉末涂料，用于冰箱、洗衣机等家用电器和铝型材上的装饰粉末涂层，主要成分为聚酯粉末涂料、聚乙烯粉末涂料、聚氨酯粉末等。在20世纪60年代，国外公司将具有防腐功能的粉末涂料用于天然气管道的防腐蚀工程上，防腐蚀效果好，主要成分为环氧树脂粉末涂料。

从1970年起，美国联邦公路管理局（FHWA）针对撒除冰盐引起公路混凝土桥严重钢筋腐蚀破坏的情况，委托美国国家标准局（NSA）的研究人员经过3年的大量试验，从56种聚合物涂层中筛选出一种最好的钢筋防腐蚀涂层，即静电喷涂环氧粉末涂层。涂有这种涂层的钢筋就叫环氧涂层钢筋。环氧涂层钢筋按涂层特性分为A类和B类。A类在涂覆后可进行再加工，B类在涂覆后不应进行再加工。

环氧涂层与钢筋附着力好，而且对涂层钢筋与混凝土的附着力影响较小，具有隔断外来介质如氯离子的作用，从而具有优异的防腐蚀性能。国内从 20 世纪 90 年代推广应用环氧涂层钢筋，由于成本高和结构耐久性的重视程度不够，只到最近 10 年内才得到规模越来越大的工程应用。用于环氧涂层钢筋的环氧涂层的研究报道很少，环氧涂层的性能是以环氧涂层钢筋的最终性能体现的。

6.3.2　环氧涂层钢筋的涂装工艺

粉末涂装的产品质量受两方面因素的影响[8]，一方面是粉末涂料的质量，另一方面是涂装设备、前处理方法、涂装工艺参数和环境等因素。在影响粉末涂装产品质量中，粉末涂料和粉末涂装各占 50％。在粉末涂装中，包括工件前处理、粉末喷涂和烘烤固化 3 部分，一般认为前处理占涂装影响的 30％、粉末喷涂占 40％和烘烤固化占 30％，这说明粉末涂装的每个工艺环节对涂装产品质量都起到重要的作用。

环氧涂层钢筋的制作流程为：钢筋除锈—钢筋预热—喷涂和固化—冷却—质量检测—成品—包装。

(1) 钢筋除锈

钢筋除锈主要采用抛丸或喷砂处理，要求达到 GB 8923 中 Sa 2.5 级以上的表面清洁度：除尽氧化皮、铁锈、粉尘和油污。表面粗糙度达到 $50 \sim 70 \mu m$。对净化后的钢筋表面质量进行检验，净化后的钢筋表面不得附着有氯化物，对符合要求的钢筋方可进行涂层制作。涂层制作应尽快在净化后清洁的钢筋表面上进行，一般规定不超过 3h，最好不大于 0.5h，尤其潮湿地区（图 6.1）[9]。

图 6.1　钢筋除锈

(2) 钢筋预热

采用静电喷涂方法将环氧树脂粉末喷涂在钢筋表面，涂层固化温度在 200℃以上，所以需要对钢筋预热到固化温度。用远红外热传感器自动测量和控制预热温度（图 6.2）。

(3) 喷涂和固化

将预热的钢筋在悬空状态下以恒定速度辊送通过喷粉室，以一组 100kV 静电高压喷枪喷涂平均粒径为 $40 \mu m$ 的带静电的环氧树

图 6.2　钢筋预热

图 6.3 喷涂和固化

图 6.4 淋水冷却

脂粉末。粉末均匀充分地粘附在整个钢筋表面，受热熔化、流平、固化。环氧涂层材料必须采用专业厂家的产品，其性能应符合GB/T 25826《钢筋混凝土用环氧涂层钢筋》附录 A3 的规定。涂层修补材料必须采用专业厂家的产品，其性能必须与涂层材料兼容、在混凝土中呈惰性，且应符合 GB/T 25826附录 B 中的规定（图 6.3）。

(4) 冷却

涂层固化后，涂层钢筋尚有 200℃ 的温度，必须淋水冷却后，方能检测，见图 6.4。

(5) 质量检测

① 外观　养护后的涂层应连续，不应有空洞、空隙、裂纹或肉眼可见的其它涂层缺陷；涂层钢筋在每米长度上的微孔（肉眼不可见之针孔）数目平均不应超过三个。

② 涂层连续性　包装前使用电压不低于67.5V、电阻不小于80kΩ 的湿泡沫直流漏点检测器或相当的方法，并按照漏点检测器的说明书进行检测。浸泡泡沫的水中应添加润湿剂。

③ 涂层厚度的检验　每个厚度记录值为三个相邻肋间厚度量测值的平均值；应在钢筋相对的两侧进行量测，且沿钢筋的每一侧至少应取得 5 个间隔大致均匀的涂层厚度记录值。

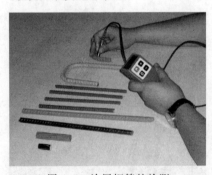

图 6.5 涂层钢筋的检测

④ 涂层可弯性的检验　应采用"弯曲试验机"进行。试验样品应处于 20～30℃ 平衡状态；应将试验样品的两纵肋（变形钢筋）置于与弯曲机上的芯轴半径相垂直的平面内，以均匀的且不低于 8r/min 的速率弯曲涂层钢筋，弯曲角度为 180°（回弹后）。对于直径 d 不大于 20mm 的涂层钢筋，应取弯曲直径为不大于 4d；对于直径 d 大于 20mm 的涂层钢筋，应取弯曲直径不大于 6d，见图 6.5。

(6) 成品

当涂层有空洞、空隙、裂纹及肉眼可见的其它缺陷时，必须进行修补。允许修补的涂层缺陷的面积最大不超过每 0.3m 长钢筋表面积的 1%。在生产和搬运过程中造成的钢筋涂层破损，应予以修补。当涂层钢筋在加工过程中受到剪切、锯割或工具切断应予修补。当涂层和钢筋之间存在不粘着现象时，不粘着的涂层应予以除去，影响区域应被净化处理，再用修补材料修补。涂层修补应按照修补材料生产厂家的建议进行。在涂层钢筋经过弯曲加工后，若加工区段仅有发丝裂缝，涂层和钢筋之间没有可察觉的粘着损失，可不必修补，见图 6.6。

图 6.6　涂层钢筋成品

（7）包装

涂层钢筋产品应采用具有抗紫外线照射性能的塑料布进行包装。涂层钢筋包装应分捆进行，其分捆应与原材料进厂时一致，但每捆涂层钢筋质量不应超过 2t。涂层钢筋的吊装应采用对涂层无损伤的绑带及多支点吊装系统进行，并防止钢筋与吊索之间及钢筋与钢筋之间因碰撞、摩擦等造成的涂层损坏。涂层钢筋在搬运、堆放等过程中，应在接触区域设置垫片；当成捆堆放时，涂层钢筋与

图 6.7　涂层钢筋的包装

地面之间、涂层钢筋与捆之间应用垫木隔开，且成捆堆放的层数不得超过五层，见图 6.7。

6.3.3　环氧涂层钢筋的性能

环氧涂层钢筋必须具备优异的防腐蚀性能和加工性能才能投入使用，国家标准 GB/T 25826 对此做了详细的规定，摘要如下。

6.3.3.1　涂层厚度

固化后的涂层厚度的记录值应至少有 95% 以上的概率在 $180\sim300\mu m$，单个记录值不得低于 $140\mu m$。涂层厚度的上限不适用于受损涂层修补的部位。对耐腐蚀等要求较高的环境下，固化后的涂层厚度的记录值应至少有 95% 以上的概率在 $220\sim400\mu m$，单个记录值不得低于 $180\mu m$。

6.3.3.2　涂层连续性

涂层固化后，应无孔洞、空隙、裂纹和其它目视可见的缺陷。涂层钢筋每米长度上的漏点数目应不超过 3 个。对于小于 300mm 长的涂层钢筋，漏点数目应

不超过 1 个。钢筋焊接网的漏点数量不应超过表 6.28 中的规定。切割端头不计入在内。

表 6.28　涂层钢筋焊接网的连续性

间距	检测的交叉点数量/个	最多漏点数量
b_L 和 $b_C \leqslant 100mm$	10	20 个/m²
b_L 或 $b_C > 100mm$	5	10 个/m²

注：b_L 是钢筋横向间距；b_C 是钢筋纵向间距。一个交叉点是指一个焊点及以焊点为圆心、半径 13mm 范围内的钢筋。

6.3.3.3　涂层可弯性

A 类涂层钢筋应具有良好的可弯性。在涂层钢筋弯曲试验中，在被弯曲钢筋的外半圆范围内不应有肉眼可见的裂纹或失去粘着的现象出现。

6.3.3.4　涂层附着性（耐阴极剥离性）

(1) 设备构成

阴极是一根长为 200mm 的涂层钢筋；阳极是一根长为 150mm、直径为 1.6mm 的纯铂电极或直径为 3.2mm 的镀铂金属丝；参比电极为甘汞电极；电解质溶液为 3% 的 NaCl 溶液（图 6.8）。

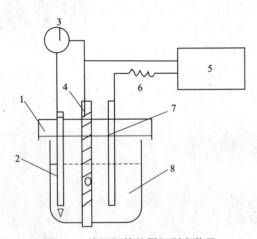

图 6.8　涂层钢筋的阴极剥离装置
1—盖子；2—甘汞电极；3—电压表；4—试验样品；5—直流电源；6—电阻；7—阳极；8—电解质溶液

(2) 试验检测步骤

① 取 3 根长度为 200mm 的试验钢筋，在距离端头 50mm 处制作一个直径 3mm 的人为缺陷孔。

② 将样品的人为缺陷孔所在端垂直浸没在电解液中，另一端用导线连接电

源负极。将 75mm 长的阳极垂直置于电解液中，另外一端与电阻和电源正极相连。将电压表的正极与参比电极相连，负极与试样相连。

③ 打开电源，当电压表读数为 -1500mV±20mV 时测量电阻两端的电压、计算电流，并记录开始时间。

④ 试验过程中，电解液的温度保持为 23℃±2℃，试验时间为 168h±2h。在前 8h 内，每 2h 记录电压值，并计算与起始电压的差值。试验进行 24h 测量电压，之后每 12h 测量一次，并测量计算电流值。

⑤ 将钢筋取出后，在 23℃±2℃ 环境下放置 1h 后进行附着性测试。

⑥ 用刀片在人为缺陷孔处由圆心向外分别以 0°、90°、180° 和 270° 划 4 道划痕，将涂层分为 4 个 90° 区域，划痕应透过涂层到达金属基底，划痕长度应不小于 5mm 或两肋间距离。

⑦ 用刀片将 4 个区域的涂层从缺陷边缘向外撬起，直至涂层与基面良好附着无法撬起。测量撬剥后缺陷孔横纵方向间距离并求其平均值。同样的方法得到其它样品的取值，并取最终平均值。从缺陷边缘算起，试验后 3 只样品的平均涂层剥离半径不应超过 2mm。

6.3.3.5　涂层钢筋的粘结强度

涂层钢筋的粘结强度是指涂层钢筋与混凝土的粘结强度，即握裹力，试验按照国家标准 GB 50512 的规定执行。涂层钢筋的粘结强度应不小于无涂层钢筋粘结强度的 85%，也即涂层钢筋的握裹力损失不得大于 15%。

6.3.3.6　涂层钢筋的抗化学腐蚀性

主要检验涂层钢筋在腐蚀介质的作用下的耐腐蚀性能。

(1) 试验设备

需要准备透明的密闭试验容器 16 个、放置 16 个容器的恒温箱和 4 种溶液（蒸馏水；3% 的 NaCl 水溶液；0.3mol/L KOH 水溶液＋0.05mol/L NaOH 水溶液；0.3mol/L KOH 水溶液＋0.05mol/L NaOH 水溶液＋3% 的 NaCl 水溶液）。

(2) 试验步骤

① 对 A 类涂层钢筋，取 32 根 300mm 长的环氧涂层钢筋试样，端部用修补材料进行封闭。在其中 16 个试样上，以恒定速率绕直径为 100mm 弯芯在 5s 内弯曲至 180°，弯曲后检测并记录漏点数量。进行本检测前所有漏点应进行修补。

② 对 B 类涂层钢筋，取 16 根 300mm 长的环氧涂层钢筋试样，端部用修补材料进行封闭。并取 16 根未涂层钢筋以恒定速率绕直径为 100mm 弯芯在 5s 内弯曲至 180°，再对样品进行涂层。检测并记录漏点数量。进行本检测前所有漏点应进行修补。

③ 在所有样品上制备穿透涂层的直径 3mm 的人为缺陷孔。

④ 将 4 支直条、4 支弯曲样品放入以上 4 种溶液中，保持溶液温度为 (55±4)℃，pH 值与起始值差距不应超过±0.2，进行 28d 的试验。试验期间涂层起泡或开裂，则试验样品不合格。

⑤ 经过 28d 后，从每种溶液中分别取出尚未干燥的 2 个直条、2 个弯曲样品进行测试。在人为缺陷孔处划 2 道划痕，形成 2 个 45°角。然后以直径为 3mm 的铜针沿划痕方向将涂层挑起，并用镊子揭开。测量缺陷孔边缘至最大剥离边缘的距离。

⑥ 经过 28d 后，从每种溶液中取出 2 个直条、2 个弯曲样品，在 (23±2)℃、(50±5)%相对湿度的环境中干燥 7d 后，再以同样的方法进行 2 个直条、2 个弯曲样品的测试。

⑦ 28d 的试验后，95%的钢筋的最大剥离的平均值应不大于 4mm。

6.3.3.7 盐雾试验

(1) 试验设备

包括盐雾试验箱、浓度为 5% NaCl 溶液、刀。

(2) 试验步骤

① 取 3 根长度为 250mm 的试验钢筋，在试验钢筋的两侧各制作 3 个直径为 3mm 且穿透涂层的人为缺陷孔，孔心应位于肋间，孔距应大致均匀。

② 将包含人为缺陷孔的钢筋以缺陷点朝向箱边 90°方向水平放置在试验箱中，试验箱中的盐雾由 NaCl 和蒸馏水配制成的含量为 5%的溶液形成。试验温度保持为 (35±2)℃。

③ 持续 800h±20h 后，将试样取出并在蒸馏水中清洗，将样品在 (23±2)℃的空气中放置 24h±2h 后进行附着性测试。

④ 在破坏点及其相邻区域以刀片除去锈蚀产物，切勿损坏涂层。

⑤ 用刀片在人为缺陷孔由内向外分别以 0°、90°、180°和 270°划 4 道划痕将涂层分为 4 个 90°区域，划痕应透过涂层到达金属基底，划痕长度应不小于 5mm 或两肋间距离。

⑥ 用刀片将 4 区域涂层从缺陷边缘向外撬起，直至涂层与基面良好附着无法撬起。测量撬剥后缺陷孔横纵方向间距离并求其平均值。同样的方法得到其它样品的取值，并取最终平均值。从缺陷边缘算起，试验后 3 只样品的平均涂层剥离半径不应超过 3mm。

6.3.3.8 氯化物渗透性

(1) 试验设备

包括两个隔间的有机玻璃容器（图 6.9），能测定氯离子浓度小于 $1×10^{-4}$ mol/L 的氯离子计。

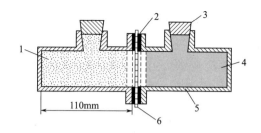

图 6.9　涂层抗氯离子侵入性试验装置示意图

1—3％食盐水；2—硅橡胶填料；3—橡皮塞；4—蒸馏水；

5—内径为 40～50mm 的试验槽；6—试件（活动涂层片）

（2）试验步骤

① 取试样为无金属基体的已固化的方形环氧涂层，尺寸为 100mm × 100mm。玻璃容器的两个隔间被两块玻璃隔开，每块玻璃板的中心位置都有一个直径为 25mm 的开口。

② 将试样夹在两块玻璃板之间，在玻璃板开口处形成涂层隔膜。在大隔间注入 175mL 浓度为 3mol/L 的 NaCl 水溶液，小隔间注入 115mL 蒸馏水。此时两个隔间的液面水平线平齐。夹持隔膜的开口部分完全浸没在溶液中。

③ 在 （23±2）℃的温度下试验 45d 后，测量小隔间水溶液的氯离子浓度。小隔间水溶液中的氯离子浓度应小于 $1×10^{-4}$ mol/L。

6.3.3.9　耐磨性

涂层的耐磨性按照国家标准 GB/T 1768 规定的方法进行测定，涂层的耐磨性在采用 CS-10 磨轮时应达到在 1kg 负载下每 1000 周涂层的质量损失不超过 100mg。

6.3.3.10　冲击试验

通过落锤试验评定环氧涂层钢筋涂层的抗机械损伤能力。采用 GB/T 20624.2 中描述的试验装置，及一个 1800g±1g、锤头直径 16mm±0.3mm 的重锤。标准规定试验在刚性材料基体上进行。

试验在 （23±2）℃的温度下进行，冲击发生在环氧涂层钢筋的顶部，A 类涂层的冲击吸收能量为 10J，B 类涂层的冲击吸收能量为 4.5J。除了由重锤冲击而永久变形的区域，周边涂层不应发生破碎、开裂。

6.3.4　修补材料的性能

修补材料适用于在工厂或工地用于环氧涂层钢筋受损涂层的修补。修补材料应与粉末环氧涂层有较好的相容性，在混凝土中具有惰性。还应具备较好的抗化学腐蚀性和耐盐雾腐蚀性能。

(1) 试验样品和溶液

抗化学腐蚀的试验样品为 3 块用修补材料修补的钢板，浓度为 0.3mol/L KOH 水溶液、浓度为 0.05mol/L NaOH 水溶液。

耐盐雾腐蚀试验的样品为 3 块用修补材料修补的钢板，（35±2）℃的 5% NaCl 水溶液。试验时间为 400h±10h。

(2) 试验步骤

① 用砂轮或其它适当方法在试验样品的中心磨去涂层制备 12mm×25mm 的人为缺陷孔。磨去涂层后用干净的布将缺陷处擦净。

② 用刷子将事先准备好的修补材料涂在人为缺陷孔上，将其全部覆盖，形成一块 25mm×37mm 的修补区域。保持试验样品平放，直到涂料完全固化。修补过程保持温度为（23±2）℃，测量并记录修补涂层的厚度。

其余试验步骤分别按照环氧涂层钢筋的抗化学腐蚀性能和耐盐雾腐蚀试验的试验方法进行。测试完毕后，所有试样上均不应出现鼓泡和生锈。

6.3.5 设计和施工要求

(1) 环氧涂层钢筋的设计

设计环氧涂层钢筋，必须要注意以后不能再采取电化学保护措施。因为不具备钢筋之间的电连接条件。

涂层钢筋与混凝土之间的粘结强度，应取为无涂层钢筋粘结强度的 80%。

涂层钢筋的锚固长度应取不小于有关设计规范规定的相同等级和规格的无涂层钢筋锚固长度的 1.25 倍。

涂层钢筋的绑扎搭接长度，对受拉钢筋，应取不小于有关设计规范规定的相同等级和规格的无涂层钢筋锚固长度的 1.5 倍且不小于 37.5cm；对受压钢筋，应取不小于有关设计规范规定的相同等级和规格的无涂层钢筋锚固长度的 1.0 倍且不小于 25.0cm。

在施工现场的模板工程、钢筋工程、混凝土工程等各分项工程施工中，均应根据具体工艺采取有效的保护措施，使钢筋涂层不受损坏。

(2) 环氧涂层钢筋的施工指南

① 涂层钢筋在搬运过程中应小心操作，避免由于捆绑松散造成的捆与捆或钢筋之间发生磨损。

② 宜采用尼龙带等较好柔韧性材料为吊索，不得使用钢丝绳等硬质材料吊装涂层钢筋，以避免吊索与涂层钢筋之间因挤压、摩擦造成涂层破损。吊装时采用多吊点，以防止钢筋捆过度下垂。

③ 涂层钢筋在堆放时，钢筋与地面之间、钢筋与钢筋之间应用木块隔开。涂层钢筋与普通钢筋应分开储存。

④ 对涂层钢筋进行弯曲加工时，环境温度不宜低于 5℃。应在钢筋弯曲机的芯轴上套以专用套筒，平板表面应铺以布毡垫层，避免涂层与金属物的直接接触挤压。涂层钢筋的弯曲直径，对于 $d<20mm$ 钢筋不宜小于 $4d$，对于 $d>20mm$ 钢筋不宜小于 $6d$，且弯曲速率不宜高于 8r/min。

⑤ 应采用砂轮锯或钢筋切割机对涂层钢筋进行切断加工，切断加工时在直接接触涂层钢筋的部位应垫以缓冲材料；严禁采用气割方法切断涂层钢筋。切断头应以修补材料进行修补。

⑥ 若 1m 长的涂层钢筋受损涂层面积超过其表面积的 1％时，该根钢筋和成品钢筋应废弃。

⑦ 若 1m 长的涂层钢筋受损涂层面积小于其表面积的 1％时，应对钢筋和成品钢筋表面目视可见的涂层损伤进行修补。

⑧ 修补材料要严格按照生产厂家的说明书使用。修补前，必须用适当的方法把受损部位的铁锈清除干净。涂层钢筋在浇筑混凝土之前应完成修补。

⑨ 固定涂层钢筋和成品钢筋所用的支架、垫块以及绑扎材料表面均应涂上绝缘材料，例如环氧涂层或塑料涂层材料。

⑩ 涂层钢筋和成品钢筋在浇筑混凝土之前，应检查涂层是否有缺陷。特别是钢筋两端剪切部位的涂覆。损伤部位修补使用的修补材料必须符合要求。

⑪ 涂层钢筋铺设好后，应尽量减少在上面行走。施工设备在移动过程中应避免损伤涂层钢筋。

⑫ 采用插入式振捣混凝土时，应在金属振捣棒外套以橡胶套或采用非金属振捣棒，并尽量避免振捣棒与钢筋的直接接触。

6.3.6　与其它保护措施联合

目前国内较大型工程基本是部分结构主筋采用粉末涂层钢筋，因此，必须联合其它耐久性防护措施才能保证混凝土结构的耐久性。

6.4　聚合物树脂水泥砂浆技术

聚合物树脂砂浆是树脂、水泥、砂、溶剂等组成的混合料。当溶剂为有机溶剂时，水泥就起填料的作用而不发生反应，如环氧树脂砂浆、不饱和聚酯树脂砂浆等；当溶剂是水时，水泥会发生水化反应形成硅酸盐无机聚合物，即通常称作的聚合物水泥砂浆。

聚合物树脂水泥砂浆是将分散于水中或溶于水中的聚合物掺入普通水泥砂浆中配制而成，它以水泥水化物和聚合物两者作为胶结材料。组成聚合物水泥砂浆的聚合物多为乳液聚合物或聚合物胶粉。

6.4.1 聚合物树脂改性水泥砂浆的基本原理

1923 年 Cresson[10]专利里首次提出这个概念，这个专利里采用的是天然橡胶，水泥只是作为填料。1924 年，Lefebure[11]提出聚合物改性砂浆的概念。自此以后，在不同国家近 80 年的时间里，出现了许多聚合物改性砂浆或聚合物混凝土的研究和开发。应用领域也不断扩大。聚合物改性树脂砂浆中的树脂通常分为[12]：聚合物乳液、再分散乳胶粉、水溶性聚合物、液体聚合物。

这里主要对聚合物乳液与水泥的作用原理进行说明。水泥的水化和聚合物薄膜的形成是聚合物乳液砂浆的两个主要过程。水泥的水化通常优先于通过聚合物乳液粒子的聚集形成聚合物薄膜的过程[13]。在适当的时候，形成水泥水化和聚合物薄膜形成的共基质相。共基质相的形成通常是按照图 6.10 的简单模型进行[14~16]。在反应性聚合物粒子的表面例如聚丙烯酸酯和钙离子（Ca^{2+}）、$Ca(OH)_2$固体表面或集料上面的硅酸盐表面可能发生一些化学反应，见示意图 6.11。这样的反应有可能提高水泥水化物和集料之间的结合能力，并提高乳液改

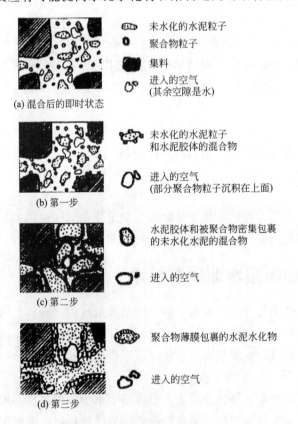

(a) 混合后的即时状态

未水化的水泥粒子

聚合物粒子

集料

进入的空气
(其余空隙是水)

(b) 第一步

未水化的水泥粒子
和水泥胶体的混合物

进入的空气
(部分聚合物粒子沉积在上面)

(c) 第二步

水泥胶体和被聚合物密集包裹
的未水化水泥的混合物

进入的空气

(d) 第三步

聚合物薄膜包裹的水泥水化物

进入的空气

图 6.10　聚合物-水泥共基质的形成的简单模型

性的砂浆或混凝土的强度，如抗水和氯离子的渗透，提高粘结强度、抗折强度、抗压强度和抗冻融性。

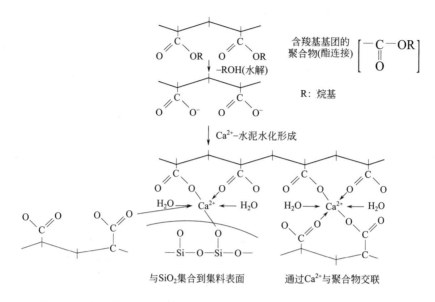

图 6.11　含有羧基基团聚合物（酯连接）与水泥、集料反应的示意图

6.4.2　聚合物树脂水泥砂浆的国内研究概况

　　国外聚合物乳液砂浆的发明和研究起步于 20 世纪 20 年代，成果斐然，水泥会水化硬结，因此乳液砂浆实际上是无机和有机高分子的混合物，形成致密的结构。乳液砂浆所采用的乳液通常是天然胶乳、聚醋酸乙烯乳液、丁苯胶乳、氯丁胶乳、氯偏胶乳、环氧树脂乳液和丙烯酸酯共聚乳液等。

　　国外的研究报道很多。2007 年在韩国举办了第 12 届聚合物混凝土国际会议，在这次会议上 Yoshihiko Ohama[17]发表了关于日本聚合物混凝土或砂浆的研究和开发现状的文章，Makoto Kawakami 等[18]发表了日本排水结构的修复现状的文章，Kyu-Seok Yeon[19]发表了关于韩国聚合物混凝土或砂浆的研究开发现状的文章。在本次国际会议上由我国科技工作者发表的论文有 22 篇之多，其中 Peiming Wang 和 Ru Wang[20]发表了关于中国聚合物混凝土和砂浆的发展现状的文章。

　　由于我国化学工业的落后，直至 20 世纪 60～70 年代才开始研究掺天然胶乳、丁苯胶乳、氯丁胶乳、氯偏胶乳和丙烯酸酯共聚乳液的聚合物水泥砂浆的性能，并得到了应用[21,22]。

　　不饱和聚酯树脂改性砂浆由于不饱和聚酯为溶剂型化合物，因此研究应用均不多。刘希凤等[23]对不饱和聚酯树脂改性砂浆的性能进行了研究，并用 X 射线（XRD）和扫描电镜（SEM）等测试手段对不饱和树脂水泥砂浆的改性机理作了初步探索。陈健中等[24]研究了不饱和聚酯水泥砂浆的配制方法，基本配方与主要性能，并对这种砂浆的增强机理作了探讨。曾海燕等[25]通过在191♯不饱和聚酯树脂砂浆中掺入杜拉纤维后其抗压强度、抗折强度及轴向抗拉强度的变化，分析了不同纤维掺入量对树脂砂浆力学性能的影响。

聚醋酸乙烯乳液由于耐水性较差，在20世纪有使用，近10多年这方面的应用研究报道较少。EVA（乙烯-醋酸乙烯共聚物）在聚醋酸乙烯的基础上改性，耐水性略有提高，部分以乳液形式、部分以乳胶粉的形式销售，专门用于防水砂浆的配制。1989年徐峰[26]对乳液改性砂浆和混凝土进行了研究。1992年杨纯武[27]和1993年余琦[28]均对EVA乳液改性砂浆进行了研究。2006年罗石等[29]简介了EVA乳液在皮革加工、复膜胶以及建筑建材等方面的应用情况，综述了EVA乳液的改性方法。

早期环氧树脂砂浆多采用溶剂型的环氧树脂组分，水泥只起填料作用，并不水化反应形成无机硅酸盐。刘耀兴等[30~35]研究了溶剂型环氧树脂水泥砂浆的性能及应用等工作。由于近期随着水性环氧树脂乳液合成技术的逐渐成熟而被人们用在环氧树脂乳液砂浆中，李俊毅等[36~39]对水性环氧树脂乳液砂浆的研究做了报道，但应用报道不多。张玉刚[40]在论文中介绍了采用溶剂型的环氧树脂砂浆、YJ呋喃树脂玻璃钢、YJ呋喃树脂砂浆、花岗石块材等对地面进行的腐蚀防护措施。

氯丁胶乳、氯偏胶乳、丁苯胶乳等胶乳类多用于改性沥青防水涂料，用于砂浆中不多，通常出现在研究性论文中。寿崇琦[41]对聚丙烯酸酯、EVA和丁苯胶乳粉末制聚合物水泥砂浆及其界面反应进行了研究。杨光等[42]主要研究了丁苯乳液和聚丙烯酸酯乳液种类和掺量、偶联剂的加入、表面预处理及粗糙程度对粘结强度的影响，得出丁苯乳液对水泥体系有改性作用。钟世云等[43,44]在论文中研究了苯丙、丁苯和氯偏三种乳液共混物及其改性砂浆的力学性能与共混物组成的关系，研究表明，改性砂浆的抗压强度随聚合物薄膜的拉伸强度提高而增大，改性砂浆的抗弯强度则与聚合物薄膜的拉伸强度基本无关。在论文中研究了添加三种乳液后砂浆的抗氯离子性能及水泥砂浆的流动度变化情况。詹镇峰等[45]选择丁苯、氯丁和聚丙烯酸酯三种聚合物乳液作为水泥砂浆改性剂，测试每种乳液在不同掺量下砂浆的性能。

王金刚等[46]利用聚醋酸乙烯酯/甲基丙烯酰氧乙基三甲基氯化铵（VAC/DMC）阳离子型无皂乳液对水泥砂浆进行了改性研究，并与普通VAC均聚物乳液进行了比较。研究表明，与普通水泥砂浆相比，VAC/DMC阳离子型无皂乳液改性砂浆（聚灰比为0.1时）的抗弯强度较普通砂浆能够提高77%，其改性效果明显好于普通VAC乳液，表明用阳离子无皂乳液改性水泥性能能够取得良好效果。探讨了VAC/DMC对水泥砂浆改性的原因。韩春源[47]研究聚苯乙烯-丙烯酸丁酯乳液的单体比例及聚灰比对苯丙乳液改性水泥砂浆性能的影响。研究结果表明，通过改变单体比例而合成的苯丙乳液所配制的水泥砂浆，其抗弯性能可以得到很大改善，其密实性也大为提高。贺昌元等[48]根据宁波及华东地区地下水位高、海水盐渗的特点，研究在保持水灰比相同的条件下对不同品种苯丙乳液改性的水泥砂浆的性能进行比较，并提出优化方案。

　　聚丙烯酸酯乳液或改性苯丙烯酸酯乳液是近 20 多年来树脂砂浆中使用最多的树脂乳液，文献报道和应用也多。主要是由于其单组分、水性、防水粘结耐候等性能优异、施工方便的特点。苯丙乳液和纯丙乳液是一直采用的树脂乳液，该种类乳液在涂料上也大量使用，尤其是用于内外墙涂料。徐雅君等[49~51]研究了苯丙乳液与水泥砂浆共混体系的改性机理及微观结构形态，及其对水泥砂浆物理力学性能的影响。1986 年南京水利科学研究院开发成功砂浆用聚丙烯酸酯乳液并投入市场，填补了国内聚丙烯酸酯乳液研究开发的空白，自此在许多工程上得到了推广应用[52]。姜洪义等[53]研究了 NBS 聚合物无机胶结料和机械作用的稳定性、树脂水泥砂浆的物理力学性能，以及对 NBS 乳液-水泥砂浆共混体的形成机理和微观结构进行了研究。

　　唐修生等[54]利用带有羟基、羧基的烯类聚合物单体作为改性剂，对丙烯酸酯共聚乳液进行改性，对改性丙烯酸酯共聚乳液水泥砂浆的抗压强度、干缩性、吸水性和抗渗性等防水性能进行了试验研究和经济性分析。结果表明，改性后的丙烯酸酯共聚乳液水泥砂浆的上述性能得到了很大改善，并可降低乳液掺量，节约成本。王建卫等[55]报道了聚丙烯酸酯乳液水泥砂浆在水闸加固中的应用情况。陈发科[56]介绍了丙烯酸酯共聚乳液水泥砂浆的物理力学性能、施工工艺，并通过工程实例阐述了丙烯酸酯共聚乳液水泥砂浆在水工混凝土建筑物破坏修补应用中的优越性。蔡跃波等[57]针对碾压混凝土坝上游面的防渗，提出了湿法喷涂丙乳砂浆集中防渗的新方案，增设了喷粉辅助机械系统，改进了输料系统及喷枪结构，改进后的湿喷工艺能缓解稠浆易堵、稀浆易淌的缺陷。

6.4.3　有关聚合物树脂水泥砂浆的标准情况

(1) 国外关于聚合物树脂水泥砂浆的标准规范情况

　　世界上聚合物改性砂浆技术比较领先的国家有美国、日本、英国、德国和中国等。表 6.29 列出了日本的聚合物改性砂浆的标准。英国标准 BS 6319 "Testing of Resin Compositions for Use in Construction" 分 12 部分，分别就试样准备、抗压强度、弹性模量、粘结强度和抗张强度等制定了试验方法。JCI（日本混凝土协会）制定了聚合物砂浆的力学性能等试验方法[12]。还有美国 ASTM C 1438—2005 "Standard Specification for Latex and Powder Polymer Modifiers for Hydraulic Cement Concrete and Mortar"、ASTM C 1439—08 "Standard Test Methods for Evaluating Polymer Modifiers in Mortar and Concrete" 等。表 6.30

列出了美国、德国和 RILEM 等提出的聚合物混凝土和砂浆的标准和指南。

表 6.29　日本的聚合物改性砂浆的标准

标 准 号	标 准 名
JIS A 1171	Method of Making Test Sample of Polymer-modified Mortar in the Laboratory
JIS A 1172	Method of Test for Strength of Polymer-modified Mortar
JIS A 1173	Method of Test for Slump of Polymer-modified Mortar
JIS A 1174	Method of Test for Unit Weight and Air Content (Gravimetric) of Fresh Polymer-modified Mortar
JIS A 6203	Polymer Dispersions and Redispersible Polymer Powders for Cement Modifiers

表 6.30　美国、德国和 RILEM 等关于聚合物混凝土和聚合物砂浆的标准和指南

机构或组织	标准规范或指南
American Concrete Institute (ACI)	ACI 548.1R-92 Guide for the Use of Polymers in Concrete (1992) ACI 548.4 Standard Specification for Latex-modified Concrete (LMC) Overlays (1992) ACI 546.1R Guide for Repair of Concrete Bridge Superstructures (1980) ACI 503.5R Guide for the Selection of Polymer Adhesives with Concrete (1992)
The Federal Ministry for Transport, The Federal Lander Technical Committee, Bridge and Structural Engineering (Germany)	ZTV-SIB Supplementary Technical Regulations and Guidelines for the Protection and Maintenance of Concrete Components (1987) TR BE-PCC Technical Test Regulations for Concrete Replacement Systems Using Cement Mortar/Concrete with Plastics Additive (PCC) (1987) TL BE-PCC Technical Delivery Conditions for Concrete Replacement Systems Using Cement Mortar/Concrete with Plastics Additive (PCC) (1987)
Architectural Institute of Japan (AIJ)	Guide for the Use of Concrete-Polymer Composites (1987) JASSs (Japanese Architectural Standard Specifications) Including the Polymer-modified Mortars JASS 8 (Waterproofing and Sealing) (1993) JASS 15 (Plastering Work) (1998) JASS 18 (Paint Work) (1998) JASS 23 (Spray Finishing) (1998)
International Union of Testing and Research Laboratories for Materials and Structures (RILEM)	Recommended Tests to Measure the Adhesion Properties between Resin-Based Materials and Concrete (1986)

(2) 国内关于聚合物树脂水泥砂浆的规范情况

在国家标准 GB 50046—2008《工业建筑防腐蚀设计规范》中将聚丙烯酸酯乳液水泥砂浆、氯丁胶乳砂浆和环氧树脂乳液砂浆列为防腐蚀材料，并建议用于盐类介质、中等浓度的碱液和酸性水等介质作用的部位。国内针对聚合物水泥砂

浆也制定了相关技术规范，如中国工程建设标准化协会标准 CECS 18：2000《聚合物水泥砂浆防腐蚀工程技术规程》，规定了氯丁胶乳水泥砂浆、聚丙烯酸酯乳液水泥砂浆防腐蚀材料以及设计、施工和验收的技术要求。国家电力行业规范 DL/T 5126—2001《聚合物改性水泥砂浆试验规程》规定了聚合物水泥砂浆的详细的试验方法。建材行业标准 JC/T 984—2005《聚合物水泥防水砂浆》对聚合物水泥防水砂浆的性能做了具体的规定。

6.4.4　聚合物树脂水泥砂浆的性能

(1) 规范标准中要求的聚合物树脂水泥砂浆的性能

建材行业标准 JC/T 984—2005《聚合物水泥防水砂浆》对聚合物水泥防水砂浆的性能做了具体的规定，见表 6.31。

表 6.31　聚合物树脂水泥砂浆的物理力学性能

序号	项　目		干粉类	乳液类
1	凝结时间[①]	初凝/min ≥	45	45
		终凝/h ≤	12	24
2	抗渗压力/MPa	7d ≥	1.0	
		28d ≥	1.5	
3	抗压强度/MPa	28d ≥	24.0	
4	抗弯强度/MPa	28d ≥	8.0	
5	压折比 ≤		3.0	
6	粘结强度/MPa	7d ≥	1.0	
		28d ≥	1.2	
7	耐碱性：饱和 Ca(OH)₂ 溶液，168h		无开裂、剥落	
8	耐热性：100℃水，5h		无开裂、剥落	
9	抗冻性——冻融循环：-15~20℃，25 次		无开裂、剥落	
10	收缩率/%	28d ≤	0.15	

① 凝结时间项目可根据用户需要及季节变化进行调整。

某单位[58]研发的改性树脂乳液砂浆的物理力学指标见表 6.32。

表 6.32　改性树脂乳液砂浆的性能指标

序号	项　目	指　标
1	抗压强度（28d）　　/MPa	61.0

续表

序号	项　目	指　标
2	抗拉强度（28d）　/MPa	5.15
3	抗弯强度（28d）　/MPa	12.1
4	粘结强度（28d）　/MPa	4.14
5	渗水高度①　/mm	1.2
6	快速碳化深度（3d）　/mm	1.0
7	氯离子渗透深度　/mm	1.8
8	吸水率（1d）　/%	0.6
9	抗冻性（−15～20℃，300 次循环）	无开裂、剥落＞F300
10	抗硫酸盐侵蚀（3% Na_2SO_4 溶液）28d	抗蚀系数 1.12
11	耐碱性：饱和 $Ca(OH)_2$ 溶液，168h	无开裂、剥落
12	耐热性：100℃水，5h	无开裂、剥落
13	抗冻性——冻融循环（−15～20℃，25 次）	无开裂、剥落

① 一次加压至 1.5MPa，加压时间为恒压 24h。

表 6.32 中的物理力学性能均达到或超过规范要求的物理力学性能。

(2) 几种聚合物树脂水泥砂浆的性能

聚合物树脂种类多，各自的水泥砂浆性能也有差异，规范标准只是一个指导性的范围，表 6.33 列出国内几种聚合物乳液改性砂浆的物理力学性能[59]。

表 6.33　几种乳液改性砂浆的物理力学性能

项　目	PAE 砂浆	CR 砂浆	PVDC 砂浆	SBR 砂浆
抗压强度　/MPa	35.0～44.8	34.8～40.5	43.7	30.5
抗弯强度　/MPa	13.5～16.4	8.2～12.5	13.4	7.0
抗拉强度　/MPa	7.3～7.6	5.3～6.7	6.2	—
与老砂浆粘结强度　/MPa	2.9～7.8	3.6～5.5	4.4	5.3
抗渗性能（承受水压）　/MPa	15	15	15	15
干缩率　/10^{-4}	4.3～5.3	7.0～7.3	普通水泥的 60%	11.1
吸水率　/%	0.8～2.4	2.6～2.9	普通水泥的 60%	8.3
抗冻性（快冻循环）	300	50	—	50
抗碳化性（20%二氧化碳）（深度/天数）	0.8mm/20d			6.5mm/14d
提出试验资料单位	南京水利科学研究院	中国建筑技术发展研究中心	上海建筑科学研究院	安徽省水泥科学研究所

注：PAE 为丙烯酸酯共聚乳液；CR 为氯丁胶乳；PVDC 为聚氯乙烯-偏氯乙烯乳液；SBR 为丁苯胶乳。

因此，聚合物树脂改性水泥砂浆具有抗水渗透、抗氯离子渗透、抗冻融性和防碳化的能力，并具有与基体较高的粘结强度，因此可以用于防水、防腐蚀、防碳化和抗冻融等场合，具有广阔的应用前景。

6.4.5 聚合物树脂水泥砂浆的施工

6.4.5.1 聚合物树脂水泥砂浆的施工工艺

(1) 施工工艺流程

聚合物树脂砂浆施工方便，配制拌和简单，主要有人工抹压和机械喷涂两种施工方法。只要掌握关键的施工养护要求，施工质量就容易得到保证。施工工艺流程见图 6.12。

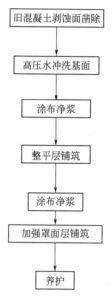

图 6.12 聚合物树脂砂浆施工工艺流程图

(2) 施工工艺及其注意事项

① 基本要求 聚合物水泥砂浆施工的环境温度宜为 10～35℃，当施工环境温度低于 5℃时应采取加热保温措施，并不宜在大风环境或气温高且有太阳直射的环境中施工。

聚合物水泥砂浆不应在养护龄期少于 3d 的水泥基层上施工。下雨时不应进行露天施工。材料应避免太阳直射，冬季应防止冻结。

聚合物水泥砂浆在水泥基层上施工时，基层表面应平整、粗糙、清洁、无油污、无浮浆、无杂物，不应有起砂、空鼓、裂缝等现象。施工前应用高压水冲洗并保持潮湿状态，但不得有积水。

② 树脂乳液砂浆的参考配合比　树脂乳液砂浆的参考配合比见表 6.34，实际施工时应根据环境要求做适当调整。

表 6.34　丙乳砂浆的参考配合比（质量比）

材料名称	质量/份
聚合物乳液（固含量 40%）	40～50
不低于 32.5R 级的普通硅酸盐水泥	100
砂	167
水	50

③ 树脂乳液砂浆的施工工艺

a. 基底处理：在施工前，必须彻底清除混凝土表面疏松层、油污、灰尘等杂物，基底表面必须潮湿不积水，在处理过的混凝土表面用树脂乳液：水泥＝1：2 配制的树脂乳液净浆打底，涂刷时力求薄而均匀，待净浆触干后，即可摊铺树脂乳液水泥砂浆。

b. 树脂乳液水泥砂浆配制：根据材料、气温、砂浆施工的和易性确定水灰比，按需要加水量与乳液配成混合液，在水泥和砂拌均匀后加入混合液拌匀即可。

c. 树脂乳液砂浆施工要求一次用力抹平，避免反复抹面，如遇气泡要挑破压紧，保证表面密实。

d. 大面积施工时应分块间隔施工或设置接缝条进行施工，分块面积宜小于 10～15m²，间隔施工时间应不小于 24h；接缝条可用 8mm×14mm 两边均为 30° 坡面的木条或聚氯乙烯预先固定在基面上，待树脂乳液砂浆抹面收光后即可抽出接缝条，不小于 24h 后进行补缝。

e. 立面或仰面施工时，当涂层厚度等于或大于 10mm 时必须分层施工，分层间隔时间视施工季节而定，室内 3～24h，室外 2～6h（前一层触干时进行下一层施工）。

f. 养护：树脂乳液砂浆抹面收光后，表面触干即要喷雾养护或覆盖塑料薄膜、草袋进行潮湿养护 7 天，然后进行自然养护 21 天后才可以承载。潮湿养护期间如遇寒流或雨天要加以保温覆盖，使砂浆温度高于 5℃，不受雨水冲洗。

g. 所有施工机、器具在收工时要清洗干净。

h. 为保证树脂乳液砂浆施工质量，施工单位应设专人负责施工管理与质量控制。

i. 施工期间必须有详细的施工记录，其内容包括施工地点的天气（晴或阴、温度、湿度、风力），基底处理情况，表面温度，所有原材料品种、质量、数量，丙乳净浆，砂浆配合比，涂抹的日期、部位、面积、顺序、施工期间发生的质量事故，养护温度，表面保护的时间、方式、取样检验结果及其它有关事宜。

6.4.5.2　施工质量的检查验收

聚合物水泥砂浆整体面层应与基层粘结牢固，表面应平整，无裂缝、脱层和起壳等缺陷。对于水泥砂浆和混凝土基层施工时应同时做出试板测定厚度。

整体面层的平整度应采用直尺检查其空隙不应大于 5mm。

整体面层的坡度应符合设计要求，其偏差不应大于坡度的±0.2％；当坡长较大时，其最大偏差值不得大于±30mm，且做泼水试验时水应能顺利排除。

聚合物水泥砂浆施工中每班应逐一检查原材料、质量配合比、砂浆的拌和运送和抹涂养护等项目。一次基层处理及表面温度应每班检查不少于一次。

聚合物水泥砂浆防腐蚀工程的验收，应包括中间交接、隐蔽工程交接和交工验收。未经交工验收的工程不得投入生产使用。

聚合物水泥砂浆防腐蚀工程施工前必须对基层进行检查交接。检查交接记录应纳入交接验收文件中。对基层的交接宜包括下列内容：强度等级、坡度、平整度、阴阳角、套管预留孔、预埋件是否符合设计要求，基层表面有无起砂、起壳、裂缝、麻面、油污等缺陷。

施工记录宜包括：施工地点的气温，基层处理情况，所用材料品种、质量、数量，聚合物水泥砂浆的配合比，施工日期、部位、面积、顺序，施工期间发生的质量事故及处理情况，养护温度，养护方式，试样采取的方法及其它有关事项。

防腐蚀工程面层以下各层以及其它将为后续工序所覆盖的工程部位和部件在覆盖前应进行中间交接，隐蔽工程交接各层均应符合相应的设计要求。

防腐蚀工程的中间交接的隐蔽工程记录宜包括：隔离层层数和玻璃布厚度应符合设计要求；玻璃布应浸透，无脱层、气泡、毛刺等现象；阴阳角应符合要求。

6.4.6　聚合物树脂水泥砂浆的应用

陈爱民等[60]报道了丙乳砂浆在跋山水库水闸墩头处理中的应用，陈发科[56]报道了丙烯酸酯共聚乳液水泥砂浆在水工建筑物修补中的应用，见表 6.35。单国良等[52~58]报道了丙烯酸酯共聚乳液水泥砂浆作为修补加固防腐新材料的应用（见表 6.36）和聚合物树脂乳液砂浆在混凝土桥梁上的应用。王建卫等[55]报道了在南四湖二级坝第一节制闸加固改造工程中，丙乳砂浆作为一种新材料、新工艺，应用在闸墩墩头，取得了较好效果。

表6.35　丙烯酸酯共聚乳液水泥砂浆在水工建筑物修补中的应用[56]

编号	工程名称	破坏状况及原因	面积/m²	施工年月	运行状况
1	贵港市达开水泥厂	机坑侧墙混凝土破坏较严重，局部深达2~3cm	384	1991.12	修补表面平整、无龟裂、无脱落，运行良好
2	合浦县清水江电站发电管	局部蜂窝麻面，深达3~5cm	23	1994.12	无龟裂、无脱落，运行良好
3	那板电厂1号发电管	混凝土施工缝、伸缩缝及局部蜂窝麻面损坏，局部深达15cm	130	1995.5	运行良好
4	桂林地区青狮潭水库溢洪道堰面混凝土裂缝修补	混凝土裂缝4条	46	1995.2	运行良好
5	百色地区澄碧河水库电站厂房尾水墙修补	局部蜂窝麻面，并有裂缝9条	108	1995.12	运行良好
6	大王滩水库溢洪道第一陡坡段混凝土表面修补	混凝土质量较差，表面剥落，粗骨料外露，局部深达2~3cm，部分钢筋外露	588	1996.4	运行良好
7	合浦县总江桥闸溢流堰堰面修补	表层剥落，粗骨料外露，局部深达10cm	857	1997.2	修补表面平整、无龟裂、无脱落，运行良好
8	平南县六陈水库放空管	混凝土施工缝、局部蜂窝麻面渗漏，并伴有白色$Ca(OH)_2$	39	1997.12	运行良好

表6.36　丙烯酸酯共聚乳液水泥砂浆作为修补加固防腐新材料的应用[52~58]

防腐工程名称	采用树脂砂浆的原因和目的	施工年月	施工面积/m²	使用单位
百丈漈电厂高压引水钢管防腐涂层	该钢管1959年建成投产后腐蚀严重，试用十多种涂料均未奏效	1980.1	60	浙江温州电管局百丈漈水电厂
晨光机器厂大型屋面板修补防腐	3号工房为大型钢筋混凝土屋面板。1959年投产后，因受烟气侵蚀，多处裂缝、大部碳化、局部露筋，主筋周围氯离子含量高达0.3%~0.7%，需要修补防护	1981.12	2160	晨光机器厂
湛江港一区老码头上部结构修补	码头1956年建成投产，钢筋混凝土面板和大横梁等构件出现严重钢筋锈蚀，主筋截面积最大锈蚀率高达68.4%，需要修补	1983.8	144	交通部基建局湛江港务局
万福闸公路桥钢筋混凝土表面修补防腐	1960年投产，已碳化到钢筋，开始出现锈胀、钢筋开裂情况	1983.10	190	江苏省万福闸管理处
安徽芜湖中江桥预应力钢筋混凝土梁纵向裂缝处理与修补	预应力T梁和立交梁钢束预留孔内积水结冰冻裂，裂缝宽度2mm，混凝土剥落	1984.3	修补680m²	安徽中江桥工程指挥部

续表

防腐工程名称	采用树脂砂浆的原因和目的	施工年月	施工面积/m²	使用单位
上海浦东化肥厂盐仓墙面和栈桥	氯盐引起的钢筋锈蚀	1985	3200	上海浦东化肥厂
株洲车辆厂加固工程	钢筋混凝土柱、大型屋面板基层、钢屋架、钢挡风架防腐	1987	1780	株洲车辆厂
武汉钢铁厂加固工程	矿渣公司露天 3 号渣池，吊车大梁柱防腐耐磨	1989	不详	武汉钢铁厂
淄博 481 厂加固工程	厂房顶部加固、屋面架加固	1990	约 3200	淄博 481 厂
湖北陈家冲溢洪道补强工程	溢洪道公路大桥大梁开裂，作为防碳化灌浆密封材料	1991	1166	湖北漳河水库管理局

李俊毅[36]报道了环氧乳液砂浆在天津钢厂制氧车间地基防渗夹层、天津大无缝钢管厂沉渣池防渗修补、黄河口板桩码头水位变动区修补、锦州港加油站地下储油库防水修补、天津港埠四公司铁交库罩面粘结层及某港栅栏板表面修复工程等项目中得到实际应用。

溶剂型环氧树脂砂浆通常作为修补、加固和抗冲耐磨材料使用，冀玲芳等[33]报道了环氧树脂砂浆在天津某大桥修补和天津市某机械厂锚固工程上使用。生墨海等[34]报道了环氧树脂砂浆在华东公路修补维护中的应用。张玉刚[40]报道了采用环氧树脂砂浆、YJ 呋喃树脂玻璃钢、YJ 呋喃树脂砂浆、花岗石块材等对地面进行的耐盐酸腐蚀防护措施。范富等[31]报道了新型环氧砂浆在小浪底工程中作抗冲耐磨应用。张涛等[32]报道了新型环氧砂浆在黄河小浪底、长江三峡水利枢纽工程、黄河三门峡水利枢纽工程、贵州东风电站坝体溢洪道、消能池两侧墙和闸墩等部位、陕西省天生桥二郎坝水利枢纽工程溢洪道磨损破坏后的大面积修补、河南省槐扒提水工程加固以及洛（洛阳）-三（三门峡）高速公路混凝土缺陷修补等工程中的应用，并取得了良好效果。树脂砂浆的应用还有很多。

6.5　有机硅憎水渗透剂

混凝土表面的多孔性和可渗透性使得外部介质易于渗入混凝土内部到达钢筋的表面，从而腐蚀钢筋、破坏混凝土。混凝土表面可以采取浸渍憎水渗透剂或表面封闭涂层的办法，来防止有害介质的渗透。憎水渗透剂通常是有机硅类和有机氟类，内掺型的还有硬脂酸类。有机硅是分子结构中含有 Si—O 键且硅原子上连接有机基的化合物。

有机硅化合物诞生于 19 世纪中叶，但直到 20 世纪中期，美国和欧洲国家才开始首先将它用于建筑结构的防水处理。如 1990 年 Wacker Chemie GmbH

(DE) 申请的专利 EP19900124498[61]。近 20 年来，有机硅在混凝土结构防水领域内的研究和应用得到了广泛关注。

6.5.1 有机硅憎水渗透剂的概念和种类

有机硅憎水渗透剂产品通常以烷基/烷氧基硅烷、硅氧烷、烷基硅醇盐和含氢硅油等为主要活性成分。它们按照组成形式不同，有的产品由 100% 的活性物质组成，有的产品由活性物质按一定比例溶入溶剂组成，可以分为以下几类[62~64]。

(1) 水溶性有机硅憎水渗透剂

水溶性有机硅憎水渗透剂的主要成分是甲基硅酸盐溶液，外观一般为黄至无色透明的液体。甲基硅酸盐易被弱酸分解，当遇到空气中的水和二氧化碳时，便分解成甲基硅酸，并很快地聚合生成具有防水性能的聚甲基硅醚防水膜，防水膜因其羟基能与混凝土表面的极性基团发生缩合反应而与水泥基材牢固结合，而非极性的甲基向外伸展形成憎水层或通过渗入砂浆内部，提高砂浆的抗渗透能力，不会损坏孔隙的透气性，生成的硅酸钠则被水冲掉。

甲基硅酸盐渗透剂的优点是价格便宜，使用方便；缺点是与二氧化碳反应速度较慢，需 24h 才能固化。由于施用的渗透剂在一定时间内仍然是水溶性的，若有雨水浸打、霜冻，未反应的或反应不完全的碱金属甲基硅酸盐就会离开基材表面，失去憎水作用。同时由于在生成硅烷醇的反应中有碱金属碳酸盐产生，不但会在基材表面产生白色污染，影响外观，而且碱性盐有害基材本身。

(2) 溶剂型有机硅憎水渗透剂

溶剂型有机硅憎水渗透剂的主要成分是硅烷类或硅氧烷类如异丁基硅烷、辛基或异辛基硅烷，使用时加入有机溶剂作为载体。带有活性基的硅氧烷，尤其是高级烷基化硅氧烷，其聚合物分子链上含有一定数量的反应活性基团，如羟基、羧基、氨基等。这类有机硅防渗剂喷涂到硅酸盐基材表面，在催化剂或本身引入的氨基作用下交联固化，同时与基材表面羟基反应，形成末端有疏水基—Si—R—的网状有机硅分子膜。在形成疏水膜时，既不需要从外界引入二氧化碳，也不会生成碱性碳酸盐之类有害于基材的物质，无论是产品储存稳定性还是疏水膜耐久性均比甲基硅醇盐、烷基含氢硅油好。当施涂于基材表面时，溶剂很快挥发，于是在混凝土表面或毛细孔上沉积一层极薄的薄膜，这层薄膜无色、无光，所以不会改变混凝土的自然外观。溶剂型有机硅渗透受外界的影响比甲基硅酸钠小得多，防水效果也较好，适用于钢筋混凝土、大理石等孔隙率低的基材，其耐久性好，渗透深度大，但使用时要求基材干燥。

为了克服有机硅防水剂产品刷涂时流失严重的问题，延长与混凝土基材的接触时间，增加渗透深度，还研发了膏体和凝胶等类型的防水剂。由于部分是以有机溶剂作为载体，对环境可能会存在一定的污染。

(3) 乳液型有机硅憎水渗透剂

近几年，溶剂型有机硅丙烯酸树脂受到越来越严格的环保法规限制，高性能、低污染的水性丙烯酸有机硅涂料逐步成为人们关注的一个新焦点。

乳液型有机硅憎水渗透剂是由有机高分子乳液（如丙烯酸、醋丙、苯丙等聚合物乳液）与反应性有机硅乳液（反应性硅橡胶或活性硅油）共聚而成的一类新型建筑涂料。有机高分子乳液能形成透明膜，对基材具有良好的粘结性，但耐热性和耐候性较差。而反应性有机硅乳液中含有交联剂及催化剂等成分，失水后能在常温下进行交联反应，形成网状结构的聚硅氧烷弹性膜，具有优异的耐高低温性、憎水性、延伸性，但对某些填料的粘结性差，将两种乳液进行复配或改性，可使两者性能互补。

乳液型有机硅憎水渗透剂主要有以下品种：一是甲基含氢硅油乳液，由于含有与硅直接相连的氢原子，具有较高的反应活性，易与羟基等活性基团反应，形成网状防水膜；二是羟基硅油乳液，羟基硅油乳液可用羟基硅油直接乳化或乳液聚合制得；三是烷基烷氧基硅烷乳液，该产品含有烷氧基，遇到硅酸盐基材的羟基时易发生交联，产生网状憎水性硅氧烷膜。乳液的稳定性一直是关键问题。

6.5.2　有机硅憎水渗透剂的憎水防渗原理

涂覆混凝土防水材料分憎水型和隔离型两类。有机硅类属于憎水剂，有机成膜涂料和衬材等属于隔离类。

憎水型涂料是黏度很低的液体，将它涂（或喷）于风干的混凝土表面上，靠毛细孔的表面张力作用吸入深约数毫米的混凝土表层中，与孔壁的氢氧化钙反应，烷氧基水解脱去醇，以硅氧键与混凝土基体牢固结合，硅原子上的非极性的憎水基团使孔壁憎水化。有机硅憎水渗透剂不能在混凝土表面成膜，不会形成隔离层，也不能充满混凝土毛细孔隙，所以不影响混凝土的呼吸功能，但能显著降低混凝土的吸水性，使水和溶解于水中才能进入毛细孔中的氯化物都难以渗透进入混凝土中，而混凝土中的水分却可以化为水蒸气自由地蒸发出去，使混凝土保持干燥［如图 6.13（c）］。

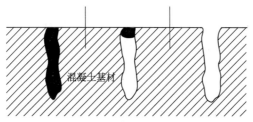

(a) 填塞毛细孔　　(b) 成膜涂料　　(c) 有机硅憎水渗透剂

图 6.13　三种解决孔隙问题的示意图

成膜型防水涂料或衬里将混凝土孔隙完全堵塞或在表面将毛细孔封闭［如图6.13（a）和（b）］。但成膜涂料隔绝了混凝土与外界的沟通，因而内部的水蒸气也不能直接挥发出去，在涂层附着力不足的部位可能会出现鼓泡、脱落的情况。隔离型涂料将在下面的章节中介绍。

有机硅憎水渗透剂通过刷涂，在硅酸盐基材表面和孔隙内部形成硅氧烷憎水层，使基材表面性质发生变化，当基材表面与水的接触角增大至 $\theta > 90°$，就可以阻止水的进入，达到防水效果[65,66]。见图 6.14 和图 6.15。

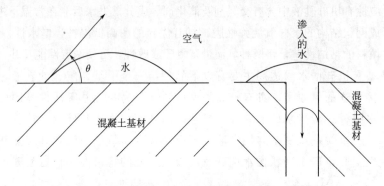

图 6.14　接触角对混凝土润湿和毛细孔填充的影响（接触角 $\theta < 90°$）

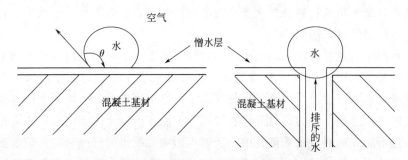

图 6.15　有机硅渗透剂处理的混凝土表面（接触角 $\theta > 90°$）

6.5.3　有机硅憎水渗透剂的产品

目前，市场上应用最多的混凝土有机硅憎水渗透剂产品属于单分子硅烷，如异丁基硅烷、辛基或异辛基硅烷，国外厂家主要有 Wacker Chemie GmbH、Dow Corning，而国内自主研发的单位主要有南京水利科学研究院、武汉道尔公司等。

Wacker Chemie GmbH 的通用型有机硅浸渍剂有 BS290，BS SMK1311 和 BS1001。BS290 和 BS SMK1311 都是 100％硅烷和硅氧烷混合物，前者以有机溶剂作为稀释剂，后者以水为稀释剂；BS1001 为 50％硅烷和硅氧烷乳液，产品适用于多种矿物基材憎水处理。混凝土专用型有机硅浸渍剂有 SILRES BS 1701

（99％硅烷，不稀释直接使用）和 ILRES BS Creme C（膏体，80％硅烷）。另外，还有高效可再分散的有机硅粉末防水添加剂 SLM 69051。

Dow Corning 公司的 Z-6403、Z-6341、Z-6684Water Repellent GEL 和 Z 6688 Water Repellent GEL 是硅烷类高性能的钢筋混凝土专用产品，是高纯度的特种硅烷，而后两个是 Z-6341 的水基硅烷膏体，有效物含量分别为 40％ 和 80％。Z-6403 是一种高纯度的异丁基三乙氧基硅烷。另外，Z-6689、IE 6683、Z60、520 Dilutable Water Repellent 等分别为硅烷和硅氧烷的混合物以及它们的乳液，可用于混凝土基材的通用型防水保护剂，有优异的抗碱性、渗透性和水珠效果，可以保护混凝土抗紫外、耐候及抗化学腐蚀。国内只提供少量产品进入市场。

武汉道尔公司开发了 DB-H580 水性高分散渗透型膏体有机硅。DB-H580 可穿透胶结性表面，渗透到混凝土内部，与暴露在酸性或碱性环境中的空气及基底中的水分子发生化学反应，形成憎水处理层，从而抑制水分进入到基底中。碱性环境如浇筑不久的混凝土，会刺激该反应并加速憎水层的形成。

南京水利科学研究院研制生产的 GM 901 多功能有机保护剂，主要以带羟基、烷氧基活性基团的有机硅氧烷，配以稀释剂、成膜剂、渗透促进剂和催化剂等组成。2009 年研制出低聚物硅烷 Silane Oligomer，可以很好地解决单分子硅烷的高挥发率的问题，具有较低的挥发率和优异的憎水防护性能。

6.5.4 有机硅憎水渗透剂的性能及其试验方法

6.5.4.1 有机硅憎水渗透剂的性能

有机硅憎水渗透剂用于保护混凝土，其应当具有较低的吸水率、较高的渗透深度、抗氯离子的渗透、耐碱性和耐冻融性能等。交通运输部行业规范 JTJ 275—2000《海港工程混凝土结构防腐蚀技术规范》和 JTG/T B07-01—2006《公路工程混凝土结构防腐蚀技术规范》对混凝土表面憎水处理做了详细的技术规定。硅烷憎水剂的具体指标要求如下。

(1) 吸水率

不同时间制备的两批混凝土试件，浸渍硅烷后的吸水率平均值与未浸渍硅烷的相比，应小于 7.5％［JTG/T B07-01—2006 和英国标准（BD 43/03）］。

吸水率平均值不应大于 $0.01\text{mm/min}^{1/2}$（JTJ 275—2000）。

(2) 暴露于碱液的吸水率

不同时间制备的两批混凝土试件，浸渍硅烷后暴露于碱液的吸水率平均值与未浸渍硅烷的相比，应小于 10％（JTG/T B07-01—2006）。

(3) 浸渍深度

混凝土试样上，硅烷的有效浸渍深度为：强度等级不大于 C45 的混凝土应达到 3～4mm；强度等级大于 C45 的混凝土应达到 2～3mm（JTG/T B07-01—2006

和 JTJ 275—2000）；水灰比 0.70 的混凝土应达到 10mm（JTG/T B07-01—2006）。

（4）干燥速度系数

浸渍硅烷后的干燥速度系数与未浸渍硅烷的相比，其比值应大于 30%（JTG/T B07-01—2006）。

（5）氯化物吸收量的降低效果

氯化物吸收量的降低效果平均值不小于 90%（JTJ 275—2000）。

（6）冻融循环

憎水浸渍试件表面在盐水冻融试验中发生质量损失时的冻融循环次数应比未浸渍处理的试件至少多 20 次（JTG/T B07-01—2006）。

6.5.4.2 憎水剂性能试验方法

（1）试件制作

每个性能试验制作 9 块 100mm×100mm×100mm 的水灰比为 0.45 的立方体试块（试模应无油、无脱模剂），特别指明的除外。试块标准养护 28d。其中 3 块以（105±5）℃烘 7d，另外 6 块在（20±2）℃、RH 60%±10% 环境下六面风干 7d，到含水率相当于 5.0%±0.5%，取出其中 3 块，在带风扇的通风柜中各面憎水浸渍（120±5）s 后，在停止鼓风的通风柜中放（48±1）h，后续处理按照各性能试验方法的要求进行。

（2）吸水率试验方法

目前，评价混凝土吸水性能试验方法的规范及报道有许多[67]，如美国 AASHTO T259—2000《混凝土抗氯离子渗透试验》、美国高速公路研究计划（NCHRP）第 244 号研究报告、ASTM C642—2006《硬化混凝土比重、吸收性及空隙度标准试验方法》、ASTM C672—1998《处于化冰盐化学物环境中的混凝土表面耐剥落性能试验》、ASTM C666—1997《混凝土抗快速冻融循环性能试验》、AASHTO T277—1983《混凝土抗氯离子渗透性快速测试方法》、日本标准 JIS A1404—1994《建筑用水泥防水剂的试验方法》、英国公路局出版的《路桥设计手册》（BD43/03）、德国交通部规范 ZTV—SIB 90《混凝土表面保护技术规范》以及我国的《砂浆、混凝土防水剂》（JC 474—1999）、《海港工程混凝土结构防腐蚀技术规范》（JTJ 275—2000）和《公路工程混凝土结构防腐蚀技术规范》（JTG/T B07-01—2006）等。

① JTJ 275—2000 的试验方法　交通部规范《海港工程混凝土结构防腐蚀技术规范》（JTJ 275—2000）规定吸水率的测试应在最后一次喷涂硅烷渗透剂后至少 7d，钻取直径为 50mm、深度为 40mm±5mm 的芯样。除原表面外，其余各面包括原表面上小于 5mm 的周边，均涂以无溶剂环氧涂料，若该涂层有针孔，尚应加涂予以密封。全部芯样在 40℃下烘 48h 后称重。在适当的容器底部放置多根直径 1cm 的玻璃棒，将这些芯样原表面朝下放在这些玻璃棒上，注入 23℃

的去离子水，使水面在玻璃棒上 1～2mm，以 5min、10min、30min、60min、120min 和 140min 的时间间隔取出芯样，称重后立即放回去，直到完成所有这些间隔时间的测试。吸水率平均值的计算是将每一个时间间隔的吸水增量折算为吸水高度（mm），然后以吸水高度为纵坐标、以该时间间隔平方根为横坐标作图，取该关系直线的斜率（mm/min$^{1/2}$）为吸水率值。吸水率平均值不应大于 0.01mm/min$^{1/2}$。

② JTG/T B07-01—2006 的试验方法　规范规定试件在顶面浸入深度为（25±5）mm（指试样顶面至液面的高度）的去离子水中放置（21±0.1）d，然后取出在六面通风下风干至恒重（±2g），分别求出 3 块憎水浸渍试件与 3 块未浸渍试件相比的吸水率比值。并根据我国建材行业标准 JC 474—2008《砂浆、混凝土防水剂》，吸水率算法如下：

$$W_c = W_{c1} - W_{c0} \tag{6.4}$$

式中　W_c——试件的吸水量，g；
　　　W_{c1}——试件吸水后的质量，g；
　　　W_{c0}——试件干燥后的质量，g。

结果以 3 块试件的平均值表示，精确至 1g。吸水量比按照式（6.5）计算，精确至 1%。

$$R_{Wc} = 100\% \times W_{tc}/W_{rc} \tag{6.5}$$

式中　R_{Wc}——试件的吸水率比值，%；
　　　W_{tc}——硅烷浸渍处理试件的吸水量，g；
　　　W_{rc}——未浸渍处理试件吸水量，g。

③ 英国公路局出版的《路桥设计手册》（BD 43/03）试验方法　吸水率试验在浸渍处理的 14d 后进行。浸泡开始前，未浸渍空白试件和浸渍处理的试件分别称重记 i_1。吸水率试验时，将足够的去离子水（电导率＜50μS/cm）倒进容器中，保证放在隔离条上的试件顶部至液面有（25±5）mm 的浸入深度。浸水后，浸渍处理的试件和未浸渍空白试件分别经（24.0±0.1）h 和（1.00±0.02）h，从水中拿出，用干布擦干表面，再称重（i_2）。

每个试件的吸水速率（I），用下式计算：

$$I = \frac{i_2 - i_1}{\sqrt{t}\,S} \tag{6.6}$$

式中　i_1——试件浸泡前的质量，g；
　　　i_2——试件浸泡后取出擦干后的质量，g；
　　　t——浸泡时间，h；浸渍处理试件取（24.0±0.1）h，空白试件取（1.00±0.02）h；
　　　S——试件的浸水表面积，m^2。

吸水速率比值（AR）：

$$AR = \frac{I_{tm}}{I_{um}} \times 100\%$$ (6.7)

式中 I_{tm}——硅烷浸渍处理试件吸水速率 I_t 平均值；

I_{um}——硅烷未浸渍处理空白试件吸水速率 I_u 平均值。

上述三种试验方法，JTJ 275—2000 的试验方法具有独立性，与其它两种不可比。其它两种试验方法的性能要求是一样的，但方法上有差别，从操作性和重复性上来看，英国公路手册的方法更合适。

(3) 暴露于碱液的吸水率试验方法

JTG/T B07-01—2006 中规定了碱液暴露吸水率试验方法，与吸水率试验不同的是将浸泡的水溶液更换为饱和 KOH 溶液。试件在顶面浸入深度为（25±5）mm（指试件顶面至液面的高度）的饱和 KOH 溶液中放置（21±0.1）d，然后取出，在六面通风下风干至恒重（±2g），分别求出 3 块憎水浸渍试件与 3 块未浸渍试件相比的吸碱溶液率的比值。计算公式与吸水率第二个（JTG/T B07-01—2006）试验方法相同。

(4) 浸渍深度试验方法

JTJ 275—2000《海港工程混凝土结构防腐蚀技术规范》中的染料指示法，应在最后一次喷涂硅烷后 7d，钻取直径为 50mm、深度为（40±5）mm 的芯样，用密封袋封好。试验时，芯样在 40℃下烘 24h，然后将芯样沿直径方向劈开，在劈开表面上喷涂水基短效染料，不吸收染料的区域表示硅烷的渗透深度。

JTG/T B07-01—2006《公路工程混凝土结构防腐蚀技术规范》附录 D 中，首先制作水灰比 0.70 的试件（试模应无油、无脱模剂），试件浸渍处理与水灰比 0.45 的相同，然后 3 块憎水浸渍试件和 3 块未憎水浸渍的试件分别保存在（30±2）℃、RH（40±5）%的环境下（下部盛饱和 K_2SO_4 溶液的气密箱中，试件不接触溶液），浸渍处理 14d 后，劈开混凝土块，在劈开面上喷水，测量劈开面上的干燥区域尺寸。

(5) 干燥速度系数试验方法

3 块憎水浸渍试件和 3 块未憎水浸渍的试件分别保存在（30±2）℃、RH（40±5）%的环境下（下部盛饱和 K_2SO_4 溶液的气密箱中，试件不接触溶液）放置 24h±1h，以测定憎水处理后干燥速度系数与未处理试件相比的比值。

(6) 氯化物吸收量降低效果试验方法

测定氯化物吸收量的降低效果应在最后一次喷涂硅烷后至少 7d，钻取芯样。除芯样原表面外，其余各面包括原表面上小于 5mm 的周边，均涂以无溶剂环氧涂料加以密封。将芯样原表面朝下放在合适的容器中，注入温度为 23℃的 5mol/L 的 NaCl 溶液，其液面在芯样上 10mm。24h 后取出芯样，在 40℃下烘 24h，然后从该芯样的深度 2mm 处切片，弃去该切片，将原芯样上的新切面磨到深度为 10mm，按现行行业标准《水运工程混凝土试验规程》（JTJ 270—98）的混凝土酸溶性氯化物含量测定法分析所得粉样的氯化物含量。在深度 11～20mm 和 21～30mm 处，重复上述程序。氯化物吸收量的降低效果，可按下式计算：

$$\Delta CU = \frac{CU - CU_1}{CU} \times 100\% \tag{6.8}$$

式中　ΔCU——氯化物吸收量的降低效果；

　　　CU——对比组的氯化物平均含量，为每个芯样 3 个深度的氯化物吸收量的平均值，本章对比组为未用硅烷浸渍处理的空白混凝土试件；

　　　CU_1——浸渍硅烷组的氯化物平均含量，为每个芯样 3 个深度氯化物吸收量的平均值。

试验所需设备主要有：恒温烘箱、分析天平（称量 100g，感量 0.1mg）、天平（称量 0.01g）、酸式滴定管（10mL）两支、容量瓶（100mL 和 1000mL）、三角烧瓶（250mL）、试剂瓶（1000mL）、移液管（20mL）、玻璃干燥器、研钵、表面皿。

化学药品有：氯化钠、硝酸银、硫氰酸钾、硝酸、铁矾、铬酸钾（均为分析纯）。

(7) 冻融循环试验方法

按照混凝土冻融试验方法执行，冻融试验盒内采用 5% 的盐水溶液。

6.5.4.3　施工工艺要求

(1) 材料的使用与保存

由于硅烷及其聚合物含有烷氧基基团，遇水会分解，因此材料必须密闭、在阴凉干燥处保存，并设立符合职业卫生和安全部门要求的警告牌。开盖使用后，尽量一次用完。如果不能用完，宜用压缩干燥空气或氮气排除罐内潮湿空气后密封保存，但储存时间不要超过 30d。

(2) 施工方式

硅烷及其同类憎水剂，可采用刷涂、滚涂和喷涂施工。喷涂设备应为不断循环的泵送系统，该系统提供的喷嘴压强应为 60～70kPa，水不得进入该系统的任何部分。膏体也可采用刮涂方式施工。

(3) 施工注意事项

① 基本要求　憎水处理的混凝土龄期应不少于 28d，或混凝土修补后应不少于 14d。应避免雨雪天、高温天气和强风天气施工，以保证涂装效率和质量。混凝土表面温度应在 5～45℃之间。

② 表面处理　用水泥浆修补蜂窝、露石等明显缺陷；用钢铲刀清除表面碎屑及不牢固的附着物；修补宽度大于 0.2mm 的裂缝；清除不利于憎水剂浸渍的

灰尘、油污等有害物与污染物。

当混凝土采用脱模剂或养护剂时，应通过喷涂试验确定脱模剂或养护剂对憎水剂浸渍的影响，否则在憎水剂浸渍前应充分清除。喷涂憎水剂的混凝土表面应为面干状态。

③ 施工工艺　施工现场附近应无明火。操作人员应使用必要的安全保护设施。憎水浸渍工作应在憎水剂制造厂家的技术要求下由经验丰富的操作人员实施。应注意避免憎水剂被其它材料污染。

憎水剂浸渍工作应连续喷涂或辊涂实施，使被涂表面饱和溢流。在立面上，应自下向上地喷涂，使被涂立面至少有 5s 保持"看上去是湿的"的状态；而在顶面或底面上，都至少有 5s 保持"看上去是湿的镜面"的状态。

可根据实际憎水剂吸收情况控制各道之间的涂装间隔，"湿碰湿"比较适合硅烷的涂装，即第一道刚要表干时立即涂装下一道，一般根据混凝土表面毛细孔的情况决定涂装的道数。

(4) 质量控制

① 材料进场应进行抽检和登记，合格后方可使用。

② 施工过程中随时关注憎水渗透剂的形状，一旦胶化则不能使用。

③ 可以在涂装结束后，通过喷水的方式检查是否有漏涂的部位，如存在则需补涂。

④ 涂装 48h 后可以喷水检查涂装效果，如水珠明显，则表示已经涂装和发挥憎水作用。

⑤ 如当地风流小、多云或晴天，也即条件许可，可于涂装 7d 后用 KASTEN 管测量吸水率（图 6.16）。

图 6.16　KASTEN 管实物图

6.6　水泥基渗透结晶型防水材料

水泥基渗透结晶型防水材料是一种刚性防水材料[68]（Cementitions Capillary Crystalline Water-proofing Materials，CCCW），是以硅酸盐水泥或普通硅酸盐水泥、精细石英砂（或硅砂）等为基材，掺入活性化学物质（催化剂）及其它辅料组成的一种新型刚性防水材料。

1942 年德国化学家劳伦斯•杰逊（Lanritz Jensen）在解决水泥船渗漏水的实践中，发明了水泥基渗透结晶型防水材料，20 世纪 60 年代在欧洲、北美和日本得到了进一步发展，使得这种材料得到了进一步应用。产品也从早期的法国的 VANDEX（稳挡水系列）品牌延伸发展出加拿大的 XYPEX（赛柏斯系列）、KRYSTOL，新加坡的 FORMDEX（防挡水系列），美国的 PENETRON（澎内传系列）和 COPROX（确保时），德国的 KOESTER，法国的 DIPSEC，澳大利亚的 CRYSTAL（捷邦），日本的 PANDEX 等数十个品牌，均有不同程度的改进，形成了系列产品。

我国 20 世纪 80 年代初引进水泥基渗透结晶型防水材料，最先运用于上海地铁工程，推荐的是加拿大的 XYPEX 产品。但当时，未能实现进一步推广应用。10 年后，1994 年加拿大 XYPEX 的代理商——美国绿洲海洋化学公司，在上海市地铁工程建设指挥部的协助下，在地铁车站进行了堵漏试验。随后进行了地铁工程的应用。在美国绿洲公司的推动下，水泥基渗透结晶型防水材料开始为我国市场接受。

6.6.1　水泥基渗透结晶型防水材料的组成

水泥基渗透结晶型防水材料主要由水泥、精细石英砂（或硅砂）、粉料、助剂、催化剂等材料组成。外观呈粉状，经与水拌和可调配成刷涂在水泥混凝土表面的浆料，组成防水涂层，也可将其以干粉撒覆并压入未完全凝固的水泥混凝土表面（水泥基渗透结晶型防水涂料，C 型），或者直接作防水剂掺入混凝土中以增强其抗渗性（水泥基渗透结晶型防水剂，A 型）。

(1) 水泥

水泥品种主要有通用硅酸盐水泥和铝酸盐水泥。通用硅酸盐水泥前面章节中已经介绍。铝酸盐水泥（代号 CA）主要成分为铝酸钙，属于早强型水泥，其 1d 强度可达普通硅酸盐水泥 3d 强度的 80% 以上，3d 强度可达到普通硅酸盐水泥 28d 的水平，后期强度增长不明显。而水化热与一般高强度硅酸盐水泥大致相同，但其放热速度特别快，且放热量集中，1 天内即可放出水化热总量的 70%～80%。耐高温性好、耐硫酸盐腐蚀性强，抗腐蚀性高于抗硫酸盐水泥。

铝酸盐水泥也可在磨制 Al_2O_3 含量大于 68% 水泥时掺加适量的 $\alpha\text{-}Al_2O_3$ 粉。

铝酸盐水泥按 Al_2O_3 含量可分为以下 4 类：

CA-50 $50\% \leqslant Al_2O_3 < 60\%$

CA-60 $60\% \leqslant Al_2O_3 < 68\%$

CA-70 $68\% \leqslant Al_2O_3 < 77\%$

CA-80 $77\% \leqslant Al_2O_3$

铝酸盐水泥的物理性能要求如下。

① 细度   比表面积不小于 $300m^2/kg$ 或 0.045mm 筛余不大于 20%。

② 凝结时间（胶砂）   CA-50、CA-70、CA-80 的初凝时间不得早于 30min，终凝时间不得迟于 6h；CA-60 的初凝时间不得早于 60min，终凝时间不得迟于 18h。

③ 强度   各类型水泥各龄期的强度值不得低于表 6.37 的数值。

表 6.37   铝酸盐水泥胶砂强度（摘自 GB 201—2000）

水泥类型	抗压强度/MPa				抗弯强度/MPa			
	6h	1d	3d	28d	6h	1d	3d	28d
CA-50	20①	40	50	—	3.0①	5.5	6.5	—
CA-60	—	20	45	85	—	2.5	5.0	10.0
CA-70	—	30	40		—	5.0	6.0	
CA-80	—	25	30		—	4.0	5.0	

① 当用户需要时，生产商应提供结果。

也有用硫铝酸盐水泥部分代替铝酸盐水泥的。凡以适当成分的生料，经煅烧所得以无水硫铝酸钙和硅酸二钙为主要矿物成分的熟料，加以适当石膏磨细制成的早期强度高的水硬性胶凝材料，称为快硬硫铝酸盐水泥。快硬硫铝酸盐水泥的标号以 3d 抗压强度表示，分为 42.5、52.5 和 62.5 三个标号。

(2) 硅砂（石英砂）

通常二氧化硅含量在 98.5% 以上的称为石英石，在 98.5% 以下的称为硅石。石英石经过粉碎后称为石英砂，硅石经粉碎后成为硅砂。石英砂呈乳白色，硅砂颜色略泛黄。

(3) 助剂

根据目前我国市场上生产厂家的情况而言，主要使用的助剂有催化剂、速凝剂、减水剂、微膨胀剂、增强剂等。

① 催化剂   在水泥基渗透结晶型防水材料中的催化剂，又叫"特殊活性化学物质"。由于国外对催化剂的成分保密，至今国内仍然不明白该催化剂是什么物质。又由于成品材料进口价格高，国内只有购买国外公司的"活性物质"配以国内水泥、石英砂等制成成品，所以"特殊活性化学物质"又俗称"进口母料"。

国内有关"水泥基渗透结晶型防水材料"的专利，配方组成成分不统一，与国外的同类材料由于催化剂的不可比，从而无法判断是不是真正的水泥基渗透结晶型防水材料。

② 速凝剂　速凝剂专用于硫（铁）铝酸盐水泥及由此水泥配制的砂浆或混凝土。其特点是促进硫（铁）铝酸盐水泥的早期水化、使水泥凝结硬化加快、提高水泥的早期强度，且后期强度不倒缩。

速凝剂一般为粉剂，其推荐掺量一般为水泥用量的 $1\%\sim3\%$，具体掺量需要试验确定。

③ 缓凝剂　缓凝剂专用于硫（铁）铝酸盐水泥及由此水泥配制的砂浆和混凝土。其特点是能延缓凝结时间，减小混凝土坍落度损失，明显改善混凝土的工作性，对各龄期制品均有较好的增强作用，同时显著改善混凝土的耐久性。

缓凝剂一般为粉剂，其推荐掺量一般为水泥用量的 $0.5\%\sim1.5\%$，具体掺量需要试验确定。

④ 减水剂　减水剂是一种能减少混凝土中必要的单位用水量，并能满足规定的稠度要求，提高混凝土和易性的外加剂。参看前面章节的介绍。

（4）粉料

活性矿物掺和料（炭灰、矿渣、粉煤灰等）中含有大量活性 SiO_2 及活性 Al_2O_3，它们能与普通硅酸盐水泥水化过程中产生的游离石灰及高碱性水化硅酸钙产生二次反应，生成强度更高、稳定性更优的低碱性水化硅酸钙，从而达到改善水化胶凝物质的组成、消除游离石灰的目的。

（5）参考配方

根据不同厂家的水泥基渗透结晶型防水涂料的配方，不同厂家的配方设计区别主要在辅料上，母料基本上采用进口母料，进口母料的成分是个秘密，国内一直未能获知准确成分和配比，所以各厂家的母料成分差别不大。表 6.38 为水泥基渗透结晶型防水材料（C 型）的参考配方（质量份）。

表 6.38　水泥基渗透结晶型防水材料（C 型）的参考配方

序号	原辅料	配方 1	配方 2	配方 3	配方 4	配方 5
1	催化剂（进口母料）	4～6	2～5	13～15	1～2	10～15
2	硅酸盐水泥	32	45～50	55～60	40～45	45～50
3	硫铝酸盐水泥				15～20	
4	石英砂	41	35～40	20～25	30～35	25～30
5	粉煤灰			3～5		5
6	石膏		2.5～3		2～3	2

续表

序号	原辅料	配方 1	配方 2	配方 3	配方 4	配方 5
7	增黏剂	0.8				
8	微膨胀剂	2.5～3.5			1～2	
9	固体消泡剂	适量				
10	早强剂		1～2			
11	无机填料	适量				
12	其它辅料		5～6	3～4	2～3	3～5

水泥基渗透结晶型防水剂（A 型）的主要成分与防水涂料（C 型）基本相同，也是一种无毒、无害、无污染的环保型粉状刚性防水材料，但 A 型防水剂需要注意与混凝土中水泥的相容性，需要预先试验其对混凝土性能的影响。

（6）生产工艺

水泥基渗透结晶型防水材料的生产工艺与一般干粉砂浆的生产工艺相同，主要包括以下几个环节：选料—进料—称量—搅拌—检验—包装—入库—出厂。

设备包括：粉料混合设备和产品出厂检验设备。

6.6.2 水泥基渗透结晶型防水材料的机理

水泥基渗透结晶型防水材料的活性化学物质的激活和渗透需要几个基本条件，即：混凝土的吸水等级（毛细孔数量、分布、孔缝结构）和水泥基渗透结晶型防水材料的种类、用量、使用方法及施工环境。湿气和游离氧化钙是两个必要因素，两个要素缺一，则化学反应中止，而活化了的结晶体潜伏在混凝土的毛细管中。

（1）水泥基渗透结晶型防水涂料的防水机理

水泥基渗透结晶型防水涂料的防水可以分为以下三个过程。

① 水化结晶过程 水泥基渗透结晶型防水材料中含有的活性化学物质在水的作用下，通过表层水对结构内部的侵蚀，被带入结构表层内部毛孔中，与混凝土中的游离氧化钙交互反应，生成不溶于水的硫铝酸钙（$3CaO \cdot Al_2O_3 \cdot CaSO_4 \cdot 32H_2O$）渗透结晶物。结晶物在毛细孔中吸水膨大，由疏至密，使混凝土结构表层向纵深逐渐形成一个致密的抗渗区域，大大提高了结构整体的抗渗能力。所以，抗渗原理就是通过水的作用，涂层中含有的活性化学物质促使结晶在表层快速生成，通过表层毛孔逐渐向内部渗透深入的一个过程。通过这个过程来充实混凝土结构内部的结晶密度。由于这种被钙化了的结晶物质容易与混凝土中的 C—S—H 凝胶团相结合，从而也就更进一步加强了结构的密实度，同时也增强了结构自身的抗渗性能。

② 休眠过程　由于水泥的水化反应是一个不完全的反应过程，在不失水的状态下，多年以后反应仍有进行，而在后期的水化反应过程中同样能催化活性化学物质生成结晶，因此，在防水结构完好的情况下，水泥基渗透结晶型防水材料没有激活的材料处于休眠状态。

③ 激活再结晶过程　处于休眠状态的水泥基渗透结晶型防水材料在防水结构被水再次穿透后，活化了的结晶体会恢复结晶体增长的化学反应过程，不断充填，形成新的结晶堵塞毛细孔，具备多次抗渗能力和自愈能力。

（2）水泥基渗透结晶型防水剂的防水机理

水泥基渗透结晶型防水剂掺入混凝土后，与水泥的水化物发生反应，产生氢氧化铝、氢氧化铁等胶体物质，堵塞混凝土内的毛细通道和空隙，降低混凝土的空隙率，提高其密实性，同时还生成具有一定膨胀性的结晶体水泥硫铝酸钙，减少或消除混凝土的体积收缩，提高混凝土的抗裂性。

6.6.3　水泥基渗透结晶型防水材料的性能特点

水泥基渗透结晶型防水材料的主要特征是渗透结晶，一般的表面防水材料在经过一段时间的老化作用后即可能逐渐丧失它的防水功效，而水泥基渗透结晶型防水材料在水的引导下，以水为载体，借助强有力的渗透性，在混凝土微孔的毛细管中进行传输充盈，发生物理化学作用，形成不溶于水的结晶体，与混凝土结构结合成为封闭式的防水层整体，堵截来自任何方向的水流及其它液体侵蚀，既达到长久性防水、耐腐蚀作用，又起到保护钢筋、增强混凝土结构强度的作用。

（1）水泥基渗透结晶型防水材料的特点

① 具有双重的防水性能　水泥基渗透结晶型防水材料所产生的渗透结晶能深入到混凝土结构内部堵塞结构孔缝，无论其渗透深度有多少，都可以在结构层内部起到防水作用；同时，作用在混凝土结构基面的涂层由于其微膨胀的性能，能起到补偿收缩的作用，使施工后的结构基面同样具有很好的抗裂抗渗作用。

② 具有极强的耐水压能力　能长期承受强水压，部分产品的测试结果表明，在厚 50mm、抗压强度为 13.8 MPa 的混凝土试件上涂刷两层水泥基渗透结晶型防水材料，至少可承受 123.4m 的水头压力（1.2 MPa）。

③ 具有独特的自我修复能力　水泥基渗透结晶型防水材料是无机防水材料，所形成的结晶体不会产生老化，晶体结构许多年以后遇水仍能激活，产生新的晶体将继续密实，密封或再密封小于 0.4mm 的裂缝，完成自我修复的过程。

④ 具有防腐、耐老化、保护钢筋的作用　混凝土的化学侵蚀和钢筋锈蚀与水分和氯离子渗入分不开。水泥基渗透结晶型防水材料的渗透结晶和自我修复能力使混凝土结构密实，从而最大限度地降低化学物质、离子和水分的侵入，保护钢筋混凝土免受侵蚀。

⑤ 具有对混凝土结构的补强作用　用水泥基渗透结晶型防水材料施工后的结构，由于它不是晶体结构重新激活，而是未水化水泥被激活，增加了密实度，对结构起到了加强作用，一般能提高混凝土强度的 20%～30%。

⑥ 符合环保标准，无毒、无公害　水泥基渗透结晶型防水材料一般适用于饮用水、食品加工、泳池、水库等建筑施工项目。

⑦ 具有施工方法简单、省工省时的优点　水泥基渗透结晶型防水材料施工时对基面要求简单，对混凝土基面不需要做找平层；施工完成后也不需要做保护层。只要涂层完全固化后就不怕磕、砸、撞、剥落及磨损。对渗水、泛潮的基面可随时施工，对新建或正在施工的混凝土基面在养护期间（水分未完全挥发时）即可同时使用。

(2) 与传统防水材料的比较

传统的防水材料主要有防水卷材、防水涂料、密封材料等柔性防水材料。不包括有机硅烷防水材料。水泥基渗透结晶型防水材料与传统防水材料的性能比较见表 6.39。

表 6.39　水泥基渗透结晶型防水材料与传统防水材料的性能比较

内容	序号	渗透结晶型防水材料	传统防水材料
防水性能比较	1	靠物理化学作用，封堵混凝土内部的微细裂缝或毛细孔防水	仅靠物理作用表面封堵混凝土外部的微裂缝或毛细孔防水
	2	绿色环保产品，无毒无味	多数材料有刺激性气味，对人体有害
	3	可提高混凝土抗压强度	无提高
	4	可长期耐受高水压	根据材料性能耐水压有效期不同
	5	属无机材料，耐老化，可以延长混凝土寿命	多数属有机材料，会老化，寿命有限
	6	可渗入混凝土较高深度，有时可达 50cm，可做到整体防水	渗透深度有限，仅表面防水
	7	膨胀系数与混凝土基本一致	膨胀系数与混凝土有差别
	8	有自我修复能力，小于 0.4mm 的裂缝可自我修复	无自修复能力
施工比较	1	允许基面潮湿，无须找平	需要找平并需要基面干燥
	2	可与混凝土同步施工	不能与混凝土同步施工（除防水剂外）
	3	无须辅助材料，现场干净整齐	常需要辅助材料，如溶剂等
	4	对于拐角、接缝、边缘无须特殊处理	拐角、接缝、边缘需特殊处理
	5	无搭接，具整体防水性	有接缝，是渗漏隐患
	6	施工后无须再添加保护层	一般要做保护层
	7	可直接接受别的保护层	施工后外加保护层困难
	8	施工操作简单	施工操作相对复杂

　　水泥基渗透结晶型防水材料具有许多传统防水材料不具备的优点，具有较高的推广应用价值。

（3）水泥基渗透结晶型防水材料的物理力学性能

　　水泥基渗透结晶型防水材料分为水泥基渗透结晶型防水涂料（C 型）和水泥基渗透结晶型防水剂（A 型），物理力学性能见表 6.40 和表 6.41。

表 6.40　水泥基渗透结晶型防水涂料的物理力学性能（GB 18445—2012）

序号	试验项目		性能指标
1	外观		均匀、无结块
2	含水率/%　　　　　　≤		1.5
3	细度（0.63mm 筛余）/%　　　　　≤		5
4	氯离子含量/%　　　　　≤		0.10
5	施工性	加水搅拌后	刮涂无障碍
		20min	刮涂无障碍
6	抗弯强度/MPa　　28d　　　　　≥		2.8
7	抗压强度/MPa　　28d　　　　　≥		15.0
8	湿基面粘结强度/MPa　　28d　　　　≥		1.0
9	砂浆抗渗性能	带涂层砂浆的抗渗压力[①]/MPa　　28d　　　≥	报告实测值
		渗透压力比（带涂层）/%　　28d　　　≥	250
		去除涂层砂浆的抗渗压力[①]/MPa　　28d　　≥	报告实测值
		渗透压力比（去除涂层）/%　　28d　　　≥	175
10	混凝土抗渗性能	带涂层混凝土的抗渗压力[①]/MPa　　28d　　≥	报告实测值
		抗渗压力比（带涂层）/%　　28d　　　≥	250
		去除涂层混凝土的抗渗压力[①]/MPa　　28d　　≥	报告实测值
		抗渗压力比（去除涂层）/%　　28d　　≥	175
		带涂层混凝土的第二次抗渗压力[①]/MPa　　56d　　≥	0.8

　　① 基准混凝土 28d 抗渗压力应为 0.4MPa（正偏差为 +0.0，负偏差为 -0.1），并在产品质量检验报告中列出。

表 6.41　掺水泥基渗透结晶型防水剂混凝土物理力学性能

序号	试验项目		性能指标
1	外观		均匀、无结块
	含水率/%　　　　　　≤		1.5
	细度，（0.63mm 筛余）/%　　　　≤		5
	氯离子含量/%　　　　≤		0.10
	总碱量/%		报告实测值
	减水率/%　　　　　＜		8
	含气量/%　　　　　≤		3.0

续表

序号	试验项目			性能指标
2	抗压强度比/%	7d	≥	100
		28d	≥	100
3	凝结时间差	初凝/min	>	−90
		终凝/h		—
4	收缩率比/% 28d		≤	125
5	混凝土抗渗性能	掺防水剂混凝土的抗渗压力^①/MPa 28d		报告实测值
		抗渗压力比/% 28d	≥	200
		掺防水剂混凝土的第二次抗渗压力/MPa 56d	≥	报告实测值
		第二次抗渗压力比/% 56d	≥	150

① 基准混凝土 28d 抗渗压力应为 0.4MPa（正偏差为 +0.0，负偏差为 −0.1），并在产品质量检验报告中列出。

6.6.4 水泥基渗透结晶型防水材料的设计和施工

水泥基渗透结晶型防水材料用于防水工程的一级和二级，防水工程防水等级见表 6.42。

表 6.42 地下工程防水等级和适用范围 (GB 50108—2008)

防水等级	防水标准	适用范围
一级	不允许渗水，结构表面无湿渍	人员长期停留的场所；因有少量湿渍会使物品变质、失效的储物场所及严重影响设备正常运转和危及工程安全运营的部位
二级	不允许漏水，结构表面可有少量湿渍；总湿渍面积不应大于总防水面积的 2/1000；任意 100m² 防水面积上的湿渍不超过 3 处，单个湿渍的最大面积不大于 0.2m²；其中隧道工程还要求平均渗水量不大于 0.05L/（m²·d），任意 100m² 防水面积上的渗水量不大于 0.15L/（m²·d）	人员经常活动的场所；在有少量湿渍的情况下不会使物品变质、失效的储物场所及基本不影响设备正常运转和工程安全运营的部位
三级	有少量漏水点，不得有线流和漏泥沙；任意 100m² 防水面积上的漏水和湿渍点数不超过 7 处，单个漏水点的最大漏水量不大于 2.5L/d，单个湿渍的最大面积不大于 0.3m²	人员临时活动的场所
四级	有漏水点，不得有线流和漏泥沙；整个工程平均漏水量不大于 2L/（m²·d），任意 100m² 防水面积上的平均漏水量不大于 4L/（m²·d）	对渗漏水无严格要求的工程

(1) 水泥基渗透结晶型防水材料防水工程的设计

采用水泥基渗透结晶型防水材料的防水工程在设计要求方面，应根据建筑的使用功能、结构形式、施工的环境条件、施工方法及防水材料的性能等多方面因素合理确定。

水泥基渗透结晶型防水材料防水工程的基本设计原则如下。

① 适用于混凝土结构的迎水面（外防水）或背水面（内防水）的施工。外防水的防水涂层无须做保护墙。主要用于混凝土结构不允许渗水的防水工程上（地下防水等级一级和二级）。

② 要考虑环境温度对渗透结晶型材料的施工的影响及季节和气温所引起的材料初凝和终凝时间的差异，还要考虑环境条件给施工带来的不便以及和其它防水材料的相容性。

③ 要保证其它防水层选用材料的质量，必须符合专项技术指标。涂层厚度必须大于 0.8mm。

④ 注意工程难以保证防水质量的结构部位（如阴阳角），设计时应予以加强。如增加涂刷遍数；与其它防水措施联合使用；或进行局部的填缝、补强和堵漏施工等。

⑤ 防水涂层的施工质量检验数量，应按涂层面积 $100m^2$ 抽查一处，且不得少于 3 处。

（2）水泥基渗透结晶型防水材料防水工程的施工

合理的设计方案、正确的防水施工、优质的防水材料，是防水工程的质量保证。水泥基渗透结晶型防水材料施工通常以手工操作为主。涂装以刮涂或刷涂为主。

① 基体清理　清除基体表面的油污和突出物及其它需要清除的杂物。

② 防水涂料的刮涂　将防水涂料均匀地批刮于防水基面上，形成厚度符合设计要求的防水涂膜。

由于防水涂料有较多的填充料，刮涂前材料应搅拌均匀。

个别产品为了增加防水层与基面的结合力，要求在基面上先涂刷一遍基面处理剂。若使用某些渗透力较强的防水涂料，可不涂刷基面处理剂。

防水涂料的稠度一般应根据施工条件、厚度要求等因素确定。

待前一遍涂料完全干燥，缺陷修补完毕并干燥后，才能进行下一遍涂料施工。后一道涂料的刮涂方向应与前一遍刮涂方向垂直。

防水涂层施工完毕，应注意养护和成品保护。

③ 防水涂料的刷涂　刷涂通常按涂布、抹平、修整 3 个步骤进行。其中修整是按一定方向刷涂均匀，消除刷痕和涂层厚薄不均的现象。

刷涂快干涂料（如速凝涂料）时，不能按照涂布、抹平和修整 3 个步骤进行，因为时间上不允许，只能采用一步完成的方法。

刷涂时，上述 3 个步骤应该是连贯的，所以操作者需要熟练操作。应纵横交错地刷涂，但垂直面最后一个步骤应沿着垂直方向进行竖刷。

④ 养护　养护十分重要，当水泥基渗透结晶型防水材料涂层固化到不会被

洒水损害时养护就可以了，必须精心养护 1~2 天，每天喷洒水 3~5 次，或用潮湿透气的粗麻布、草席覆盖 3 天。

施工后 48h 内，应避免雨淋、霜冻、日光暴晒或 4℃ 以下的长期低温；在空气流通不良或不具备通风条件的情况下，可采用风扇或鼓风机械协助通风。

(3) 施工质量的检查和验收

根据国家标准和设计书，可从以下几方面进行施工质量的检查验收工作。

① 混合配料时的料水比及涂层施工操作应符合各生产厂家的规定要求和设计要求。

② 防水涂层的性能是否符合设计和标准规定的要求，如涂层的厚度、粘结强度、抗渗性能等，可以在施工期间采用涂层试件检测。

③ 防水涂层的外观是否符合要求。包括检查是否有空鼓、松动和脱皮现象。

④ 完善竣工资料，按规定做好验收、签证的工作。

6.7 表面防腐蚀涂料

由于混凝土结构的耐久性要求越来越高，混凝土表面采用涂覆防护涂料已经不再是锦上添花。表面防护涂料一直是混凝土结构防护的首选材料，它具有施工方便、隔离外界介质的渗透、耐久、材料选择余地大、质量便于控制、二次维护容易等特点，因此可以选用的防护涂料种类多、能够根据工程的需要选择适合的产品。

6.7.1 防腐蚀涂料的组成

在通常情况下，防腐蚀涂料是以多道涂层组成一个完整的防护体系来发挥防腐蚀功能的，包括底漆、中间层漆和面漆。也有一些涂料是单一涂层，如粉末环氧涂层、厚浆涂料、喷涂聚脲弹性体或与其它增强材料联合使用的防腐蚀涂料。根据文献[69]经过整理综合得表 6.43。

表 6.43 防腐蚀涂料涂层体系的组成和特点

项目	性能要求及特点	适用涂料	涂料特点	适用场合
底涂层	对基体附着力好，黏度低、易润湿基面，底膜厚，具有防锈颜料	富锌涂料	以具有牺牲阳极功能的锌粉做颜料，具有较强的抗腐蚀能力，有水性、无机和有机富锌涂料产品	要求耐久寿命 15 年以上的场合
		金属涂层	采用电弧喷涂或火焰喷涂将锌、铝或锌铝合金熔化成液体喷射到金属基体上，具有牺牲阳极的效果，耐久寿命长	要求耐久寿命 20 年以上的场合
		防锈涂料	以防锈颜料如三聚磷酸铝、铁红等配制而成的涂料，与基层附着力好	适合中等耐久性以下的场合

续表

项目	性能要求及特点	适用涂料	涂料特点	适用场合
中间涂层	承上启下功能，与底涂层和面涂层配套，屏蔽颜料具有屏蔽阻挡作用。黏度根据要求选择	云铁涂料	云铁颜料的片状特点是形成涂膜后像鱼鳞一样覆盖在底涂层上，有效延长甚至隔断介质的渗透通道达到防腐蚀的功能，以环氧树脂云铁涂料使用最多	
		磷酸锌涂料	以磷酸锌为颜料的涂层在低黏度时能够很好地渗透进底涂层，附着力好，与环氧云铁配合功能增强	尤其适合金属涂层的封闭
		铁红涂料	以防锈颜料铁红等配制而成，具有中等能力的防腐蚀涂料	耐久性要求不高时适用
面涂层	阻挡介质的侵入，装饰和标志作用，耐腐蚀或耐老化	氯化树脂涂料	氯化聚乙烯、氯化橡胶、氯磺化聚乙烯涂料等具有较好的耐候性和防腐蚀性能，为单组分涂料	耐候性能一般，耐久性在 5～10 年。氯化橡胶可以用于水下
		聚丙烯酸酯涂料	单组分涂料，耐候性好	适用于大气结构表面耐久性要求在 5～10 年的场合
		有机硅改性涂料	有机硅材料对丙烯酸树脂改性等的涂料，耐候性能提高很多，防腐蚀性能优异	一般用于大气结构，耐久性一般在 10～15 年
		改性聚氨酯涂料	芳香族聚氨酯不耐光老化，脂肪族聚氨酯耐候性优异，防腐蚀性能好	脂肪族改性聚氨酯适合耐久性要求 8～12 年的场合
		含氟涂料	用耐候性、耐腐蚀性优异的氟树脂配制而成，耐候性优，耐腐蚀性能好	适合大气结构表面耐久性 15 年以上的场合
厚涂层	一次或二次涂装就达到规定厚度，工序省，防腐蚀性能优	粉末涂料	以环氧树脂等加工而成的粉末状涂料，通过静电喷涂在基体表面、然后加热熔化固化而成，一次涂装即达到规定厚度，防腐蚀性能优异	目前在工程上主要用于钢筋表面防腐蚀
		喷涂弹性体涂料	以端异氰酸酯基半预聚体、端氨基聚醚和胺扩链剂为基料，经高温高压撞击式混合设备喷涂而成的聚脲防护材料	适用于需要尽快投入使用的工程结构的防水和防腐蚀
		厚浆涂料	由少量溶剂或无溶剂组成的高固含量涂料，一次涂装就达到规定厚度，为重防腐蚀涂料	适合只能一次涂装的场合

6.7.2 防腐蚀涂料性能比较

由于涂料种类多、用途广，不同场合需用不同性能的涂料，所以难以制定统一的标准。根据文献[70]经过整理补充，部分防腐蚀涂料性能比较见表 6.44。

表 6.44 防腐蚀涂料性能比较

涂料名称		功能	耐酸	耐碱	耐水	耐油	耐候	耐磨	耐温100℃	耐高温400℃	装饰性	附着力	
												与钢	与混凝土
沥青涂料		耐酸型	√	√	√	△	△	×	×	×	×	√	√
铝粉沥青涂料		铝粉	○	○	√	△	△	×	×	×	△	√	√
环氧涂料		防腐型	√	√	√	○	△	△	×	×	×	√	√
环氧沥青涂料		防腐型	√	√	√	○	○	○	×	×	×	√	√
氯化橡胶涂料		防化工大气	○	○	○	○	√	△	×	×	×	√	√
氯磺化聚乙烯涂料		防化工大气	√	√	√	○	△	√	×	×	○	○	√
过氯乙烯涂料		防腐型	√	√	○	√	√	△	×	×	○	√	○
聚氨酯涂料		脂肪族	○	○	○	○	√	√	×	×	√	○	√
氟树脂涂料		溶剂型	√	√	○	○	√	△	○	×	√	√	○
醇酸涂料		耐酸型	△	×	△	○	√	△	×	×	√	√	○
高氯化聚乙烯涂料			√	√	○	○	√	△	×	×	○	√	○
有机硅防腐涂料		耐高温型	△	△	△	○	√	△	√	√	○	△	
玻璃鳞片涂料	不饱和聚酯	防腐型	√	√	√	√	△	△	×	×	○	√	√
	乙烯基酯	防腐型	√	√	√	○	√	√	×	×	○	√	√
丙烯酸树脂涂料		耐候型	△	×	○	○	√	△	×	×	√	○	√
富锌涂料		防腐型	×		√	○	○	△	○	×	×	√	

注：1. 表中符号，√为优；○为良；△为尚可；×为差。
2. 表中所示性能与功能对应，特殊功能的性能未予体现。各类厚浆型涂料与同类涂料基本相同。

6.7.3 防腐蚀涂料设计的一般要求

防腐蚀涂层系统的设计应根据结构的用途、使用年限、所处环境条件和经济等因素综合考虑。涂层系统的设计应包括涂料品种选择、涂层配套、涂层厚度、涂装前表面预处理和涂装工艺等。涂层系统设计使用寿命应根据保护对象的使用年限、价值和维修难易程度确定，一般分为短期 5 年以下、中期 5 年～10 年、长期 10 年～20 年和超长期 20 年以上。

6.7.4　防腐蚀涂层配套及选择

(1) 涂层配套

涂层之间（底层、中间层、面层）应具有良好的匹配性和层间附着力。后道涂层对前道涂层应无咬底现象、各道涂层之间应有相同或相近的热膨胀系数。涂层之间的复涂适应性参见表 6.45。

表 6.45　防腐蚀涂料间的复涂适应性（DL/T 5358—2006）

涂于下层的涂料	涂于上层的涂料											
	长效磷化底漆	无机富锌底漆	有机富锌底漆	环氧云铁涂料	油性防锈涂料	醇酸树脂涂料	酚醛树脂涂料	氯化橡胶涂料	乙烯树脂涂料	环氧树脂涂料	焦油环氧涂料	聚氨酯类涂料
长效磷化底漆	○	×	×	△	○	○	○	○	○	△	△	△
无机富锌底漆	○	○	○	○	×	△	△	○	○	○	○	○
有机富锌底漆	○	×	○	○	○	△	△	○	○	○	○	○
环氧云铁涂料	×	×	×	○	○	○	○	○	○	○	○	○
油性防锈涂料	×	×	×	×	○	○	○	×	×	×	×	×
醇酸树脂涂料	×	×	×	×	○	○	○	○	△	○	×	×
酚醛树脂涂料	×	×	×	×	○	○	○	○	△	△	△	△
氯化橡胶涂料	×	×	×	×	○	○	○	○	△	×	×	×
乙烯树脂涂料	×	×	×	×	×	×	×	○	○	×	×	×
环氧树脂涂料	△	△	△	△	○	○	○	○	○	○	△	○
焦油环氧涂料	×	×	×	△	○	○	△	○	○	○	○	△
聚氨酯类涂料	×	×	×	×	×	×	△	△	△	○	△	○

注：○为可以；×为不可以；△为一定条件下可以；氟树脂涂料参照聚氨酯类涂料。

(2) 涂层系统的选择

混凝土结构防腐蚀涂层一般由耐碱性优异的封闭底涂层和覆盖面涂层构成，底涂层以低黏度的环氧树脂类涂料应用较广，面涂层根据环境差异选择耐候性、耐腐蚀的涂料，除了底涂层用耐碱性优异的封闭涂层外，中间涂层和面涂层的选择原则与金属结构用涂层的选择原则相同。

① 处于大气环境中的结构应根据耐久性年限要求选择耐光老化、耐盐雾侵蚀、耐酸雨、耐湿热老化性能好的涂层体系。可参照表 6.46 和表 6.47。

表 6.46　乡村大气中混凝土结构的涂层系统

设计使用年限/a		配套涂层名称	涂层道数	平均涂层厚度/μm
10~20 1	底层	环氧涂料	1~2	80
	中间层	环氧树脂涂料	1~2	40
	面层	聚氨酯涂料或丙烯酸树脂涂料或氯化橡胶涂料或高氯化聚乙烯树脂涂料	1~2	80
5~10 1	底层	环氧涂料	1~2	80
	中间层	环氧树脂涂料	1	40
	面层	丙烯酸树脂涂料或高氯化聚乙烯树脂涂料或氯化橡胶涂料	1~2	80

注：表中聚氨酯树脂涂料，在对颜色和光泽度保持有要求时，应考虑使用脂肪族类涂料。

表 6.47　工业大气、城市大气和海洋大气中混凝土结构的涂层系统

设计使用年限/a		配套涂层名称	工业大气城市大气		海洋大气	
			涂层道数	平均涂层厚度/μm	涂层道数	平均涂层厚度/μm
10~20 1	底层	环氧涂料	1~2	80	1~2	80
	中间层	环氧树脂涂料	1~2	120	1~2	120
	面层	聚氨酯涂料或氟树脂涂料或丙烯酸改性有机硅涂料	1~2	80	1~2	120
5~10 1	底层	环氧涂料	1~2	80	1~2	80
	中间层	环氧树脂涂料	1~2	40	1~2	80
	面层	聚氨酯涂料或丙烯酸树脂涂料或氯化橡胶涂料或高氯化聚乙烯树脂涂料	1~2	80	1~2	80

注：表中聚氨酯树脂涂料和氟树脂涂料，在对颜色和光泽度保持有要求时，应考虑使用脂肪族类涂料。

② 处于水位变动区的混凝土结构，应根据耐久性年限要求选择耐盐雾侵蚀、耐光老化、耐水冲刷、耐湿热老化和耐干湿交替性能好的涂层系统。可选用快固化、湿表面可涂装的涂料，如喷涂弹性体涂料。

6.7.5　几种新型防腐蚀涂料

防腐蚀涂料种类和型号多，由于配方的差异，性能上会有不同，这里只介绍目前研制出来的新型防腐蚀材料，供参考。

(1) 混凝土表面底漆

由于混凝土表面多孔，又是高碱性。许多树脂涂料不能耐碱，从而不能作为混凝土表面底漆应用。混凝土表面底漆必须具备黏度小、易渗透和较高粘结强度的特点。以前混凝土表面采用的是有机溶剂稀释的环氧树脂涂料，但有机溶剂的挥发物污染环境、危害人体的健康，应用上正受到限制。

采用活性稀释剂代替有机溶剂已经是低黏度树脂涂料的主要配方设计措施。呋喃活性树脂在固化前是液体状，可作为环氧树脂的溶剂，降低整个系统的黏度，使涂料能有效渗入混凝土内部。固化后，呋喃树脂与环氧树脂作为成膜树脂，变成固体，有效切断混凝土的毛细孔，阻止离子及小分子的渗透。

混凝土表面底漆的主要性能见表 6.48。

表 6.48　混凝土表面底漆主要性能

项目	性能	备注
黏度/s	12	涂 4 杯
耐酸性能	完好	30%硫酸溶液 30 天
耐碱性能	完好	饱和氢氧化钠溶液 30 天
与干燥混凝土表面粘结强度/MPa	≥1.7	
与潮湿混凝土表面粘结强度/MPa	≥1.6	
柔韧性/mm	2	

(2) 水性氟树脂耐候涂料

大气环境下紫外线、酸雨、盐雾等的作用，一般树脂涂料不能耐受环境的多重作用而不具有高的耐久性，溶剂型氟树脂涂料已经经过工程实践证明具有极好的耐候性能和长期寿命，但溶剂型涂料具有危害环境的有机挥发物（VOC），对操作人员的身体健康不利，必然会被环境友好型耐久性涂料逐渐代替。

以水为溶剂，以具有优异耐久性和耐候性的氟树脂为成膜物质，辅助多种功能助剂研制得到的水性氟树脂耐候涂料，具有优异的耐候、防腐蚀性能，并具有高的耐久性。日本大金公司 20 世纪末就在我国推广水性氟碳涂料，有烘烤型、常温型，有双组分和单组分，但常温型的主要用于建筑物外墙、铝塑板等场合，在防腐蚀领域基本没有涉足。国内水性氟树脂乳液的研制和生产起步较晚，不同水性氟树脂产品的推出使得水性氟树脂涂料的国产化成为可能，但水性氟树脂的质量和性能与国外相比仍然存在差异，所以水性氟树脂涂料的研究依赖水性氟树脂的研究成果。

大气区混凝土表面可采用"底涂＋中间涂层＋水性氟树脂耐候涂料"的涂装

方案。南京水利科学研究院研制的水性氟树脂涂料[71]的性能见表 6.49。

表 6.49　水性氟树脂涂料的性能

项目	性能指标
外观	均匀，无沉淀、结块
固含量	>45%
表干时间（20℃）	<1h
实干时间（20℃）	<36h
湿膜厚度（一道）	80~100μm
干膜厚度（一道）	40~60μm
柔韧性①	ϕ1mm
冲击强度①	>50kg·cm
附着力（划格法）①	1 级
最低成膜温度	>6.0℃
耐洗刷次数	>2000 次
盐雾试验①	3000h 涂膜完好
光老化试验①	3000h 轻微变色，涂膜完好
湿热试验①	3000h 涂膜完好

① 均在钢基底表面进行的试验。

(3) 抗冲耐磨涂料

　　水工泄水建筑物受高速夹砂水流冲刷及推移质撞击冲磨遭受严重破坏，这一直是水利水电建设中有待解决的重大问题，我国运行中的大坝泄水建筑物有70%由于高速含砂水流的冲刷磨损和空蚀作用，存在不同程度的冲磨破坏问题[72]。从 20 世纪 60 年代开始，技术研究人员开发了多种抗冲磨护面材料，如环氧砂浆、喷涂聚脲、衬砌钢板、硅粉高强砂浆、普通耐磨涂料等[73]，在许多工程上得到了应用，收到了很好的抗冲磨保护效果。但是，随着西部大开发和西电东输战略的实施，大型高水头水电站相继开工建设，泄流最大流速可达 50m/s，对护面材料的硬度和柔韧性均提出了更高的要求。

　　纳米 Al_2O_3/ZrO_2 具有纳米粒子的小尺寸效应、表面效应，与环氧树脂复合后，纳米粒子填充于环氧树脂分子结构中，起到润滑作用，当受到外力冲击时引发微裂纹，吸收大量冲击能，所以对环氧树脂又起到了增韧的作用。另外，纳米粒子的高表面活化能可提高涂层与混凝土的粘结强度。见表 6.50。

表 6.50　新型纳米 Al_2O_3/ZrO_2 抗冲磨面层涂料的主要性能指标[74]

序号	项目	性能指标
1	耐磨性（1000g，1000 转）/mg	7.5
2	柔韧性/mm	1
3	粘结强度/MPa	≥2.5
4	黏度（涂-4 杯）/s	105
5	耐盐雾（3000h）	无变化
6	耐紫外老化（1000h）	轻微变化

(4) 防碳化耐酸雨涂料

pH 值在 5.6 以下的雨水定义为酸雨，腐蚀作用较强的是 pH 值为 4.0 左右的酸雨。燃料燃烧、汽车和飞机排出尾气、火山爆发及大气中的光化学反应作用均可引起雨水中的 pH 值下降。统计资料显示，2004 年我国出现酸雨的城市有298 个，占全国 527 个统计市（县）的 56.5%。降水年均 pH 值小于 5.6（酸雨）的城市达 218 个，占统计城市的 41.4%。与 2003 年相比，出现酸雨的城市比例增加了 21%；酸雨城市比例上升了 4%，其中 pH 值小于 4.5 的城市比例增加了2%，酸雨频率超过 80% 的城市比例上升了 1.6%。我国降水中的主要致酸物质是 SO_4^{2-} 和 NO_3^-，其中 SO_4^{2-} 离子浓度是 NO_3^- 离子浓度的 5~10 倍，远高于欧洲、北美和日本的比值。

在酸性环境下，混凝土表面的高碱性被中性化，降低混凝土的密实性和保护层的厚度，耐久性变差，抵抗介质渗透的能力变差。国内外对酸雨腐蚀已高度重视，采取了一系列方法来减少其损失，对物体涂装耐酸雨涂料是一条效率高、成本低、操作方便的有效途径。然而现有的耐酸雨涂料大多数需高温烘烤固化，是针对汽车涂料研究开发的，并不满足于桥梁的常温固化要求。也有的一些耐酸雨涂料是针对钢材表面开发的，而混凝土与钢材是两个完全不同的基材，混凝土的特点是多孔状结构及呈碱性，所以在钢材表面具有很好粘结力的涂料，与混凝土的粘结力有可能很低，而且应用于混凝土表面的耐酸涂料不仅要求很强的耐酸性，且要求能够抵抗混凝土固有碱性的腐蚀。现有的一般桥梁涂料仅考虑了装饰性和附着力，并没有从耐酸雨角度来深入研究，所以也不适合于混凝土桥梁的耐酸雨保护。总之，目前还没有专门针对于混凝土桥梁的结构特点来研究开发的耐酸雨防碳化成套涂层体系。

南京水利科学研究院通过配方筛选，研制成功用于混凝土结构的防碳化耐酸雨涂料[75]，性能指标见表 6.51。

表 6.51　防碳化耐酸雨表面防护涂料的性能

项目	性能指标	备注
与干燥混凝土粘结强度/MPa	1.7~2.0	—
与潮湿混凝土粘结强度/MPa	1.6~2.0	—
抗冲击性能/kg·cm	50	—
抗渗性	不渗水、不脱落	0.5MPa 水压
耐紫外光 500h 老化	失光 1 级，色差 2 级，破坏 0 级	—
耐湿热 500h 老化	失光 1 级，色差 0 级，破坏 0 级	—
耐 1500h 盐雾	无生锈、粉化、鼓泡、脱落	—
耐酸性	无变化	30%硫酸溶液 30 天

(5) 喷涂聚氨酯 (脲) 弹性体涂料

海洋气候条件下，潮差浪溅区部位的防腐蚀一直是防护的困难区域，迄今为止一直没有耐久性很好的防护材料用于该区域的维修防护。海洋潮差浪溅区结构潮位变化快、表面湿度大、表面处理难度大、可施工时间短，普通涂料固化时间长，不能在潮位变化的情况下很好固化，涂层质量得不到保证，耐久性不能满足。喷涂弹性体涂料是以异氰酸酯类化合物为甲组分、胺类化合物和羟基化合物为乙组分，采用喷涂施工工艺使两组分混合、反应生成的弹性体防水涂料。乙组分是由端氨基树脂和氨基扩链剂等组成的胺类化合物时，通常称为喷涂 (纯) 聚脲涂料；乙组分是由端羟基树脂和氨基扩链剂等组成的含有胺类的化合物时，通常称为喷涂聚氨酯 (脲) 涂料。

喷涂弹性体涂料是新近发展的，具有高弹性、无溶剂、快速固化、防腐蚀性能优异、一次涂装即可达规定厚度的特点，采用专用喷涂机喷涂。在表面处理质量保证的情况下，与钢基体的附着力高。理论上对海洋浪溅区和水位变动区结构、需要候潮施工的情况，该项技术应该是比较适合的一项防腐蚀技术。

曾经有个别工程采用了快速固化的喷涂弹性体涂料，但使用过程中显示出了它的不足，即固化速度太快，涂料还没来得及在基体上渗透就已经固化，与基体的附着质量不能得到保证，而采用底漆时，由于底漆是慢固化的涂料，有的还是溶剂型涂料，所以不适合该区域的结构的涂装。因此，南京水利科学研究院研制了合适固化速度的无溶剂底涂和面涂层。喷涂弹性体涂料的性能见表 6.52。

表 6.52　喷涂弹性体涂料的性能

项目	性能
拉伸强度/MPa	13.7
断裂伸长率/%	336

续表

项　目	性　能
撕裂强度/(N/mm)	68
硬度（邵氏 A）/度	78
耐磨性（1000g，1000 转）/g	<0.040
低温柔性（−30℃）	弯折无裂纹
不透水性	≥0.3 MPa，30min 不透水
与钢粘结强度/MPa	>5.0
与混凝土表面的粘结强度/MPa	>1.5
盐雾试验①	>5000h 试样表面无气泡、无生锈、完好
湿热试验①	>5000h 试样表面无气泡、无生锈、完好

① 在钢板表面的试验结果。

6.8　不同环境下提高结构耐久性措施的选用

钢筋混凝土桥梁在环境作用下可能发生钢筋锈蚀胀裂混凝土、混凝土的冻融破坏、混凝土的碳化和硫酸盐对混凝土的侵蚀破坏，混凝土的破坏可能会影响结构的安全和使用，目前处于恶劣气候环境下（氯离子、冻融、碳化、酸雨、硫酸盐等）的混凝土结构通常都会采取防护措施。

钢筋腐蚀引起的混凝土结构的过早破坏，已成为全世界普遍关注并日益突出的一大灾害。近年来，许多文献均报道了混凝土结构因耐久性不足而引起的巨大经济损失[76]：1991 年美国境内仅修复由于耐久性不足而损坏的桥梁就耗资 910 亿美元；英国每年用于修复钢筋混凝土结构的费用达 200 亿英镑。

国外学者曾用"五倍定律"形象描述混凝土结构耐久性设计的重要性，即耐久性设计阶段，对混凝土钢筋防护方面不合理地节省 1 美元，那么发现钢筋锈蚀时采取措施将追加维修费 5 美元；混凝土表面顺筋开裂时采取措施，将追加维修费 25 美元；严重破坏时采取措施将追加维修费 125 美元。

因此，混凝土结构物的防护已经不再是锦上添花，而是非常必要和重要的延长耐久性的技术。

6.8.1　混凝土结构耐久性设计的环境分类

《公路桥梁混凝土结构耐久性设计指南》[76]，根据影响耐久性能的主要环境因素，将环境划分为五类，其类型特征如表 6.53。

表 6.53 环境类别划分

类 别	名 称	对材料的腐蚀作用
XT	碳化和酸雨环境	碳化和酸雨引起的钢筋腐蚀
XL	氯盐侵蚀环境	氯盐引起的钢筋腐蚀
XD	冻融环境	反复冻融导致混凝土损伤
XS	硫酸盐腐蚀环境	硫酸盐、酸等化学物质引起的腐蚀
XM	磨蚀环境	磨耗与空蚀引起混凝土损失

碳化作用包括酸雨都使混凝土表面中性化，可以归结为一类，其等级如表 6.54。

表 6.54 碳化和酸雨环境作用等级

等 级	相对湿度（RH）	环境影响系数 γ_t
XT1	0＜RH≤20％或 90％＜RH＜100％	0.8
XT2	20％＜RH≤40％或 60％＜RH≤80％	0.9
XT3	40％＜RH≤60％	1.0

氯盐作用包括除冰盐、海洋气候环境下的混凝土结构，海洋大气、潮差浪溅区和水下都属于氯盐环境，其等级如表 6.55。

表 6.55 氯盐侵蚀环境作用等级

等 级	氯离子浓度（Cl⁻）/％	环境影响系数 γ_l
XL1	0～1.0	1.0
XL2	1.0～1.5	1.2
XL3	1.5～2.0	1.6
XL4	2.0～3.0	2.0

注：氯离子浓度为相对胶凝材料的质量百分比。

冻融循环作用等级如表 6.56。

表 6.56 冻融循环作用等级

等 级	最冷月平均气温	环境影响系数 γ_d	
		淡水环境	海水环境
XD1	微冻地区（−3℃≤t≤2.5℃）	1.0	1.1
XD2	寒冷地区（−8℃≤t≤−3℃）	1.1	1.3
XD3	严寒地区（t≤−8℃）	1.3	1.5

盐碱地环境中含有大量的硫酸盐以及镁离子，硫酸盐腐蚀作用等级如表 6.57。

表 6.57 硫酸盐腐蚀环境等级划分

等 级	硫酸盐含量（SO_4^{2-}）		环境影响系数 γ_s
	土壤中的水溶性 SO_4^{2-} / %	水中的 SO_4^{2-} /（mg/kg）	
XS1	＜0.10	＜150	1.0
XS2	0.10～0.20	150～1500	1.2
XS3	0.20～2.00	1500～10000	1.4
XS4	＞2.00	＞10000	1.6

注：实际环境中除硫酸盐外，还含有镁盐等有害离子，因此设计时应考虑多种侵蚀性离子的耦合作用。

表 6.58 为磨蚀环境的等级划分。

表 6.58 磨蚀环境等级划分

类别名称	环境条件特征		环境影响因素 γ_m
XM1	风蚀（有砂情况）	风力等级≥7 级，且年累计刮风时间大于 90d	1.0
		风力等级≥9 级，且年累计刮风时间大于 90d	
XM2	流冰冲刷	被强烈流冰撞击、磨损、冲刷（冰层水位下 0.5m 至冰层水位上 1.0m）	1.1
XM3	风蚀（有砂情况）	风力等级≥11 级，且年累计刮风时间大于 90d	1.2
	泥沙冲刷	被大量夹杂泥沙或物体磨损、冲刷	

6.8.2 防腐蚀设计的环境分类

JTG/T B07-01—2006《公路工程混凝土结构防腐蚀技术规范》有对混凝土结构所处环境的划分，借鉴了 CCES 01—2004《混凝土结构耐久性设计与施工指南》的腐蚀环境的划分方法并做了合理的修改。下面简要摘录 JTG/T B07-01—2006 中划分的方法。

环境作用按其对钢筋混凝土结构侵蚀的严重程度分为 6 级（表 6.59）。

表 6.59 环境作用等级

作用等级	作用程度的定性描述	作用等级	作用程度的定性描述
A	可忽略	D	严重
B	轻度	E	很严重
C	中度	F	极端严重

不同环境类别在不同的环境条件（如湿度、温度、侵蚀介质的浓度等）下对钢筋混凝土结构的环境作用等级如表 6.60 和表 6.61 所示。

表 6.60　环境分类及环境作用等级

环境类别	环境条件①		作用等级①	示例
一般环境（无冻融、盐、酸、碱等作用）	永久湿润环境		A	永久处于静止水中的构件
	非永久湿润和干湿交替的室外环境		B	不受雨淋或渗漏水作用的桥梁构件，埋于土中、温湿度相对稳定的基础构件
	干湿交替环境①		C	表面频繁淋雨、结露或频繁与水接触的干湿交替构件，处于水位变动区的构件，靠近地表、湿度受地下水位影响的构件
一般冻融环境③（无盐、酸、碱等作用）	微冻地区，混凝土中度水饱和④		C②	受雨淋构件的竖向表面
	微冻地区，混凝土高度水饱和④		D②	水位变动区的构件，频繁淋雨的构件水平表面
	严寒和寒冷地区③，混凝土中度水饱和④		D②	受雨淋构件的竖向表面
	严寒和寒冷地区③，混凝土高度水饱和④		E②	水位变动区的构件，频繁淋雨构件的水平表面
除冰盐（氯盐）环境	混凝土中度水饱和（偶受除冰盐轻度作用时按 D 级）		E	受除冰盐溅射的构件竖向表面
	混凝土高度水饱和④		F	直接接触除冰盐的构件水平表面
近海或海洋环境⑤	大气区	轻度盐雾区（离平均水位 15m 以上的海上大气区，离涨潮岸线 100～200m 内的陆上环境）	D	靠海的陆上结构，桥梁上部结构
		重度盐雾区（离平均水位 15m 以下的海上大气区，离涨潮岸线 100m 内的陆上环境）	E	
	土中区		D	近海土中或海底的桥墩基础
	水下区		D	长期浸没于水中的桥墩、桩
	潮汐区和浪溅区，非炎热地区⑥		E	平均低潮位以下 1m 上方的水位变动区与受浪溅的桥墩、承台等构件
	潮汐区和浪溅区，南方炎热地区		F	
盐结晶环境	日温差小、有干湿交替作用的盐土环境（含盐量较低时按 D 级）		E	与含盐土壤接触的墩柱等构件露出地面以上的"吸附区"
	日温差大、干湿交替作用频繁的高含盐量盐土环境		F	

续表

环境类别	环境条件①	作用等级①	示例
大气污染环境（来自海水的盐雾除外）	汽车和其它机车废气	C	受废气直射的结构构件，处于有限封闭空间内受废气作用的车库、隧道等
	酸雨（酸雨 pH 值小于 4 时按 E 级）	D	受酸雨频繁作用的混凝土构件
	盐土地区含盐分的大气和雨水作用	D	盐土地区受雨淋的露天构件
土中及地表、地下水中的化学腐蚀环境（海水环境除外）	（见表 6.61）		与含有腐蚀性化学介质如硫酸盐、镁盐、碳酸、氯盐等土体、地下水、地表水接触的结构构件

①～⑥请参考标准 JTG/T B07-01—2006，这里限于篇幅不再列出。

表 6.61 化学腐蚀环境分类及作用等级

腐蚀作用级别		C	D	E
水中 SO_4^{2-} /（mg/L）		≥200，＜1000	≥1000，＜4000	≥4000，＜10000
水中 SO_4^{2-} /（mg/kg）	强透水层	≥300，＜1500	≥1500，＜6000	≥6000，＜15000
	弱透水层	≥1500，＜5000	≥5000，＜15000	≥15000，＜50000
水中 Mg^{2+} /（mg/L）		≥300，＜1000	≥1000，＜3000	≥3000，＜4500
水的 pH 值	水或强透水土层中	≥5.5，＜6.5	≥4.5，＜5.5	≥4.0，＜4.5
	弱透水土层中	≥4.5，＜5.5	≥4.0，＜4.5	≥3.5，＜4.0
水中二氧化碳 /（mg/L）	水或强透水土层中	≥15，＜30	≥30，＜60	≥60，＜100
	弱透水土层中	≥30，＜60	≥60，＜100	≥100

注：关于本表的注，请参考标准 JTG/T B07-01—2006，这里限于篇幅不再列出。

6.8.3 不同环境下的混凝土结构的延寿措施

上述关于钢筋混凝土桥梁结构的环境划分均各具特点，设计人员可以根据自己的需要进行选择。

混凝土结构处于上述环境中，会受到氯离子、二氧化碳、硫酸根、酸雨、湿气等的作用，一方面钢筋发生锈蚀胀裂混凝土，另一方面混凝土本身受到碳化、酸化、冻融和硫酸盐结晶导致的体积变化而发生破坏，从而影响混凝土结构的耐久性，甚至影响结构物的安全运行。

混凝土结构物的防护，一般采用涂层钢筋、高性能混凝土、阻锈剂、混凝土表面防护层（涂层、玻璃钢包覆、特种钢板、聚合物砂浆、水泥基渗透结晶材料等）、憎水处理、电化学保护（阴极保护、电化学脱盐、再碱化、电沉积）、透水模板衬里等技术。

其中透水模板衬里[77]多为无纺布，其结构一般有 3 层，即颗粒阻挡层、排水透气层及支撑层，排水透气层与颗粒阻挡层尤为重要。使用模板衬里可以显著改善表层混凝土的质量，如提高混凝土的致密性、抗碳化能力、回弹硬度、抗磨耗性、抗拉强度、抗氯离子侵入、抗冻性能等。这是新建桥梁混凝土施工时选用的，与环境相关性不强，这里不再陈述。

表 6.62 为不同环境下可采用的防腐蚀材料和技术的推荐方案，供参考。

表 6.62　不同环境下可采用的防腐蚀材料和技术的推荐方案

防护技术环境		防护涂料	涂层钢筋	憎水处理	水泥基渗透结晶	阻锈剂	聚合物水泥砂浆	防护层	电化学
大气	一般	√	√	√	√	√	√	√	×
	酸性	√	√	√	×	√	×	√	×
	海洋	√	√	√	×	√	√	√	×
除冰盐	新建	√	√	√	√	√	√	×	√
	已建	√	×	×	×	×	×	×	√
盐结晶	新建	√	√	√	√	√	√	×	√
	已建	√	×	×	×	×	×	×	√
冻融	无盐	√	√	×	√	×	√	√	√
	含盐	√	√	×	×	√	√	√	√
水位变动区	淡水	√	√	×	√	×	√	√	√
	海水	√	√	×	√	√	√	√	√
水下	淡水	√	√	×	√	×	√	√	√
	海水	√	√	×	×	√	√	√	√
土中	一般	√	√	×	√	×	√	√	√
	含盐	√	√	×	×	√	√	√	√

注：一般大气主要是碳化、紫外光辐照、雨水的影响；酸性环境主要指由于化工环境或汽车尾气造成的酸雨腐蚀。水位变动区（海水）包括潮位涨落、浪溅区；盐结晶主要为盐土壤中构件露出地面以上的"吸附区"；土中（含盐）为含盐或硫酸盐的盐碱地土壤。防护层包括玻璃钢等覆盖型的材料。电化学包括电化学脱盐、阴极保护和电化学沉积等。"新建"代表新建工程，"已建"代表维修工程。"√"代表可用，"×"代表不可用。

表中涂层钢筋和阻锈剂仅适用于新建工程。电化学保护中，不同的保护方法适用的环境也可能有差异，其中电化学脱盐仅适用于修补维护工程。

防护涂料的种类非常多，不是所有涂料都适用，JTG/T B07-01—2006《公路工程混凝土结构防腐蚀技术规范》对防护涂料的要求如表 6.63。

表 6.63 涂层性能要求

项目	使用年限及环境	试验条件	标准	涂层构造名称
涂层外观	8~10 年	抗老化试验 1000h 后	不粉化、不起泡、不龟裂、不剥落	底层 + 中间层 + 面层的复合涂层
	8~10 年，湿热	抗老化试验 1500h 后		
	15~20 年	抗老化试验 3000h 后		
	15~20 年，湿热	抗老化试验 4000h 后		
	耐碱性试验 30d 后		不起泡、不龟裂、不剥落	
	标准养护后		均匀、无流挂、无斑点、不起泡、不龟裂、不剥落等	
抗氯离子侵入性	活动涂层片抗氯离子侵入试验 30d 后		氯离子穿过涂层片的透过量在 $5.0 \times 10^3 \text{mg}/(\text{cm}^2 \cdot \text{d})$ 以下	底层 + 中间层 + 面层的复合涂层

　　针对酸雨环境应选用耐碱耐酸性能优异的抗碳化耐酸雨防腐蚀涂料[75]。

　　抗冲耐磨环境条件下的延寿措施主要基于两个方面，即混凝土本身的抗冲耐磨和混凝土表面覆盖耐磨层。提高混凝土本身耐磨的措施是在混凝土内部掺加纳米粒子如硅灰混凝土；表面涂覆耐磨涂料（如耐磨涂料[74]）或喷涂聚脲弹性体涂料[78]等。

参 考 文 献

[1] 姚燕，王玲，田培. 高性能混凝土 [M]. 北京：化学工业出版社，2006.

[2] 李继业. 混凝土配制实用技术手册. 北京：化学工业出版社，2011.

[3] 缪昌文. 高性能混凝土外加剂 [M]. 北京：化学工业出版社，2009.

[4] 田培，刘加平，王玲等. 混凝土外加剂手册 [M]. 北京：化学工业出版社，2009.

[5] 沈荣熹，王璋水，崔玉忠. 纤维增强水泥与纤维增强混凝土 [M]. 北京：化学工业出版社，2006.

[6] 雍本. 特种混凝土设计与施工 [M]. 第 2 版. 北京：中国建筑工业出版社，2005.

[7] 洪定海. 混凝土中钢筋的腐蚀与防护 [M]. 北京：中国铁道出版社，1998.

[8] 庄爱玉，金顺玉，朱爱国等. 粉末涂装中出现的问题和产生的原因及解决措施 [J]. 现代涂料与涂装，2011，14（2）：46-49.

[9] http：//www.tttcgs.com/productShow.asp? id=228. 天津市天铁轧二金属涂层有限责任公司.

[10] Cresson L. Improved manufacture of rubber road-facing，rubber-flooring，rubber-tiling or other rubber-lining [P]：British Patent 191474. 1923-01-12.

[11] Lefebure V. Improvements in or relating to concrete，cements，plasters and the like [P]：British Patent 217279. 1924-06-05.

[12] Yoshihiko Ohama. Polymer-based Admixtures [J]. Cement and Concrete Composites，1998，20：189-212.

[13] Wagner H. B. Polymer-modified hydraulic cements [J]. Industrial and Engineering Chemistry, Product Research and Development, 1965, 4 (3): 191-196.

[14] Ohama Y. Study on properties and mix proportioning of polymer-modified mortars for buildings (in Japanese) [R]. Report of the Building Research Institute, 1973, 65: 100-104.

[15] Schwiete H. E, Ludwig U. & Aachen, G. S. The influence of plastics dispersions on the properties of cement mortars [J]. Betonstein Zeitung, 1969, 35 (1): 7-16.

[16] Wagner H. B. & Grenely D. G. Interphase effects in polymer-modified hydraulic cements [J]. Journal of Applied Polymer Science, 1978, 22 (3): 821-822.

[17] Yoshihiko Ohama. Recent Research and Development Trends of Concrete-Polymer Composites in Japan//Kyu-Seok Yeon. 12th International Congress on Polymers in Concrete [C]. Chuncheon, Korea: 2007: 38-45.

[18] Makoto Kawakami, Hiroyuki Sakakibara and Takefumi Matsumura. Current Rehabilitation Technologies for Sewerage in Japan//Kyu-Seok Yeon. 12th International Congress on Polymers in Concrete [C]. Chuncheon, Korea: 2007: 67-74.

[19] Kyu-Seok Yeon. Recent Progress of the Researches and Applications of Concrete-Polymer Composites in Korea// Kyu-Seok Yeon. 12th International Congress on Polymers in Concrete [C]. Chuncheon, Korea: 2007: 55-66.

[20] Peiming Wang and Ru Wang. Research and Development of Concrete-Polymer Composites in China// Kyu-Seok Yeon. 12th International Congress on Polymers in Concrete [C]. Chuncheon, Korea: 2007: 47-54.

[21] 张文华, 刘又民, 项晓睿等. JSS 聚合物防水砂浆的应用 [J]. 施工技术, 2000, 29 (4): 43-44.

[22] 周昌盛. 新一代聚合物改性水泥基复合材料应用技术 [J]. 施工技术, 2002, 31 (3): 43-44.

[23] 刘希凤, 张代平. 不饱和聚酯树脂改性砂浆的研究 [J]. 山东建材学院学报, 1991, 5 (4): 15-21.

[24] 陈健中, 屠霖. 新型不饱和聚酯树脂水泥砂浆的研究 [J]. 上海建材学院学报, 1993, 6 (2): 145-152.

[25] 曾海燕, 晏石林, 唐素楠. 杜拉纤维增强树脂砂浆的力学性能研究 [J]. 江西建材, 2002, 2: 5-7.

[26] 徐峰. 乳液改性砂浆和混凝土 [J]. 化学建材, 1989, 5: 31-35.

[27] 杨纯武. EVA 乳液改性砂浆微结构与物理力学性能关系的探讨 [J]. 北京建材, 1992, 1: 18-21.

[28] 余琦. 乳液改性砂浆防水层 [J]. 化学建材, 1993, 4: 169-170.

[29] 罗石等. EVA 乳液的应用及改性研究进展 [J]. 皮革科学与工程, 2006, 16 (6): 51-54.

[30] 刘耀兴. 环氧树脂水泥砂浆修补混凝土工艺简介 [J]. 中南公路工程, 1989, 3: 19-20.

[31] 范富, 祁志峰. 新型环氧砂浆在小浪底工程中的应用 [J]. 水力发电, 2000, 8: 70-71.

[32] 张涛, 徐尚治. 新型环氧树脂砂浆在水电工程中的应用 [J]. 热固性树脂, 2001, 16 (6): 26-28, 34.

[33] 冀玲芳. 环氧树脂砂浆在混凝土修补工程中的应用 [J]. 天津建设科技, 2001, 4: 14-15.

[34] 生墨海, 扈宝祥. 环氧树脂砂浆在双曲拱桥加固中的应用 [J]. 华东公路, 1996, 3: 17-18.

[35] 李国荣等. 环氧树脂砂浆的应用 [J]. 山东建材, 2004, 25 (2): 45-46.

[36] 李俊毅. 环氧乳液砂浆修补材料的研究及应用 [J]. 水运工程, 1999, 7: 6-10.

[37] 张建生, 沈玉龙. 环氧乳液水泥砂浆修补材料的性能研究 [J]. 化学建材, 2003, 19 (2): 34-35.

[38] 陈友治, 李方贤, 王红喜. 水乳环氧对水泥砂浆强度的影响 [J]. 重庆大学学报, 2003, 26 (12): 48-50, 54.

［39］黄政宇，田 甜．水性环氧树脂乳液改性水泥砂浆性能的研究［J］．国外建材科技，2007，28（1）：20-23.

［40］张玉刚．混凝土地面盐酸腐蚀的防护［J］．四川化工与腐蚀控制，2002，5（4）：19-21.

［41］寿崇琦．PAE，EVA，SBR 粉末乳液制聚合物水泥砂浆及其界面反应［J］．山东建材，1998，4：8-9.

［42］杨光，顾国芳．聚合物乳液对水泥砂浆粘接强度的改进作用［J］．福建建材，1997，2：32-33.

［43］钟世云，陈志源，康 勇．聚合物乳液共混物及其改性水泥砂浆的力学性能［J］．混凝土与水泥制品，2002，1：10-14.

［44］钟世云，陈志源，刘雪莲．三种乳液改性水泥砂浆性能的研究［J］．混凝土与水泥制品，2000，2：18-20.

［45］詹镇峰，刘志勇．聚合物水泥砂浆性能试验研究［J］．化学建材，2003，6：55-58.

［46］王金刚，张书香，朱宏等．VAC-DMC 阳离子无皂乳液改性水泥砂浆研究［J］．硅酸盐学报，2002，30（4）：429-433.

［47］韩春源．单体比例和聚灰比对苯-丙乳液水泥砂浆性能的影响［J］．水利水电科技进展，2000，20（1）：37-39.

［48］贺昌元，周泽等．苯丙乳液改性水泥砂浆的性能研究［J］．新型建筑材料，2000，10：38-39.

［49］徐雅君，李秀错．苯-丙型共聚乳液—水泥砂浆共混体系的研究：（Ⅰ）共混体系的改性机理及微观结构形态［J］．建筑材料学报，1998，25（4）：28-32.

［50］徐雅君．苯-丙型共聚乳液—水泥砂浆共混体系的研究：（Ⅱ）SAE 对水泥砂浆性能的影响［J］．建筑材料学报，1999，26（1）：21-23.

［51］徐雅君．苯-丙型共聚乳液—水泥砂浆共混体系的研究：（Ⅲ）改性剂对水泥砂浆强度的影响［J］．建筑材料学报，1999，26（4）：44-46.

［52］单国良，蔡跃波，林宝玉等．丙烯酸酯共聚乳液水泥砂浆作为修补加固防腐新材料的应用［J］．工业建筑，1995，25（12）：32-36.

［53］姜洪义，殷仲海．NBS 乳液—水泥砂浆共混体系的研究［J］．混凝土，2002，2：29-31.

［54］唐修生，庄英豪，黄国泓等．改性聚丙烯酸酯共聚乳液砂浆防水性能试验研究［J］．新型建筑材料，2005，9：44-46.

［55］王建卫，周守朋．聚丙烯酸酯乳液水泥砂浆在水闸加固中的应用［J］．治淮，1998，11：32-34.

［56］陈发科．丙烯酸酯共聚乳液水泥砂浆在水工建筑物修补中的应用［J］．防渗技术，1998，4（2）：44-46.

［57］蔡跃波，林宝玉，单国良．碾压砼坝上游面防渗湿喷工艺改进［J］．水利水运科学研究，1997，2：171-176.

［58］单国良，韩忠奎，冯文阁等．聚合物树脂乳液砂浆在混凝土桥梁上的应用［J］．现代交通技术，2010，4：60-61，66.

［59］林宝玉，吴绍章．混凝土工程新材料设计与施工［M］．北京：中国水利水电出版社，2002.

［60］陈爱民，秦维升等．丙乳砂浆在跋山水库才闸墩头处理中的应用［J］．治淮，2001，12：3-34.

［61］Dr. Karl H. Small particle organopolysiloxane emulsions［P］：EP19900124498. 1990-12-18.

［62］陈建强，范钱君，张立华．有机硅建筑防水剂的研究与发展［J］．浙江化工，2004，35（2）：23-24.

［63］王向新，尤惟中，陶成．有机硅用于混凝土保护剂［J］．适用技术市场，2001，（8）：41-42.

［64］朱淮军．建筑用有机硅防水剂［J］．有机硅材料，2007，21（6）：338-434.

［65］卫亚儒．改性有机硅防水剂对混凝土性能影响［D］．西安：西安建筑科技大学，2009.

[66] 朱话雄，胡飞，李琼．新型混凝土防水剂的研究 [J]．防水材料与施工，2002，(10)：23-24.

[67] 蒋正武．硅烷浸渍混凝土防水效果的现场评价方法 [J]．中国港湾建设，2006，(5)：27-29.

[68] 沈春林．水泥基渗透结晶型防水材料 [M]．北京：化学工业出版社，2007.

[69] 金晓鸿．防腐蚀涂装工程 [M]．北京：化学工业出版社，2008.

[70] 《工业建筑防腐蚀设计规范》国家标准管理组．建筑防腐蚀材料设计与施工手册 [M]．北京：化学工业出版社，1996.

[71] 孙红尧，韩忠奎，任红伟等．水性氟树脂涂料在桥梁钢结构上的应用 [J]．腐蚀与防护，2010，31 (6)：455-458.

[72] 张四平．水工抗冲磨混凝土原材料选用分析 [J]．山西水利科技，2007，(3)：63-64.

[73] 徐雪峰，杨长征，邱益军等．水工泄水建筑物耐磨涂层护面工艺探讨 [J]．水利水电技术，2003，(6)：21-23.

[74] 徐雪峰，蔡跃波．新型纳米 Al_2O_3/ZrO_2 抗冲磨面层涂料的研究 [J]．新型建筑材料，2011，5：63-65.

[75] 徐雪峰，孙红尧，桂玉枝．混凝土桥梁耐酸雨防腐蚀涂料 [J]．腐蚀与防护，2009，30 (6)：404-406.

[76] 陈艾荣．公路桥梁混凝土结构耐久性设计指南 [M]．北京：人民交通出版社，2012.

[77] 郭保林．透水模板衬里的常见使用细节及工程表现 [J]．混凝土世界，2012，39 (9)：80-86.

[78] 孙红尧．喷涂弹性体涂料技术在建筑物防腐及防渗漏中的应用 [J]．中国水利，2008，11：31-33.

第7章
工程案例分析

7.1 某节制闸检测与安全评估

7.1.1 工程概况

　　某节制闸闸室采用整体式平面底板，140# 钢筋混凝土浇筑，底板顶高程 0.0m，闸顶高程 10.0m。上游闸墩厚 1.04m，下游闸墩厚 0.6m，边墩兼做岸墙，钢筋混凝土结构，墙顶高程 10.0m，墙后填土。

7.1.2 检测内容

7.1.2.1 水上结构外观缺陷调查与检测

　　调查和检测水闸水上结构外观缺陷，为结构老化评估提供依据[1,2]。外观描述和拍照显像相结合。检查人员用粉笔把主要外观缺陷分布情况在构件上标出，对典型的外观缺陷进行拍照和外观描述。

(1) 闸墩

　　水闸共 3 孔，2 个中墩，2 个边墩，墩顶高程 ▽10.0m。中墩上下游墩头均为半圆头结构，上游段厚 1.04m，下游段厚 0.6m，采用 140# 混凝土浇筑。边墩兼做岸墙，钢筋混凝土结构，下游检修门槽以上厚 1.0m，检修门槽以下厚度渐变为 0.78m，墙后填土。

　　闸墩混凝土施工质量较差，构件表面不平整，普遍露砂露石，局部蜂窝麻面严重，多处出现钢筋锈蚀、混凝土层剥落等现象。

　　节制闸离长江入江口约 2km，下游水位受潮水影响变化幅度较大。水位变动区出现明显的剥蚀现象，闸墩混凝土表面有大量附着物，经清洗发现混凝土表面水泥浆普遍剥落，露砂露石现象严重。

　　检修闸门门槽两侧混凝土出现了严重破损，门槽边角和门槽内混凝土剥落破损，产生横向开裂。

　　闸墩由于受船舶撞击的缘故，混凝土表面有大量的擦痕。

　　东侧岸墙（边墩）顶部顺水流方向有一条裂缝，长约 5m，最大缝宽 δ＝0.8mm。

(2) 闸门

节制闸采用钢桁架钢丝网水泥面板闸门，由上下两扇构成，门顶高程▽9.5m。钢丝网水泥面板为400#水泥砂浆，梁柱为200#混凝土，上下两扇用连接螺栓通过横梁连接成整体。闸门下游侧钢桁架通过预留螺栓与面板连接，为免配筋过多，面板就桁架现浇。

闸门两侧钢丝网水泥面板用防锈油漆封刷，涂层失光失色，整个面板上布满龟裂缝。

闸门侧向止水固定螺栓锈蚀严重，止水橡皮老化失效，密封木腐烂脱落，导致闸门与门槽之间普遍存在漏水，其中3#孔闸门漏水最为严重。

闸门上扇与下扇面板结合处漏水。

闸门侧向滚轮锈死，闸门提升和下放过程中滚轮无法滚动，成为滑动升降，增大了启闭荷载。

(3) 工作桥

工作桥为170#钢筋混凝土"π"型简支结构，桥面高程▽20.6m，宽4.0m。工作桥大梁和悬臂采取预制，其它混凝土构件现浇。工作桥排架高9.8m，顶高程▽19.8m，为140#钢筋混凝土结构。

每孔桥面有卷扬式闸门启闭机一台。启闭机露天放置，外面用钢板防护罩保护。

检查发现工作桥存在以下问题。

1#孔工作桥下游侧大梁底部东端发生纵向顺筋锈胀，长约2m，混凝土疏松、剥落。

工作桥桥面存在2条裂缝。第一条裂缝发生在距1#闸孔西侧排架40cm处，从上游侧悬臂梁一直延伸至启闭机混凝土基座，长约1.2m。第二条裂缝发生在距3#闸孔东侧排架35cm处，从上游侧悬臂梁一直延伸至启闭机混凝土基座，长约1.2m。

工作桥启闭机台座混凝土质量较差，混凝土多处开裂。2004年水闸管理部门更换了启闭机组，为了保证启闭机的安装，在原有的启闭机座上新浇筑了混凝土。

工作桥钢筋混凝土栏杆保护层控制不严，普遍存在露筋现象。

(4) 交通桥

交通桥布置在节制闸下游侧，钢筋混凝土板简支结构。桥面高程为▽10.0m，净宽5.4m，板厚0.5m，混凝土路面。车辆荷载按汽-10设计、拖-30校核。

因多年运行，桥面磨损层破损严重，同时由于岸墙填土沉降，交通桥两侧桥台下沉，造成桥面高低不平。桥面混凝土栏杆由于过往车辆碰撞，损毁严重。

交通桥混凝土板立模工艺较差，漏浆严重，普遍存在露砂露石现象。板底混凝土剥落、钢筋锈蚀严重。其中 3# 孔混凝土板底面出现了 1m×2m 范围的混凝土剥落区，其中主筋、箍筋裸露在外，锈蚀严重，且与混凝土分离。板底面跨中部位有 40cm×60cm 的钢筋锈胀区。混凝土板上游侧面钢筋通长锈胀，混凝土胀裂剥落。

交通桥混凝土板底面发生顺水流方向裂缝，裂缝主要沿板与闸墩的结合部位开展，据水闸管理部门技术人员反映，裂缝近年来仍处于发展状态。目前交通桥是联系六合区玉带镇和龙袍镇的交通干道，特别是附近的红山窑水利枢纽正在开展重建工程，大型重载工程车辆过往频繁，严重影响了交通桥安全。为限制桥面交通，水闸管理部门在两岸设置交通警示标牌，限载 5t，但仍有超载车辆过往。

对于交通桥钢筋混凝土板破损、裂缝的具体描述见表 7.1。

表 7.1 交通桥钢筋混凝土板外观缺陷统计表

部位		缺陷名称	特征
1# 孔	板底面	裂缝（顺水流向）	1 条，从下游端沿板与东岸墙结合处开始，长约 4m
	板底面	裂缝（顺水流向）	1 条，从上游端距东侧岸墙 70cm 处延伸至板与东岸墙结合处，直线长 3.43m，最大缝宽 1.2mm
	上游侧面	裂缝（竖向）	1 条，距东侧岸墙 70cm，长 35cm，缝宽 1.2mm
	下游侧面	混凝土破损，露筋	1 处，距东岸墙 0.4m，长 43cm
2# 孔	板底面	裂缝（顺水流向）	1 条，从下游端沿板与西岸墙结合处开始，长约 4m
3# 孔	板底面（靠近上游侧）	蜂窝孔洞	3 处，面积分别为 (18×23) cm²、(15×20) cm²、(10×20) cm²
	板底面（靠近上游侧）	破损露筋	2 处，面积分别为 (30×40) cm²、(20×30) cm²
	板底面（靠近上游侧）	钢筋锈胀，混凝土胀裂	2 处，面积分别为 (25×25) cm²、(30×30) cm²

(5) 工作便桥

工作便桥位于节制闸下游，钢筋混凝土板简支结构。桥面高程为 ▽10.0m，混凝土设计标号为 170#。工作便桥大板通过预留钢筋与闸墩顶部连接。检查发现，工作便桥混凝土板存在顺水流方向裂缝 2 条，分布在 1# 孔板的上下两面，对裂缝的具体描述见表 7.2。

表 7.2 工作便桥混凝土板外观缺陷统计表

部 位		缺 陷 名 称	特 征
1#孔	板底面	裂缝（顺水流向）	1条，从上游端距东侧岸墙45cm处延伸至板与东岸墙结合处，直线长1.2m，然后沿板与东岸墙结合处一直延伸至下游端，最大缝宽1.25mm
	板顶面	裂缝（顺水流向）	1条，从上游端距西侧闸墩45cm处延伸至下游端距西侧闸墩15cm处，最大缝宽0.8mm

(6) 翼墙

上、下游翼墙圆弧段采用重力式钢筋混凝土空箱结构，直线段采用重力式实心墙体结构。上游翼墙墙顶高程▽6.5m，下游翼墙墙顶高程▽6.0m，翼墙墙身和底板分别用90#、110#卵石混凝土浇筑而成，回填土用极细砂，干容重1.5t/m³。

现场安全检测时，上游内河侧水位较高，翼墙顶露出水面约50cm，翼墙大部分浸没在水中，不利于完整观察上游两岸翼墙的现存状况。

翼墙分为4个结构区，为了描述方便，将翼墙的4个结构区由岸墙至护坡依次编为Ⅰ区～Ⅳ区。经过现场检查发现，上下游翼墙主要存在以下问题。

① 上游东岸翼墙发生不均匀沉降，翼墙Ⅲ区和Ⅳ区整体下沉，沉降量达40mm，导致Ⅲ区与Ⅱ区结合处伸缩缝变形错位，上部缝宽30mm。

② 上游西岸翼墙同样存在不均匀沉降，翼墙Ⅲ区和Ⅳ区整体下沉，Ⅲ区顶面比Ⅱ区低30mm。

③ 下游东岸翼墙存在错位现象，Ⅱ区与Ⅲ区上下错位，Ⅲ区下沉52mm。Ⅱ区与Ⅲ区之间伸缩缝变形拉开，最大缝宽90mm。伸缩缝内止水橡皮老化失效。Ⅱ区墙体有一处开裂，裂缝从墙顶延伸至水面线，水面以下情况未能检查。

④ 下游西岸翼墙Ⅲ区和Ⅳ区整体下沉，沉降量达34mm。

由于节制闸启闭机组未更新前一直无法正常工作，2003年为了需要，翼墙上部浇筑混凝土墩台，使得翼墙荷载增加，不利于翼墙的稳定。

翼墙墙顶高程较低，低于长江高水位，汛期时翼墙完全浸泡在水中。翼墙栏杆因为船只碰撞，年久失修，损毁严重。

(7) 护坡

护坡分为浆砌块石和干砌块石两部分。

护坡浆砌块石部分块石完整性较好，但大多数勾缝砂浆上有条数不等的微裂缝。

上下游两岸护坡干砌块石部分由于回填土沉降、流失，造成护坡不同程度凹陷变形，局部破损。护坡表面杂草丛生，块石风化严重，植被根系的腐烂造成护坡土质疏松，块石脱落，对护坡的防冲刷和长期稳定产生了不利影响。

上游内河侧水位较高，未能查清水面以下护坡块石和土体垫层情况。下游长江侧受潮位影响，低潮时可以看见下游两侧护坡底部填土已被淘空。

河床冲刷比较严重，管理部门曾多次抛石护底，目前下游护坡段后两侧河岸堆石较多，河道变窄。

7.1.2.2　混凝土强度检测

测定混凝土强度，为评定混凝土质量提供主要技术依据。检测部位包括闸墩、胸墙、工作桥梁柱、交通桥纵梁、工作便桥纵梁等主要钢筋混凝土结构。

采用非破损检测法——回弹法。回弹法是表面硬度法的一种，是混凝土无损检测运用最广泛的基本方法之一[3~5]。回弹仪中运动的重锤以一定冲击动能撞击顶在混凝土表面的冲击杆后，重锤回弹并带动一指针滑块，得到反映重锤回弹高度的回弹值，以回弹值推算混凝土强度。

检测方法：在被测结构混凝土浇筑侧面上选取没有疏松层、浮浆、油垢以及蜂窝麻面的原状混凝土面，抽样布置回弹测区 [面积（200×200）mm^2] 若干。一般在每跨的每个构件取 10~12 个测区，分测区进行回弹法测定表面强度。若测区表面不平整则用砂轮打磨平。在每一个测区内用回弹仪弹击 16 个测点并读取回弹测值（N），剔除其中 3 个最大值和 3 个最小值，将剩余的 10 个测值的平均值作为该测区的回弹值，同时测量碳化深度值（H）。根据回弹值（N）、碳化深度值（H）-混凝土强度（f）的关系曲线计算得到测区混凝土强度值。

各构件混凝土强度平均值 $m_{f_{cu}}$、标准差 $s_{f_{cu}}$ 和强度推定值 $f_{cu,e}$ 分别由下式计算：

$$m_{f_{cu}} = \frac{\sum\limits_{i=1}^{n} f_{cu,i}^c}{n} \tag{7.1}$$

$$s_{f_{cu}} = \sqrt{\frac{\sum\limits_{i=1}^{n} (f_{cu,i}^c)^2 - n(m_{f_{cu}})^2}{n-1}} \tag{7.2}$$

式中　$m_{f_{cu}}$——结构或构件测区混凝土强度换算值的平均值，MPa，精确至 0.1MPa；

　　　n——对于单个检测的构件取一个构件的测区数，对批量检测的构件取被抽检构件测区数之和；

　　　$s_{f_{cu}}$——结构或构件测区混凝土强度换算值的标准差，MPa，精确至 0.01MPa。

结构或构件混凝土强度推定值（$f_{cu,e}$）按下列公式确定。

① 当结构或构件测区数少于 10 个时：

$$f_{cu,e} = f_{cu,min}^c \tag{7.3}$$

② 当结构或构件测区数不少于 10 个或按批量检测时，按下列公式计算：

$$f_{cu,e} = m_{f_{cu}^{\mathcal{E}}} - 1.645 s_{f_{cu}^{\mathcal{E}}} \tag{7.4}$$

式中 $f_{cu,e}$——结构或构件的混凝土强度推定值，它是指相应于强度换算值总体分布中保证率不低于 95%的结构或构件中的混凝土抗压强度值。

混凝土强度检测结果列于表 7.3～表 7.8。所有构件强度检测结果汇总于表 7.9。

表 7.3 闸墩混凝土强度检测结果表　　　　　　单位：MPa

孔 号	最大值	最小值	平均值	标准差	推定值
0#	32.3	15.4	19.1	2.45	15.1
1#	32.7	10	18.7	3.97	12.2
2#	29.1	14.7	20.2	5.23	11.5
3#	28.4	12.6	20.0	5.84	10.4

表 7.4 闸门梁柱混凝土强度检测结果表　　　　　　单位：MPa

孔 号	最大值	最小值	平均值	标准差	推定值
1#	31.6	15.8	22.3	5.84	12.7
2#	26.7	10.9	21.2	5.15	12.7
3#	28.6	12.6	22.9	5.23	14.3

表 7.5 工作桥排架混凝土强度检测结果表　　　　　　单位：MPa

孔 号	最大值	最小值	平均值	标准差	推定值
0#	22.3	17.4	19.3	1.70	16.5
1#	28.2	16.4	24.0	3.65	18.0
2#	49.5	31.7	37.6	5.44	28.7
3#	48.7	24.3	31.6	4.15	24.7

表 7.6 工作桥启闭机梁混凝土强度检测结果表　　　　　　单位：MPa

孔 号	最大值	最小值	平均值	标准差	推定值
1#	13.9	10.7	12.6	1.32	10.4
2#	22.3	12.6	16.6	4.76	8.8
3#	23.2	16.4	19.4	3.10	14.3

表 7.7 交通桥预制板混凝土强度检测结果表　　　　　　单位：MPa

孔 号	最大值	最小值	平均值	标准差	推定值
1#	33.9	17.3	20.0	3.12	14.9

续表

孔　号	最大值	最小值	平均值	标准差	推定值
2#	30.3	16.4	19.7	2.44	15.7
3#	24.7	12.8	17.7	2.73	13.2

表 7.8　工作便桥混凝土强度检测结果表　　　　单位：MPa

孔　号	最大值	最小值	平均值	标准差	推定值
1#	32.1	15.8	25.0	5.39	16.1
2#	32.8	15.4	21.5	6.25	11.3
3#	27.8	15.2	21.8	5.14	13.3

表 7.9　混凝土强度检测结果汇总表

构件名称	平均值/MPa	标准差/MPa	离差系数/%	推定值/MPa	设计标号	规范要求
闸墩	19.5	4.37	22.4	12.3	140 (C12)	C25
闸门梁柱	22.1	5.41	24.5	13.2	200 (C18)	C20
工作桥排架	28.1	3.74	13.3	22.0	140 (C12)	C25
工作桥纵梁	17.1	1.35	7.9	14.9	170 (C15)	C25
启闭机梁	16.2	3.06	18.9	11.2	170 (C15)	C25
交通桥板	19.2	2.76	14.4	14.4	170 (C15)	C25
工作便桥	22.8	5.59	24.6	13.6	170 (C15)	C25

检测结果表明，节制闸混凝土构件实测强度普遍低于设计强度，材料强度不能满足设计要求。需要说明的是，现场检测混凝土强度是在其基本完好部位进行的，表中的强度值仅反映该部分正常的混凝土强度情况，部分结构因受到各种侵蚀，局部混凝土强度情况较表中所列值要小。

强度测量值有一定程度离散，大部分离差系数大于 10%，同一类结构不同构件之间及同一构件不同测区强度测值均有较大不同，这说明当时混凝土施工质量控制不严，导致目前混凝土质量状况不均匀。

根据现行标准《水闸设计规范》SL 265—2001 和《水工混凝土结构设计规范》SL/T 191—96 规定，混凝土强度等级应根据计算或耐久性要求确定。对于永久性建筑物，除需满足强度要求外，同时应满足结构的耐久性要求。处于露天的梁、柱结构和有抗冲耐磨要求的混凝土强度等级不宜低于 C25。处于水位变动区的混凝土强度等级不宜低于 C20[5~7]。某节制闸所有钢筋混凝土构件的设计强度均不能满足现行规范的耐久性要求，强度设计标准偏低。

7.1.2.3 混凝土碳化深度检测

在回弹法测定强度的部分测区，用冲击钻在被测试构件表面打孔，清除钻孔中粉末，在孔内喷涂试剂，用游标卡尺量测表层不变色混凝土的厚度。

(1) 测试结果

测试结果见表 7.10。

表 7.10　混凝土碳化深度统计表　　　　　单位：mm

构　件	量测组数	最大值	最小值	平均值
闸墩	16	22.0	4.3	9.5
闸门梁柱	12	25.0	3.9	7.1
工作桥排架	18	11.2	3.2	6.8
工作桥纵梁	6	9.0	3.9	6.1
启闭机梁	12	8.8	3.7	5.7
交通桥板	14	13.0	2.4	5.5
工作便桥	14	15.0	4.5	5.9

(2) 结果分析

对于无盐污染的内陆水工混凝土结构，空气中二氧化碳渗入导致混凝土碳化是造成其中钢筋腐蚀的主要原因。当混凝土碳化深度达到钢筋时，钢筋就失去了电化学上的保护作用。因此构件碳化速率是评价已有建筑物耐久性的重要指标，碳化速率大，碳化深度达到钢筋所在部位所需的时间相对就短。建筑物中的钢筋一旦全面锈蚀，将大大降低建筑物的安全度。1985 年原水电部水工混凝土耐久性调查表明，因混凝土碳化导致钢筋锈蚀引起的构筑物破坏占 47.5%。对此类结构可采取有效保护措施，减缓碳化速率，延长其使用寿命和确保工程安全。

水工建筑物混凝土的碳化速率主要与混凝土的密实性及湿度有关，混凝土越疏松，二氧化碳在混凝土中的渗透速度越快，一定时间内碳化深度越大；就混凝土湿度而言，一般认为混凝土湿度约为 60% 时其碳化速度最快。

由碳化深度检测结果的统计分析来看：

① 某节制闸混凝土有一定的碳化但不严重，碳化深度均未超过混凝土保护层；

② 同一结构的不同构件，即使同一构件不同部位混凝土碳化深度均有明显的差别，说明混凝土密实性差别大、质量不均匀；

③ 闸墩混凝土碳化值最大，这是因为闸墩处于水位变化区，湿度变化较大所致。

7.1.2.4 混凝土保护层厚度检测

随机选若干测点，用保护层厚度测定仪测定混凝土保护层厚度和钢筋深度分布的情况；部分可用冲击钻除去表面混凝土，分别量测钢筋底面和侧面保护层厚度作为校核。

保护层厚度检测结果见表 7.11。

表 7.11　混凝土保护层厚度统计表　　　　　　单位：mm

构件名称		量测组次	变化范围	平均值	设计值	规范要求值
闸墩		24	36～64	56	50	50
闸门梁柱		12	9～29	18	20	
交通桥梁板		14	11～47	38	50	35
工作桥	纵梁	8	19～42	29	30	35
	启闭机梁	12	21～41	33	30	35
	排架	12	49～72	56	50	35
工作便桥		12	16～33	24	50	35

保护层厚度是影响钢筋混凝土构件耐久性的主要因素之一。混凝土碳化是钢筋锈蚀的前提，保护层越厚，碳化达到钢筋表面的时间越长，构件的耐久性越好。对水工建筑物病害调查表明，由于混凝土保护层偏薄，有些闸坝、水电站厂房及渠系建筑物的钢筋混凝土构件使用不到 20～30 年就出现因钢筋锈蚀而导致顺筋开裂，严重影响结构的耐久性。

检测结果表明，节制闸闸墩、工作便桥排架混凝土保护层实测厚度满足设计要求，表中所列其它构件保护层实测厚度均低于设计值，特别是交通桥和工作便桥的混凝土板的实测保护层厚度远远低于设计值，由此引起的钢筋锈蚀外露现象比较严重。

从抽样检测看，混凝土保护层平均厚度普遍差别很大，部分区域很厚，而部分区域很小，局部区域混凝土保护层厚度严重不足是导致发生钢筋锈蚀的主要因素之一。

根据《水工混凝土结构设计规范》SL/T 191—96 规定，工作便桥大梁和启闭机梁混凝土保护层厚度不满足现行规范的要求。

7.1.2.5　钢筋锈蚀率检测

采用裂缝观测法和抽样检测法相结合的方法。

(1) 裂缝观测法

根据混凝土构件破损状态与钢筋截面损失情况，可作为钢筋锈蚀率的判断依据。

(2) 抽样检测法

选择不同的锈蚀类型测点，凿去表层混凝土直至露出已锈蚀钢筋，同时除光钢筋表面浮锈，用游标卡尺测量钢筋锈蚀后直径，对照设计值计算钢筋锈蚀率。

抽样检测法的钢筋锈蚀率检测结果见表 7.12。

表 7.12　钢筋锈蚀情况表

结构名称	设计直径/mm	实际直径/mm		平均锈蚀率/%	钢筋类型
		组次	平均		
闸墩	10	5	9.3	13.5	主筋
交通桥梁板	22	12	19.6	20.6	主筋
交通桥梁板	10	10	8.9	20.8	箍筋
工作便桥	10	9	9.4	12.6	主筋
工作桥纵梁	16	5	14.4	19	主筋

根据钢筋混凝土的锚固理论，钢筋与混凝土之间的握裹力主要来自两者的粘结及变形钢筋的横肋对混凝土的咬合作用。对于光面钢筋，则主要来自钢筋与混凝土之间的粘结。钢筋一旦锈蚀，将导致混凝土与钢筋粘结力显著降低，甚至消失；若锈蚀严重使钢筋截面积减小，力学性能降低，势必危及结构安全，因此须引起高度重视。

该闸构件的抽样检测表明，钢筋混凝土结构中的钢筋已出现不同程度的锈蚀，特别是交通桥钢筋截面平均锈蚀率已超过 20%，这些构件应立即进行加固维修，保护交通桥的安全运行。

7.1.2.6　闸门钢桁架检测

采用目测为主，结合量具、放大镜等进行外观形态检查。

节制闸采用钢桁架钢丝网水泥面板闸门，每孔一扇，共三扇。闸门由上下两扇构成，门顶高程▽9.5m，截面尺寸为 6.0m×9.5m。钢丝网水泥面板为 400# 水泥砂浆，梁柱为 200# 混凝土。钢丝网水泥面板通过螺栓连接支撑在由水平次梁、顶（底）梁、纵（边）梁组成的梁格上，梁格与主桁架采用焊接连接。

对三扇闸门进行锈蚀量检测，共获得检测数据 186 个（每个检测数据均为 3 个以上测点数据的平均值），平均每扇闸门约 62 个检测数据。

通过对锈蚀量检测数据进行整理，表 7.13 给出了三扇闸门及主要构件总体锈蚀量和锈蚀速率的平均值（锈蚀速率的计算年限为 32 年）。

表 7.13　闸门桁架主要构件总体锈蚀量和锈蚀速率

项目	主梁	纵（边）梁	垂直次梁	水平次梁	总体
平均锈蚀量/mm	1.9	1.7	1.4	1.5	1.6
标准差	0.29	0.35	0.33	0.37	0.34
平均锈蚀速率/（mm/a）	0.059	0.053	0.044	0.047	0.050

闸门钢桁架主要存在以下问题。

① 桁架严重锈蚀，少数杆件已锈损。弦杆由两根槽钢叠合而成，叠合部位锈坑密布，最大锈坑深约 4mm。

② 由于船舶撞击，3# 闸门钢梁有一处撞击变形。

③ 桁架与闸门面板的连接螺栓严重锈蚀，锈皮脱落，螺母已锈损。

④ 闸门钢桁架主梁总体平均锈蚀量为 1.9mm，纵（边）梁平均锈蚀量为 1.7mm，垂直次梁和水平次梁的平均锈蚀量均为 1.4mm 和 1.5mm。表明桁架水平次梁锈蚀相对较轻，主梁和纵（边）梁锈蚀相对较重。

⑤ 闸门总体平均锈蚀量为 1.6mm，标准差为 0.34，平均锈蚀速率为 0.050mm/a；各主要构件的平均锈蚀速率为 0.047～0.059mm/a。

根据《水利水电工程金属结构报废标准》的规定，闸门应进行更新。

7.1.2.7　机电设备检测

采用目测为主，结合量具、放大镜等进行外观形态检查[8,9]。

节制闸原启闭机经过 30 余年使用，设备老化严重，已无法正常开启闸门。节制闸启闭机共 3 台，一机一门启闭，固定卷扬式，露天布置。启闭机主要由电动机、制动器、二级齿轮减速器、开式齿轮副、卷筒、联轴器、同步轴、钢丝绳、动滑轮、手动装置等组成。启闭机的主要技术参数列于表 7.14。

考虑启闭机组是更新产品，目前安装没有完全结束，尚未进行验收，所以本次未对启闭机组的启闭机机械零部件和电气参数进行检测。

表 7.14　启闭机主要技术参数

形　式		固定卷扬式		额定容量	$2 \times 100kN$
电动机	型号	YZ169M$_2$-6	制动器	型号	TJ$_2$-200
	功率	7.5 kW		制动力矩	160N·m
	转速	948r/min	钢丝绳		6×37-30-170

节制闸东岸机房院内设有变压器一座，由于变压器老化等原因，目前已经停止使用。现在节制闸的供电线路外接自离闸 100m 外的闸管所。低压配电柜安放在机房内，型号 BSL-1-24，额定电压 380V，由江苏省苏州开关厂生产。通过对节制闸机电设备的检查，发现主要存在以下一些问题。

① 低压配电柜设在机房内，空间狭小，墙壁屋顶漏水，金属面板、元器件锈蚀。启闭机露天布置，汛期雨天操作危险性大，存在安全隐患。

② 电气控制柜陈旧、简陋，电气元器件及线路老化严重，布线不规范。

③ 启闭机操作台设在东岸机房，连接电线由工作桥拉到机房内，走线凌乱，闸刀用电线绑扎在机房金属扶梯上，存在安全隐患。

④ 启闭机操作人员操作时无法及时观察闸门启闭情况。

⑤ 闸门启闭控制回路不完善，无限位开关及其它保护措施，闸上无电源控制盘及总开关，闸门无备用电源。

⑥ 考虑到防汛的特殊情况，变电所距水闸尚有一段距离，应采用双电源、双电缆供电，双电源在终端（启闭机房内）手动切换。

根据 SL 226—98《水利水电工程金属结构报废标准》规定，在正常运行条件下，超过了使用折旧年限 20 年，且结构技术落后，耗能高，效率低，运行劳动强度大，可作报废处理。因此，建议对节制闸机电设备进行全面更新。

7.1.2.8 水下结构探摸

查清节制闸水下结构运行的基本情况和工程质量现状，以便客观真实地反映水闸的安全状况，为安全评估提供依据。主要检查节制闸上下游闸室底板、消力池和翼墙等水下结构是否存在裂缝和破损，伸缩缝内充填物是否流失，是否存在不均匀沉降和错位以及河床冲刷情况。经过潜水员水下检查，发现消力池磨损较重，1#、2#闸室底板有裂缝并已经修补，3#孔闸门漏水严重。详细检测结果列于表 7.15。

表 7.15 节制闸水下结构探摸结果汇总表

检查部位		检查情况及存在问题
闸室底板	上游侧	(1) 1#孔偏西侧有一条补缝痕迹（水泥砂浆补缝埂），从闸室横向伸缩缝一直到工作门槛，宽约200mm，高约10mm (2) 2#孔中间位置有一条补缝痕迹，从闸室横缝至工作门槛，宽约150mm，高约5mm (3) 3#孔闸门漏水严重，上下游水位差较大，未能进孔检查 (4) 闸室横向伸缩缝正常
	下游侧	(1) 1#孔偏西侧有一条补缝痕迹（水泥埂），从闸室横向伸缩缝一直到工作门槛，宽约200mm，高约8mm (2) 2#孔与闸上游情况一致，工作门槛中部发现明显裂缝，估计与补缝走向一致 (3) 3#孔闸门漏水严重，上下游水位差较大，未能进孔检查 (4) 闸室横向伸缩缝1#、2#孔闸身低于消力池底板最大5cm左右，3#孔东侧闸室底板低于消力池底板最大7cm，西侧两边相平
翼墙	上游侧	两侧翼墙底板伸缩缝正常，缝口宽约5mm
	下游侧	两边翼墙底板伸缩缝正常
消力池	上游侧	消力池磨损，手感粗糙
	下游侧	消力池底板磨损较重，手感不平整，消力坎完好无损
护坦	上游侧	护坦平整，未发现异常情况
	下游侧	护坦、防冲槽未发现损坏现象

7.1.3 结论和建议

某节制闸运行 32 年以来，未经过大的维修，整体结构老化，各种弊病损伤突出，安全问题尤其应当引起重视。

① 节制闸工程等级为Ⅲ级，中型规模。设计洪水标准应为 100 年一遇，校核洪水标准应为 200～300 年一遇，节制闸现有防洪标准偏低，闸顶高程远远不能满足防洪要求。

② 节制闸运行 32 年以来，未经过大的维修，整体结构老化，安全存在隐患，总体控制能力差。

③ 闸室底板坐落在流砂层，又在汛期施工，施工时先后出现了底板开裂、消力池断裂翻砂现象。现场水下检测时发现闸室存在不均匀沉降，东侧闸室底板低于消力池底板最大 5～7cm，西侧底板与消力池底板边相平。

④ 节制闸所在区域属 7 度地震区，原设计未考虑地震工况。复核计算结果表明地震工况时节制闸基底应力不均匀系数不能满足规范要求。

⑤ 交通桥板底面发生顺水流方向裂缝，裂缝目前仍处于发展状态，严重影响交通桥的安全运行。交通桥混凝土实测强度低于设计强度且不能满足现行规范的耐久性要求。建议拆除重建。

⑥ 工作便桥为梁柱结构，断面尺寸相对较小，加固难度大且不经济，从闸门及启闭系统的更新需要来看，以拆除重建为好。结构形式除了要适应启闭机安装和运行需要外，还应尽量降低工作桥排架高度，以改善其抗震性能。

⑦ 在消能防冲工况下，消力池长度、消力池底板厚度以及海漫长度均不满足规范要求，因此应进行消能防冲改造，消力池需加长、加厚，海漫长度应加长。未进行改造前，节制闸运行过程中应禁止或严格限制在高水位差条件下开启闸门，避免对节制闸河床的冲刷。

⑧ 节制闸目前无位移、沉降和渗压等观测设施，无法及时掌握水闸的实际工作状态，不利于水闸安全运行。

⑨ 节制闸电气设备陈旧、落后、破损严重，不能保证启闭机安全、可靠运行，应更新处理。

鉴于该闸老化病害已经十分严重，工程整体存在重大安全隐患，已不满足安全运行和规范要求，建议报废重建。根据中华人民共和国行业标准《水闸安全鉴定规范》（SL 214—98），该节制闸应评定为四类闸。

7.2　某大型引水工程隧道衬砌检测与评估

7.2.1　工程概况

某大型引水工程隧道总长约 105km，其中隧洞约 98.5km（最长的单个隧洞长 35km），管道约 6.5km，全线均采用压力输水。

7.2.2 检测内容

采用 SIR-10B 型高速地质雷达（900MHz 型天线）对 1～30 标段的隧道钢筋混凝土衬砌厚度、沿轴向配筋情况、脱空现象和混凝土密实情况进行检测。沿隧洞径向共布置 3 条测线，位置分别在顶部、腰部（左腰或右腰）、肩部（左肩或右肩），单条测线累计检测 13959.05m[10,11]。

相关介质的物理参数见表 7.16。从中可知：衬砌混凝土与围岩（花岗岩、砂岩、黏土等）之间存在着物性差异；缺陷部位衬砌混凝土被水或空气充填，与密实的混凝土的物性有明显差异。因此，采用地质雷达法对隧道衬砌混凝土质量进行检测是可行的。

表 7.16   与隧道衬砌有关介质的物理参数

介质	介电常数	电导率/(mS/m)	传播速度/(m/ns)	衰减系数/(dB/m)
空气	1	0	0.3	0
水	81	0.5	0.033	0.1
砂岩	6	0.04	—	—
灰岩	4～8	0.5～2	0.12	0.4～1
花岗岩	4～6	0.01～1	0.13	0.01～1
混凝土	4～20	1～100	0.10～0.12	—
黏土	5～40	2～1000	0.06	1～300

7.2.3 检测方法原理

地质雷达检测方法原理如图 7.1：通过向地下发射尖锐脉冲式电磁波和接收其反射回波的方式，得到直观的地下图像。

地下不同物体具有不同的性质，如电导率、介电常数和磁导率，对雷达或电磁波的传播起到重要作用。一般来说，电导率高，吸收雷达波强烈，雷达波通过这些介质振幅衰减快；介电常数大，雷达波在这种介质中的传播速度小。真空的介电常数 $\varepsilon_{空}=1$，雷达波在真空中的传播速度最高，等于光速（$C=3\times10^8\,\text{m/s}$）。水的介电常数 $\varepsilon_{水}=81$，雷达波在水中的传播速度 $V_{水}=C/\sqrt{\varepsilon_{水}}=C/9\approx3\times10^7\,\text{m/s}$。

研究表明，引起雷达脉冲反射的主要原因是各个面层的介电常数不同，这是由于各层的物质和结构不同而造成的，如沥青的介电常数通常为 3～5，混凝土层 6～12。基于这一点，就能用 SIR-10B 型地质雷达的后处理软件、检层分析软

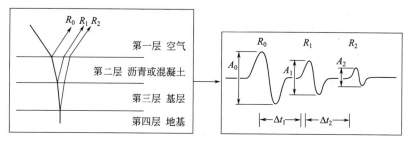

图 7.1　雷达工作原理图

件计算出衬砌厚度、配筋以及由图像分析判断衬砌层内的各种隐患。

(1) 检测设备

检测设备采用 GSSI（美国通用物探仪器公司）制造的 SIR-10B 型高速地质雷达（又称探地雷达），900MHz 天线，对引水工程隧道衬砌进行检测。本套设备是目前国内引进的地质雷达中较为先进的一套测试设备之一。在采用 900MHz 天线的情况下，探测深度约 100cm，满足本测区探测深度的要求。

(2) 计算衬砌层厚度

分析雷达反射波与衬砌关系的一种方法是利用已知厚度衬砌上雷达 GPR 剖面记录，将该记录分析计算进行对照分析，以此为依据对测区不同介质层的介电常数进行分析修正，从而更加准确地确定衬砌层结构，以点带面，为整个测区雷达检测成果的地质解释奠定基础。通过对已知厚度衬砌上雷达 GPR 剖面记录对照分析，得出该测区内介电常数为 $\varepsilon_{r1}=6\sim8$，由此可以知道雷达波在面层中的传播速度

$$V_1 = C/\sqrt{\varepsilon_{r1}} \qquad (7.5)$$

这里 C 为雷达波在空气中的传播速度，即光速，$C=30\text{cm/ns}$，$1\text{ns}=10^{-9}\text{s}$。

用此速度及扫描线上面层顶底反射之间的时间差 ΔT_1，就可计算出衬砌层的厚度：

$$h_1 = \Delta T_1 V_1/2 \qquad (7.6)$$

(3) 沿轴向配筋情况、空洞现象、混凝土密实情况

通过对隧洞衬砌进行检测的雷达反射波图像分析确定配筋以及判断衬砌层内的各种隐患。

① 不密实体的解释：不密实的衬砌混凝土体在地质雷达剖面图上波形杂乱，同相轴错断。

② 脱空现象的解释：脱空体在地质雷达剖面图上主要表现为在交界面以下出现多次反射波，同相轴呈弧形，并与相邻道之间发生相位错位，且其能量明显增强。

③ 衬砌混凝土厚度的解释：一般情况下，雷达波经发射天线发射后，最先

到达接收天线的雷达波为空气直达波，紧接着为表面直达波，再为混凝土和围岩交界面的反射波。反射波能量与围岩和衬砌混凝土之间的物性差异有关，两者物性差异越大，反射波能量就越强，反之其能量就越弱。

7.2.4 现场检测

本次检测范围每个断面拱顶一条测线、拱的肩部一条测线和腰部一条测线共3条（如图7.2），顶部为各隧道的拱顶部附近、肩部为以隧道断面的圆心为原点逆时针方向60°或120°左右，腰部为以隧道的圆心为原点逆时针方向0°或180°左右。检测点的定位以各标段施工单位和业主所提供的测量值为准。检测标距1.0m或1.2m（视模板长度而定），每扫描采样点数512点，量程20ns（双程时间），混凝土中雷达波波速近似0.12m/ns。

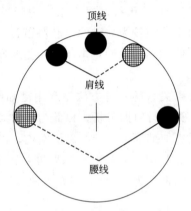

图 7.2　测线断面布置示意图

① 对检测的雷达波进行分析后处理，由于雷达波界面反射波波速、时间差与行程满足以下关系：$h = v \times \Delta t / 2$（式中：$v$—速度，$\Delta t$—双程旅行时间，$h$—某一界面的埋深）。计算机可精确计算出发射与接收时差。任定一波速可计算出某点的埋深（厚度）或根据 Δt、h 计算 v。

② 取任意已知点的数据与雷达相应测点的测试厚度比较，用已知厚度计算雷达波波速。

③ 用计算的雷达波波速分析另外已知点的厚度，最终确定一个适中的波速，使各对比点的误差最小。

④ 用最终波速对其它位置测点的测试厚度进行计算。

⑤ 地质雷达在测试过程中其测试的条件和环境对测试的结果都有影响，如雷达波在潮湿、含水量大的钢筋混凝土介质内的穿透能力降低，直接影响雷达的探测深度。

7.2.5　检测结论

根据本次雷达探测，1～2 标衬砌混凝土均匀性较好，未发现较大脱空区域，密实情况未发现明显异常。衬砌厚度满足设计要求，测线范围内沿轴向配筋数量为 5 根/m。

根据本次雷达探测，1～2 标衬砌混凝土均匀性较好，除 2+305～2+329 段顶线、2+329～2+353 段顶线及右肩线、2+524～2+550 段顶线及右肩线存在局部点状脱空，未发现较大脱空区域；密实情况未发现明显异常；在 2+473～2+500 段顶线及右肩线局部衬砌厚度大于 100cm；1+2 标共计检测混凝土衬砌长度 1174m，1 标衬砌平均厚度 45.5cm，2 标衬砌平均厚度 51.5cm，测线范围内沿轴向配筋数量 5 根/m。

7.3　某大型泵站进水流道混凝土质量检测与评估

7.3.1　工程概况

对某泵站更新改造工程进水流道北边墩混凝土强度和质量问题展开现场检测。

7.3.2　检测过程

对进水流道北边墩进行现场检测，主要包括：回弹法混凝土强度检测、地质雷达扫描、碳化深度检测、现场取芯。采用 SIR-3000 地质雷达、ZC3-A 型混凝土回弹仪进行现场扫描及检测。

7.3.3　检测结果

(1) 强度检测结果

① 现场检测　现场对进水流道北边墩侧墙进行检测。检测时，在被测构件表面布置 15 个回弹测区，用砂轮磨平并清洁后进行回弹测试，并在测区内凿一小孔，用酒精酚酞溶液喷洒于孔内，然后用碳化深度量测仪量测测区内碳化深度值。

依据回弹测试情况，选定回弹测区钻取 φ100mm 的混凝土芯样以修正回弹换算值，共计钻取芯样 3 个。

② 室内试验　将现场所取芯样加工成高径比 1:1 的试件，两端磨平并用硫黄胶泥补平，自然条件下静置 72h 后，进行抗压强度试验。

将回弹值与碳化深度值代入规程（JGJ/T 23—2001）中"附录 A 测区混凝土强度换算表"，查得测区混凝土强度换算值，用芯样抗压强度采用——对应修正系数的方法进行修正，计算构件混凝土强度推定值，计算结果见表 7.17、表 7.18。

表 7.17　进水流道北边墩混凝土强度推定值汇总表

构件名称	测区混凝土强度推定值 $f_{cu,i}^c$/MPa										$m_{f_{cu}}$/MPa	$s_{f_{cu}}$/MPa	$f_{cu,e}^c$/MPa
	1	2	3	4	5	6	7	8	9	10			
进水流道北边墩	31.1	29.8	27	28.9	25.4	29.1	25.6	24.8	25.2	25.3	27.3	2.03	24
	11	12	13	14	15								
	29.8	27.4	27.6	27.2	25.4								
备注	$N=15$，$m_{f_{cu}}=27.3\text{MPa}$，$s_{f_{cu}}=2.03\text{MPa}$，$f_{cu,e}^c=m_{f_{cu}}-1.645\times s_{f_{cu}}=24.0\text{MPa}$												

表 7.18　泵站混凝土芯样强度值

检测部位		龄期/d	设计强度	破坏荷载/kN	长径比	修正系数	抗压强度值/MPa	说明
进水流道北边墩	1#芯样（10 测区）	90	C25	203	1.1	1.04	26.8	所取芯样一侧不平，存在偏心受压，数据较真实值偏小
	2#芯样（3 测区）	90	C25	165	1.1	1.04	21.9	
	3#芯样（8 测区）	90	C25	188	1.1	1.04	24.9	

选取 3 处钻芯取样，其抗压强度值为 24.9～26.8MPa（2#芯样由于受压偏心破坏，试压强度值偏低，统计时舍弃），根据钻芯法规程，将检测批混凝土强度值修正后为 25.6～31.9MPa，满足设计要求强度等级 C25。

(2) 地质雷达检测结果

本次雷达检测测线一条约 10m。采用 900MHz 天线，测量深度为 1m，如图 7.3 所示。

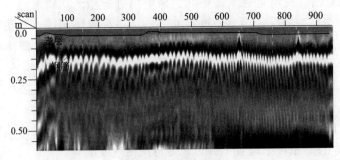

图 7.3　雷达伪彩图

　　从图 7.4、图 7.5 中可以看出，钢筋层距表面深度平均约为 40mm，图中未出现同相轴错动的雷达信号图，说明该测线处未出现混凝土空洞现象，混凝土较为密实。

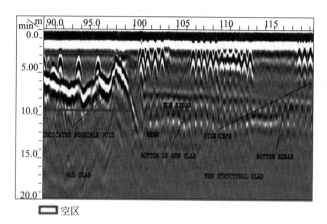

图 7.4　空洞区域典型雷达图像
INDICATES POSSIBLE VOID—疑似空洞；TOP REBAR—顶层钢筋；
OLD SLAB—旧的平板；BEAM—梁；
BOTTOM OF NEW SLAB—新梁底部；PILE CAPS—桩承台；
BOTTOM REBAR—底层钢筋；NEW STRUCTURE SLAB—新结构梁

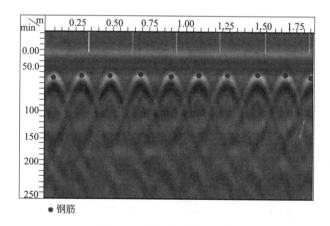

图 7.5　钢筋典型雷达图像

7.3.4　结论

　　① 进水流道北边墩混凝土 90d 龄期抗压强度根据回弹法并经钻芯法修正后为 25.6～31.9MPa，满足设计要求强度等级 C25。

　　② 掺加粉煤灰混凝土的 3d、7d 强度低于不掺的混凝土，但是到了 90d，粉

煤灰的水化反应加快，可能接近或达到不掺粉煤灰的混凝土强度。随着龄期延长，粉煤灰的活性发挥更快些，到了 180d 就有可能超过设计混凝土强度等级 C25。

③ 雷达信号图中说明该测线处未出现混凝土空洞现象，混凝土较为密实。

④ 粉煤灰加入后，碳化作用使混凝土的碱度下降，为提高粉煤灰混凝土抗碳化性能，建议混凝土表面进行防碳化处理。

7.4 外加电流阴极保护技术的应用实例

7.4.1 工程概况

某码头上部结构由钢筋混凝土桩帽及梁板组成，排架间距 8m，码头全长 351m，宽 36.5m。由西向东分 5 个结构分段，45 个排架。码头面标高＋7.7m，码头前沿泥面标高－18.5m，距码头西端 35.0m 处设有一座 3500kN 系缆墩。码头使用约 12a 后，检查发现钢筋混凝土上部结构已出现了较为严重的钢筋锈胀引起的混凝土保护层顺筋开裂、脱空甚至剥落等破损现象，其中以第 I 结构分段较为严重。阴极保护实施的范围为 I 结构分段，其中纵梁 18 根、横梁 30 根、18 根轨道梁的底面及底面向上 2m 范围的区域、40 个桩帽顶标高向下 1.5m 范围内的区域和 23 根剪刀撑。

7.4.2 外加电流阴极保护方案及技术要点

采用恒电流法对 I 结构分段实施局部修复加外加电流阴极保护[12~14]。

修复指凿除业已被破坏的混凝土保护层、清污、除锈，必要时补筋加强后，用水泥砂浆（必要时采用碎石混凝土）修复至构件原断面。

阴极系统为被保护构件内部的钢筋；阳极系统采用 CN-1 型导电塑料主阳极加 AS 导电砂浆次阳极层；引出电缆采用 PE＋EVA 改性特种电缆；电源系统采用新安江无线电厂生产的 ZDH-2 型智能恒电位仪。

保护电流密度根据被保护构件表层钢筋总表面积取值，且视不同的环境、介质条件，电流密度取 10~25mA/m²。

保护准则为：被保护范围内，在混凝土表面测得的钢筋保护电位应达到系统断电 14h 时，其去极化电位衰减值不小于 100mV。

考虑到横梁、纵梁、轨道梁、桩帽、剪刀撑等 5 种被保护构件的配筋、标高等不同，以构件种类分为 4 路阳极分路（纵梁与横梁并为 1 路），即每类构件上安装的阳极并联后形成一路阳极分路单独控制输出电流。具体为：1#—桩帽阳极分路；2#—剪刀撑阳极分路；3#—纵梁＋横梁阳极分路；4#—轨道梁阳极分路。

(1) 焊接阴极引出部件

阴极引出部件必须焊接于各构件的主筋上，使之牢固、无虚焊假焊。各构件相邻阴极引出部件间的电阻不得大于 2.0Ω（用 DT-830 万用表检测，且减去辅助导线的电阻）。

若现场实测各构件相邻两阴极引出部件间的电阻大于上述规定值，则采用附加箍筋焊制电连接方式或增加阴极引出部件的数量的方法，以减少电阻值。

(2) 去除金属露出物

必须根除诸如绑扎钢筋的铁丝之类的金属露出物和混凝土保护层脱落、孔洞等现象，以杜绝阴极与阳极间发生短路的可能。

(3) 主阳极和次阳极施工

CN-1 型主阳极采用制模成型施工，AS 导电砂浆次阳极采用人工分层压抹施工。

(4) 电缆之间接头的处理要求

电缆之间的接头应进行防渗、防腐及绝缘处理。各接头的铜芯电连接电阻不得大于 0.02Ω。

(5) 导电塑料阳极电缆的规格性能质量要求

① 镀锡 7 股绞芯线，铜芯截面积≥1.2mm²。

② 铜芯偏心度≤1.0mm，阳极电缆直径≥7.0mm。

③ 铜芯与导电塑料层结合良好，10cm 导电塑料阳极电缆的抽样件的铜芯拉拔力≥2.0kg。

④ 导电塑料的拉伸强度≥8kg/cm²；断裂伸长率≥110%。

⑤ 导电塑料阳极的体电阻率 ρ≤10Ω·cm（测试温度为 25℃）。

⑥ 导电塑料阳极电缆无气泡，致密，表层要求较光滑。

⑦ 导电塑料阳极电缆冷弯成直径为 15cm 半圆 30 次，48h 后不开裂（测试温度为 20℃）。

(6) 阴阳极引出电缆的性能要求

① 7 股绞芯线或更多股绞芯线，铜芯截面积≥1.2mm²。

② 铜芯偏心度≤0.8mm，引出电缆直径≥4.0mm。

③ 其余规定同阳极电缆，但要求引出电缆防渗、防腐、绝缘。

(7) 其它

① 各引出电缆均采用水泥砂浆覆盖或穿管走线。

② 施工过程中对主阳极电缆，杜绝锐角弯折，在搬运、制作、施工过程中禁止人为或机具及化学损伤。

③ 各引出电缆及附件上的标志必须牢固、可靠、安全。

7.4.3 保护效果调研

阴极保护系统经过了共约 200 天的极化与调试检测，实测结果如下。

(1) 实测保护电流密度

保护初期实测保护电流及保护电流密度见表 7.19。由表 7.19 可知，电流密度基本满足设计要求。

表 7.19 各阳极分路电流及电流密度实测结果

内容 阳极分路	槽压/V	分路电流/A	电流密度（以钢筋总面积计）/ (mA/m²)
1#（桩帽）	4.5～5.0	8～10	7.3～9.2
2#（剪刀撑）	4.9～5.0	8～10	9.2～11.5
3#（纵梁）	6.3～7.2	18～20	11.8～13.2
4#（轨道梁）	4.1～5.0	10～15	9.2～13.8

(2) 实测保护电位

实测保护电位见表 7.20。由表 7.20 知，各被测构件上的保护电位基本满足设计要求。

表 7.20 各典型构件上部分测孔的保护电位

构件名称及部位	测孔编号	$E_1^①$	$E_2^②$	$E_3^③$	$E_4^④$	备注
A-10 桩帽西侧面	1	409	356	278	78	1#测孔距主阳极最远，在桩帽与轨道梁底面交界处 2#测孔为近主阳极处 3#测孔介于1#、2#测孔中间的距离
	2	597	491	294	197	
	3	543	485	320	165	
AB-9,10 水平撑南侧面	1	645	472	223	249	1#、3#测孔为近主阳极处 2#测孔在两根主阳极的中间距离处
	2	546	451	310	141	
	3	793	663	359	304	
B-4,5 纵梁西端西侧	1	1455	674	228	446	1#、3#测孔为近主阳极处 2#测孔在两根主阳极的中间距离处
	2	392	302	191	111	
	3	1274	624	303	321	
A-4,5 轨道梁西端北侧	1	1104	694	309	385	1#、3#测孔为近主阳极处 2#测孔在2根主阳极的中间距离处
	2	876	543	270	273	
	3	964	620	268	352	

① 代表包括 IR 降（mV）的极化电位值（mV, vs C. S. E）。
② 代表去除 IR 降（mV）的极化电位值（mV, vs C. S. E），即用瞬时断电法测得的电位值。
③ 代表去极化 14h 后测得的钢筋表面电位（mV, vs C. S. E）。
④ $E_4 = E_2 - E_3$，代表 14h 去极化电位衰减值，即"ΔE"（mV）。

（3）最终保护效果

虽然当时保护效果良好，但在长期运行过程中，由于缺乏相关的技术规范、仪器设备和国产主阳极等硬件不过关、阳极酸化反应，使得主阳极周围的 AS 导电砂浆粉化脱落，后因增加一条皮带机的影响等因素，上述阳极系统失灵，难以继续实施保护，8 年后因该码头升级改造的要求，以及业主希望简化码头外加电流阴极保护系统的管理工作，决定将该外加电流阴极保护系统拆除。

7.5　牺牲阳极阴极保护技术应用案例

7.5.1　工程概况

某高桩梁板式结构，其预应力方桩存在顺主筋裂缝、大面积锈胀脱空、局部锈斑和沿箍筋周向裂缝等多种破坏形式。为阻止外界氯离子的进一步侵入，防止各类腐蚀破损现象的蔓延，在破损较严重的预应力方桩上安装了 265 只阳极。

7.5.2　维修方案及牺牲阳极安装要点

对破损严重的预应力方桩，全面凿除破损混凝土至主筋背后，人工剔除钢筋背后已被氯离子污染的混凝土和腐蚀产物，钢筋除锈至露出金属光泽，为避免局部修补引起的"环阳极腐蚀"或"光环效应"，在局部修补处周围安装了 XP 型牺牲阳极予以保护，清基后于混凝土创面上涂刷与牺牲阳极相匹配的界面剂，在控制分层压抹时间间隔的情况下分层压抹与牺牲阳极相匹配的专用修补砂浆材料，工艺流程见图 7.6。

牺牲阳极应安装在适当的位置以确保阳极材料能够被修补材料完全覆盖。要达到最佳效果，阳极安装在修补区域的外边缘（约 150mm），同时应有充足的孔隙使修补材料将阳极完全包裹。阳极之间的中心间距控制在 500～750mm。

具体安装要求与步骤如下。

① 按常规修补方式，局部凿除混凝土，清除钢筋附近和钢筋背面所有已老化的及松散的混凝土。牺牲阳极安装部位尽可能利用凿除区域深度较深的部位，必要时加深凿除。

② 将修补区外露的钢筋全面除锈。

利用阳极本体的钢丝牢固地将阳极捆绑在适当位置。如果阳极只捆在一根钢筋上，或只有少于 25mm 的保护层（由混凝土的表面计），应将阳极安装在钢筋下方。如果有充足的保护层，阳极可安装在两根钢筋之间的交叉点，并在每边捆上。

③ 安装完毕后，应检查阳极导线与钢筋之间的电阻，确保两者之间的电阻小于 5Ω。

④ 对安装牺牲阳极的预应力方桩进行局部修补时，必须采用与牺牲阳极相匹配的修补材料与界面材料。

⑤ 修补材料的电阻率应小于 $1500\Omega \cdot cm$。不能使用含有大量聚合物或硅灰的产品。若使用界面剂材料，则界面剂应具有适合的导电性能。不应使用绝缘材料（如环氧类界面剂）等。

⑥ 进行局部修补时，应避免在阳极附近留下任何空隙。

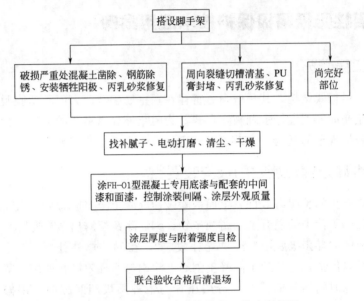

图 7.6　预应力方桩防腐蚀维护工艺流程框图

7.5.3　保护效果调研

在 104 根破损较严重的预应力方桩上，采取了局部修补加 265 只 XP 型牺牲阳极的阴极保护修复处理已近 5a，检查时未发现上述预应力方桩存在可见的腐蚀破损迹象，预估寿命在 10a 以上。

7.6　电化学脱盐防腐蚀技术应用案例

7.6.1　工程概况

某码头 3$^{\#}$、4$^{\#}$ 泊位的轨道梁、纵梁、横梁与斜撑等四类构件均遭受较为严重腐蚀破坏。分析认为，海洋环境中氯离子侵蚀、引起钢筋腐蚀膨胀是导致钢筋混凝土结构过早破损的主要原因。为延长建筑物的使用寿命，对该码头 4$^{\#}$ 泊位 C 结构分段实施了电化学脱盐防护处理。

7.6.2　技术方案及技术要点

(1) 总体方案

总体方案为局部破损处凿除修补养护后进行电化学脱盐处理，最后进行涂层封闭保护。

(2) 技术参数与指标

① 脱盐电流密度 $2A/m^2$，通电时间 30 天。

② 封闭涂层厚度为 $(250\pm20)\ \mu m$，涂层附着强度大于 1.5MPa。

③ 钢筋周围氯离子脱除率达 $60\%\sim85\%$，平均达 70% 以上。

④ 使已活化腐蚀的钢筋全面恢复再钝化。

(3) 工艺流程及关键工序说明

工艺流程见图 7.7。

① 混凝土凿除与基面处理　对混凝土保护层破损区域，采用人工与机械相结合方式凿除至主筋；对完好部位，人工打磨清除浮灰和污物，同时清除混凝土表面的外露金属物。

② 钢筋除锈、换焊钢筋补强　对钢筋截面损失小于 30% 的钢筋，采用机械和人工相结合的方式清除锈层；当截面损失率大于 30% 时，采用同规格型号的钢筋更换。对已裸露的各主、箍筋交接点，实施全面点焊。

③ 焊制阴极引出部件　纵梁、轨道梁、斜撑（或水平撑）构件，结合破损处混凝土凿除修补，每根构件焊接 2 个阴极引出部件。横梁每根构件焊接 4 个阴极引出部件。

④ 制作、安装钢塑复合阳极槽、布设铂铌复合阳极丝　采用 $15\sim25mm$ 厚的木板、$40mm\times50mm$ 断面的方肋和 $30mm\times45mm$ 的角钢，加工成可拆装、组合的工具型阳极槽。通过外部支撑和膨胀螺钉将阳极槽固定在构件表面。槽内铺设 1mm 厚的塑胶内胆，用于储存碱性电解质溶液。

⑤ 架设阴、阳极电缆　沿码头架设阴极引出电缆 (VV-500V/1×30)，制作终、中、端头。架设阳极电缆 (VV-500V/1×10)，制作终、中、端头。

⑥ 电源的安装调试、通电脱盐及检测　首先采用总电流的 20% 进行试通电，观察电流表、电压表及电源的稳定性，检查电源设备与保护系统情况，正常后进行正式通电处理。示范工程分为 2 个阶段实施通电脱盐：第一阶段为轨道梁、水平撑，计 16 个构件，实际通电量为 13.5 万安时；第二阶段为 5 根横梁和 6 根水平撑，实际通电量为 15 万安时。钻取芯样测量氯离子含量表明混凝土内有害氯离子脱除效率达 70%，测量钢筋半电池电位知活化腐蚀钢筋全面恢复钝化，达到电化学脱盐的目的。

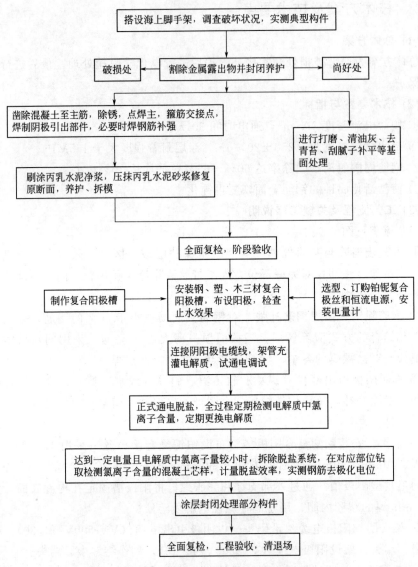

图 7.7 脱盐工程的工艺流程框图

7.6.3 保护效果调研

实施电化学脱盐处理的构件调研表明，电化学脱盐处理 10a 后，构件外观优良，未见锈斑、锈块、开裂以及脱落露筋等形式的破损现象。

电化学脱盐处理后不同时期的氯离子含量测试结果见表 7.21。

表 7.21　不同构件与不同取样时间氯离子平均含量（相对于水泥砂浆）　　单位：%

构件名称及部位	样品取样层	脱盐前	脱盐后	脱盐后3a时	脱盐后5a时★	脱盐后10a时●
24～25 排架北纵梁	0～20mm	0.150	0.038▼	0.070▼	0.037	0.022
	20～40mm	0.053	0.033▼	0.035▼	0.025	0.015
	40～60mm◇	0.018	0.013▼	0.016▼	0.0043	0.011
25 排架下横梁东侧面北端	0～20mm	0.390	0.092▼	0.189▽	0.045	0.050
	20～40mm	0.350	0.012▼	0.116▽	0.085	0.113
	40～60mm◇	0.170	0.078▼	0.075▽	0.062	0.108
26～27 排架中间斜撑	0～20mm	0.250	0.120▽	0.105▼	0.077	0.011
	20～40mm	0.280	0.150▽	0.033▼	0.034	0.012
	40～60mm◇	0.095	0.060▽	0.013▼	0.0073	0.0094
26～27 排架南轨道梁	0～20mm	0.270	0.024▼	0.186▼	0.13	0.036
	20～40mm	0.220	0.033▼	0.105▼	0.052	0.028
	40～60mm◇	0.045	0.013▼	0.038▼	0.025	0.016

注：◇相当于主筋深度；▼取样位置位于近阳极位置；▽取样位置位于远阳极位置；★数据由地质矿产部南京综合岩矿测试中心提供；●数据由水利部质检中心提供。

　　由于混凝土的不均匀性、氯离子污染的不均匀性以及脱盐过程中电场的不均匀性，电化学脱盐后混凝土中氯离子的分布是不均匀的，所以要进行氯离子含量变化的比较，最好是同一位置取样，但这是不现实的。而不同位置取样其可比性较差，因此只能从总体上进行分析。从表 7.21 知，脱盐后不同时间，如 3a 期、5a 期和 10a 期，不同检测分析单位提供的氯离子含量数据虽然有所不同，但总体而言，钢筋周围氯离子含量仍然较低，表层氯离子含量虽然有一定程度的变化，但与脱盐前相比仍维持在低含量水平，可见脱盐效果明显。

7.7　常规维修技术应用案例

7.7.1　码头结构修复

　　对某码头 3# 、4# 泊位调查表明，其轨道梁、纵梁、横梁与斜撑等四类构件均遭受较为严重的腐蚀破坏。分析认为，海洋环境中氯离子侵蚀引起钢筋腐蚀膨胀是导致钢筋混凝土结构过早破损的主要原因。为延长建筑物的使用寿命，2003 年对该码头 3# 泊位实施了常规维修处理。

7.7.2 维修工艺及技术要求

7.7.2.1 维修方案

对于已腐蚀破损部位进行凿除，凿除至完整混凝土表面，并根据钢筋腐蚀情况进行补强，最后采用人工压抹丙乳砂浆工艺恢复至构件原尺寸。

7.7.2.2 凿除混凝土

对于腐蚀破坏部位，凿至完好混凝土与钢筋为止，保证修补面上无松动混凝土、无杂质、无锈斑。

7.7.2.3 钢筋补强、除锈

① 对于钢筋锈断或钢筋截面损失较多的（达到 30%），需进行补强。其原则是：对补强的主筋，用规格型号与主筋相同的钢筋搭焊，确保搭接长度不小于10 倍的钢筋直径。

② 对已出现腐蚀的钢筋，需要除锈。除锈采用机械除锈与人工除锈相结合的方式。机械除锈采用电动砂轮机，用钢丝轮代替砂轮。不便于机械除锈的部位采用人工除锈。

③ 对处理过的钢筋，表面用内掺 GF-01 型钢筋阻锈剂的水泥净浆涂刷。待固化后人工分层压抹丙乳砂浆。

7.7.2.4 人工压抹丙乳砂浆

(1) 砂浆配合比及性能

丙乳砂浆配合比（质量）为：水泥：黄砂为 1:2，总水灰比为 0.3~0.35，丙乳掺量占水泥质量的 20%。水泥采用 42.5R 普硅水泥，砂为淡水砂，水为淡水。

丙乳砂浆经过 28d 标准养护（20℃，7d 潮湿，21d 干燥）后，其主要性能可达到下列要求。

① 抗压强度≥30MPa；抗弯强度≥10MPa。

② 与老砂浆粘结强度≥1.2MPa；抗渗性≥1.5MPa。

(2) 压抹工艺及要求

① 凿除已破坏处混凝土至主筋，除锈、清基，必要时换筋补强。

② 采用丙乳砂浆修复，单次压抹厚度小于 2cm，分多次压抹，使保护层净厚达 5cm。

③ 丙乳砂浆修复后的外观应密实均匀，基本平整，无任何裂缝，无空鼓现象。

④ 砂浆层表面触干时，采用喷雾养护 12h，24h 后用自来水喷淋养护 7d。

7.7.2.5 涂层防腐

(1) 嵌补腻子

混凝土表面有许多小气孔，为了涂层美观和确保工程质量，对混凝土基层表

面有蜂窝、麻面、小孔的部位嵌补腻子，对构件搭接处、模板接头处、阴阳角等的部位嵌补腻子。混凝土基面打磨之后，对不易涂刷的混凝土孔洞再进行找补处理。

（2）混凝土基层面打磨

为了确保防腐蚀涂料与混凝土表面的粘结力，同时为使混凝土基层表面更加平整，对混凝土基层作如下的打磨处理。

① 用合金钢除锈铲将混凝土基层表面水泥浮浆及其它附着物铲除干净。

② 对于水位变动区的海生物，首先用煤气喷灯将其烘焦，再用合金钢除锈铲、钢丝刷、电动砂轮机将其清除干净。

③ 用电动钢丝刷将混凝土基层表面全部打磨。

（3）基层表面清洗

打磨后的混凝土表面附着有很多灰尘，潮差区混凝土基层表面受到海水的污染，局部还有油污的污染，必须对打磨过后的基面进行清洗。清洗方法如下。

① 油污污染的部位，用专用清洗剂擦洗干净。

② 用高压水枪进行冲洗，同时用尼龙刷反复擦刷，直至冲洗基面流淌清水，用手摸不出灰为止。

③ 冲洗过后风干，对于不能自然风干的部位（如桩帽底部等）用喷灯烘干。

④ 每层涂料涂装前，对海水溅及部位用湿抹布清理干净，然后用干抹布擦干。

（4）防腐涂料涂装工艺

① 每层涂料涂装之前，先对基面进行全面检查，检查合格后方可涂装涂料。

② 严格按照配合比配制涂料，严格控制涂料的使用时间和涂装间隔时间。

③ 涂装顺序为：SKW-01 系列涂料底液一道，底漆一道，中间漆一道和面漆一道。

7.7.3　保护效果调研

对 3# 泊位调查表明，各类上部构件表面已再次出现锈斑、开裂和脱空等形式的破损，且多数破损发生在已采用丙乳砂浆层修复的部位或周围，其中 70% 以上的横梁、25% 以上的轨道梁和 15% 以上的纵梁存在局部腐蚀破损。

调查表明[15,16]，3# 泊位虽实施修复仅 5～6a，无论是采用丙乳砂浆修复加全面涂层封闭的预应力方桩还是上部构件均出现较为明显的腐蚀破损，且氯离子含量仍然维持在较高水平值，具有腐蚀进一步加剧的趋势。尤其是预应力方桩，采取防腐蚀维修措施后仅 6a，再次由于局部腐蚀破损不得不采取二次防腐蚀措施处理，说明对已遭受氯化物污染腐蚀破损的钢筋混凝土构件而言，采用丙乳砂浆修复加全面涂层封闭的修复措施并非具有长效的防腐蚀效果。

参 考 文 献

[1] SL 75—94 水闸技术管理规程 [S].

[2] SL 214—98 水闸安全鉴定规定 [S].

[3] JGJ/T 23—2001 回弹法检测混凝土抗压强度技术规程 [S].

[4] JTJ 270—98 水运工程混凝土试验规程 [S].

[5] SL 101—94 水工钢闸门和启闭机安全检测技术规程 [S].

[6] SLJ 201—80 水工建筑物金属结构制造、安装及验收规范 [S].

[7] SL 226—98 水利水电工程金属结构报废标准 [S].

[8] GB 50303—2002 建筑电气工程施工质量验收规范 [S].

[9] GB 50231—98 机械设备安装施工及验收通用规范 [S].

[10] 胡少伟, 陆俊, 王国群. 地质雷达在探测地下富含水区域中的应用 [J]. 水利水运工程学报, 2012, 6: 1-5.

[11] 胡少伟, 陆俊, 牛志国. 高速地质雷达在隧洞混凝土衬砌质量检测中的应用 [J]. 水利水运工程学报, 2010, 2: 1-6.

[12] 李森林, 范卫国. 电化学脱盐 10 年期防腐蚀保护效果检查报告 [R]. 南京: 南京水利科学研究院, 2008.

[13] 李森林, 范卫国. 宁波-舟山港北仑港区北仑股份公司 1#、3#、4# 泊位检测报告 [R]. 南京: 南京水利科学研究院, 2007.

[14] 范卫国, 李森林, 方英豪. 海港码头混凝土结构不同防腐蚀技术应用效果调研报告 [R]. 南京: 南京水利科学研究院, 2008.

[15] 李森林, 徐宁, 王承强等. 北仑电厂一期输煤码头调查评估报告 [R]. 南京: 南京水利科学研究院, 2010.

[16] 李森林, 范卫国, 蔡伟成. 杭州湾地区海港工程混凝土结构耐久性调查报告 [R]. 南京: 南京水利科学研究院, 2010.

索　引

(按汉语拼音排序)

欢迎订阅化学工业出版社专业图书

●表面处理与防腐蚀技术常备书目

ISBN	书名	主要作者	定价
9787122126900	表面保护层设计与加工指南	李金桂	58
9787122053251	表面工程技术手册（上）	徐滨士	130
9787122053244	表面工程技术手册（下）	徐滨士	130
9787122171597	表面及特种表面加工	冯拉俊	48
9787122081643	典型零件热处理技术	王忠诚	98
9787122113948	电厂防腐蚀及实例精选	窦照英	60
9787122094544	电镀层均匀性和镀液稳定性－问题与对策	张三元	36
9787122110596	电镀工程师手册	谢无极	188
9787122149213	电镀故障精解（二版）	谢无极	68
9787122161154	电镀故障手册	谢无极	188
9787122165145	电镀化学分析手册	戴永盛	198
9787122113597	电镀实践 1000 例	郑瑞庭	68
9787122041142	电镀添加剂技术问答	刘仁志	28
9787122136589	电镀专利：解析·申请·利用	刘仁志	48
9787122178398	电镀装挂操作问答	郑瑞庭	38
9787122143563	电化学保护简明手册	王强	128
9787122113313	镀铬技术问答	王尚义	36
9787122075635	镀镍技术丛书—镀镍故障处理及实例	陈天玉	29
9787122036919	镀镍技术丛书—复合镀镍和特种镀镍	陈天玉	46
9787122185693	防腐蚀涂装工程手册（第二版）	金晓鸿	88
9787122138293	非金属电镀与精饰：技术与实践（二版）	刘仁志	58
9787122131072	腐蚀监测技术	［美］杨列太	128
9787122046086	腐蚀控制系统工程学概论	李金桂	69
9787122034991	腐蚀失效分析案例	赵志农	78
9787502590291	腐蚀与防护手册—腐蚀理论、试验及监测（第 1 卷）（二版）	组织编写	98
9787122032577	腐蚀与防护手册—工业生产装置的腐蚀与控制（第 4 卷）（二版）	组织编写	89

ISBN	书名	主要作者	定价
9787122027368	腐蚀与防护手册—耐蚀非金属材料及防腐施工（第3卷）（二版）	组织编写	98
9787502592646	腐蚀与防护手册—耐蚀金属材料及防蚀技术（第2卷）（二版）	组织编写	98
9787122152428	钢材热镀锌技术问答	苗立贤	39
9787122074232	钢带连续涂镀和退火疑难对策	许秀飞	58
9787122117403	工业清洗及实例精选	窦照英	48
9787122106568	工艺饰品表面处理技术	郭文显	38
9787122083739	滚镀工艺技术与应用	侯进	58
9787122077325	金属表面防腐蚀工艺	陈克忠	29.8
9787122065919	金属表面粉末涂装	李正仁	48
9787122186003	金属的大气腐蚀及其实验方法	万晔	58
9787122156389	金属清洗与防锈	王恒	78
9787122131942	金属文物保护—全程技术方案	许淳淳	58
9787122126726	铝合金表面处理膜层性能及测试	朱祖芳	68
9787122185662	铝合金表面氧化问答	郑瑞庭	39
9787122133656	铝合金防腐蚀技术问答	方志刚	59
9787122069856	铝合金阳极氧化与表面处理技术（二版）	朱祖芳	68
9787122113306	桥梁钢筋混凝土结构防腐蚀—耐腐蚀钢筋及阴极保护	葛燕	48
9787122038715	热处理工必读	马永杰	22
9787122128829	实用电镀技术丛书（2）—化学镀实用技术（二版）	李宁	68
9787122122018	涂层失效分析	［美］德怀特 G.韦尔登	58
9787122099662	涂料及检测技术	陈卫星	29
9787122157584	涂装车间设计手册（第二版）	王锡春	150
9787122164483	涂装工艺与设备	冯立明	98
9787122146861	涂装系统分析与质量控制	齐祥安	68
9787122078728	现代电镀手册	刘仁志	158
9787122061812	现代涂装手册	陈治良	148
9787122106957	暂时防锈手册	张康夫	128

● 《材料延寿与可持续发展》系列

序号	书号	书名	主要作者	定价/元
1	978—7—122—20672—5	材料环境适应性工程	蔡健平	69.0
2	978—7—122—20626—8	现代表面工程技术与应用	李金桂	78.0
3	978—7—122—20452—3	表面完整性理论与应用	高玉魁	56.0
4	978—7—122—20532—2	表面耐磨损与摩擦学材料设计	高万振	49.0
5	978—7—122—22380—7	再制造技术与应用	徐滨士	36.0
6	978—7—122—22714—0	特种合金钢选用与设计	干勇	59.0
7	978—7—122—20717—3	钛合金选用与设计	林翠	39.0
8	978—7—122—20714—2	涂镀钢铁选用与设计	顾宝珊	89.0
9	978—7—122—20718—0	现代橡胶选用设计	熊金平	46.0
10	978—7—122—21540—6	工程结构损伤和耐久性	胡少伟	59.0
11	978—7—122—20286—4	管道工程保护技术	张烁	46.0
12	978—7—122—21434—8	煤矿工程设备防护	程瑞珍	50.0
13	978—7—122—20716—6	可再生能源工程材料失效及预防	葛红花	39.0
14	978—7—122—21255—9	核电材料老化与延寿	许维钧	49.0
15	978—7—122—22358—6	火力发电工程材料失效与控制	葛红花	58.0
16	978—7—122—20265—9	铁道装备防护	杜存山	32.0
17	978—7—122—20655—8	农业机械材料失效与控制	吕龙云	30.0
18	978—7—122—20462—2	海洋工程的材料失效与防护	许立坤	69.0
19	978—7—122—22459—0	油气工业的腐蚀与控制	路民旭	46.0

以上图书由化学工业出版社出版。如要以上图书的内容简介和详细目录，或要更多的科技图书信息，请登录 www. cip. com. cn。

邮购地址：(100011) 北京市东城区青年湖南街 13 号化学工业出版社；

邮购电话：010—64518888，64518800。

也可以通过当当网、京东商城、亚马逊、化学工业出版社天猫旗舰店等网络书店咨询购买。

如要出版新著，请与编辑联系：010—64519271 Email：dzb@cip. com. cn